阅读成就思想……

Read to Achieve

商业仪表盘
可视化解决方案

史蒂夫·韦克斯勒（Steve Wexler）
【美】杰佛里·谢弗（Jeffrey Shaffer）◎著
安迪·卡特格雷夫（Andy Cotgreave）

段力骊　陈天皓　陈映雪◎译

陈天皓◎审校

THE BIG BOOK OF DASHBOARDS

VISUALIZING YOUR DATA USING REAL-WORLD BUSINESS SCENARIOS

中国人民大学出版社
· 北京 ·

图书在版编目（CIP）数据

商业仪表盘可视化解决方案 /（美）史蒂夫・韦克斯勒（Steve Wexler），（美）杰佛里・谢弗（Jeffrey Shaffer），（美）安迪・卡特格雷夫（Andy Cotgreave）著；段力鲡，陈天皓，陈映雪译 .— 北京：中国人民大学出版社，2019.10

书名原文：The Big Book of Dashboards:Visualizing Your Data Using Real-World Business Scenarios

ISBN 978-7-300-26755-5

Ⅰ.①商… Ⅱ.①史… ②杰… ③安… ④段… ⑤陈… ⑥陈… Ⅲ.①贸易—仪表盘—可视化仿真 Ⅳ.① TH868

中国版本图书馆 CIP 数据核字（2019）第 028591 号

商业仪表盘可视化解决方案

　　　史蒂夫・韦克斯勒
［美］杰佛里・谢弗　　　著
　　　安迪・卡特格雷夫
段力鲡　陈天皓　陈映雪　译
陈天皓　审校
Shangye Yibiaopan Keshihua Jiejue Fang'an

出版发行	中国人民大学出版社		
社　址	北京中关村大街 31 号	**邮政编码**	100080
电　话	010-62511242（总编室）		010-62511770（质管部）
	010-82501766（邮购部）		010-62514148（门市部）
	010-62515195（发行公司）		010-62515275（盗版举报）
网　址	http://www.crup.com.cn		
经　销	新华书店		
印　刷	天津中印联印务有限公司		
规　格	185mm×230mm　16 开本	**版　次**	2019 年 10 月第 1 版
印　张	20　插页 1	**印　次**	2019 年 10 月第 1 次印刷
字　数	371 000	**定　价**	129.00 元

前言

我们为负责构建或监督商业仪表盘开发的所有人写了这本《商业仪表盘可视化解决方案》。在过去十年里，有无数的人在参加培训课程、研讨会或进行咨询后找到我们，向我们展示他们的数据，并问道："什么才是真正的展示数据的好方式？"

这些人面临着特定的商业困境（我们称之为"情境"），希望通过仪表盘获得最佳解决方案。在评析了几十本有关数据可视化的书籍后，我们惊讶地发现，虽然这些书中包含了很好的例子来说明为什么折线图对于时间序列数据通常最有效，为什么条形图几乎总是优于饼图，但却没有一本书将仪表盘很好地与现实世界中的商业案例相匹配。在汇集了我们的经验和大量的仪表盘后，我们决定编写这本能够弥补这一不足之处的书。

这本书有何不同

本书不是专门讲述数据可视化的基础知识的。许多优秀的作者已经写过不少这类书了。我们希望把重点放在经过验证的、现实世界的例子上，以及它们为什么会取得成功。

不过，如果这是你看到关于数据可视化主题的第一本书，书的第一部分为你提供了一份入门指南，其中详细解释了"情境中的图表是如何工作的"这一问题。我们非常希望你不要仅满足于此，可以再阅读一些其他相关的内容。

本书的结构

这本书共分为三个部分。

第一部分：基础知识。这部分涵盖了数据可视化的基础知识，并提供了可迅速掌握的基础元素，这些元素为你提供了探索和理解情境所需的词汇。

第二部分：情境案例。这是本书的核心，我们描述了几十种不同的商业情境，然后提供了一个仪表盘来“解决”在这些情境中遇到的问题。

第三部分：在现实生活中取得成功。这一部分的章节解决了我们遇到的问题，并预期你也可能会遇到同样的问题。通过这部分，我们希望你的旅程可以变得更轻松和愉快。

如何使用这本书

我们鼓励你仔细阅读本书，以找到最符合你的可视化任务的情境。尽管可能没有完全匹配的情境，但我们的目标是提供足够多的情境，以便你能够找到满足自己需求的内容。你可能会这样想：

> 虽然我的数据和情境中的数据并不完全一样，但是它们足够接近，而且这个仪表盘在帮助我和其他人看到并理解数据方面确实非常出色。我想我们应当把这个方法用到我们的项目中。

对于每个情境，我们会在它所在章节的开头展示整个仪表盘，然后探索这个仪表盘的各个部分是如何发挥作用并对整体做出贡献的。

我们根据这些情境组织本书并提供实用有效的可视化示例，希望本书成为你构建有效业务仪表盘的可靠资源。为了确保你从这些案例中获得最大的收益，我们在本书后面添加了一个可视化术语表。如果你遇到一个陌生的术语，如“迷你走势图”，你可以到后面去查看。

我们也鼓励你花时间浏览所有的情境及其解决方案，因为可能会有一些看似不相关的情境元素适用于你的需求。

例如，第 11 章展示了一个英超联赛球队使用的仪表盘，帮助球员了解自己的表现。你的数据可能与体育无关，但这个仪表盘是一个显示当前及历史表现对比的好例子（见图 I–1）。这可能是与你的数据有关的。此外，如果你跳过一个情境，可能就会错过一个包含自己的解决方案所需图表的好案例。

我们也鼓励你有目的地浏览本书。尽管情境可能不是完美匹配，但思维过程和图表选择也许会对你有所启发。

在现实中取得成功

除了这些情境，本书中有一整节都致力于处理你在工作中遇到的许多实际问题和心理因素。你能任意使用有理论依据和证据支持的研究虽然很好，但当有人要求你添加气泡图和甜甜圈图，使仪表盘变得更“酷”时，你会怎样做?

我们三个人结合了30多年的实践经验，帮助数百家机构建立了有效的可视化方案。我们已经进行过许多“最佳实践方式”的战斗（尽管有时会输）。正因为经历过这些战斗我们才会对读者拥有一颗不同寻常的同理心。

有时读者会被要求创建仪表盘和图表来证明不好的做法。例如，客户或部门负责人可能会规定使用特定的颜色组合，而这却违背了有证据支持的数据可视化最佳实践方式。我们曾遇到过这种情况。

虽然图I-1中的仪表盘与体育有关，但其中的技巧是通用的。最近的事件用黄色表示，次近的五个事件用红色表示，而更早之前的事件则用灰色表示。这是一种非常机智的做法。

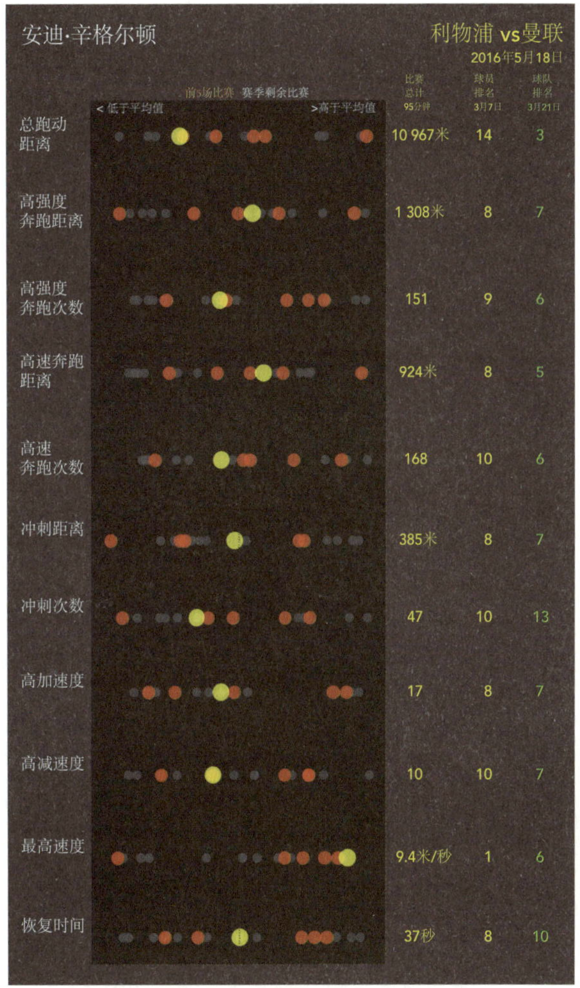

图I-1 英超联赛的一份球员总结

注意：数据是假的。

你将会遇到很多障碍，而且当你尝试构建内容丰富的、具有启发性的和引人入胜的仪表盘时，你还将要面对各种概念。我们将会提供关于这些问题的建议和替代方法来帮助你顺利完成工作。

做什么和不做什么

尽管我们为这本书中优秀的例子而欢呼，但也会列举出很多糟糕的例子。我们保证你会在外面看到这样的例子，甚至还可能被要求模仿它们。我们用图 I–2 中猫的图标来标记这些“糟糕”的例子，这样你就不必通过阅读周围的文字来确定该图表是你应该模仿，还是应该避免的了。

什么是仪表盘

10 个人可能会给出 10 个不同的仪表盘定义。根据本书的目的，我们的定义如下：

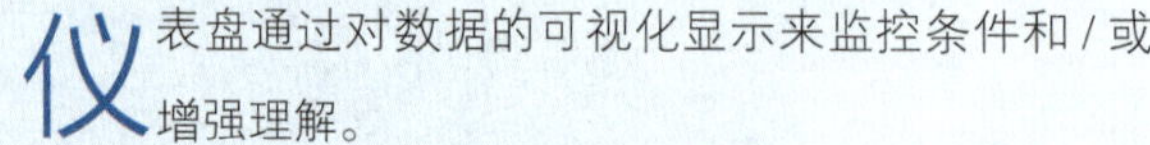
仪表盘通过对数据的可视化显示来监控条件和 / 或增强理解。

图 I–2 这个标志指不要做出这样的图

这是一个宽泛的定义，这意味着我们会将下面列出的所有例子视作仪表盘：

- 一个交互式显示，允许人们按区域、行业和身体部位来浏览工伤补偿的索赔；
- 每周一早上通过电子邮件发送给管理人员的一份展示关键指标的 PDF 文件；
- 一个大型壁挂式屏幕，实时显示支持中心的统计数据；
- 一个移动应用程序，允许销售经理查看不同区域的表现，并比较当年和前一年年初至今的销售额。

即使你没有将本书中的每个例子都视为一个真正的仪表盘，我们认为你也会发现对每个情境的讨论和分析都有助于你构建自己的解决方案。事实上，我们的确可以面红耳赤地争论这个定义，但这样做是一种可怕的浪费，因为争论毫无意义。理解如何将不同的元素（如图表、文本、图例、筛选器等）组合成一个紧密协调的整体，使人们能够看到并理解他们的数据才是最重要的和最根本的事情。

没有完美的仪表盘

你在本书中找不到任何一个完美的仪表盘。

在我们看来，没有完美的仪表盘。你永远找不到一个适合所有人的完美的图表集合。尽管我们书中展示的仪表盘可能并不完美，但它们都成功地帮助人们查看并理解了真实世界的数据。

我们选择的仪表盘都有一个共同点：对于需要了解它们的人来说，每个仪表盘都通过一定的方式展示了一些很好的思路。简而言之，它们都服务于最终用户。我们会改变其中一些仪表盘吗？当然会，我们会在每个情境结束前的作者评论中提到我们认为应当改进的内容。有时候，我们会认为选择的图表并不理想；而有时候，则是布局不太对；在某些案例中，交互性会显得很笨重或很难用。我们认识到，审视仪表盘的每个人都会以不同的方式进行判断，这也是你应该记住的。你觉得完美，但其他人却可能认为还有改进的余地。本书中仪表盘设计师面临的所有挑战，就是如何平衡仪表盘展示与时间和效率目标之间的关系。这件事并不容易，但通过这本书，我们希望能帮你更轻松地面对这种挑战。

史蒂夫·韦克斯勒

杰佛里·谢弗

安迪·卡特格雷夫

目录

第一部分　基础知识

第二部分　情境案例

第三部分 在现实生活中取得成功

THE

BIG BOOK

OF

DASHBOARDS

| 第一部分 |

基础知识

第 1 章

数据可视化入门

本书重点讲述了真实情境中使用的仪表盘以及它们为什么会取得成功。我们在本书介绍的很多情境中，解释了设计人员是如何利用可视化技术来获得成功的。如果你是初学者，本章内容就是数据可视化的入门必备基础知识，它提供了足够的信息让你理解为什么我们会选用某个仪表盘；如果你在数据可视化方面经验丰富，本章就带你重温一遍数据可视化的基础。

我们为什么要对数据进行可视化

为什么说将数据可视化是至关重要的？让我们通过表 1-1 看看数据可视化的作用。表 1-1 有四组数字，每组各 11 对数字。我们会为它们制作一个图表。在此之前，让我们先看看从这些数字中你能发现什么，这些数字之间有没有显示出任何显著差异或相关趋势呢？

表 1-1　　表中四组数字告诉了你什么

A 组		B 组		C 组		D 组	
x	y	x	y	x	y	x	y
10.00	8.04	10.00	9.14	10.00	7.46	8.00	6.58
8.00	6.95	8.00	8.14	8.00	6.77	8.00	5.76
13.00	7.58	13.00	8.74	13.00	12.74	8.00	7.71
9.00	8.81	9.00	8.77	9.00	7.11	8.00	8.84
11.00	8.33	11.00	9.26	11.00	7.81	8.00	8.47
14.00	9.96	14.00	8.10	14.00	8.84	8.00	7.04

续前表

A 组		B 组		C 组		D 组	
x	y	x	y	x	y	x	y
6.00	7.24	6.00	6.13	6.00	6.08	8.00	5.25
4.00	4.26	4.00	3.10	4.00	5.39	19.00	12.50
12.00	10.84	12.00	9.13	12.00	8.15	8.00	5.56
7.00	4.82	7.00	7.26	7.00	6.42	8.00	7.91
5.00	5.68	5.00	4.74	5.00	5.73	8.00	6.89

我猜你应该没看出什么，因为太难了。在我们看表格数据前，会考虑它们是否具有统计特性。如果表格给出的数据并没有表现出任何特性，而数据统计本身也无法带来更多的信息时，那我们将数字画出来后会发生什么呢？请看图 1-1。

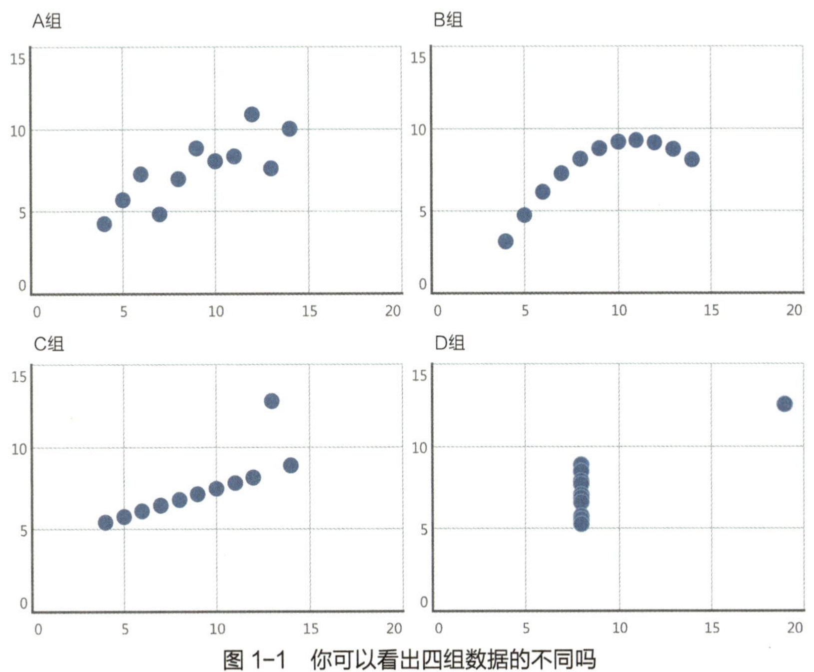

图 1-1　你可以看出四组数据的不同吗

现在，你发现有什么不同了吗？图能展示出表格以及一些统计方法无法展示出来的东西。我们把数据进行可视化，以便通过视觉系统不可思议的力量来发现数据间存在的关系和趋势。

这个精妙的例子是英国统计学家弗兰克·安斯库姆（Frank Anscombe）的杰作。他在自己1973年发表的论文《数据分析中的图表》(*Graphs in Statistical Analysis*) 中创造了表1-1中的这四组数据——被称为“安斯库姆四重奏（Anscombe's Quartet）”。在这篇论文里，他反驳了“数值计算是准确的，而图表只能粗糙地展示数据”的观点。

将数据进行可视化的另一个原因是可视化数据能帮助我们记忆。表1-2中展示了某公司三类产品在四年期间的季度销售数据。你从中可以看出什么趋势吗？

发现其中的趋势与看出安斯库姆四重奏的趋势一样难。为了阅读表格，我们需要一个一个地看数据。不幸的是，我们的短时记忆并不是为存储多条信息而设计的。当我们看到第四个或第五个数字时，我们已经忘了第一个数字是什么。

让我们用一条趋势线来试试，如图1-2所示。

表1-2　　销售趋势是怎样的　　单位：美元

种类	2013 第一季度	2013 第二季度	2013 第三季度	2013 第四季度	2014 第一季度	2014 第二季度	2014 第三季度	2014 第四季度
家具	463 988	352 779	338 169	317 735	320 875	287 934	319 537	324 319
办公用品	232 558	290 055	265 083	246 946	219 514	202 412	198 268	279 679
电子产品	563 866	244 045	432 299	461 616	285 527	353 237	338 360	420 018
种类	**2015 第一季度**	**2015 第二季度**	**2015 第三季度**	**2015 第四季度**	**2016 第一季度**	**2016 第二季度**	**2016 第三季度**	**2016 第四季度**
家具	307 028	273 836	290 886	397 912	337 299	245 445	286 972	313 878
办公用品	207 363	183 631	191 405	217 950	241 281	286 548	217 198	272 870
电子产品	333 002	291 116	356 243	386 445	386 387	397 201	359 656	375 229

现在，我们可以更好地了解趋势了。除两个季度外，办公用品是所有类别产品中销售额最低的。家具的销售额正在随时间推移逐步下降，只是2015年第四季度出现骤升，最近两个季度也有回升迹象。办公电器的销售额几乎一直是最高的，但在最初阶段上下浮动大，非常不稳定。

无论是表格还是折线图，都是对同样的48个数据点进行了可视化，但只有折线图让我们看出了趋势。折线图将48个数据点整合成三条折线，每条线包含16个数据点。将数据进行可视化大大提高了我们的短时记忆容量，使我们可以迅速地解读大量的数据。

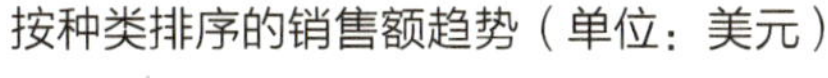

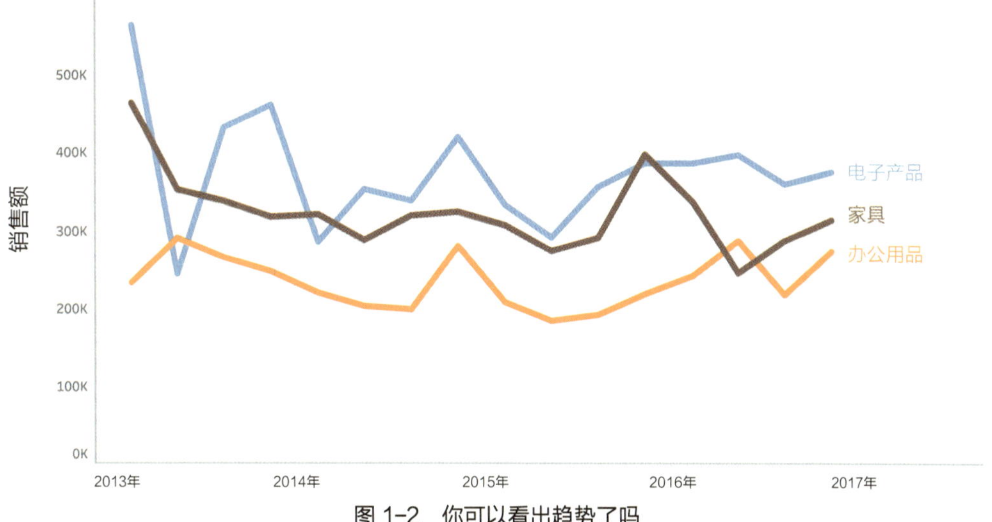

图 1-2　你可以看出趋势了吗

我们如何对数据进行可视化

我们刚刚了解了对数据进行可视化的威力。现在，我们需要继续研究如何构建可视化。要做到这一点，我们首先必须关注两个方面：数据的前置属性及其类型。

前置属性

对数据进行可视化要求我们把数据转换为画布上的标记。什么样的标记才最有意义？其中一个答案就是所谓的“前置属性”。在我们关注其他因素前，我们的大脑会以毫秒为单位处理前置属性。前置属性有很多不同的类型。让我们来看一个例子。

请看看图 1-3 中的数字，有多少个“9”在那里？

你会怎样处理？回答这个问题很简单——你只需要查看所有的数字，然后数出“9”的个数，但这会花很长时间。我们可以对网格做一个轻松的更改，如图 1-4 所示。

现在任务就简单了。为什么呢？因为我们改变了颜色：“9”是红色的，而其他数字都是浅灰色的。

颜色的差异凸显出来，就很容易在一个有着数百个数字的 10 × 10 网格上找到红色的“9”。想一下：在你特意从网格中数出它们之前，你的大脑其实已经印下了红色的“9”。图 1-5 是有着 2500 个数字的网格，请找一找，你能看到“9”吗？

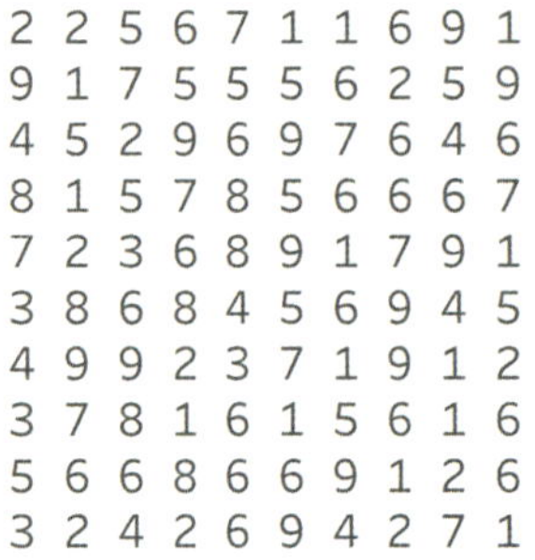

2 2 5 6 7 1 1 6 9 1
9 1 7 5 5 5 6 2 5 9
4 5 2 9 6 9 7 6 4 6
8 1 5 7 8 5 6 6 6 7
7 2 3 6 8 9 1 7 9 1
3 8 6 8 4 5 6 9 4 5
4 9 9 2 3 7 1 9 1 2
3 7 8 1 6 1 5 6 1 6
5 6 6 8 6 6 9 1 2 6
3 2 4 2 6 9 4 2 7 1

图 1-3 图中一共有多少个“9”

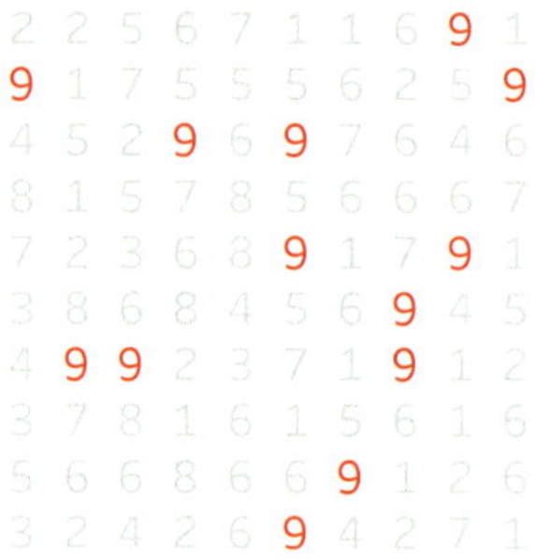

2 2 5 6 7 1 1 6 9 1
9 1 7 5 5 5 6 2 5 9
4 5 2 9 6 9 7 6 4 6
8 1 5 7 8 5 6 6 6 7
7 2 3 6 8 9 1 7 9 1
3 8 6 8 4 5 6 9 4 5
4 9 9 2 3 7 1 9 1 2
3 7 8 1 6 1 5 6 1 6
5 6 6 8 6 6 9 1 2 6
3 2 4 2 6 9 4 2 7 1

图 1-4 这样更容易数出有多少个“9”

6 4 5 5 1 3 7 8 4 4 1 2 3 2 8 2 2 2 7 6 6 1 8 7 2 4 8 4 1 7 2 4 1 7 5 1 3 3 8 8 4 7 3 2 6 8 3 8 7 2
8 7 3 1 4 8 8 2 2 7 1 4 1 3 1 1 7 8 6 1 3 3 1 8 8 8 5 2 5 7 6 3 1 1 5 8 1 5 1 3 2 8 3 3 2 6 7 8 2 8
3 6 6 5 7 7 7 3 7 1 7 8 7 4 4 7 5 8 1 8 4 7 5 3 2 4 5 5 2 6 2 4 6 7 5 8 1 2 2 8 8 1 4 1 1 8 8 5 1 6
4 3 8 2 6 8 4 4 8 8 3 1 3 2 3 5 5 5 8 4 4 5 6 6 8 8 1 7 3 3 8 8 1 8 1 2 5 7 4 8 4 6 5 4 1 4 2 7 2 2
6 2 1 5 6 3 1 4 4 2 3 2 8 6 7 1 4 8 6 1 2 1 5 7 5 2 1 3 4 8 6 6 3 7 3 1 4 4 6 8 4 1 7 2 3 8 7 8 1 1
5 7 4 5 3 1 8 1 6 5 6 7 2 7 4 8 7 4 5 3 1 6 1 2 7 1 5 5 8 6 8 7 5 3 8 6 8 7 5 8 3 4 2 4 4 8 8 8 3 2
1 4 5 7 2 5 4 3 8 3 5 6 4 2 5 7 6 8 6 7 6 2 8 4 5 4 8 8 6 3 8 7 5 2 3 5 7 2 7 6 5 4 6 5 1 4 8 1 2 4
4 8 8 6 3 4 6 8 2 1 2 3 2 6 1 8 1 4 8 8 5 8 7 5 3 3 6 4 5 2 4 8 2 6 3 1 1 6 2 7 9 6 6 6 2 4 3 3 4 2
4 2 2 8 8 4 8 8 7 4 3 4 3 7 6 8 6 6 2 5 1 5 8 3 4 4 4 8 1 2 1 3 1 5 4 7 8 3 2 3 3 3 8 2 5 8 5 1 4 3
2 7 3 6 1 6 8 8 5 8 2 2 5 7 4 4 3 7 8 5 6 4 4 1 4 4 6 8 4 2 4 1 8 8 4 4 7 5 7 5 7 2 2 7 4 2 8 4 7 4
4 1 5 1 3 1 6 7 7 2 8 8 2 2 8 5 8 2 3 3 6 6 1 2 2 7 8 3 2 2 5 3 4 7 8 6 6 3 3 3 1 5 5 7 5 6 6 6 7 6
6 6 8 4 7 3 1 2 1 2 7 5 6 6 6 2 1 1 8 8 6 4 7 8 3 2 2 1 5 2 2 6 6 1 5 3 1 2 7 4 2 7 5 8 4 7 6 6 5 7
8 7 7 1 4 7 4 4 4 7 8 5 3 5 8 7 2 2 7 1 8 7 2 2 1 5 7 6 1 6 1 6 7 4 6 4 1 8 4 8 8 2 8 3 6 8 5 5 2 4
7 8 8 4 4 6 4 5 1 4 7 2 1 1 1 7 5 2 2 8 8 7 7 3 4 2 6 2 7 8 5 6 7 1 5 2 8 6 7 5 6 3 4 2 6 3 2 4 6 8
8 8 8 2 3 8 8 8 2 8 2 6 5 8 5 4 8 1 8 3 5 7 7 2 1 7 4 7 3 1 6 7 5 4 1 8 8 2 1 5 8 4 4 6 4 8 8 1 3 3
5 5 5 2 7 8 4 1 6 7 8 4 1 3 2 7 2 5 7 2 4 8 5 3 2 6 7 2 5 6 7 1 3 1 6 8 4 6 3 5 3 2 6 1 4 5 4 2 3 2
1 3 4 5 2 1 5 5 4 1 4 8 2 5 7 5 4 4 1 7 4 2 6 7 1 4 6 1 8 8 4 2 2 3 8 3 4 3 3 2 1 5 8 1 5 8 6 6 3 5
4 1 5 6 8 7 2 6 7 5 1 2 1 4 2 4 5 7 7 3 7 6 7 2 8 7 3 2 1 7 2 8 6 5 6 7 8 4 6 4 8 1 1 5 6 4 2 5 6 1
3 6 7 6 3 4 2 7 1 6 3 3 3 4 1 7 8 4 7 7 6 6 5 3 2 2 1 3 5 3 2 4 8 5 5 2 3 1 2 3 1 8 4 4 4 5 1 1 8 8
5 4 1 7 4 6 7 4 5 4 2 1 5 6 2 4 5 4 2 7 7 5 7 2 7 7 4 2 8 6 3 2 4 3 1 7 8 7 7 4 5 2 5 8 3 1 2 5 3 8
4 6 4 5 4 1 3 5 3 1 5 4 2 5 8 3 4 4 7 3 8 2 6 2 5 3 2 1 7 6 2 7 3 5 1 5 5 6 1 2 5 6 8 1 8 5 7 1 1 6
6 7 8 4 6 8 7 1 6 8 1 8 1 7 7 7 5 3 8 1 3 5 8 5 5 4 8 8 6 1 7 4 8 7 2 2 2 4 3 5 2 6 1 8 7 8 2 6 1 4
3 7 2 1 8 1 6 4 3 2 7 2 2 7 3 1 7 4 2 4 4 5 1 8 2 7 4 2 8 7 2 2 5 3 1 7 2 4 5 6 6 7 6 2 7 2 1 2 8 7
3 1 3 2 2 8 6 5 5 8 3 5 7 4 6 4 1 7 5 5 4 4 8 6 5 6 5 2 8 7 3 8 5 6 2 2 1 5 6 7 8 2 2 5 4 5 7 2 4 6
8 3 5 6 8 6 7 6 4 4 2 7 8 6 1 3 6 4 8 8 7 1 5 8 8 3 1 3 2 4 3 7 4 1 4 7 2 7 4 6 3 2 7 1 1 8 3 4 6 3
5 1 4 5 3 6 7 8 8 1 7 5 1 1 5 5 6 3 7 7 4 2 8 2 6 6 5 1 1 5 8 3 8 6 6 6 3 8 5 3 7 2 1 4 1 1 5 5 2 6
2 5 8 6 6 8 4 6 1 1 4 1 8 8 4 1 5 2 3 2 2 2 6 8 1 5 5 7 5 5 3 3 5 1 2 5 6 6 7 5 5 7 5 4 5 7 5 8 5 7
3 5 2 1 6 4 1 7 5 1 4 2 7 6 7 6 4 6 6 8 6 4 4 7 3 7 8 6 8 6 2 4 6 2 6 3 8 4 5 3 4 2 7 7 1 5 8 8 6 5
6 6 4 2 6 6 8 8 2 3 4 6 1 8 3 8 3 4 6 4 3 6 4 8 6 8 8 1 4 6 6 4 2 2 2 7 8 5 2 1 5 5 5 7 7 7 8 1 5 7
2 8 5 5 8 7 3 7 6 1 7 4 2 6 7 3 6 3 3 7 7 5 6 7 4 7 4 8 6 6 4 7 6 5 3 1 2 8 6 7 4 1 3 4 5 2 6 3 6 2
5 2 4 6 6 1 4 3 8 6 5 3 4 7 3 5 3 2 2 3 7 8 1 8 6 8 8 4 6 5 8 1 7 5 8 6 6 5 7 3 4 8 8 4 5 8 2 2 2 6
2 6 3 3 6 8 5 5 1 6 4 8 6 3 4 5 4 3 3 8 8 4 1 5 5 5 2 1 4 6 6 5 3 7 6 5 2 6 7 5 3 3 2 2 3 7 3 1 2 5
2 4 7 1 6 3 1 4 7 4 6 3 2 3 2 3 2 6 8 3 7 4 2 6 2 4 4 8 6 6 3 6 7 2 1 4 1 1 2 4 1 5 7 4 5 4 2 1 4 6
6 7 5 3 2 1 8 3 3 6 7 2 4 2 1 2 1 2 3 5 5 3 5 8 5 6 2 5 2 6 7 4 5 5 5 4 4 4 2 7 1 2 7 3 6 5 6 4 8 1
5 8 8 2 5 7 3 6 4 5 8 8 2 5 1 8 5 8 3 4 8 2 3 8 4 6 3 8 6 5 1 8 4 8 7 2 2 8 2 3 6 3 7 4 6 2 4 5 2 1
3 6 1 4 6 6 4 4 2 7 6 3 2 8 8 4 4 8 3 1 5 5 5 4 5 5 7 6 6 4 5 1 2 8 8 1 2 1 7 5 6 7 4 2 5 3 5 7 5 3
7 2 4 3 4 8 4 8 4 5 2 5 3 7 5 8 4 2 2 2 4 8 5 6 4 1 2 5 8 7 5 6 1 4 6 4 3 2 3 6 6 8 5 2 8 5 2 1 6 3
8 8 1 3 4 6 3 1 3 2 7 2 2 3 8 1 1 7 5 8 3 3 6 8 1 1 7 1 3 1 2 6 6 2 4 5 8 7 2 5 3 5 6 1 5 6 5 7 2 4
1 1 4 7 4 5 2 6 1 8 3 8 3 2 2 8 6 6 1 2 2 8 1 3 8 6 8 2 2 6 7 7 5 3 7 7 5 3 2 8 5 4 5 4 8 4 2 3 4 7
7 6 2 5 4 8 7 8 7 2 8 6 2 6 2 4 3 2 2 3 8 5 4 7 6 2 4 3 3 4 6 8 7 2 7 2 6 7 5 4 5 6 7 1 5 5 4 2 1 3
8 5 5 5 7 2 6 4 8 8 2 4 1 8 4 8 7 8 3 4 5 7 1 4 8 2 1 1 8 5 4 1 1 8 3 2 5 5 6 1 4 5 2 2 6 3 6 1 8 5
4 8 4 2 2 2 8 7 6 8 4 1 8 8 6 4 3 2 7 8 7 3 5 1 8 6 8 8 1 8 3 2 8 2 6 2 5 4 2 4 7 6 5 8 4 4 1 7 2 1
6 7 7 2 8 2 1 7 7 5 3 5 6 4 3 4 4 5 8 2 5 5 8 7 4 6 3 5 5 6 3 2 4 1 5 5 8 5 6 8 3 1 7 6 7 5 5 6 6 1
2 4 6 3 7 6 2 3 7 1 7 1 3 8 1 4 4 4 5 6 4 4 7 5 5 2 3 3 3 7 5 2 1 8 5 7 3 7 5 2 2 3 4 4 7 7 3 5 7 3
1 7 5 3 1 2 6 5 3 3 7 5 1 3 2 5 8 4 8 1 5 8 7 5 8 1 6 1 4 4 4 7 5 8 5 8 3 4 6 1 3 8 6 4 3 3 8 1 3 8
8 7 8 8 2 3 4 1 5 1 3 3 8 6 1 5 6 5 2 6 5 4 8 2 6 3 7 1 1 5 6 6 7 7 3 8 8 1 5 1 7 8 3 3 2 6 4 4 7 4
5 2 2 1 3 7 2 8 1 5 3 5 3 4 1 7 3 3 1 6 8 8 7 7 4 8 5 1 7 3 2 4 4 2 7 2 5 3 3 8 5 4 3 3 3 6 7 2 4 1
2 1 2 4 2 5 3 3 2 4 6 6 5 6 3 5 7 5 7 2 5 2 4 5 1 5 5 5 8 6 1 3 7 4 6 3 4 5 8 7 1 8 8 8 5 4 6 6 3 8
7 6 3 7 1 1 6 2 5 5 3 4 4 3 6 1 3 6 4 8 7 6 3 5 5 2 8 5 8 8 4 8 8 8 4 6 5 4 2 5 6 1 2 8 6 7 3 7 2 6
3 6 2 8 7 4 1 6 7 4 5 3 5 7 6 6 4 4 2 8 8 8 5 2 2 8 2 1 1 7 2 8 4 4 6 7 3 7 1 7 8 8 3 8 4 3 3 3 8 7

图 1-5 只有一个“9”的数字网格

注：在这 2500 个网格排列的数字中只有一个“9”。我们猜你在开始读此页上的其他数字之前，就看到了它。

由于 9 是红色的，很容易指出，我们的双眼能够很好地辨认出这种差别。

颜色（这里指色调）是几个前置属性之一。当我们看着面前出现的一个场景或图表时，我们会在 250 毫秒内处理这些信息。让我们用几个其他前置属性试一下数字“9”这张表。如图 1–6 所示，我们让“9”的大小与图片中其他数字有所不同。

尺寸和色调：这是不是很神奇？单单对数字“9”进行计数的确很顺利。如果我们的任务是要得到每一个数字的频次呢？这是一个比较现实的任务，但我们不能对每一个数字都使用不同的颜色或大小，这将打败单色的前置属性。看看如图 1–7 所示的混乱情况。

2	2	5	6	7	1	1	6	9	1
9	1	7	5	5	5	6	2	5	9
4	5	2	9	6	9	7	6	4	6
8	1	5	7	8	5	6	6	6	7
7	2	3	6	8	9	1	7	9	1
3	8	6	8	4	5	6	9	4	5
4	9	9	2	3	7	1	9	1	2
3	7	8	1	6	1	5	6	1	6
5	6	6	8	6	6	9	1	2	6
3	2	4	2	6	9	4	2	7	1

图 1–6　很容易看出尺寸的不同

2	2	5	6	7	1	1	6	9	1
9	1	7	5	5	5	6	2	5	9
4	5	2	9	6	9	7	6	4	6
8	1	5	7	8	5	6	6	6	7
7	2	3	6	8	9	1	7	9	1
3	8	6	8	4	5	6	9	4	5
4	9	9	2	3	7	1	9	1	2
3	7	8	1	6	1	5	6	1	6
5	6	6	8	6	6	9	1	2	6
3	2	4	2	6	9	4	2	7	1

图 1–7　标记每一个数字的颜色与不标记颜色一样糟糕

这也并不完全是一个灾难：如果你在寻找数字“6”，你只需要弄清它们是红色，然后快速扫描识别出所有的“6”。在可视化中使用一种颜色，可以非常有效地使一个类别脱颖而出。像图 1–2 那样使用几种颜色去区分少量类别也很不错。一旦你达到八至十种类别，若用色调进行区分，要用的颜色就太多了。

为了对每个值进行计数，我们需要做累加。可视化的核心是通过编码聚合（如频次）来了解更多信息。我们需要完全抛弃表格，并为每一个数值的频次编码。最有效的方式是利用长度，可以在条形图中采用。如图 1–8 所示，条形显示了各个数值的频次。由于任务是对数据源中的数字“9”进行计数，我们还给代表数字“9”的条形标上了红。

条形图是查看结果的最佳方式之一，因为长度和位置最适合定量比较。如果我们最后一次拓展这个例子，考虑不同数字出现的频次，就可以对这些条形进行排序，如图 1–9 所示。

这些关于数字“9”的例子再次强调了对数据进行可视化的重要性。就像安斯库姆四重奏那样，我们从难以阅读的数据表转换到了易于理解的条形图。在排序后的条形图中，我们不仅可以对数字“9”进行计数（初始任务），还可以知道“9”是表中第三常见的数字。我们也可以看到其他每个数字的频次。

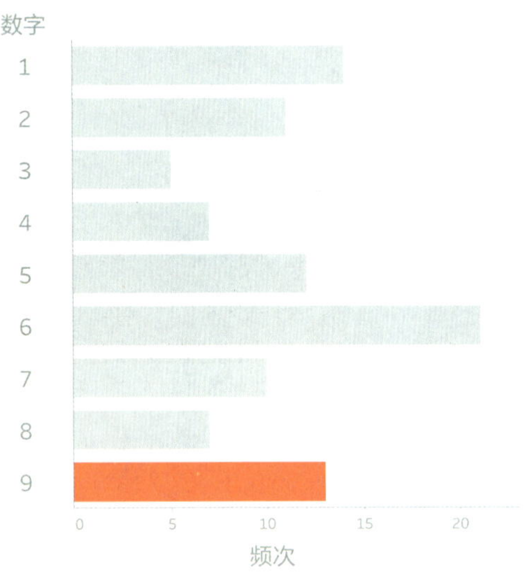

图 1-8 13 个“9”

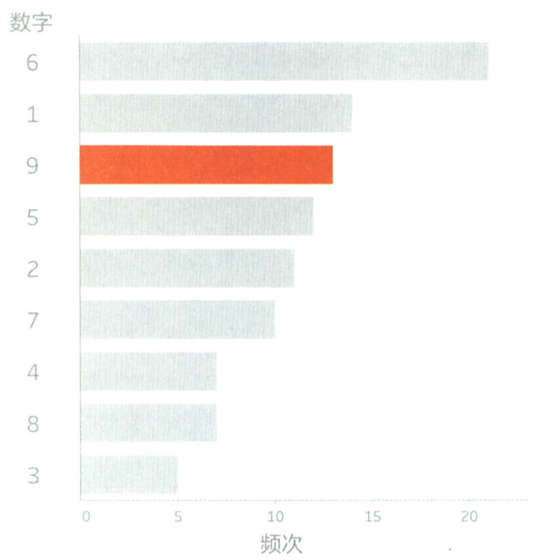

图 1-9 用颜色和长度显示表格中数字“9”的个数并排序

在上述一系列例子中，我们使用了颜色、尺寸和长度来突出数字“9”。这些是各类前置属性中的三类。图 1-10 中展示的是 12 类常用于数据可视化的前置属性。

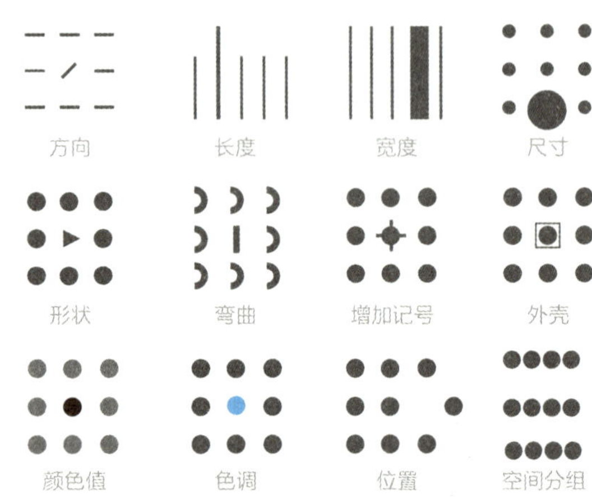

图 1-10 12 类常用于数据可视化的前置属性

你看过的图表中出现过其中一些，所以你会觉得它们很熟悉。比如图 1-1 中的安斯库姆四重奏，它使用了位置和空间分组。*x* 和 *y* 坐标是位置，空间分组让我们看到了异常值和模式。

前置属性为我们提供了在图表中编码数据的方法。我们会在稍后详细探讨这些方法。

总之，我们已经看到了视觉系统有多么强大，并了解了一些可以有效展现数据的视觉特征。现在我们需要了解不同类型的数据，以便为它们选择最佳的视觉编码。

数据类型

数据类型一共有三种：分类数据、顺序数据和定量数据。让我们用一张照片为例，来定义每种数据类型。

分类数据

分类数据（或定性数据）表示事物的性质。这些事物性质是不具有数值属性的相互独立的标签。在图 1-11 中，哪些定性数据可以用来描述安迪旁边的这位绅士呢？

图 1-11　作者之一安迪（右）与名人

- 他的名字：布伦特 · 斯派尔（Brent Spiner）。
- 他的职业：演员。
- 他的角色：《星际迷航：下一代》中扮演数据（Data）。

名字、职业、角色和电视节目都是分类数据。其他例子还包括：性别、产品类别、城市和用户细分。

顺序数据

除了有明确的顺序外，顺序数据类似于分类数据。对布伦特 · 斯派尔来说，包括：

- 其生日：1949 年 2 月 2 日，星期三；
- 他出演了全部七季《星际迷航：下一代》；
- 数据的职衔是中尉指挥官；
- 数据是宋博士制造出的六个机器人中的第五个。

其他类型的顺序数据包括教育经历、满意度和企业中的薪资层级。尽管顺序数据通常有与之相关联的数字，但这些数字之间的间隔是随意的。例如，在一个组织的薪资层级中，1 级和 2 级之间的差异可能远不同于 4 级和 6 级之间的差异。

定量数据

定量数据就是数字。定量（或数值）数据是可以观测和累加的数据：

- 布伦特 · 斯派尔的生日：1949 年 2 月 2 日，星期三；
- 他的身高：5 英尺[①]9 英寸[②]（约 175 厘米）；

---

① 1 英尺≈ 30.48 厘米。——译者注

② 1 英寸≈ 2.54 厘米。——译者注

- 他在《星际迷航》中出场 177 集；
- 数据的正电子大脑运算速度可达每秒 60 万亿次。

你会注意到生日在顺序数据和定量数据中都出现了。时间比较特殊，因为它既可以是顺序数据，又可以是定量数据。在第 29 章，我们会详细介绍处理时间的方式对选择可视化类型的影响。

其他类型的定量数据包括：销售额、利润、考试分数、网页浏览量和医院病人的数量。

定量数据可以用两种方式表示，即离散数据或连续数据。离散数据表现为预定义的精确点，没有“两者之间的值”的概念。例如，布伦特·斯派尔在《星际迷航》中出现了 177 集，他不可能出现 177.5 集。连续变量允许出现“两者之间的值”，因为会拥有无数可能的中间值。例如，斯派尔长到了 5 英尺 9 英寸，但在他生命中的某一时刻，他的身高是 4 英尺 7.5 英寸。

在图表中编码数据

现在，我们已经看过了前置属性和三种数据类型。接下来，我们可以看看如何把这些知识用于制作图表。让我们来看一些图表，观察它们如何为不同类型的数据编码。依然以《星际迷航》为例，图 1-12 显示了某网站对《星际迷航：下一代》每集的评分。

表 1-3 显示了不同类型数据的名称、类型以及它们的编码方式。

让我们再来观察之后的几个图表，看看前置属性是如何被使用的。图 1-13 来自《经济学人》杂志。观察每个图表，看看你能否看出哪些类型的数据被画了出来，以及它们是如何被编码的。

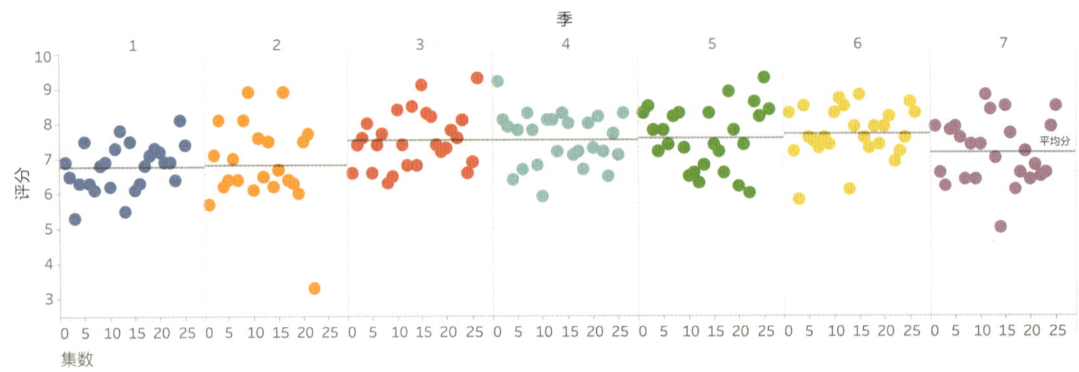

图 1-12 《星际迷航：下一代》每集的评分

表 1-3　　　　　　　　　　　　**图 1-12 中的数据**

数据	数据类型	编码	备注
集	分类数据	位置	每集由一个点来表示，每个点在图中都有自己的位置
集数	顺序数据	位置	x 轴显示的是每一季中每集的数字
季	顺序数据	颜色	每一季由一个不同的颜色（色调）表示
		位置	每一季在图表上也有属于自己的部分
IMDB 评分	顺序数据	位置	某一集越精彩，其在 y 轴上的位置就越高
每季平均评分	定量数据	位置	每个窗格中的横线表示每一季各集的平均评分。对于是否应当使用平均有序评分存在争议。我们相信这样处理评分的方式很常见，所以这是可以接受的

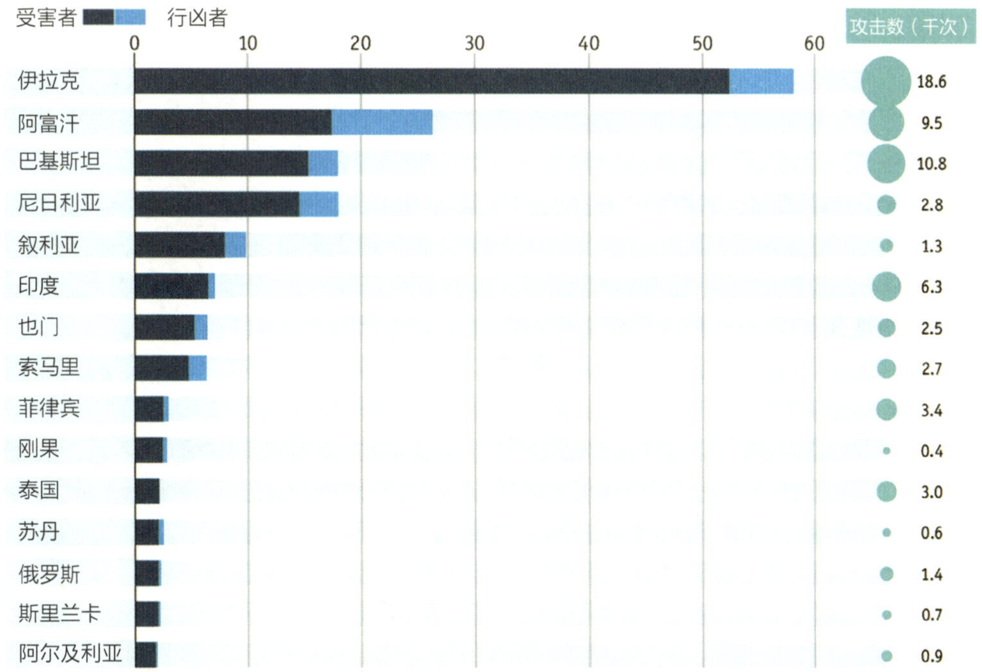

图 1-13　来自 2016 年 7 月的《经济学人》杂志的“一份糟糕的记录”

表 1-4 展示了每种数据类型是如何被编码的。

表 1-4　　图 1-13 中的数据

数据	数据类型	编码	备注
国家	分类数据	位置	每个国家都占据一行（按照死亡总人数排序）
死亡总数	定量数据	长度	条形的长度表示死亡人数
死亡类型	分类数据	颜色	深蓝色表示受害者的死亡总数，浅蓝色表示行凶者的死亡人数
攻击数	定量数据	尺寸	右侧圆圈的尺寸是根据攻击次数得出的

颜色

颜色是理解数据可视化最重要的元素之一，但颜色经常被误用。你不应该仅仅为了让无聊的视图变得有趣而使用颜色。事实上，很多出色的数据可视化完全不使用颜色，但信息却丰富而美观。

要有目的地使用颜色。例如，颜色可以用来吸引读者的注意，突出显示一部分数据，或者用来区分不同的类别。

颜色的使用

颜色主要通过三种方式被用于数据可视化中：顺序配色、发散配色和分类配色。

此外，我们还经常需要突出显示数据或就重要的事情来提醒读者。图 1-14 是一个提供了每种颜色方案的例子。

图 1-14　数据可视化的配色使用

顺序配色是从浅到深使用单一颜色。例如，用蓝色来表示美国各州的总销售额，其中深蓝色表示较高的销售额，浅蓝色表示较低的销售额。图 1-15 展示了应用顺序配色方案的美国各州失业率。

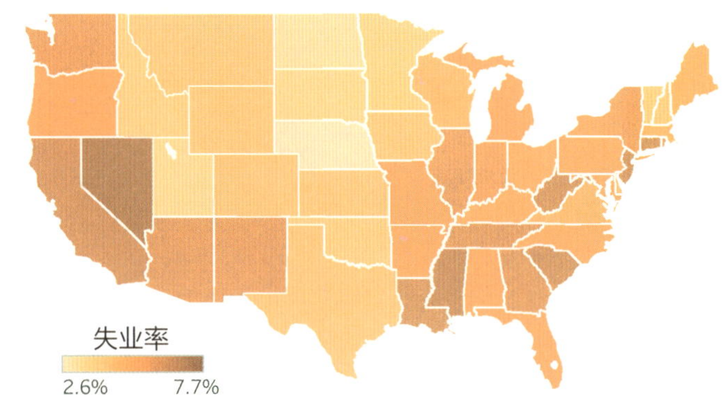

图 1-15　使用顺序配色方案的美国各州失业率

发散配色用于显示从一个中间点发散出的范围。这种配色可以像顺序配色方案那样被使用，但可以编码两种不同范围的度量（正值和负值），或是两种类别之间的度量范围。其中一个例子是美国选民在各州给民主党或共和党投票的可能程度，如图 1-16 所示。

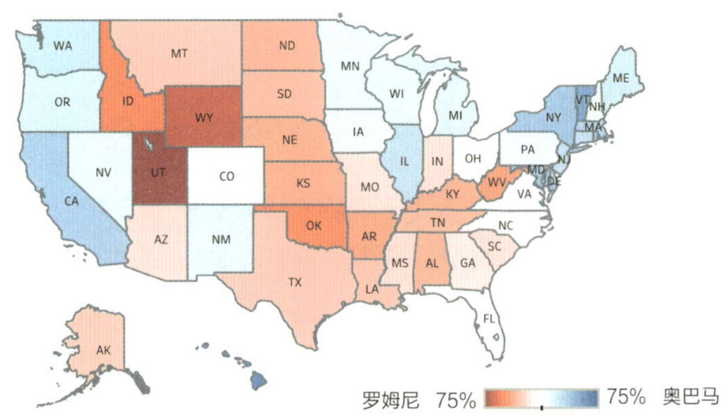

图 1-16　美国各州选民给民主党（蓝色）或共和党（红色）投票的可能程度

发散配色也可以用于显示天气，蓝色表示气候较冷，红色表示气候较暖。在有正数和负数的情况下，中间点可以是均值、目标值或零值。图 1-17 所示为一个美国各州利润状况的例子，其中利润（正数）以蓝色显示，亏损（负数）以橙色显示。

单位：美元

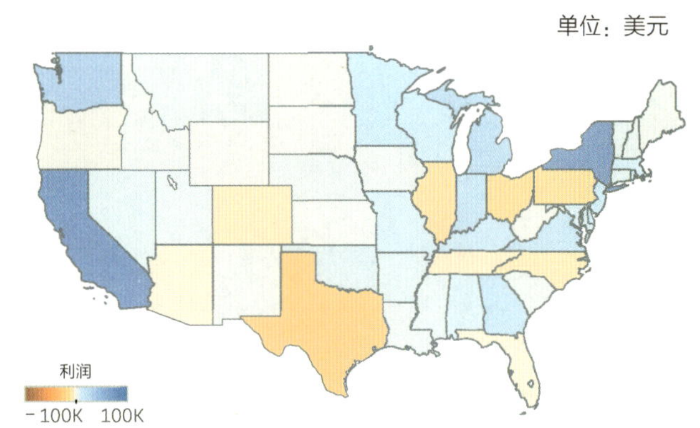

图 1-17　使用发散配色方案的各州利润情况

分类配色使用不同的色调来区分不同的类别。例如，我们可以构建一些类别，如服装（鞋、袜子、衬衫、帽子和外套）或车辆类型（汽车、小型货车、SUV 和摩托车）。图 1-18 展示了三类办公用品的数量。

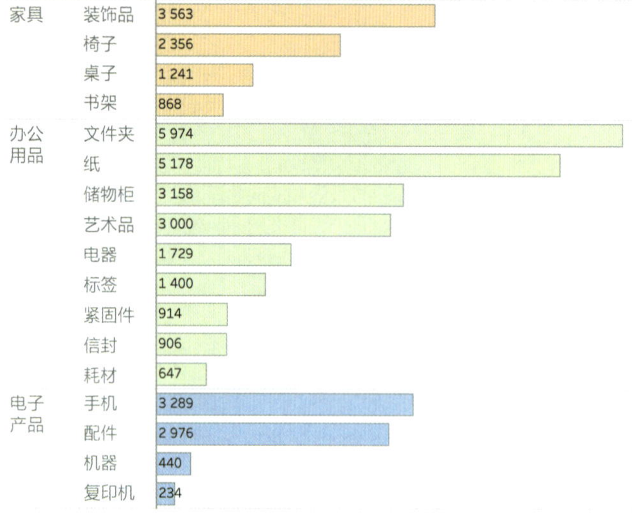

图 1-18 使用分类配色方案的三类办公用品的数量

突出配色用于向读者强调某事，但不是为了警告他们或拉响警报。突出配色可以采用多种方式，例如，突出显示某个数据点、表格中的文本、折线图中的某一条直线或条形图中特定的一个条形。图 1-19 是一个用蓝色突出某个州的斜率图。

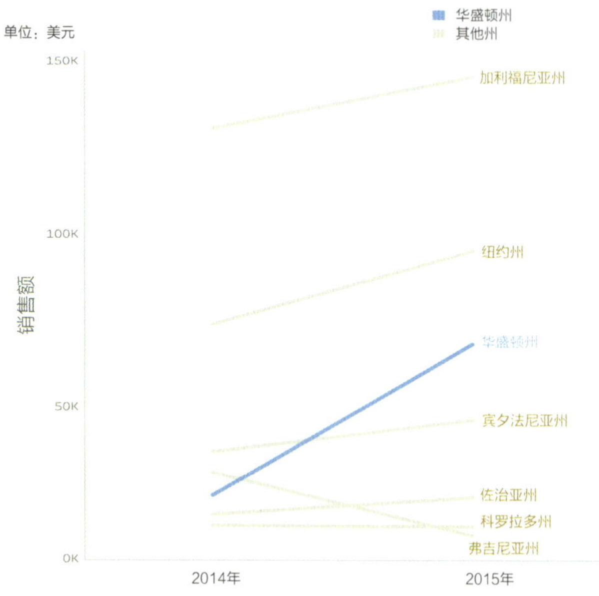

图 1-19 显示 2014-2015 年度各州销售额的斜率图

警示配色用于吸引读者注意某事。在这种情况下，一般最好使用明亮且具有警报意味的颜色，这样可以快速吸引读者的注意，如图 1–20 所示。

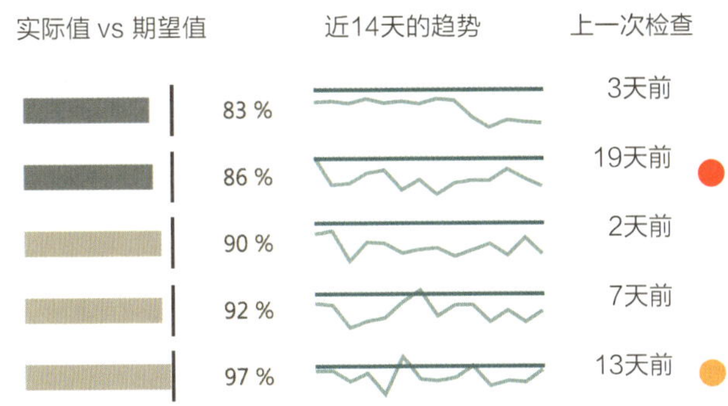

图 1–20　红色和橙色指示灯提醒读者仪表盘上的某些东西需要注意

使用顺序分类配色方案也是可行的。在这种情况下，每个分类都会根据其所代表的度量值，使用更深或更浅的不同色调。图 1–21 就使用了分类配色（即灰色、蓝色、黄色和棕色）来区分地图的四个区域。与此同时，该图也使用了顺序配色编码了这些区域的度量值。比如，我们假设在较深阴影中的州的销售额更高。

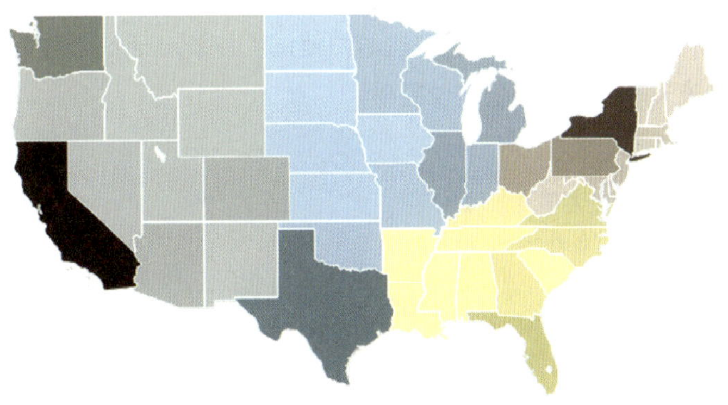

图 1–21　分类配色和顺序配色的结合

注：用四种分类颜色显示各区域的销售额，用顺序配色显示各州总销售额的差异

色觉缺失（色盲）

研究显示，约 8% 的男性患有色觉缺失（Color Vision Deficiency，CVD），而女性只有 0.4%。这种缺失通常被称为“色盲症”，是由于视网膜上缺少三原色视锥细胞中的一种，导致不能识别某些颜色。但“色盲”这个术语并不完全准确。患有色盲症的人其实可以看到颜色，他们只是不能像其他人一样区分颜色。更准确的术语应当是“色觉缺失”。患者所缺乏的视锥细胞的种类决定了色觉缺失患者看到色谱的方式。

有三种类型的色觉缺失：

1. 红色盲缺乏长波视锥细胞（红色色弱）；

2. 绿色盲缺乏中波视锥细胞（绿色色弱）；
3. 蓝色盲缺乏短波视锥细胞（蓝色色弱，这非常罕见，占总人口不到 0.5%）。

色觉缺失大多是遗传性的，并且正如你从数字中看到的，它主要困扰着男性。8% 的男性看起来数量不大，但这意味着在一个有九名男性的群体里，某个人患有色觉缺失的概率高达 50% 以上。而在一个有 25 名男性的群体里，其中一人患有色觉缺失的概率是 88%。这一比例在高加索白人男性中有所上升，高达 11%。在大型公司或向公众展示数据可视化时，设计者必须考虑到色觉缺失人群的存在。

色觉缺失患者的主要问题在于区分红色和绿色。这就是为什么最好避免同时使用红色和绿色，并且一般也要避免常用的交通信号灯颜色。我们会在第 33 章进一步讨论这个问题，并给出一些同时使用红色和绿色时的解决方案。

看到自己的问题

让我们来看一些例子：当颜色选得不好时，就会给色觉缺失患者造成混乱。

如图 1-22 所示，左边的图使用了传统交通信号灯的红色、黄色和绿色。右边的图是色觉缺失的红色盲看到的模拟图。

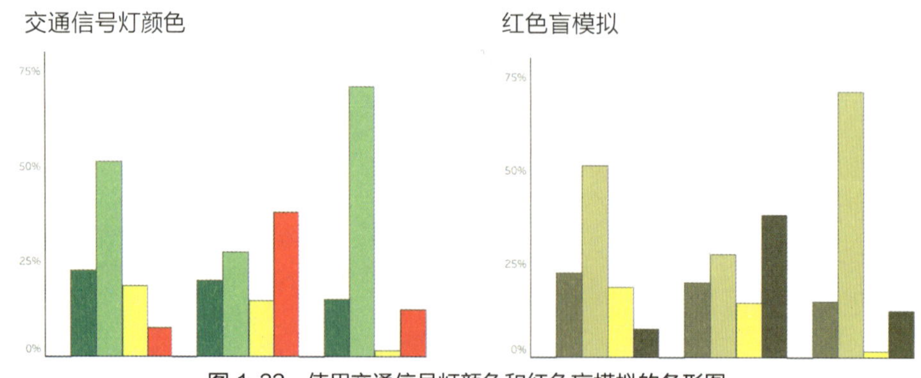

图 1-22 使用交通信号灯颜色和红色盲模拟的条形图

注：注意右侧面板，红色和绿色条纹对于红色盲人群来说是很难区分的。

数据可视化从业人员的一个常见的解决方案是用蓝色和橙色。用蓝色而非绿色来表示状况良好，用橙色而非红色来表示状况较差，这样效果很好，因为几乎每个人（除了极少数人）都可以区分蓝色和橙色。这种蓝橙色调常常被认为"对色盲友好"。

图 1-23 让我们看到了采用蓝 / 橙色调方案时，色觉缺失的红色盲所看到的模拟图。

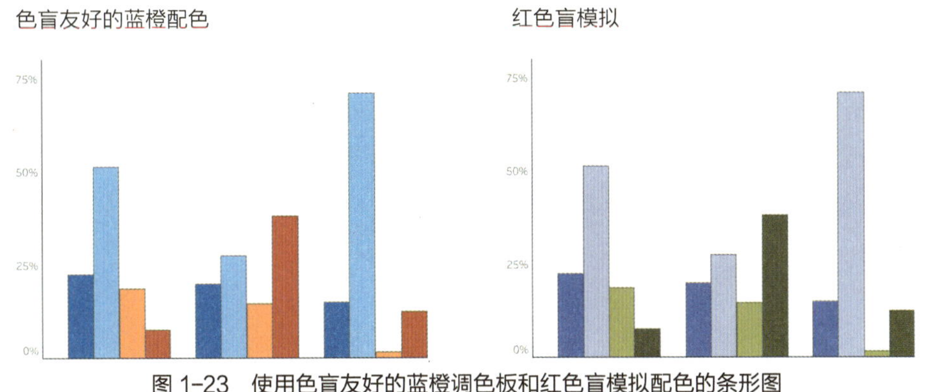

图 1-23　使用色盲友好的蓝橙调色板和红色盲模拟配色的条形图

问题不仅仅是红色和绿色

在数据可视化领域中，红色和绿色的使用经常会被讨论，这可能是因为交通信号灯调色板在许多软件程序中都存在，并且被广泛应用于当今的商业中。西方文化中常用红色表示不好，用绿色表示好。然而，色觉缺失患者在区分颜色时遇到的问题远比单论红色和绿色要复杂。因为红色、绿色和橙色在某些重度的色觉缺失患者看来都是棕色，所以更准确的说法是："不要同时使用红色、绿色、棕色和橙色。"

如图 1-24 所示，一个用棕色、橙色和绿色同时表示三个类别的散点图，对红色盲患者而言，其中的点的颜色是非常相似的。

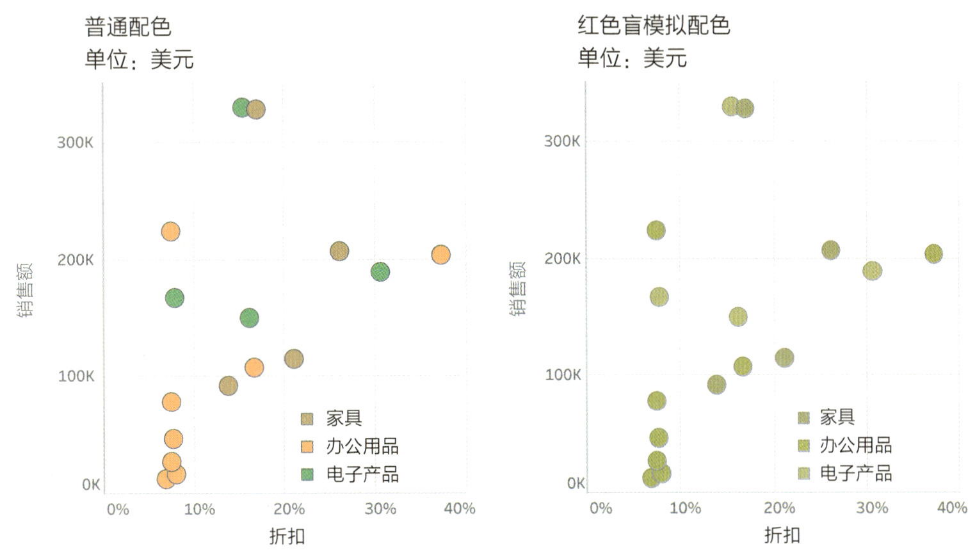

图 1-24　模拟红色盲模拟配色的散点图

经常被忽视的一种色调组合是蓝色和紫色。在一个红绿蓝颜色模型中，紫色是由蓝色和红色叠加而成的。如果一个色觉缺失患者识别红色有困难，那么他也许对识别紫色也有困难，可能会将之看成蓝色。其他颜色的组合也会出现问题。例如，粉色与灰色、红色与灰色或灰色和棕色一起使用时，人们也可能会分辨不清。

图 1-25 所示的另一个散点图使用的是蓝色、紫色、品红色和灰色。当绿色盲患者看这个散点图时，其中的点就表现为非常相似的灰色了。

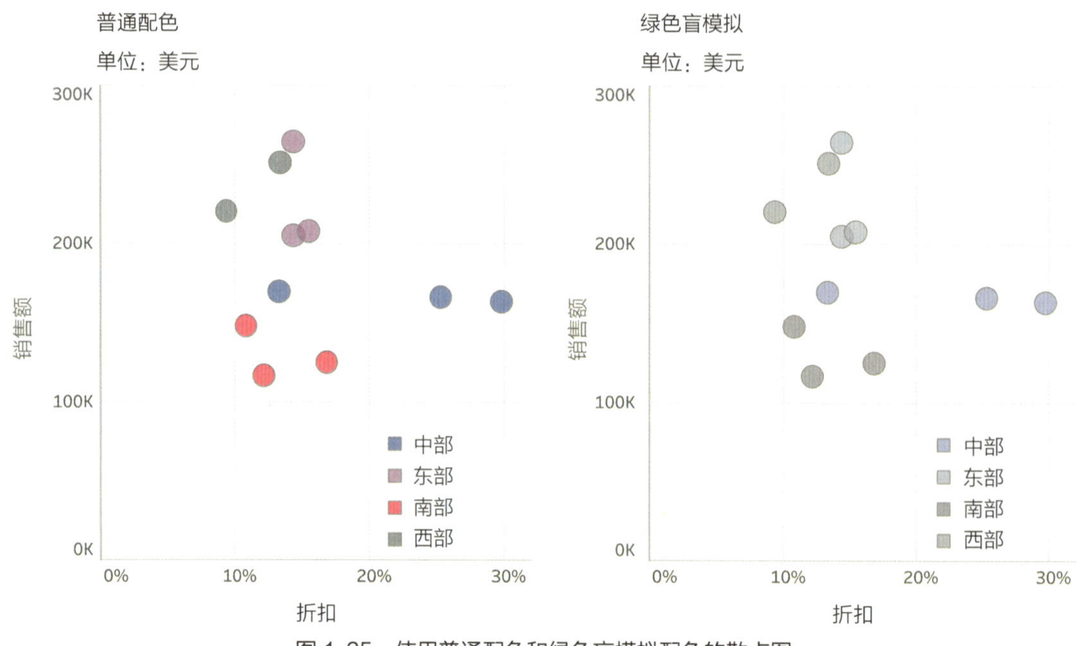

图 1-25 使用普通配色和绿色盲模拟配色的散点图

在设计可视化图表时，了解这些问题非常重要。如果使用颜色对数据进行编码时，需要让读者通过区分颜色来理解可视化，那可以考虑使用对色盲友好的调色板。这里有一些资源，你可以用来模拟各种类型的色觉缺失患者可看到的可视化图。

- Adobe Illustrator CC。该程序在“校样设置”下的“视图”菜单中提供了内嵌式的色觉缺失模拟。
- Chromatic Vision Simulator（免费）。浅田一宪（Kazunori Asada）的 superb 网站允许用户上传图像，模拟出该图像对不同类型色觉缺失患者的显示效果。
- NoCoffee vision simulator（免费）。这个 Chrome 浏览器的免费模拟器允许用户直接从浏览器中模拟网站和图像。

常见的图表类型

在本书中，你会看到许多不同类型的图表。我们会结合情境解释为什么很多图表被选中来完成特定的任务。在这一章节中，我们简要概述了最常见的一些图表类型。下面列出的图表，可以满足对数据进行可视化时的大部分需求。本书中看到的更复杂的图表类型都是由与构建这些图表相似的基础材料构建而成的。例如，第 6、8、9 章出现的波形图就是一种折线图。第 16 章使用的子弹图是包含了参考线和阴影的条形图。最后，第 22 章出现的瀑布图是条与条之间不具备共同基准线的条形图。

条形图

如图 1–26 所示，条形图使用长度来表示度量。人们非常擅长从一个共同的基准线上看到哪怕是差别很小的长度的差异。条形被广泛应用于数据可视化中，因为它们常常是最有效的比较类别的方法。条形的方向可以是水平或垂直的。对它们进行排序非常有用，因为条形图最常见的作用就是用来发现最大 / 最小的项目。

折线图

如图 1–27 所示，折线图通常显示随时间推移而产生的变化。时间由水平 x 轴上的位置表示。度量显示在垂直的 y 轴上。线的高度和斜率能让我们看到趋势。

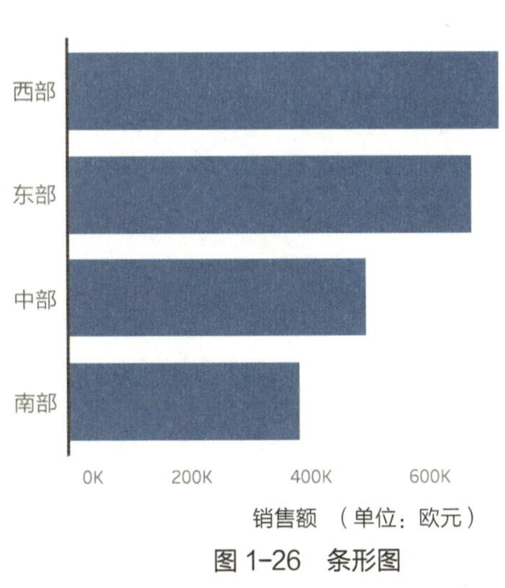

图 1–26　条形图

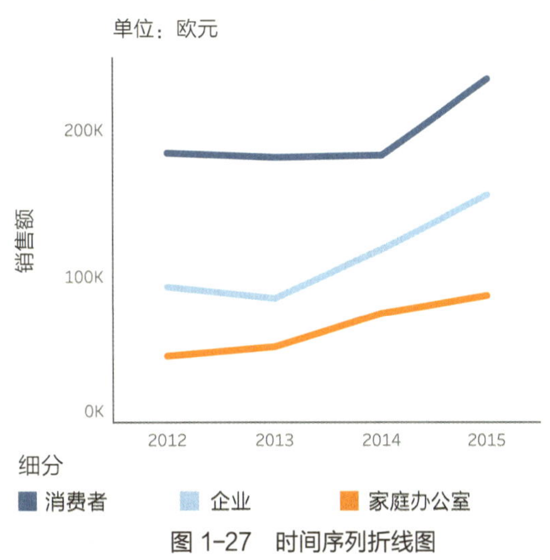

图 1–27　时间序列折线图

散点图

如图 1-28 所示，散点图可以比较两种不同的度量。每个度量使用水平轴和垂直轴上的位置进行编码。散点图在查找两个变量之间的关系时非常有用。

点图

如图 1-29 所示，点图让你可以通过两个维度对值进行比较。在我们的示例中，每行都展示了不同航运模式下的销售额。这些点显示了每类航运模式下的细分销售额，在这个示例中，你可以看到标准舱的企业销售额是最高的。

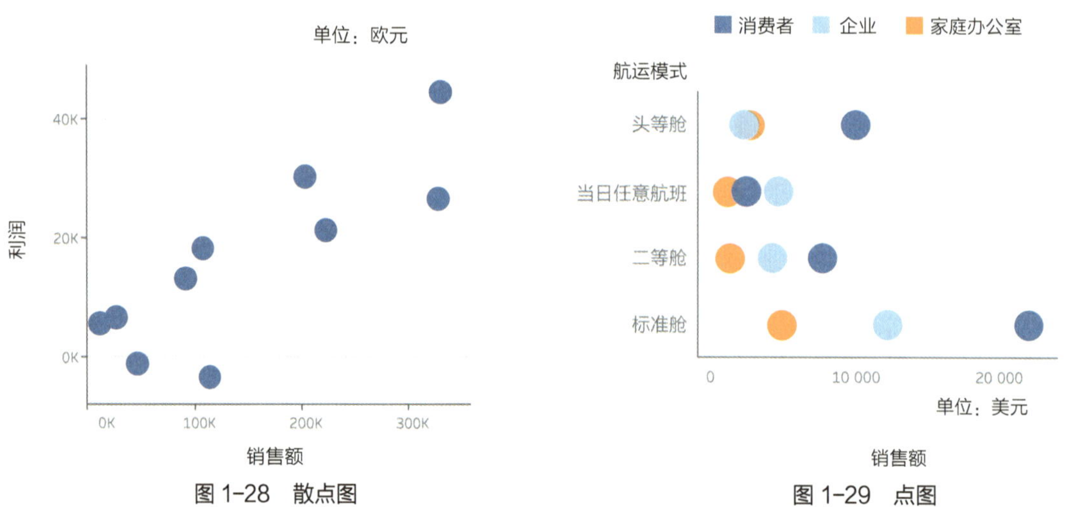

图 1-28 散点图

图 1-29 点图

地区分布图

图 1-30 为地区分布图（也称填充图），在预定义区域内使用阴影或着色的差异来表示这些区域中的值或类别。

符号图

图 1-31 为符号图，显示了特定位置的值。这些位置可以是大区域的中心点（如美国各个州的中心）或由精确的经度 / 纬度测量而确定的特定位置。

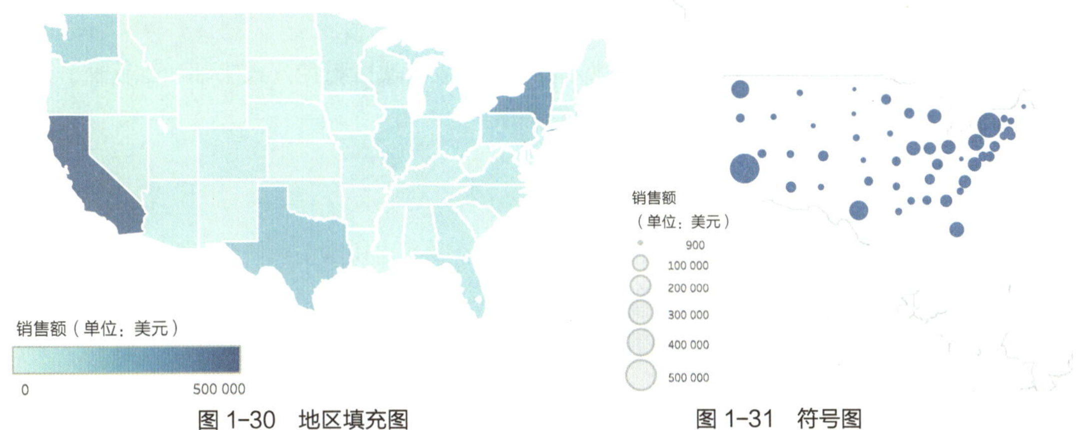

图 1-30 地区填充图

图 1-31 符号图

避免饼图

为什么这里没有饼图？饼图虽然是常见的图，但它们有缺陷，我们不建议你使用。在后面的章节中我们会详细解释。

表格

有时候，你确实需要查找精确的数值。在这种情况下，表 1-5 展示了一个可接受的方式。在大多数仪表盘上，表格显示了简要图表的详细信息。

表 1-5 表格 （单位：美元）

111K	131K	138K	154K
132K	117K	157K	215K
77K	68K	79K	106K

突出显示的表格

如表 1-6 所示，向表格中添加颜色可以将它们转换为更直观的视图，同时还可以精确查找任何值。

表 1-6 突出显示的表格 （单位：美元）

111K	131K	138K	154K
132K	117K	157K	215K
77K	68K	79K	106K

子弹图

图 1-32 展示的是一个子弹图，它是比较目标与实际情况的最佳方式之一。蓝条表示实际值，黑线表示目标值，灰色阴影区域是表现区分带。

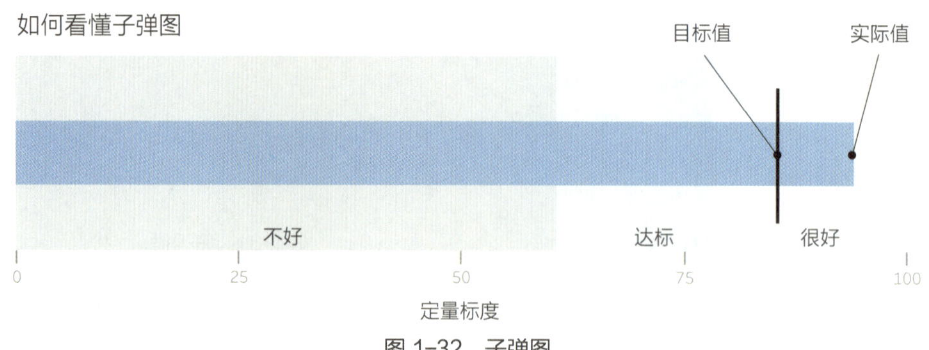

图 1-32 子弹图

当我们的视觉处理系统背叛我们时

我们已经讨论过如何使用前置属性来构建好的数据可视化。通过使用这些特性，我们可以利用视觉系统的力量来实现我们的优势。不幸的是，我们的视觉系统也会被迷惑。在本节中，我们来看一些常见的陷阱。

图 1-33 这是鸭子还是兔子

我们的眼睛可以被无数不同的方式所戏弄。如图 1-33 和图 1-34 展示了两种视觉错觉。

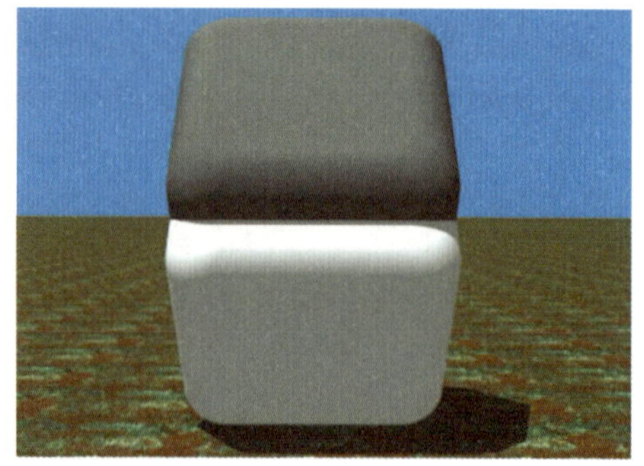

图 1-34 顶部看起来比底部暗吗

在图 1-34 中，顶部似乎是一个光线充足的灰色表面，底部看起来是一个在光线不足之处的白色表面。然而，那里没有阴影。研究者为图像添加了渐变和阴影。我们的头脑不受控制地看着阴影，使顶部看起来比底部暗得多，但如果你遮住图片的中间部分，就会发现顶部和底部的颜色完全一样。

图片的模棱两可制造出了好玩的幻觉，但当你的数据可视化造成了混淆而不是澄清了事实时就可能是灾难性的了。在上一节中，我们看到了前置属性的力量。现在是时候去观察一些前置属性的问题了。在整本书中，我们讨论了在不同情境下该用哪一种前置属性，以及它们为什么在那种情况下是有效的。

当我们对数据进行可视化时，很大程度上，我们试图在最短的时间里用最准确的方式来解释度量的意义。对于这个目标来说，某些前置属性比其他前置属性的效果更好。

图 1-35 展示了非洲各类疾病导致的每日死亡人数。圆圈的大小根据死亡人数而定。我们移除了除疟疾之外的所有标签（每日 552 人死亡）。每天有多少人死于腹泻？代表艾滋病的圆圈比代表腹泻的圆圈大多少？

你会怎样做？实际答案如图 1-36 所示。

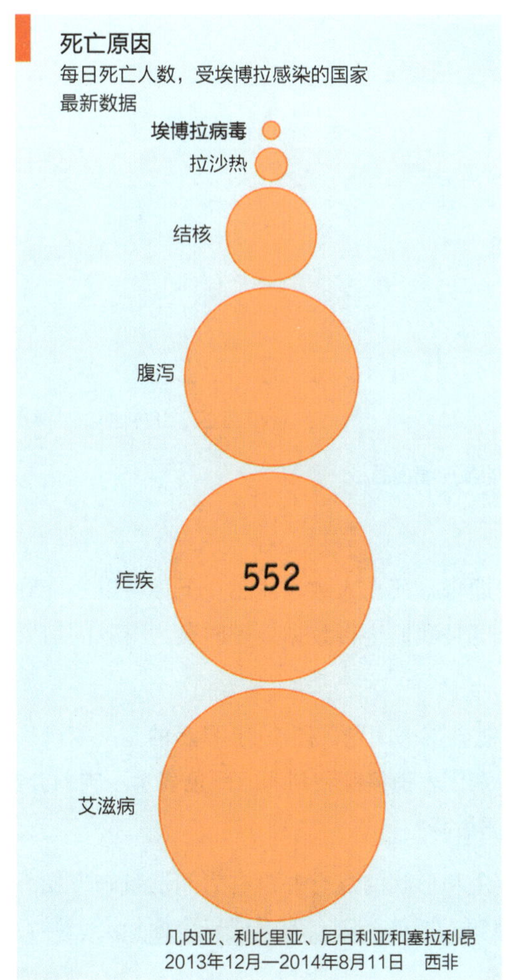

图 1-35　2014 年受埃博拉感染国家的每日死亡人数

注：你能估计出其他疾病的死亡人数吗？

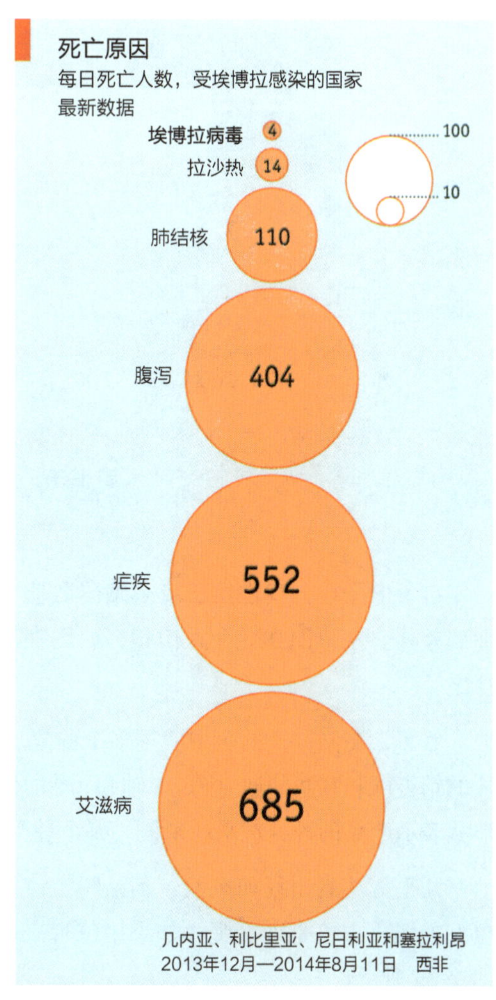

图 1-36　添加了标签的 2014 年受埃博拉感染国家的每日死亡人数

大多数人低估了更大圆圈的尺寸。其中的重点在于当尺寸前置时，我们不能准确地分辨出差异。尝试把同样的数据放在条形图中，如图 1–37 所示。

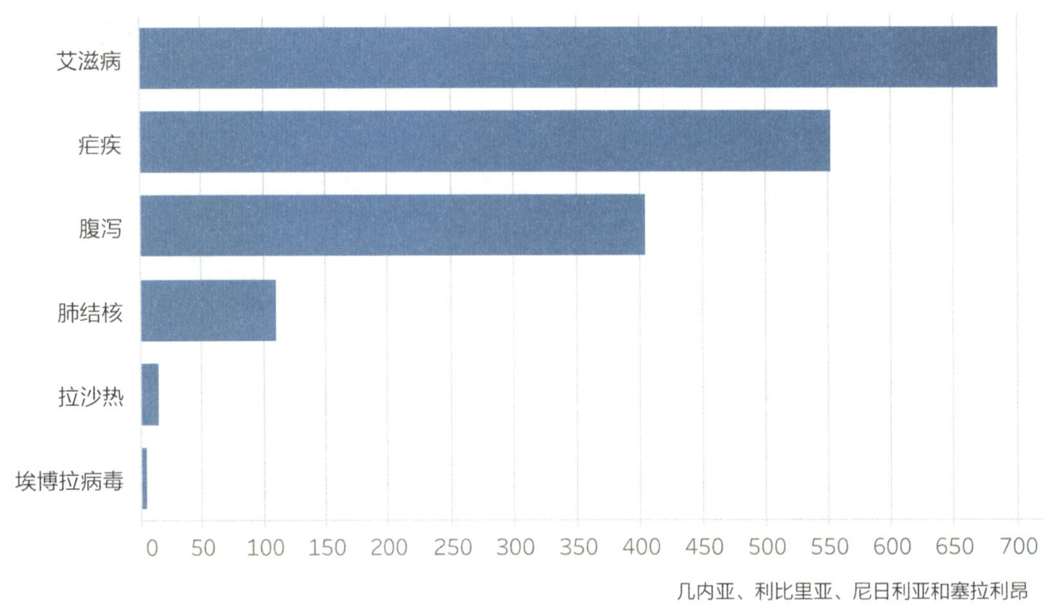

图 1–37 圆圈图的条形图视图

在条形图中，我们用长度来编码数值变量，即每日死亡人数。注意一下你可以多准确地看到差异。条形图如此令人信赖，原因在于：长度是我们进行数据处理时最为有效的前置属性之一。

然而，在同一个图表中使用多个前置属性可能会带来问题。图 1–38 显示的是一家虚构公司的销售额和利润的散点图。x 轴和 y 轴的位置分别代表销售额和利润。颜色表示不同的分类，形状表示产品的种类。平均来说，哪个种类的利润最高？

几乎无法看出任何东西，不是吗？位置、颜色和形状的混合并没有为阅读带来方便。那更好的解决方案是什么呢？如果用位置来表示种类，把单个散点图拆成三个面板会怎样？如图 1–39 所示。

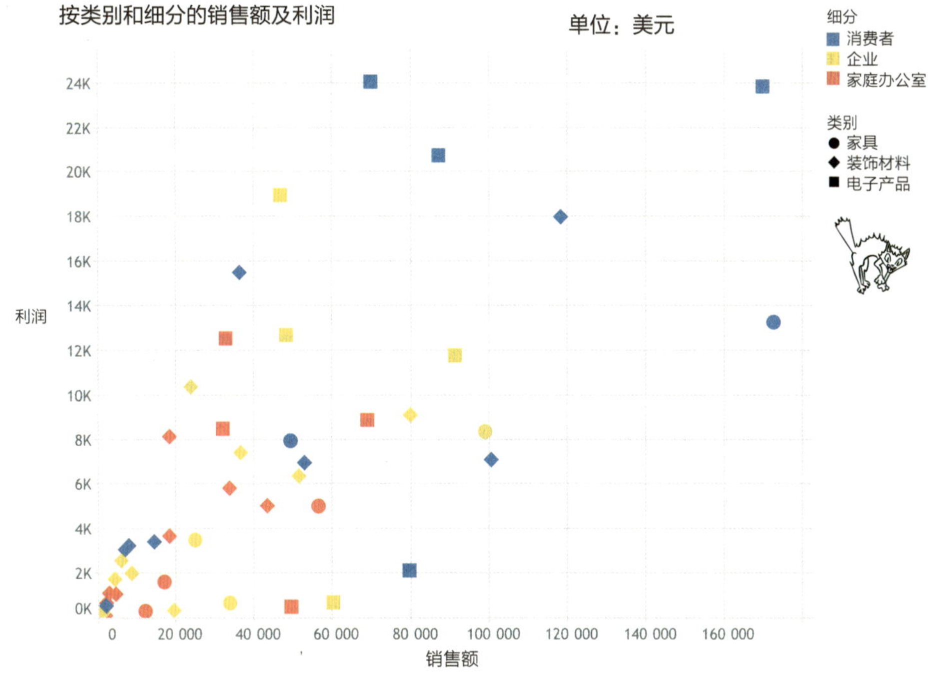

图 1-38 使用不同形状和颜色的散点图

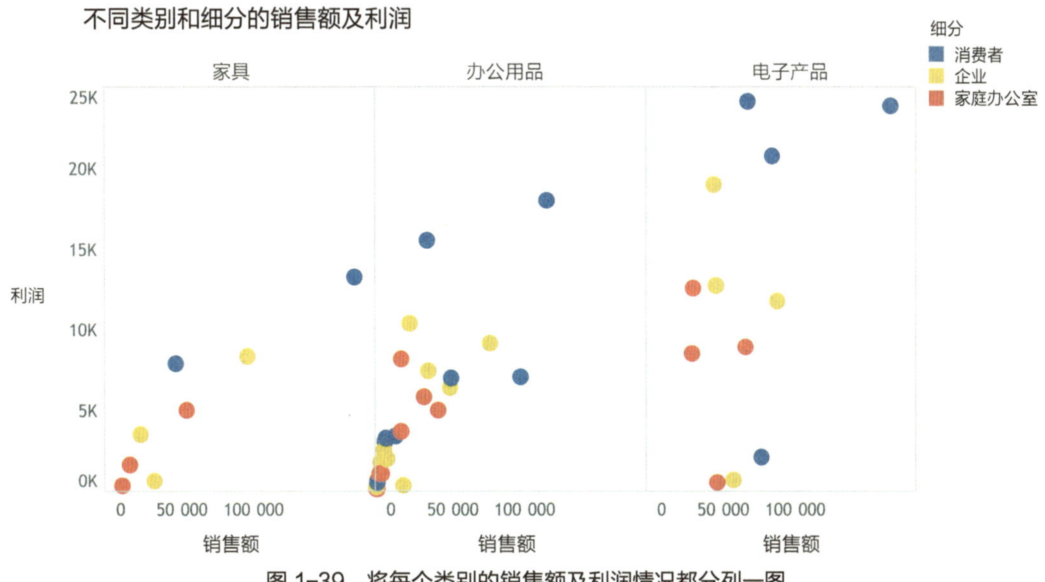

图 1-39 将每个类别的销售额及利润情况都分列一图

图 1-39 表示得更清楚。现在你甚至可以看到，平均来说，办公电器的销售额比家具和办

公用品的利润要高一些，在第一个散点图里，我们很难明显看出这一点。

在本节结束前，让我们一起看一些可能会让你感到惊讶的、并没有出现在我们常用清单中的图表类型。一是饼图。饼图是常见的图表类型，但我们不建议你使用它。让我们看看为什么饼图在我们的视觉系统中不能很好地起作用。

看图 1-40 所示的每个圆，被蓝色部分覆盖的百分比是多少？

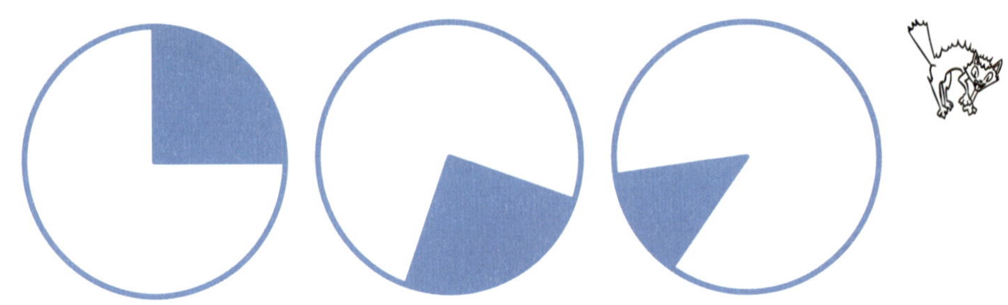

图 1-40　蓝色部分代表每个圆一定的百分比

左边的圆很容易看出：25%。中间的呢？稍微有点难。它也是 25%，但由于它没有对准水平轴或垂直轴，所以很难确定。右边的呢？是13%。你会怎样做？我们根本无法准确估计角度的大小，如果目标是精确估计的话，这就有问题。

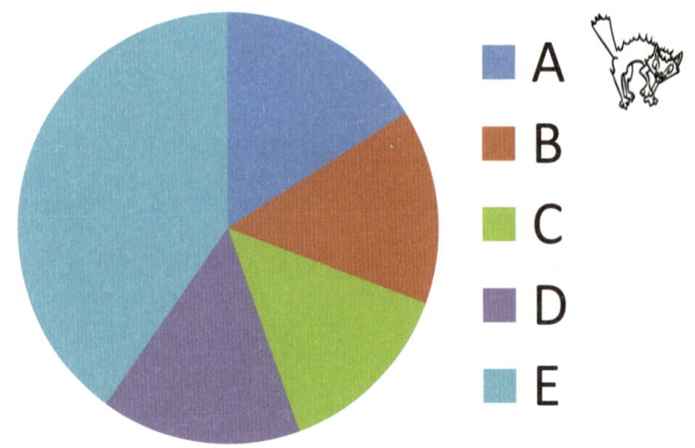

图 1-41　你可以从大到小排列切片吗

让我们来看另一个饼图。如图 1-41 所示，其中最大的切片很容易认出，但第二、第三和第四大的切片呢？

要分清楚真的很难。现在看看同样的数据在图 1-42 的条形图中的感觉。

排好序的条形图能够很容易区分出尺寸的差异：长度是如此有效的视觉特性，以至于我们可以很容易看出细微的差异。

要做出有效的仪表盘，你必须抵制使用纯装饰类图表的诱惑。

让我们再来看一个例子，帮你避开圆圈的诱惑。有时候人们承认条形图的力量，但紧接着又忍不住把它们放入圆中，加工成一种所谓的环形图，如图 1-43 所示。

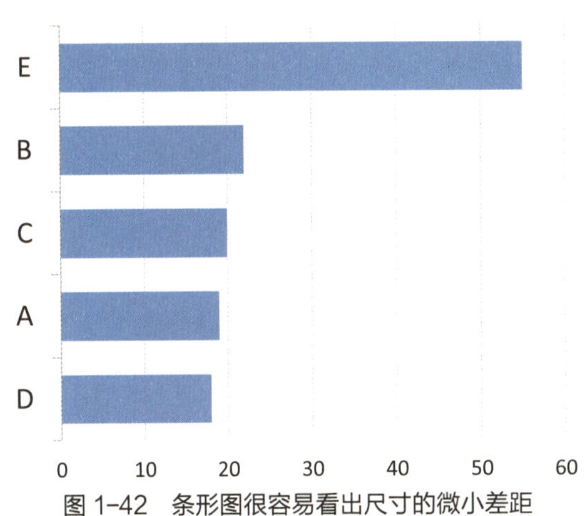

图 1-42　条形图很容易看出尺寸的微小差距

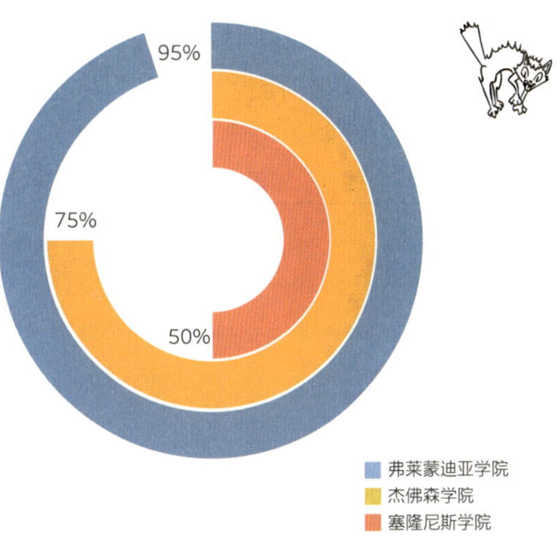

图 1-43　同心环形图（亦称径向条形图）

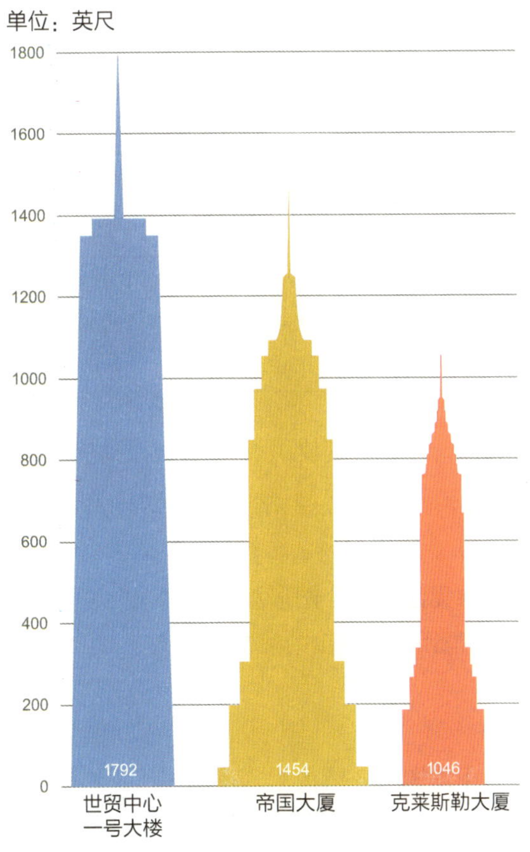

图 1-44　比较三个巨大建筑的高度

“这有什么问题吗？”你也许会问，“这个很容易看出来。”

尽管你可以进行比较，但实际上这个工作的难度比你所需要的大很多。真的。我们可以为你证明这一点。

让我们假设你想比较三个著名建筑的高度：世贸中心一号大楼、帝国大厦和克莱斯勒大厦。如图 1-44 所示，这是一个很简单的比较。几乎不用费力，我们就可以看出世贸中心一号大楼（蓝色）几乎是克莱斯勒大厦（红色）的两倍高。

通过图 1-45，看看用环形进行比较的难易程度。

图 1-46 显示了用同心环形图装饰过的相同建筑群。你能说出这个图中建筑物的高度差异吗？

很难！

通过这个有点做作但希望可以令人印象深刻的例子，我们看到把一些易于比较的事物（建筑物的轮廓）扭曲成了半圆形，会使得建筑物的高度更难比较。

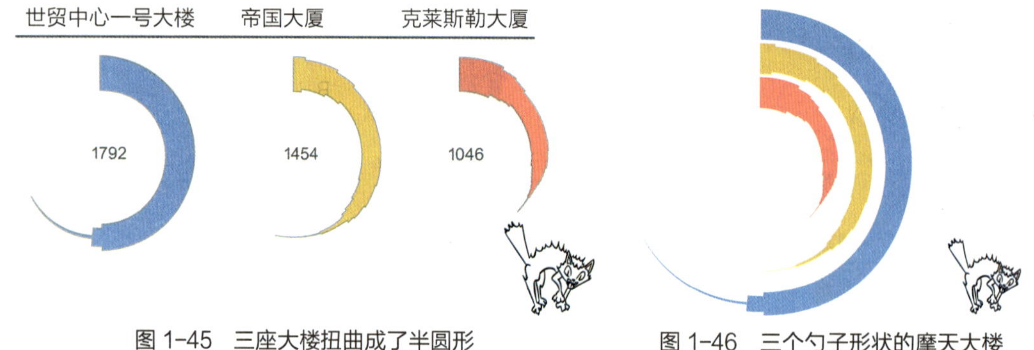

图 1-45　三座大楼扭曲成了半圆形

图 1-46　三个勺子形状的摩天大楼

每个决策都是一种妥协

无论你选择如何展示数据，你都会强调数据的某一个特性胜过其他。让我们来看一个例子。表 1-7 显示了一个数字表格。我们假设有两类产品：A 和 B，它们的销售超过了 10 年。

表 1-7　你将如何对这些数据进行可视化

	2007 年	2008 年	2009 年	2010 年	2011 年	2012 年	2013 年	2014 年	2015 年	2016 年	总计
A	100	110	140	170	120	190	220	250	240	300	1840
B	80	70	50	100	130	180	220	160	260	370	1620

图 1-47 给出了八种对该数据进行可视化的方式，每一种都使用了不同组合的前置属性。

请注意标记为 1 和 2 的图表做出的妥协。标准折线图（1）显示了每个产品，让我们可以非常准确地比较每个产品的销售情况。区域图（2）让我们轻松地看到销售总额随着时间推移的情况，但现在比较两个产品就变得困难很多。你无法在一个图表里解决每一个可能的问题或进行比较。你需要做的是评估你选择的图表是否能回答所提出的问题。

设计兼具功能性和美观的仪表盘

有一个合适的词来解释本书中的各种情境使用的图表。请注意，我们并不是要提供一个平面设计的入门指南。恰恰相反，我们指出了在每种情境下，平面设计元素（如留白、字体、网格布局等）在何处并如何有助于仪表盘的清晰度。

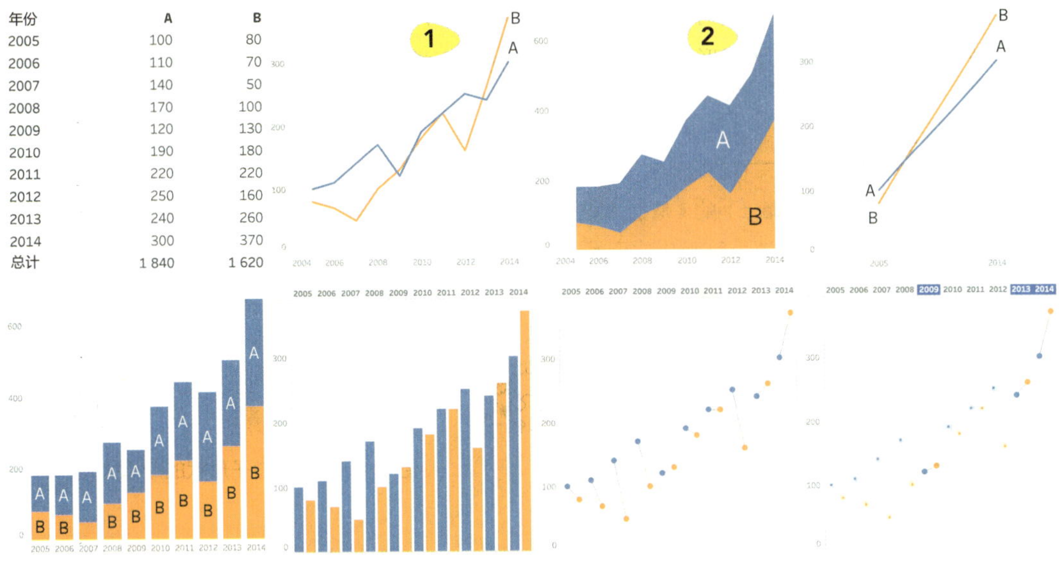

年份	A	B
2005	100	80
2006	110	70
2007	140	50
2008	170	100
2009	120	130
2010	190	180
2011	220	220
2012	250	160
2013	240	260
2014	300	370
总计	1 840	1 620

图 1-47　八种不同的数据可视化方法

我们认为仪表盘首先必须是真实的和功能性的，但你可以多花一些时间让仪表盘变得更讲究。我们建议你考虑经典设计书中的建议，例如，唐纳德·A. 诺曼（Donald A. Norman）所著的《设计心理学》(*The Design of Everyday Things*)。在书中，诺曼表示：

> 产品实际上（应）可以在被理解和使用的情况下满足人类的需求。在最好的情况下，产品也应该令人愉悦，这意味着不仅要满足工程、制造和人体工程学的要求，还必须注意到整个体验，而这意味着形式上的美观和互动的质量。

总结

本章介绍了数据可视化的基础知识。如果你是可视化初学者，那么你现在已经有足够的知识来解读这本书中的图表了。你能够解码大部分你所遇到的图表。本书后面还有一份术语表可供你进一步参考。

你也许会因受到启发而去了解更多。有很多关于这门科学的理论和应用的优秀书籍。本章的一些例子正是出于这些书籍。以下是我们推荐的书目。

- **阿尔贝托·开罗（Alberto Cairo）的《功能性的艺术》(*The Functional Art*)**。阿尔贝托·开罗是一位谙熟平衡图表功能性与美观性需求的作者，本书对信息图形和可视化的介绍具有启发性。
- **史蒂夫·费尔（Stephen Few）的《现在你看到了吧》(*Now You See It*)** 这是一本对表格和

图形设计的实用常识指南。它详细介绍了所有主要的图表类型，清楚地说明了什么时候以及如何很好地构建它们。

- **科尔·努斯鲍默·纳福利克（Cole Nussbaumer Knaflic）的《用数据讲故事》（*Story telling with Data*）**是商务专业人士的数据可视化指南。它不仅可以查看对图表的详细剖析，也可以看到如何设计图表来有效地传递信息。
- **科林·韦尔（Colin Ware）的《信息可视化：感知设计》（*Information Visualization: Perception for Design*）**，被称为数据可视化的圣经，它涵盖了感知科学的各个方面及其在数据可视化中的作用。对于任何一个实践数据可视化的人来说，这本书都是非常宝贵的资源。
- **科林·韦尔的《设计中的视觉思维》（*Visual Thinking for Design*）**提供了一份视觉认知机制的详细分析。这本书教我们如何像设计师那样，预知其他人会如何看待我们的设计。这是一本读起来非常有趣的书，让你可以轻松地消化有关认知科学的详细信息。

THE

BIG BOOK

OF

DASHBOARDS

| 第二部分 |

情境案例

第 2 章

课程指标仪表盘

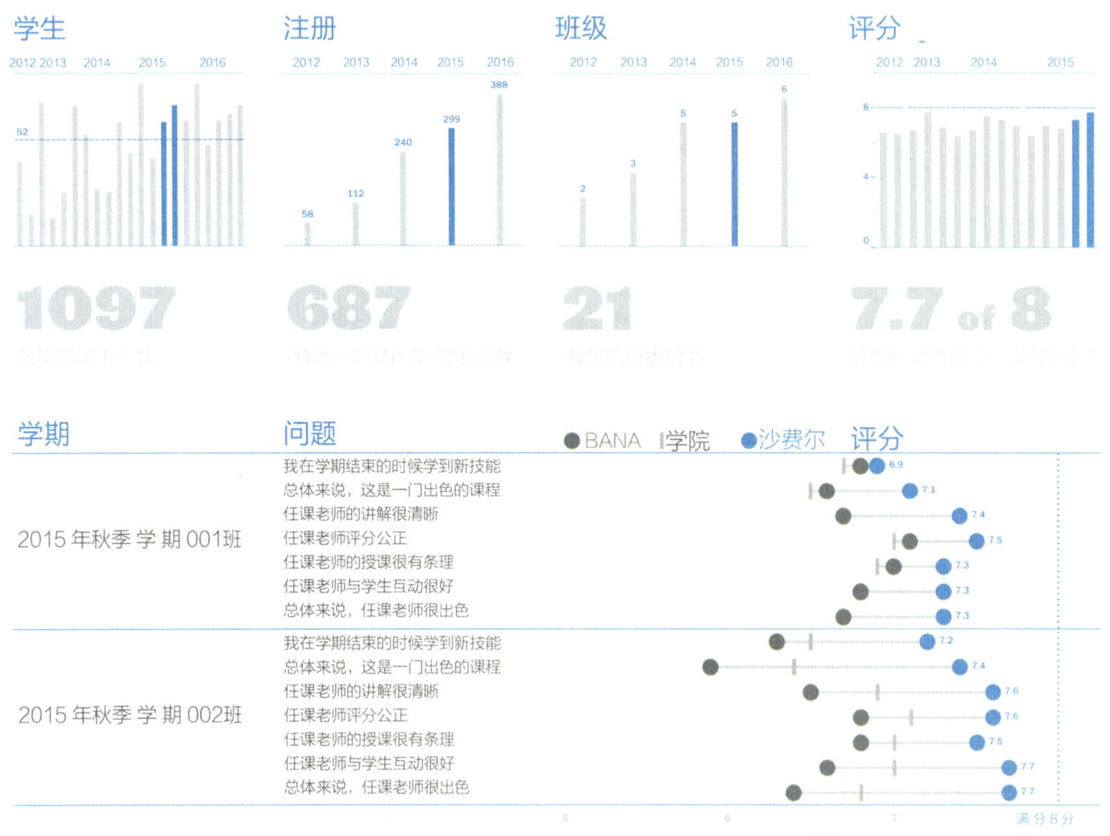

课程指标仪表盘由杰佛里 · 谢弗制作。数据来源于辛辛那提大学课程评分结果。
蓝色代表最近的两个评分期。

情境

重点

你是一名大学教授或学术部门的负责人。你想知道某位教授的课程评分情况以及这门课程与同部门同院系其他课程之间的比较。你想知道整个课程的负荷压力、学生的人数，以及参加某门课程的人数是增长还是下降了。同时，你还希望能够比较某一特定课程与同一部门和学院的所有其他课程的评分情况。

细节

- 你需要看到随着时间的迁移，一位老师共教过多少门课。
- 你需要看到有多少学生选好了课。
- 你想要看到在某个特定时间段内的趋势。也许是该课程的全部历史情况（如仪表盘上的概述），或者是某一滚动变化的时段，例如，过去五年的情况。
- 你希望看到最近一门课程的详细评分情况以及任课教师的反馈。
- 你需要能够迅速将这门课程及任课教师与同部门同学院的其他课程和任课教师进行比较。

类似情境

- 你组织了研讨会或研习班，并需要得到对它们的评分。
- 你在公司内组织了针对各种主题的培训项目，并需要跟踪某一主题或演讲人的注册与反馈情况。
- 你想追踪一群有相似特点的人在某个时间段的规模和表现，以及最新的群体表现细节。
- 你想追踪对你的产品或服务的评价，如有多少人完成了评价、评分随时间推移的变化情况，以及亚马逊或 Yelp 上最新评论的情况。
- 你想了解你所在部门的销售额与其他部门的销售额或门店平均销售额的比较情况。

用户如何使用仪表盘

该仪表盘显示了辛辛那提大学数据可视化课程的历史情况。该课程由杰佛里·谢弗在林德纳商学院授课，是运营、商业分析和信息系统部门的一部分。课程根据该部门的规章制度注册：

- OM——运营管理；
- BANA——商业分析；
- IS——信息系统。

该仪表盘中使用的课程编号为 BANA6037，每个学期都保持不变。每节课都使用学期指示符和分区 ID 来区别不同班级。001 代表 2016 年秋季学期的 1 班，002 是 2 班。

仪表盘从 BANA6037 的概述开始。它显示了该课程从 2012 年春季学期开始的历史情况。图 2-1 显示了随着时间的推移，每班学生的人数。

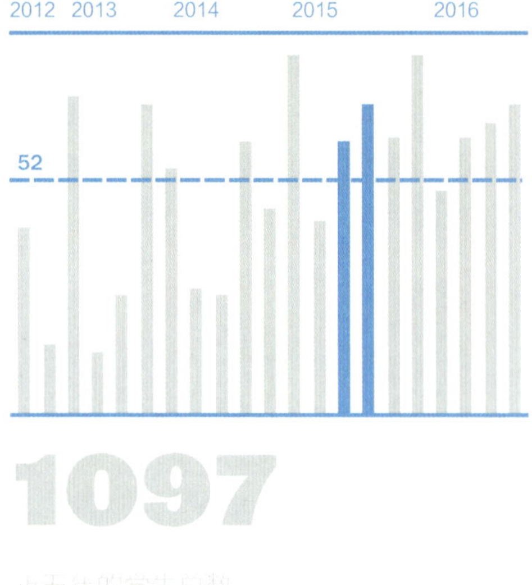

图 2-1　每年每班学生的人数

注：最近的两次评分用蓝色标记。

图 2-1 显示了每班人数的规模，有很多原因可以表明这是非常重要的。

- 学院应该继续保留这个课程吗？ 开设一门课程是否成功可以通过回答两个问题来衡量：
  - 有学生注册该课程吗？
  - 学生对课程的评分是否良好？
- 该图表突显了学生对该课程需求的增长。这门课是选修课，所以如果没有人注册该课程，那么保留它是没有意义的。
- 每门课程都有注册人数的上限。如果对某门课程需求不断增长，那么未来学校可能需要提供额外的课程。
- 根据消防规则，教室有严格的座位容量限制。了解课程需求对规划课程注册人数和决定是否需要将课程移至更大的教室以增加座位容量而言，是非常重要的。

参考线显示了全部班级的平均人数。与 2012 年和 2013 年的早期课程班级人数相比，参考线有助于说明最新学期课程班级人数的增长情况。在这种情况下，可以使用其他一些替代方法，包括：

- 将部门的平均班级人数与这些课程的平均班级人数进行比较；
- 将学院的平均班级人数与这些课程的平均班级人数进行比较；
- 用一个子弹图，每个条形图上的目标线显示课程的最大人数。这将有助了解各学期都分别有多少开放座位，课程是否超出了人数上限。

图 2-2 显示了每年的上课人数。这与图 2-1 类似，但汇总了每一自然年的上课人数。

这个具体例子突出了过去两年的上课人数的增长情况。也就是说，过去五年里一共有 1097 名学生上了这门课，其中 2015-2016 年为 687 人。图 2-3 给出了这种情况出现的来龙去脉，并展示了随时间推移班级数量的增长趋势，这也为学生数量的大幅增长提供了额外的背景。

图 2-3 强调了数据的一个重要部分。例如，是否仅仅因为课程教室从 25 个座位的小教室升级到 220 个座位的礼堂，学生数量就增加了呢？在这个案例中，答案是否定的。虽然班级人数有所增长，但增长量并不大。最大的增长来自班级数量，从 2012 年的两个班增加到 2016 年的六个班。

图 2-4 给出了每学期每个班级的课程整体评分。

课程反馈由学生自愿填写。反馈中提出了一系列关于课程的标准问题，用等级为 1 到 8 的评分来回答，并可以添加评论。这些评分和反馈会被部门和学院负责人用于监控课程表现。例如，如果一门课程被评为优秀，并且至少有 50% 的学生反馈率，则这门课的教授就会被列入该学期的“优秀教师”名单中。

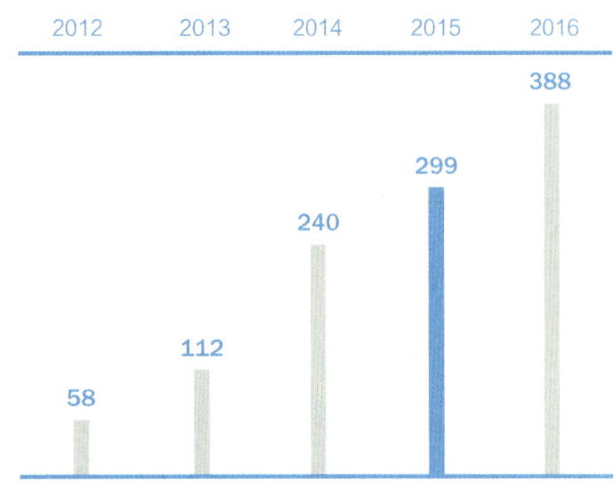

图 2-2　每年注册人数

注：最近两个评分周期用蓝色凸显（2016 年的课程已呈现但尚未评分）。

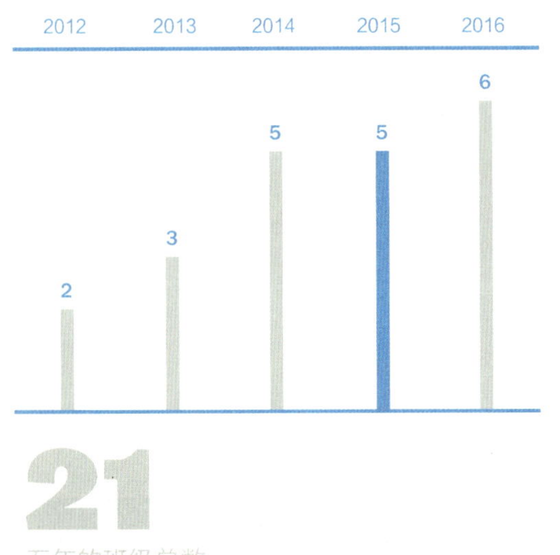

图 2-3　每年开设的班级数

注：2012 年只开设了两个班级，而 2016 年开设了六个班级。最近的两个评分周期的年份用蓝色凸显。

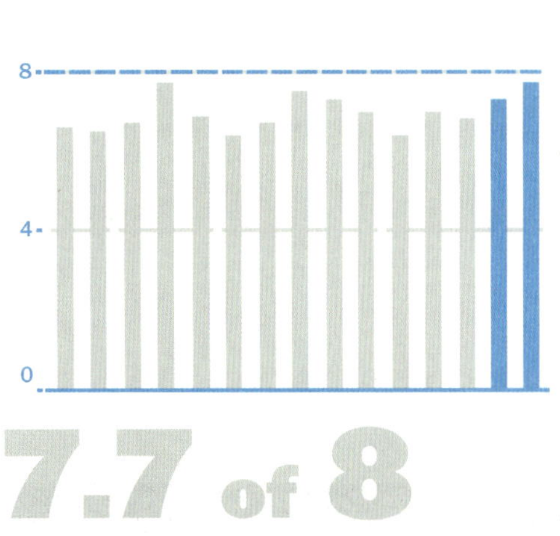

图 2-4　每年全部课程评分情况

注：我们只能看到 2015 年以前的课程评分，因为 2016 年的课程评分尚未被制作成表格。

在一些评分系统中，会设定一个固定的内部基准线。在其他评分系统中，基准线会随着评分期间不同而不同。例如，可以根据当前期间或上一期间的平均值重新设定基准。

图 2-4 显示了全部课程的评分情况。注意到我们只能看到 2015 年以前的课程评分，因为 2016 年的课程评分尚未被制作成表格。

无论如何计算，目标线都可以为数据增加额外的说明。

仪表盘底部的点阵图，如图 2-5 所示，为课程评估调查中每个问题提供了详细的比较。

深灰色点表示该部门所有课程的评分，标记为“BANA”；浅灰色竖线表示整个学院评级期间所有课程的评分。蓝点表示 BANA6037 的评分，即被选中的特定课程的对比。所有评分都是用 1 到 8 分来衡量的。

要注意，评分的轴不能从零开始。这是有道理的，因为这些评分值在一个相对较小的范围内波动，而小范围内的这些差异非常重要。

学期	问题	●BANA ❙学院 ●沙费尔 评级
2015 年秋季 学 期 001班	我在学期结束的时候学到新技能	6.9
	总体来说，这是一门出色的课程	7.1
	任课老师的讲解很清晰	7.4
	任课老师评分公正	7.5
	任课老师的授课很有条理	7.3
	任课老师与学生互动很好	7.3
	总体来说，任课老师很出色	7.3
2015 年秋季 学 期 002班	我在学期结束的时候学到新技能	7.2
	总体来说，这是一门出色的课程	7.4
	任课老师的讲解很清晰	7.6
	任课老师评分公正	7.6
	任课老师的授课很有条理	7.5
	任课老师与学生互动很好	7.7
	总体来说，任课老师很出色	7.7

5 6 评分 7 满分8分

课程指标仪表盘由杰佛里 · 谢弗制作。数据来源于辛辛那提大学课程评分结果。
蓝色代表最近的两个评分期。

图 2-5 课程评分的点图

注：比较了数据可视化课程的评分（蓝色）与 BANA 课程的评分（深灰色）以及全部课程评分的平均值（浅灰线）。

轴从零开始

在使用长度、高度或面积编码以进行比较的图形（例如条形图、子弹图、棒棒糖图以及区域图）上，轴始终从零开始；否则，你会误解数据的比较。如果使用位置编码（例如点图、框图以及折线图），轴不从零开始有时可能是有用的，并且不会让人误解数据的比较。

这样做为何有效

易于查看的关键指标

仪表盘提供了关于该课程关键指标的简要概述。它显示了每学期和每年的班级数量、学生人数以及整体课程评分。它提供了可以让人一目了然的信息，但也可以比较一定时间段里的指标来进行更深入的分析。

简单的配色方案

在本章的仪表盘中仅使用了三种颜色：蓝色、浅灰色和深灰色。蓝色用于突出最新的两个评分阶段。课程结束后几个星期才能获得课程反馈，而下学期的注册已经完成，并且通常一个新的课程已经开始。因此，蓝色突出显示了特定课程评分阶段在每个图表中相对应的部分。在上半部分第一个和最后一个图表的首行，突出显示了两门特定的课程；在第二个和第三个图表中，这两门课程是该年度汇总的五门课程中的一部分；在点图中，蓝色代表了这两门课程的评分与部门和学院所有课程的平均评分的对比。

可以是静态的，也可以是交互式的

该仪表盘可以作为一个静态的仪表盘，以 PDF 文件的形式通过电子邮件发送或打印，但它也可以是交互式的。仪表盘可以链接到包含所有课程的数据库。通过一个简单的包含全部课程列表的下拉菜单，部门主管或教授可以轻松地选择一门课程来生成一份报告。

概述和细节都很清晰

这个仪表盘既提供了概述，也提供了细节。概述在上半部分展示了四个关键指标以及随时间推移的细节变化。下半部分为每个调查问题提供了非常详细的内容。另外，它提供的每个对课程进行评价的调查问题的分数，都能与部门和整个学院课程的分数进行比较。

为什么你要避免使用传统方法

图 2–6 和图 2–7 展示了辛辛那提大学的系统生成的报告中存在的一些问题。

图 2–6 的问题

- 目前的系统需要为每学期生成一个单独的报告。没有便捷的办法把一个时期与前一个时期进行比较，来观察一段时间里的趋势。

- 报告模板把每个调查问题和反馈一起列在单独的页面上，这导致无法快速查看评分情况或对各个问题进行比较。

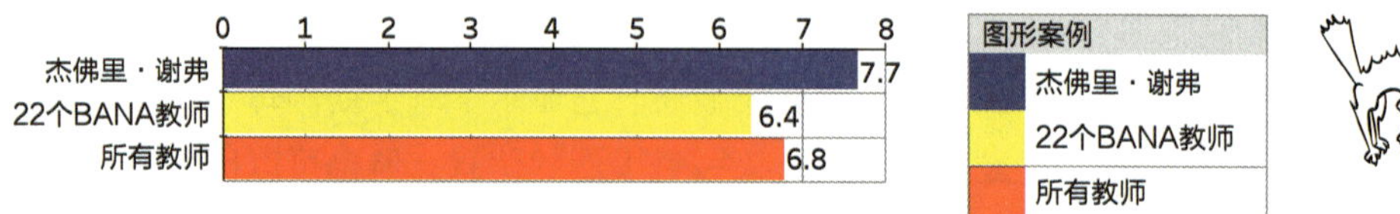

图 2-6　由当前系统生成的课程评估报告中的条形图示例

图 2-7 的问题

- 图 2-7 是一个固定轴上的条形图。虽然这样展示数据的方式可行，但它隐藏了评分规模中的小差异。例如，很难在条形图上看出 6.4 和 6.8 之间的差别。
- 这些颜色太过明亮且带有警告意义。明亮的黄色和红色被用于显示标准的分类颜色。

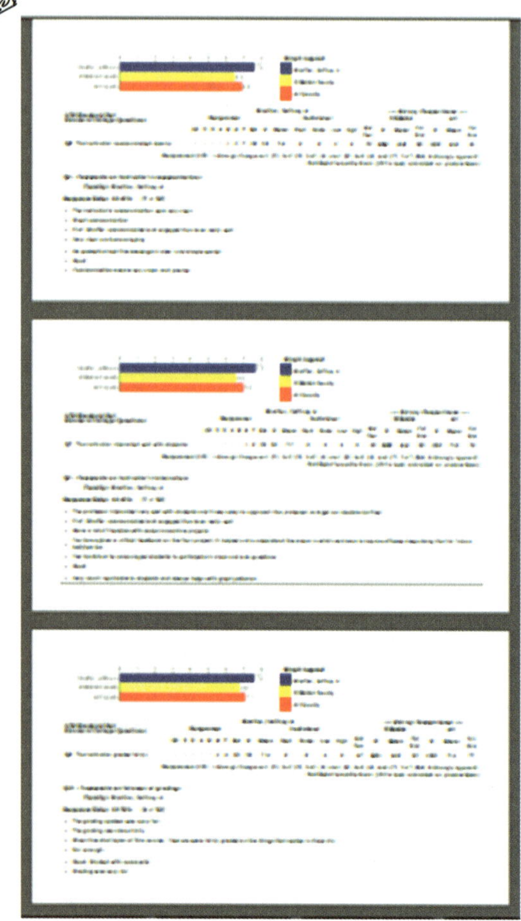

图 2-7　当前系统生成的评估报告中的三页示例

作者的评论

杰佛里：如图 2-5 所示，我选择在点图上只标记课程的评分。这样做可以避免对点图上的每个点都进行标记。在一个交互式仪表盘中，可以使用描述性工具提示，当用户将其悬停在不同点时，可以提供有关这个点的详细信息。

标注也可以移动到点的中心。在这个特定数据集中，数据的粒度需要保留小数点后一位。由于额外的小数位，将标注移动到圆圈内需要更小的字体或更大的圆圈才能显示清楚，所以我选择将它们放在圆圈外。

采用的一个设计选择是保持不同条形图上每个条形的宽度都是类似的（见图 2-1、图 2-2、图 2-3、图 2-4）。我通常将条形图的间距设定为占据条形宽度大约 25%~50%（直方图上的条形之间只有一点间距）。

图 2-8 显示了更宽的条形可能是什么样子的。对我来说，这样显示会让中间的两个图表看起来更像条形图，而外侧的两个条形图看起来更像是一个棒棒糖样式的图。两种样式都使用长度对数据进行解码，并且不会以任何方式导致数据被曲解，所以我使用较细的条形进行设计。

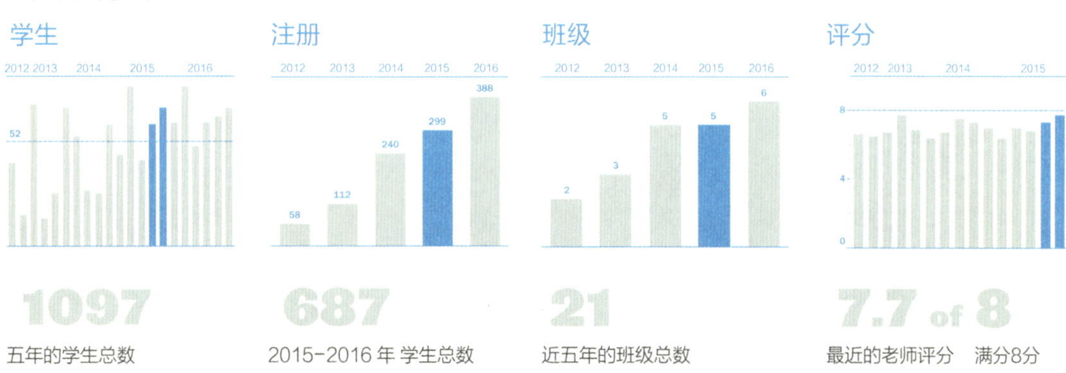

图 2-8 一些关于课程指标仪表盘的条形与条形之间距离缩小的条形图示例

此外，我非常认真地为仪表盘挑选了字体。标题和关键指标数字都选用了较粗的字体。总之，整个仪表盘中实现了三个不同级别和权重的字体。

特别感谢 Dish Design 的达润·亨特（Darrin Hunter）审阅这个仪表盘并提供设计建议。达润曾经是辛辛那提大学设计、建筑、艺术与规划（DAAP）学院的教授，现在经营着自己的平面设计公司。

史蒂夫：杰佛瑞的点图已经成为我比较来自多个资源汇总结果的首选方法。

第 3 章

个人绩效一较高下

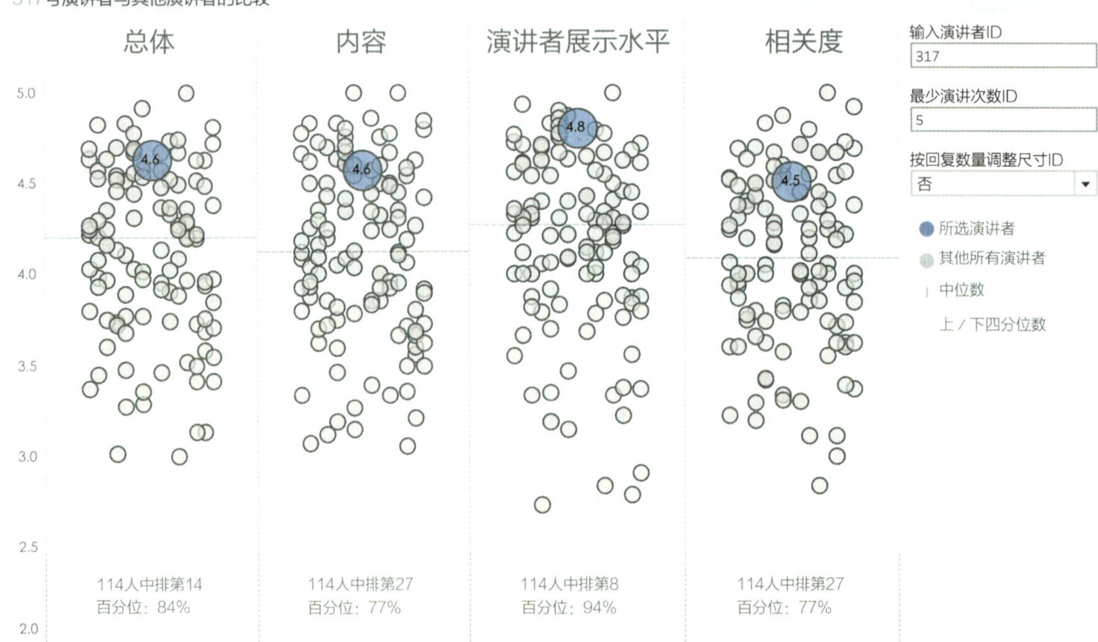

情境

重点

你们公司刚刚举行了为期三天的年会，上百位演讲者引导、启发了超过 10 000 名参与者并与其互动。你知道会议取得了巨大的成功，但需要了解哪些演讲得到了高度评价，以便开始规划下一次活动。

这个会议不是第一次举行了。和往年一样，演讲者们自己也想知道自己的演讲是否得到了好评。

你制作了一个仪表盘，以便公司里的其他人、所有演讲者以及自己都可以看到他们演讲评分的好坏。

具体

- 你主办了一次会议，并希望看到某位演讲者与其他演讲者的评分对比，以便为将来的活动做好计划。
- 你需要制作一个仪表盘，让单个演讲者能够看到自己在活动中的表现。
- 你从仪表盘中很容易看出一位演讲者与其他演讲者相比表现的好坏。
- 你想要看到有多少人为一个演讲打了分——也就是说，有许多人还是只有少量的人为一个演讲打了分？

类似情境

- 你需要知道与 50 英里半径范围内的其他商店相比，你的店铺在各个分类指标中表现如何。
- 你需要展示某个人与同部门以及公司中其他人在不同的基准下表现状况的对比。
- 你需要展示某个人与同行业中与其经验及教育背景相似的其他人薪资水平的对比。

请注意：在本章结尾，我们提供了一个针对该仪表盘的替代方法（见图 3–14）。尽管这个替代方法不能拓展到小数点后数千位，也不显示四分位数，但在某些情况下，你会更倾向于这种仪表盘。

用户如何使用仪表盘

使用交互的用户可以输入名称（在这个案例下是演讲者 ID），并看到各类评分，而蓝点对应输入的演讲者 ID，灰点对应其他演讲者。用户也可以通过筛选来删除那些只得到很少评论的演讲者的结果（见图 3–1）。

浏览者也可以将鼠标悬停在标记上，以获取有关该标记的更多详细信息，包括有多少人为演讲者进行了评分（见图 3–2）。

图 3–1　可看到各类评分的交互仪表盘

注：使用交互的用户可以输入演讲者 ID 并指定最小数量或评论数。用户还可以根据对演讲进行评分的人数重新调整。

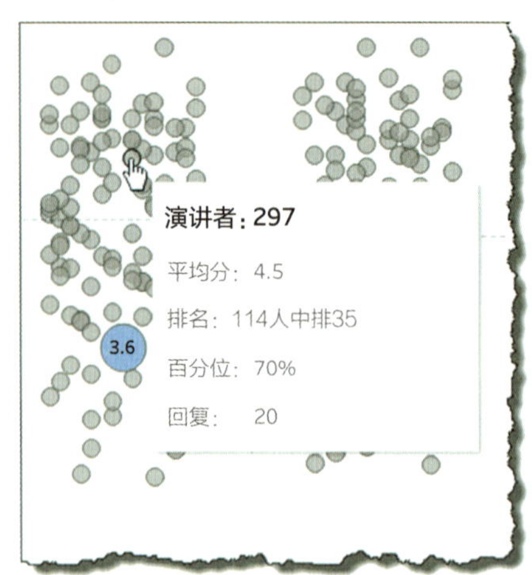

图 3-2 鼠标悬停在标记上时可看到该标记的详细信息

为了更好地了解哪些演讲者收到了较多的回复，哪些人收到的较少，浏览者可以点击“按回复数量调整”下拉菜单中的“是”，来根据调查的响应数量调整点（见图 3-3）。

演讲者评分对比
323号演讲者与其他演讲者的比较

总体 内容 演讲者展示水平 相关度

5.0
4.5
4.0
3.5
3.0
2.5
2.0

4.5 4.8 4.6 4.2

114人中排第30 百分比：74%
114人中排第12 百分比：90%
114人中排第30 百分比：74%
114人中排第50 百分比：57%

输入演讲者ID
323
最少演讲次数
5
按回复数量调整尺寸
是
选中演讲者
其他所有演讲者
中位数
上／下分位数

图 3-3 香槟泡泡！

这样做为何有效

> **注意**
>
> 这些点是半透明的，因此你可以很容易地看到他们是如何重叠的。

清楚点的颜色和位置

尽管我们也可以使用形状，但颜色比任何其他方式都能更有效地让个人评分从所有其他人的评分中突显出来。代表被选中者的点是水平居中的，但使用不同的颜色可以让被选中的演讲者脱颖而出。

点数讲述了一个令人信服的故事

我们将很快看到个人得分和所有分数总和的对比，这所有的点不仅可以让演讲者看到自己相较于其他人的位置，还可以看到有多少人被评分了。演讲者马上就可以了解“我是和 6 个人还是和 600 个人比较表现”，仅展示回复数量无法做到这一点。

四分位区间与中位数线显示了聚合种类

通过显示区间和一条中位数线，演讲者可以迅速知道他们是处于还是低于中位数，以及所处的四分位区间（见图 3-4）。

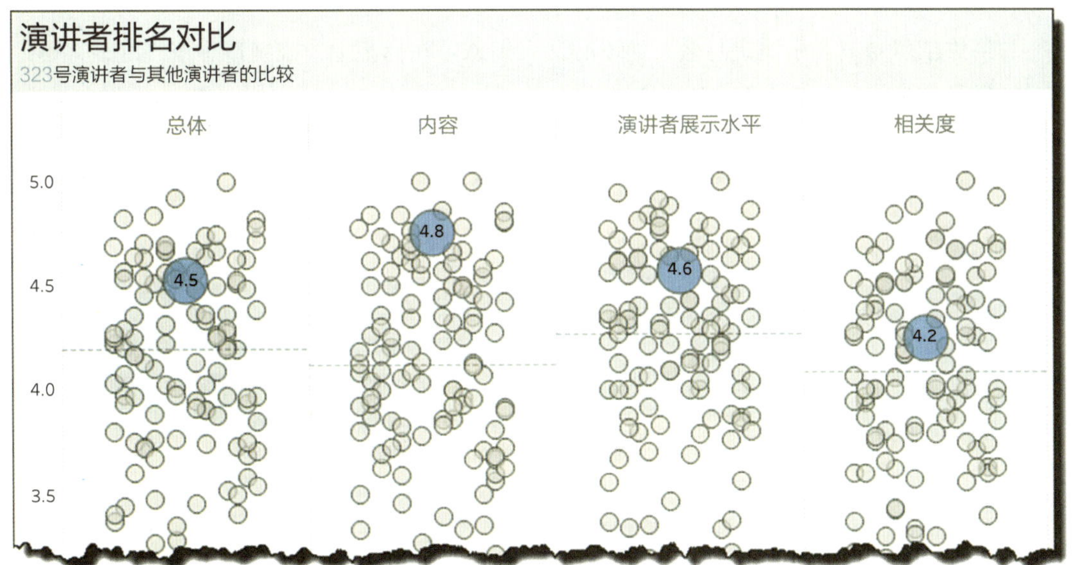

图 3-4　抖动图（jitterplot）

注：一目了然地显示所选演讲者在前三个类别中位于或接近最高四分位数，并且略高于最后一个类别的中位数。

关键绩效指标呈现精确的度量

图表底部的一个表格（见图 3–5）让人们可以看到其精确的排名和百分位。

114人中排21	114人中排25	114人中排25	114人中排14
百分位: 83%	百分位: 79%	百分位: 80%	百分位: 90%

图 3–5 图表底部的关键绩效指标表显示了确切的排名和百分位数

其他注意事项

为什么不根据默认回复数量来调整点

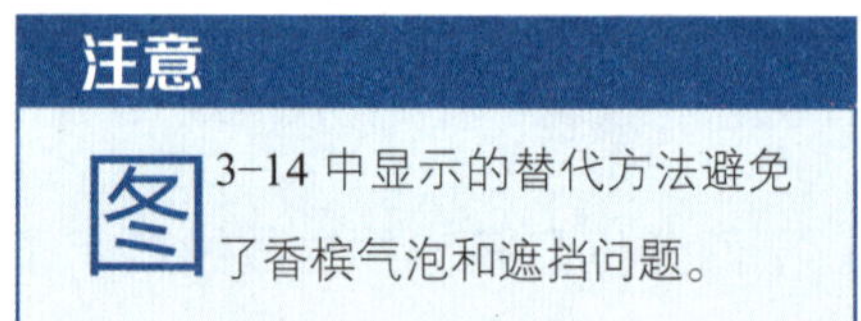

一些演讲者只有少数人打了分，而其他人可能收到了超过 120 个回复。为什么不改变默认设定，就像图 3–3 中显示的，让点的大小取决于回复数量呢？

大多数审阅该仪表盘的人会发现，不同大小的圆圈会分散注意力。有人认为标记看起来像“香槟气泡”，所以我们选择在默认视图中用大小统一的点。调整大小也会使悬停在单个点上的难度变大，因为较大的点可能会遮挡住较小的点。

如果你依然希望展示演讲总数，而不必让人们悬停在标记上，或制造香槟气泡，你可以随时构建第二张图表，如图 3–6 和图 3–7 所示。

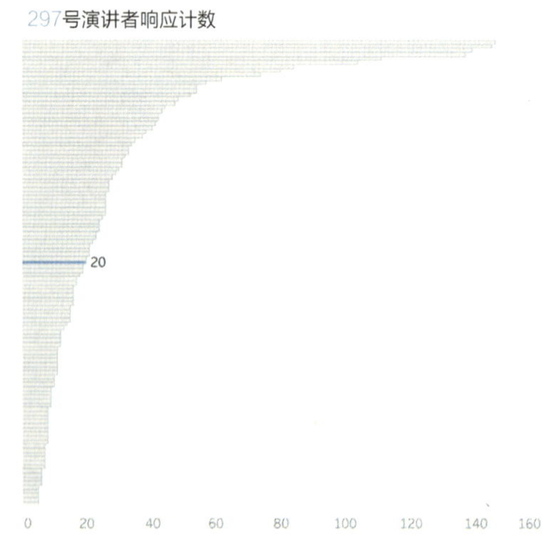

图 3–6 显示每个演讲者回复数量的条形图

注：所选演讲者标记为蓝色。

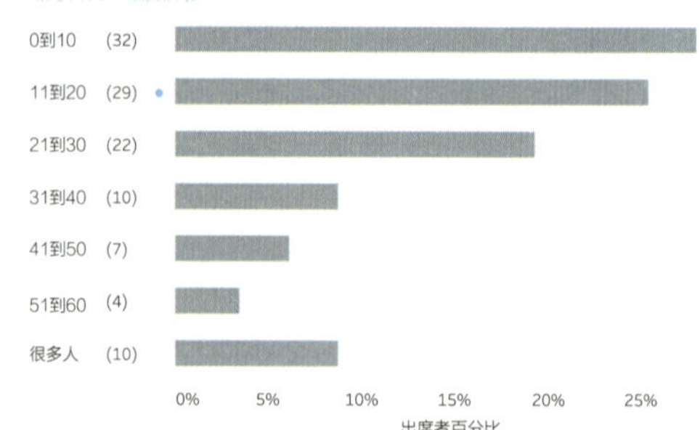

图 3–7 显示回复者数量分布的直方图

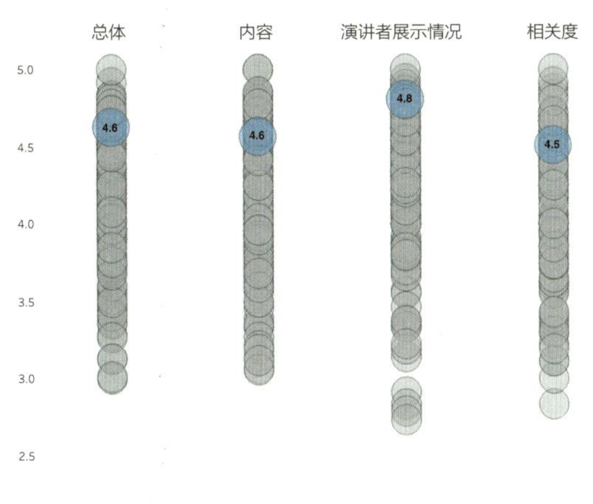

图 3-8 所有评级重叠的点图

注：在这里放一个“丑陋的猫”，并不意味着我们在暗示点图是一个不好的图表类型。在这里它只是一个不好的选择，因为有太多重叠的点。

x 轴是什么

不熟悉抖动痕迹的人也许想知道仪表盘中的 x 轴是什么。答案是：x 轴什么都没有：左边的点与右边的点没有任何区别。我们向左或向右移动点（抖动），这样它们就不会重叠太多。

考虑一下图 3-8 中的示例，我们在点图中显示了分数。

很难看出每一列中的事物是如何分类的，或者每列是有 20 个标记还是 200 个标记。为了解决第一个问题，我们可以用一个箱线图来呈现分布情况，如图 3-9 所示。

每一条顶部和底部的水平线显示了离群值的范围。阴影矩形（箱）显示两个内部四分位数和中位数。

尽管图 3-9 是对图 3-8 的改进，但箱线图遮挡了许多标记，并且仍然没有充分解决有多少回复的问题，因为还有很多重叠的点。

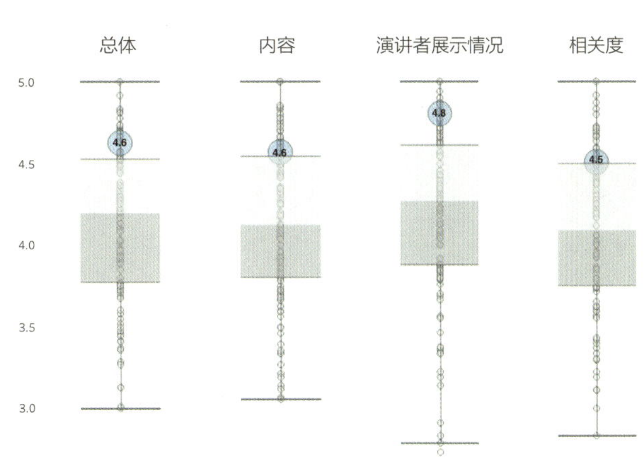

图 3-9 显示四分位数、中位数和异常值的箱线图

为什么 y 轴不从零开始

在这个例子中，演讲者的最低得分是 2.7，而分数范围是 1~5 分之间（这个结果还是相当不错的）。尽管我们确实可以让 y 轴从零开始，但这样做只会让相对较差的演讲者与相对较好的演讲者之间的差异更难被区分，因为点将被更密集地重叠在一起（见图 3-10）。

注意

在作者（史蒂夫）的观点中，箱线图也是丑陋的和索然无味的。但有些喜欢箱线图的人也许会乐于见到像图 3–9 中的图表。我的建议是：尽可能多地去了解你的听众。如果他们更容易用箱线图解码数据，那么就用箱线图。

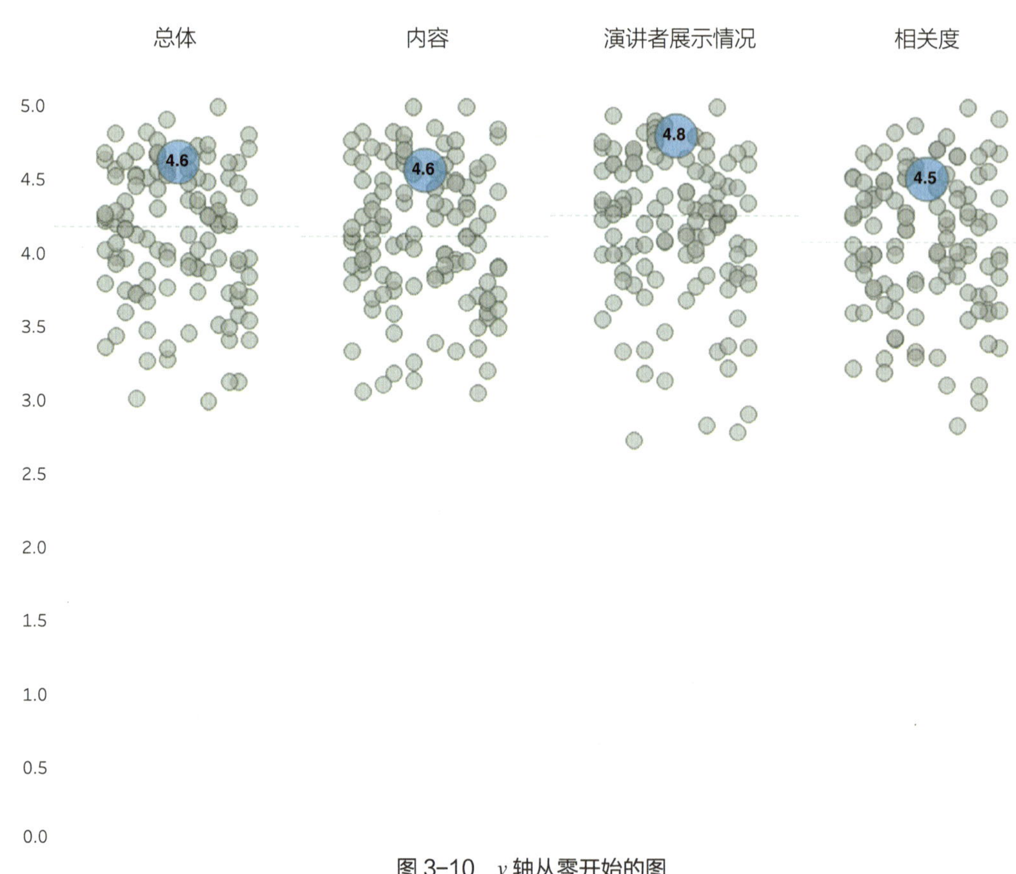

图 3–10 y 轴从零开始的图

注：点更加集中，让分数的比较和理解变得更加困难。

为什么不只是比较所选演讲者和其他人的平均值

的确，当没有全部的分数时，你只能将某一单独的分数和总计进行对比。不过当你拥有了所有单个回复时，就非常有利于将目标分数和其他分数进行对比显示。

考虑图 3–11 中所展示的情境，我们希望展示单个员工与其同事相比的表现。

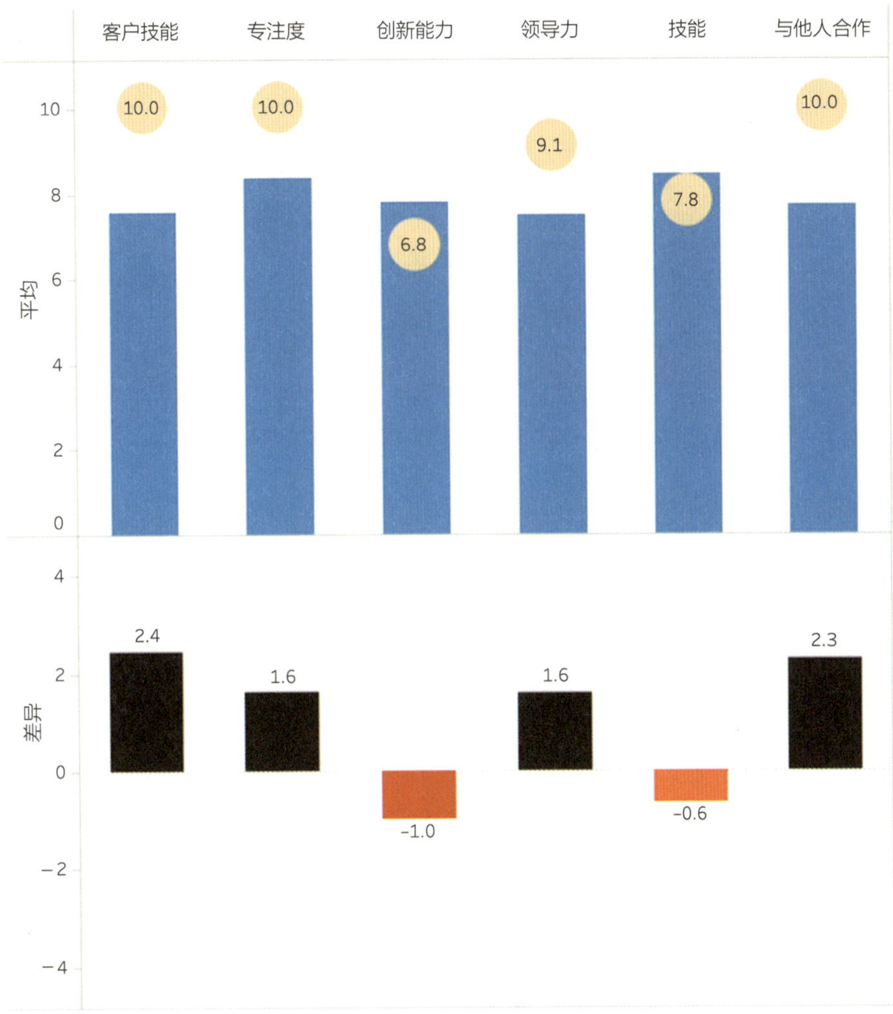

图 3-11　将个人表现与同事比较的条形圆圈组合图

我们可以看到，露易丝在客户技能、专注度和与他人合作方面全都得到了 10 分，她在六个类别中的四个都高于平均水平。

不过还有多少人在这些分类中也获得了 10 分呢？而且那个领导力的条形（看起来大约是 7.5 分）是如何确定的？是一半人得到 10 分，另一半得到 5 分，还是分数是平均分散的？

最后，有多少人被打了分？当然，我们可以加一个标签，写着“露易丝与其他 19 人的得分比较”，但我们仍需要想象其他 19 人是什么状况。

将此方法与图 3-12 中的抖动图进行比较。

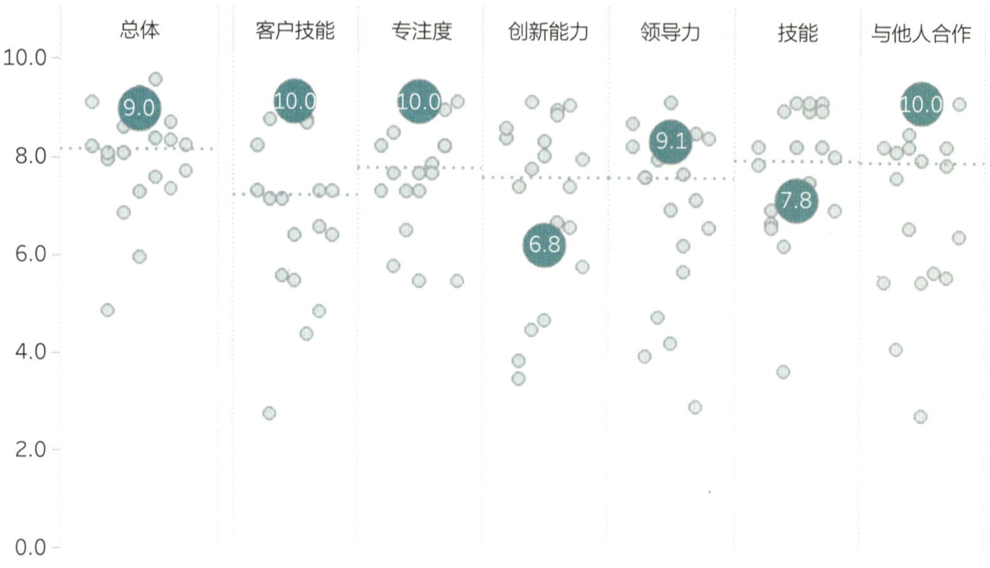

图 3-12 比较雇员表现的抖动图

相同的数据，相同的情境，但与只显示总计值相比，我们可以从这幅图中读出更多信息！

你也许会问："那些匿名者怎么办？"对于那些表现不佳的人来说，这不是公开揭短吗？

谁说过这些信息必须要公开？只有团队经理才能看到每个人的分数。此外，一个人应当只能看到他 / 她与同事之间相比的得分。也就是说，当你悬停在某个点上时，你看不到它显示的是哪个同事的情况（见图 3-13）。

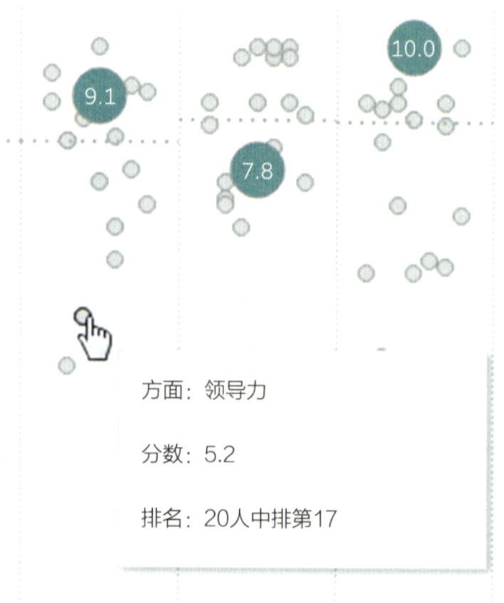

图 3-13 悬停时只显示分数

替代方法

在图 3-14 中，我们提出了一种不同的方法，它也许会对你更有用，这取决于你想强调什么。在这里可以很容易比较点的大小并探索个人标记。

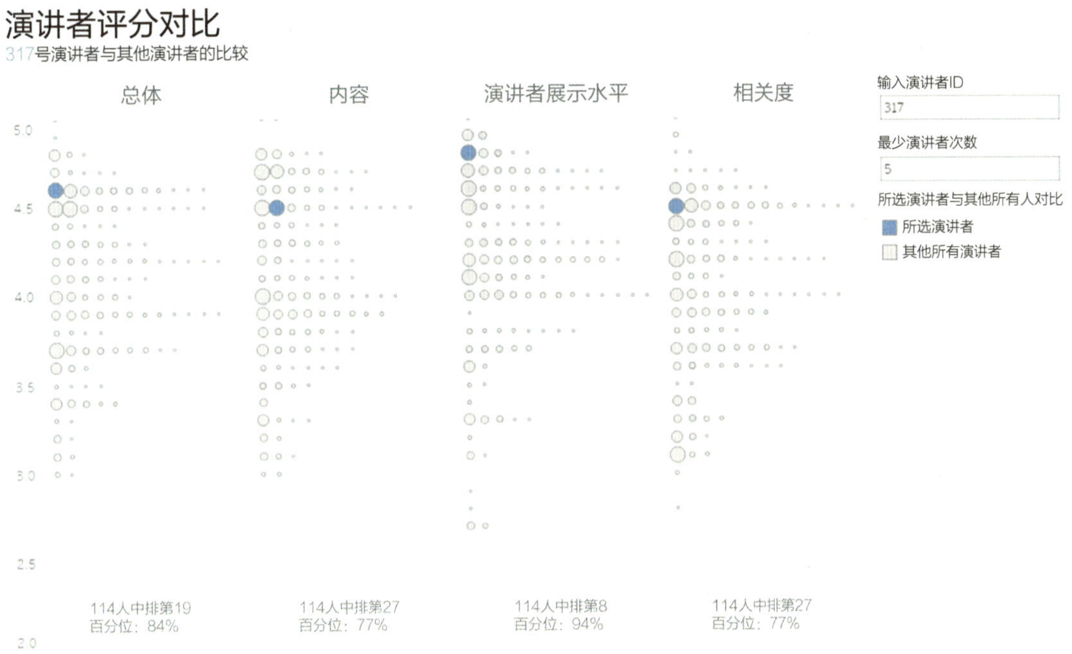

图 3-14　比较个人与他人排名的单位直方图

这个方法的缺点是，不像图 3-4 中的抖动图，这个单元直方图无法衡量数千个标记。另外，通过这种方法，你看不到某个点位于哪个四分位数上。

如果有数以百万计的点呢

数百个回复可以用单位直方图，数千个回复可以用抖动图，但假设你有几万甚至数百万个回复呢？

在这种情况下，最好的方法也许是一个简单的柱状图（显示分布的条形图），其中和你的情况最像的条形被突出显示。

看一下图 3-15 中的仪表盘，在那里我们可以看到一幅条形图，显示了每个在美国定居的人的年龄分布。在这里，你通过滑块指定你的年龄，与你（和其他数百万人）相关的条形就会被突出显示。

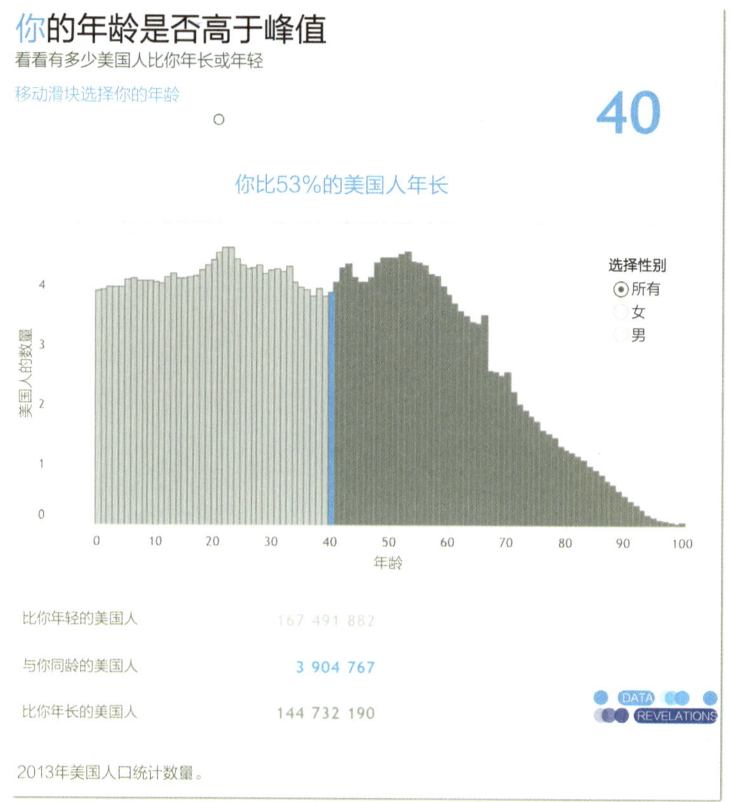

图 3-15　可以将你的年龄与其他美国常住人口年龄相比较的直方图仪表盘

作者的评论

杰佛里：这个仪表盘用一个非常简单的方法对数据进行了可视化，但同时也因包含了大量的数据而具有了复杂性。我们通过它可以很容易看到单个演讲和其他所有演讲的对比。它可以显示演讲的总量，尽管并不是精确的比较方法，但能让我们快速地确定其规模。对抖动的使用在这里很关键，否则这些点会出现叠加现象。

史蒂夫：如果你正在使用汇总数据（也就是说，你无法获取单个回复），请确保检查杰佛里·谢弗的课程指标仪表盘（见第 2 章开头部分）。杰佛里创建的比较个人与同辈群体及总体人群的方法是我的首选。即使不使用汇总数据，你也应该看看它们，因为点图技术是非常有价值的。

安迪：在写这本书的时候，我们发现史蒂夫不喜欢箱线图！我同意史蒂夫的观点，外行往往不知道它们是什么。但和所有的图表一样，人们可以学习怎样去理解它们。考虑一下后面章节的瀑布图。它绝不是一张简单明了的图表，但一旦你学会了如何读懂它，它就会揭示出了大量的信息。箱线图也是如此。

也许是因为它们的外观？我们可以缩小箱体的宽度 / 高度（见图 3-16），从而让箱线图看起来更好看。

史蒂夫说得没错，如果你想看到每一个点，箱线图做不到。然而，并不是所有的分析性问题都需要我们看到所有的点。

箱线图的特别设计是为了解决点重叠的问题。须线（whiskers）会延展到四分位距的 1.5 倍。这听起来像是可怕的统计语言，但其实只是描述数值是如何铺开的一种方式。那么箱体呢？它的中点是中位数，两边边缘各代表了一个四分位数。换句话说，一半的点都在箱内。由于箱体告诉了你四分位数和离群值在哪里，当主要问题仅仅是看到你的标记（图 3-16 中的大蓝点）在哪里时，你还需要看到所有的点吗？

箱线图在你可以很容易比较不同类别的分布时具有额外的优势。在图 3-16 中，很容易看到每个类别中数值的展开都是相似的。

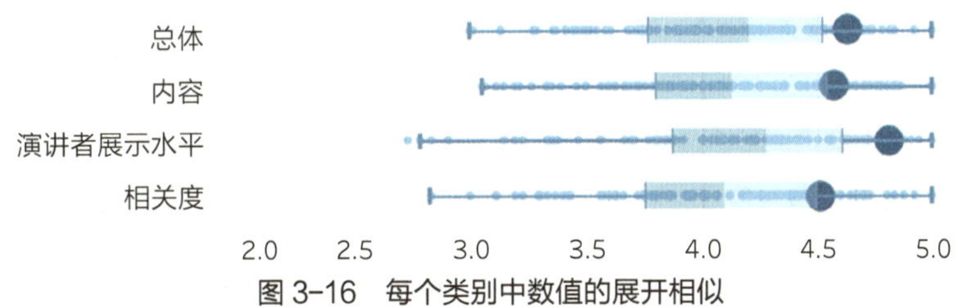

图 3-16 每个类别中数值的展开相似

史蒂夫：如果有 100 万个点呢？

安迪：史蒂夫提供了一种非常好的方式，将数据显示在直方图中（见图 3-15）。一个箱线图也可以对数百万个点起作用：只要你学会主要看箱子，而不是点，箱线图就会非常有利于查看一个类别内数据的分布情况。

第 4 章

假设分析：工资增长的利弊

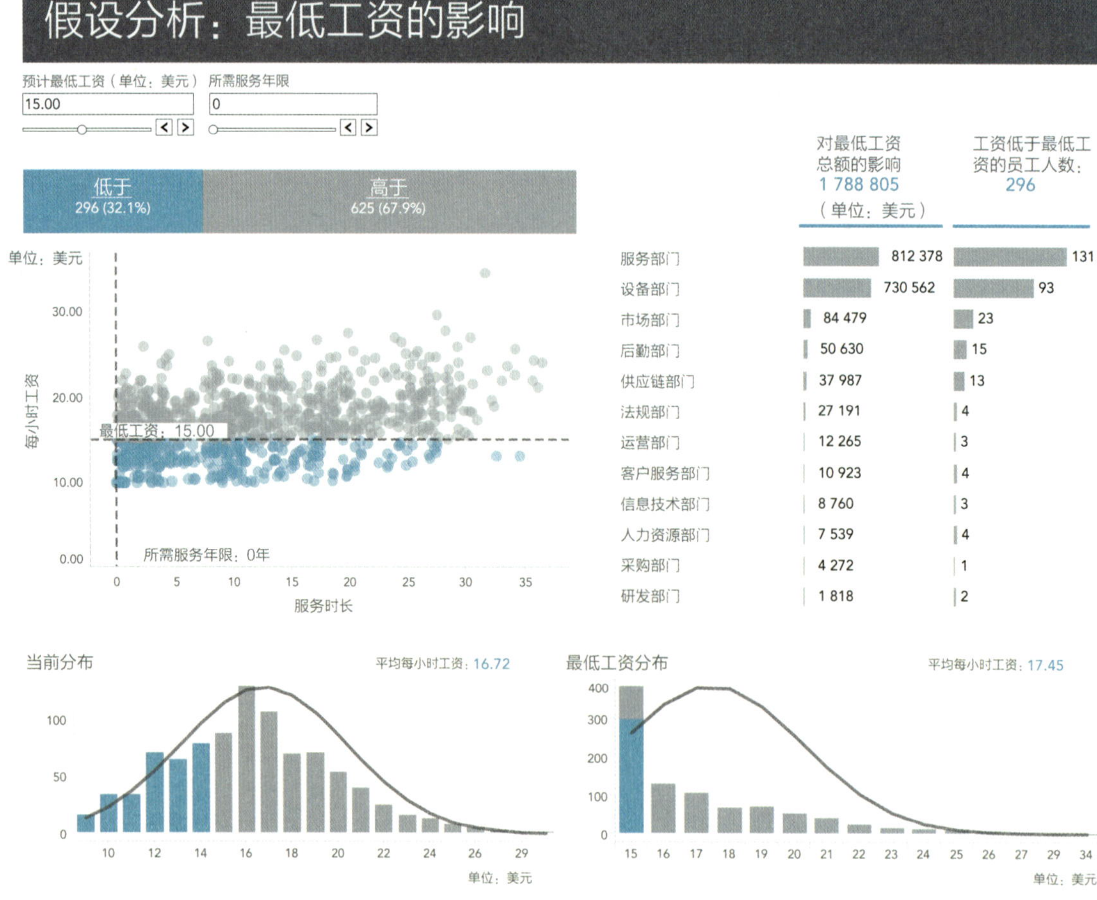

情境

重点

如果你有很多拿时薪的员工，如果政府规定提高最低工资水平，你需要解决此事对公司可能造成的成本后果。

如果你的公司也正在考虑通过提前提高最低工资标准来吸引更多的人才加入，同时提高员工的忠诚度，由于这种提薪是一种自愿行为，因此你考虑将工资增长幅度和员工的工作年限挂钩。例如，你不会统一把最低工资从每小时 9 美元提高到每小时 15 美元，而是考虑为那些已经在公司工作了至少三年的员工增加工资。

细节

- 你需要基于政府规定的最低工资的预期增长来按部门显示工资支出的增加。
- 你需要看到工资的分布情况以及最低工资的提升将如何影响工资。
- 你希望看到有多少员工会从最低工资的提高中受益。
- 你的公司想要了解有多少员工会受到影响，以及为服务公司至少五年的员工实施自愿的“标准生活工资”需要花费多少。

类似情境

- 如果你的公司增加产假 / 陪产假的月数将会对成本和生产力产生什么影响？
- 如果国家社会保障的上限增加会有什么影响（例如，有哪些部门以及多少员工会被影响，有哪些相关的费用）？
- 如果公司的学费报销计划项目被削减 25% 会产生什么影响？

用户如何使用仪表盘

仪表盘左上角的控件允许用户对最低工资期望与所需服务年限的调整进行实验，见图 4-1。

调整这些设定会立即显示其对员工、部门、当前工资分布和预期工资分布直方图的影响。

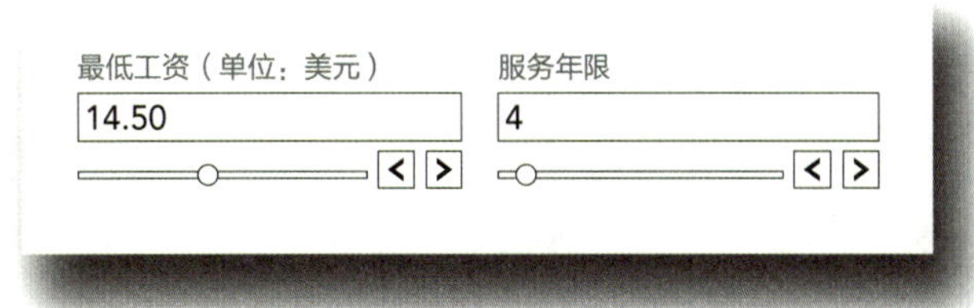

图 4-1　可更改最低工资水平与所需服务年限的滑动控件

这样做为何有效

易于调整的控件

调整控件会影响仪表盘上的四个图表，如图 4–2 所示。将该图与本章开头所示仪表盘上的图表进行比较。

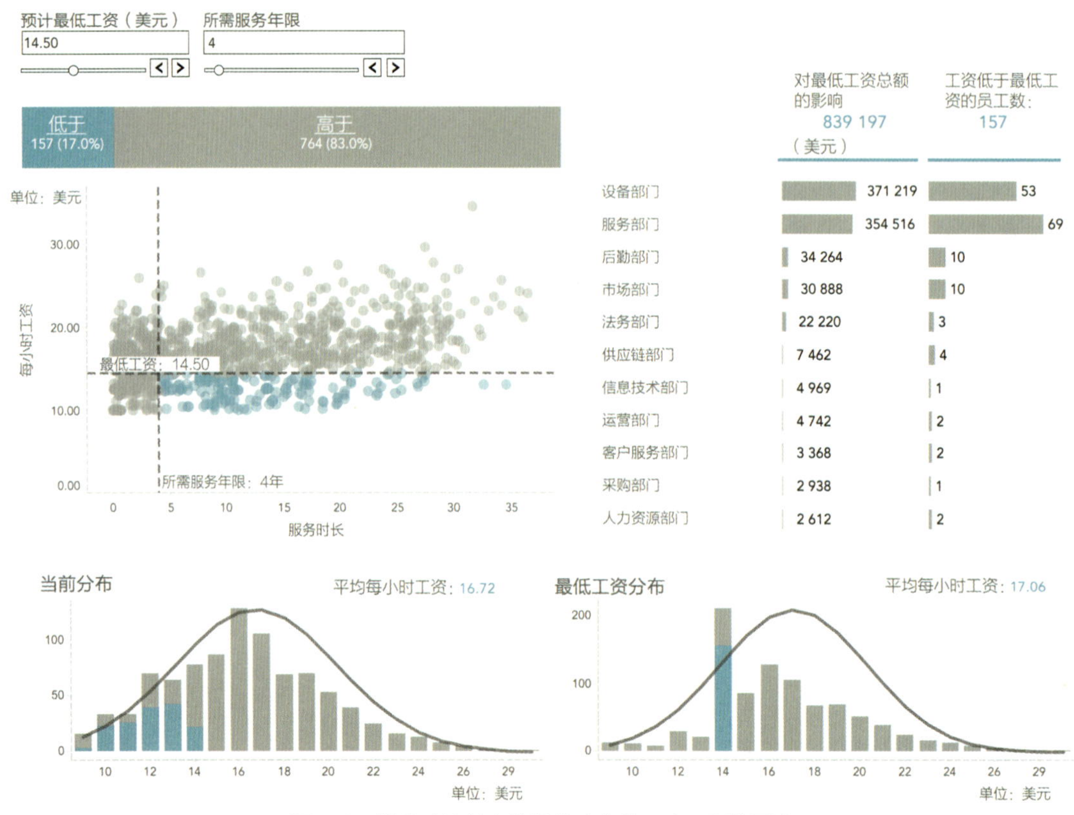

图 4–2　被移动控件中的滑块改变的四个不同的图表

组合图表会显示受到影响的员工

两个图表组成了仪表盘的第一部分。第一个是堆叠条形图，该图显示了员工工资高于和低于你所设定参数的百分比。第二部分是一张散点图，其中每个点代表一位员工，见图 4–3。这些点的位置是根据员工的服务年限（x 轴）和他们当前的工资（y 轴）来确定的。

我们可以看到，把为公司至少服务四年的员工的最低工资提高到 14.50 美元将会影响 157 位员工，即时薪员工总数的 17%。

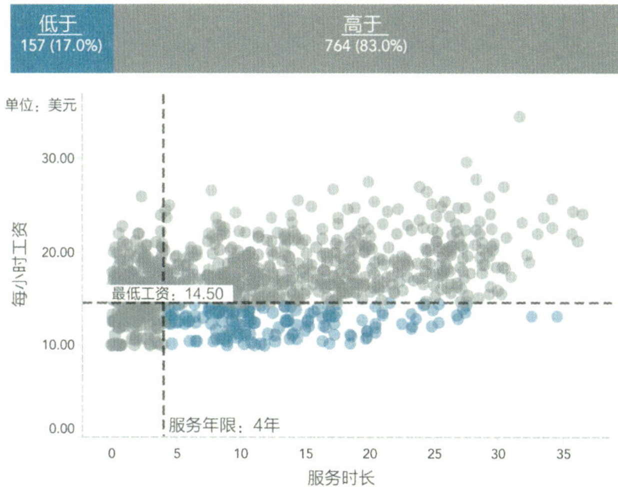

图 4-3　显示工资增长和服务年限要求对总体和个人影响的堆叠条形图和散点图

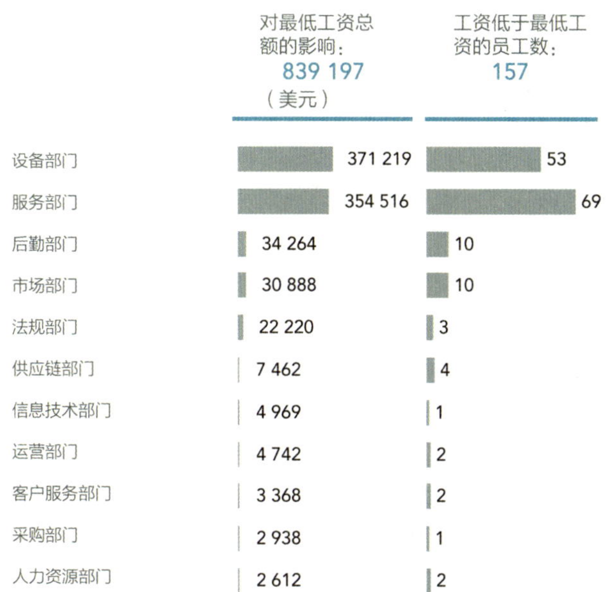

图 4-4　条形图显示对工资和员工人数的影响

我们可以很容易从散点图上看到这些人。所有处在最低工资线以下同时处在最低公司服务年限值右侧的员工（蓝点）都将获得工资增长，达到滑块上设定的金额。

条形图显示对部门的影响

双条形图分别显示了工资额和人数在不同部门所受的影响，见图 4-4。

注意，条形图是按美元金额降序排列的。很容易看出，设备部门和服务部门占据了工资支出和员工数量的最大份额。

直方图和正态分布显示当前和预测分布

直方图和相关的正态分布图（也称为高斯曲线）显示了当前的分布（见图 4-5）和预测分布（见图 4-6）。

在图 4-5 中 9 美元到 14 美元的范围内，我们同时看到了蓝色和灰色条形，因为并非每个员工都能享受到工资增长的福利——我们的假设分析中规定了员工至少需要为公司服务四年。

图 4-6 显示了加薪后的工资分布情况。表示 14 美元的条形现在会非常高。该条形中的蓝色部分代表了在你的参数设定下，工资将会获得增长的那些人。

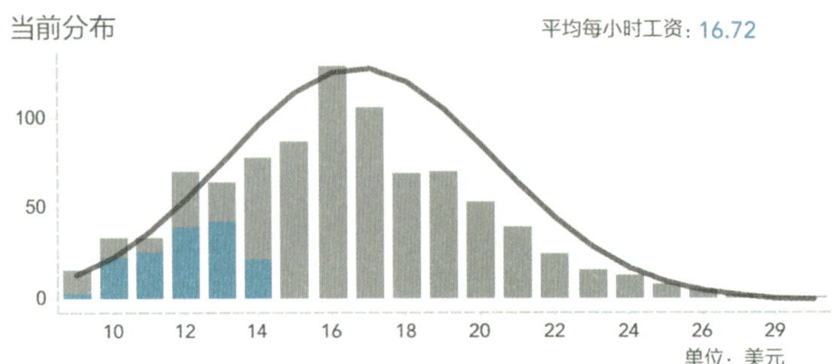

图 4-5　当前工资水平与员工人数的分布

注：蓝色条形图显示了受工资增长影响的群体。

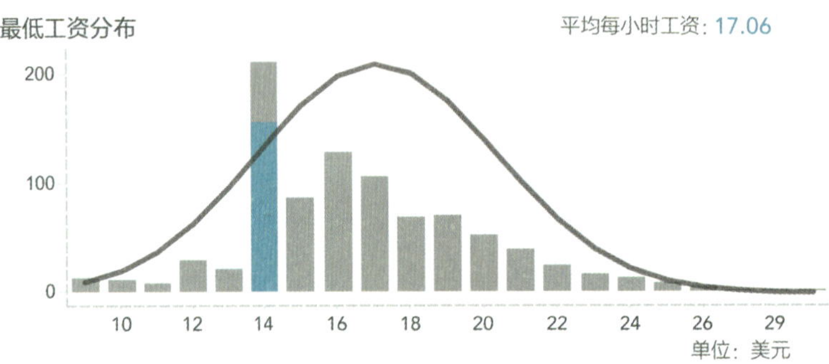

图 4-6　预计工资和员工人数分布

注：在最高的条形上，灰色部分代表收入在 14.00 ～ 14.49 美元之间的人。较低的青绿色部分代表收入在 14.50 ～ 14.99 美元之间的人。

了解正态分布

如图 4-7 所示，叠加的钟形曲线有助于熟悉正态分布曲线的人更好地了解工资分布情况。

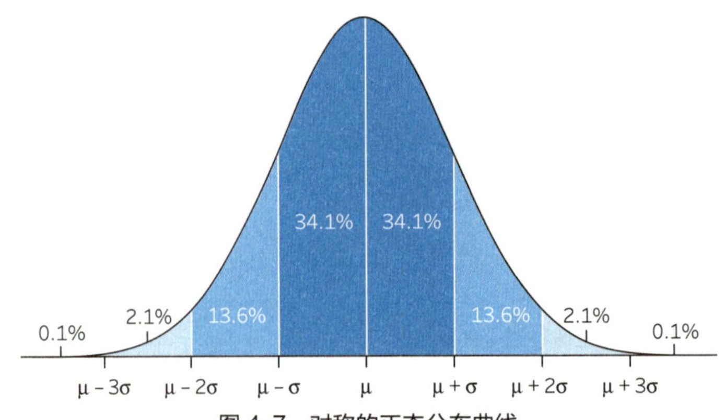

图 4-7　对称的正态分布曲线

注：数据显示，68% 是在 1 个标准差范围内，95% 是在 2 个标准差范围内。

这条曲线很容易让人理解时薪是均匀分布，还是左偏或右偏。例如，如果你把所需服务年限改为零，则数据会明显向右偏，因为图表会被 14 美元的巨大条形所主导，见图 4-8。

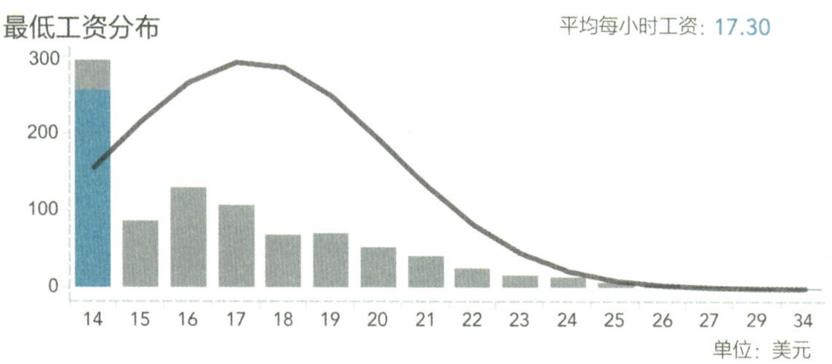

图 4-8　分布右偏移的曲线图

理解分布

有许多种类的数据分布，如图 4-9 所示。“偏态”是指与正态分布的均匀分布相比，分布呈现出的不对称性。有些人会觉得偏态的标签令人困惑。如果你把偏态数据看成有尾巴的（在某一端越来越细），就很容易记住了。偏移的方向与尾巴的方向相一致。

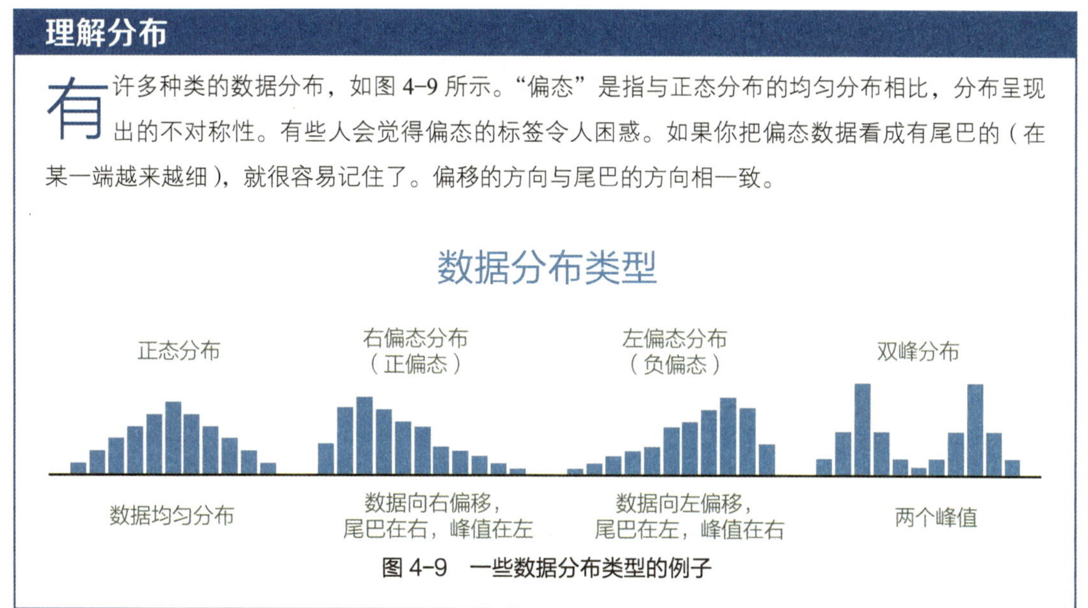

图 4-9　一些数据分布类型的例子

颜色的巧妙使用

仪表盘谨慎使用了一致的颜色，图 4-3 中的堆叠条形图既充当了实用图表，也代表了颜色图例。通过这两种颜色，我们可以轻松解码仪表盘上所有其他的图表。散点图和分布图以及整个仪表盘中的关键文本都使用了相同的颜色。

仪表盘设计师的解释

马特·钱伯斯（Matt Chambers）：这个仪表盘展示了视觉设计是如何让一个困难的决策变得易于理解的。诸如此类的工具既可以向决策者展示决策的确切结果，同时也允许对他们所控制的输入变量进行操作。实时查看决策结果的功能让这个工具变得非常强大。

作者的评论

杰佛里：我一下子就喜欢上了这个仪表盘。马特在设计上非常谨慎。我喜欢这个仪表盘使用的颜色、布局、图表类型以及所选的字体，它的界面简洁，可读性强。此外，从纯功能的角度来看，该仪表盘允许用户以一种对情境进行规划的方式进行交互。这是一个无论从功能还是设计来看都非常出色的案例。

安迪：我赞同杰佛里的观点。如果我们考虑一下唐纳德·A. 诺曼的《设计心理学》中的框架，我们会看到这个仪表盘的设计在三个领域都取得了成功。它给人的第一印象是正面的：白色的空间、简单的颜色、朴素的字体会带来积极的第一印象。行为反应也很好。设计的可供性（可以改变的事情）是非常明显的。当我们对参数做出改变时，可以立即通过仪表盘上蓝色数量的增加或减少看到这一行为的影响。这会让我们开始反思：我们喜欢它吗？是的。它有效吗？是的。所以，我喜欢这个仪表盘并希望再次使用它吗？绝对会。

第 5 章

管理人员销售仪表盘

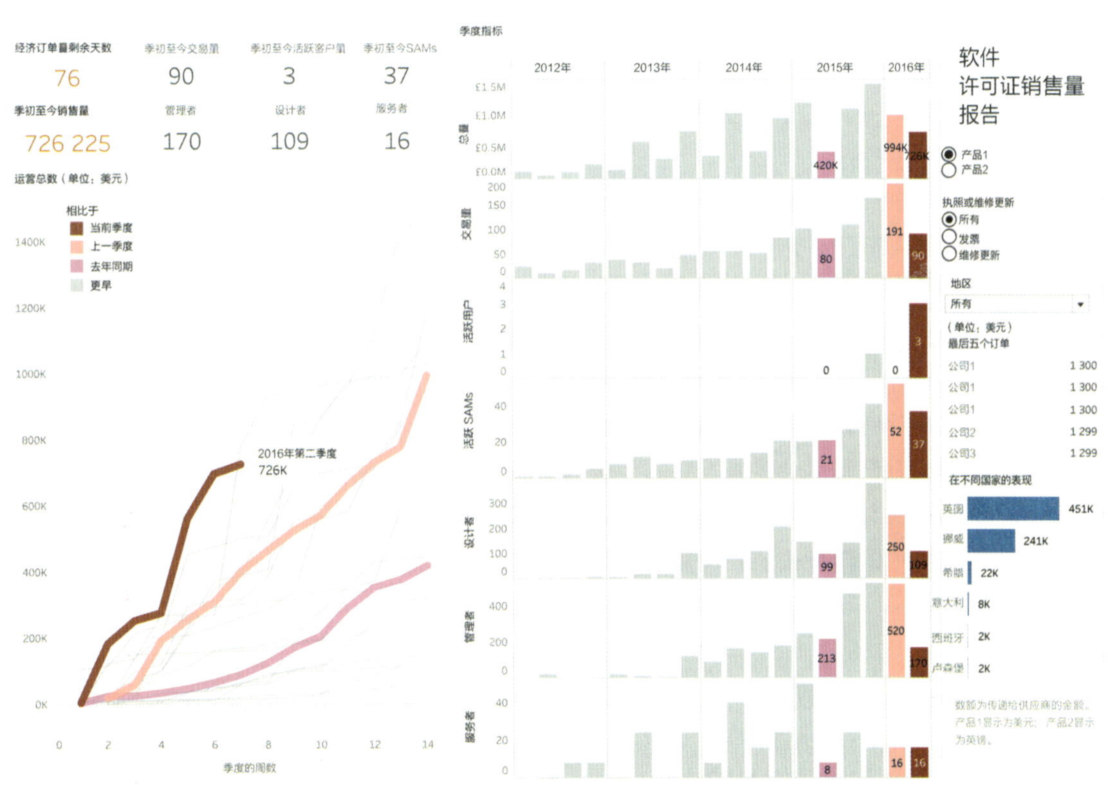

情境

重点

你是一位销售经理，想知道整个销售团队以及自己在本季度的业绩如何。你希望能看到本季度任意时刻的总销售额与上一季度相比的准确情况。你需要看到整个业务的概况，并可筛选各个产品线或特定区域。

细节

- 我们当前季度的表现如何？
- 当前季度与上一季度以及去年同期相比表现如何？
- 我们有望超过上一季度吗？是否有望超过去年同期？
- 最近的交易情况怎么样？

类似情境

- 产品经理希望比较不同时期推出的不同产品的累积销售额。你去年才推出了 X 产品，它比今年发布的 Y 产品卖得更快吗？
- 社交媒体经理可能想衡量营销活动的传播效果。哪个营销活动最快获得了最多的点击？哪一个活动最持久？
- 追踪重复活动注册情况的活动组织方将使用此类仪表盘，来查看它们的票务销售情况与之前相比是高于还是低于目标值。

经济订单量剩余天数	季初至今交易量	季初至今活跃客户量	季初至今SAMs
76	90	3	37
季初至今销售量	管理者	设计者	服务者
726 225	170	109	16

运营总数（单位：美元）

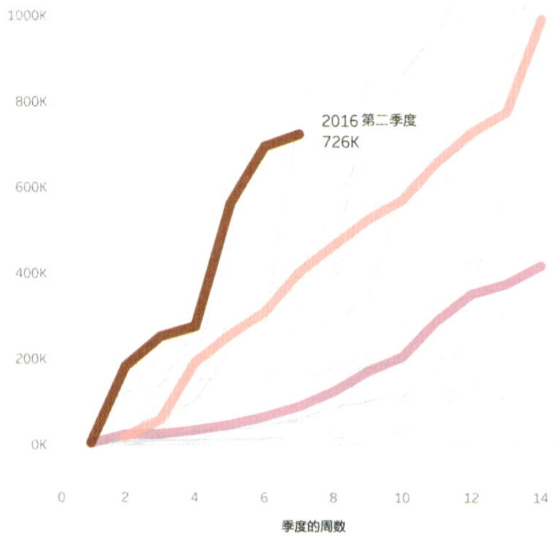

图 5-1　各阶段情况对比指数图

注：指数图让管理人员看到与其他季度相比，本季度的销售额有何增长。其中上一季度和去年同期都被突出显示。

用户如何使用仪表盘

该仪表盘旨在提供两种产品的整个销售概况。公司的高管们每周会收到一封关于该仪表盘的电子邮件副本。如果他们需要更多的细节，可以点击邮件中的链接去访问浏览器中的实时互动版本。

这样做为何有效

专注于年度和季度增长的比较

在该组织中，最重要的事情是了解目前的情况、上一季度的情况，以及去年同期的情况。这对注重增长的销售组织来说至关重要。

图 5-1 所示仪表盘上的指数图易于实现与之前阶段的比较。x 轴显示“季度的周数”。每

季度销售情况的起点都在同一个地方：x 轴上的 0 点。折线代表本季度每星期的累积销售额。每个季度都对应一条折线。由此，指数图能让你一目了然地看到该季度与之前季度相比的进展情况。

颜色和尺寸有助于识别用于比较的最相关的季度。其中三条折线比其他折线要粗，即当前季度、上一季度和去年同期。当前季度用最清晰的鲜明的红色。另外两个对比季度使用了不同的颜色，让人容易辨识。所有其他季度都显示为灰色细线；它们为此图提供了相关信息，而灰色则允许它们在非必要时刻能够融入背景图中。

在可交互式仪表盘中，任何季度的细节都可以通过将鼠标悬停在折线上以快速查看：工具提示会显示细节信息，而相关季度则在右侧的条形图中突出显示。

在图 5-1 中，我们可以看到在屏幕截图的时刻，2016 年第 2 季度销售情况非常好。这一数字明显好于上一季度和去年同期。实际上，本季度的销售增长是个例外。

正如第 31 章中所讨论的：如果对时间进行可视化，指数图是追踪度量值并将不同时期的度量值进行比较的最佳方式。这家公司也有一个更简单的仪表盘，只用于比较公司年度增长的情况（见图 5-2）。

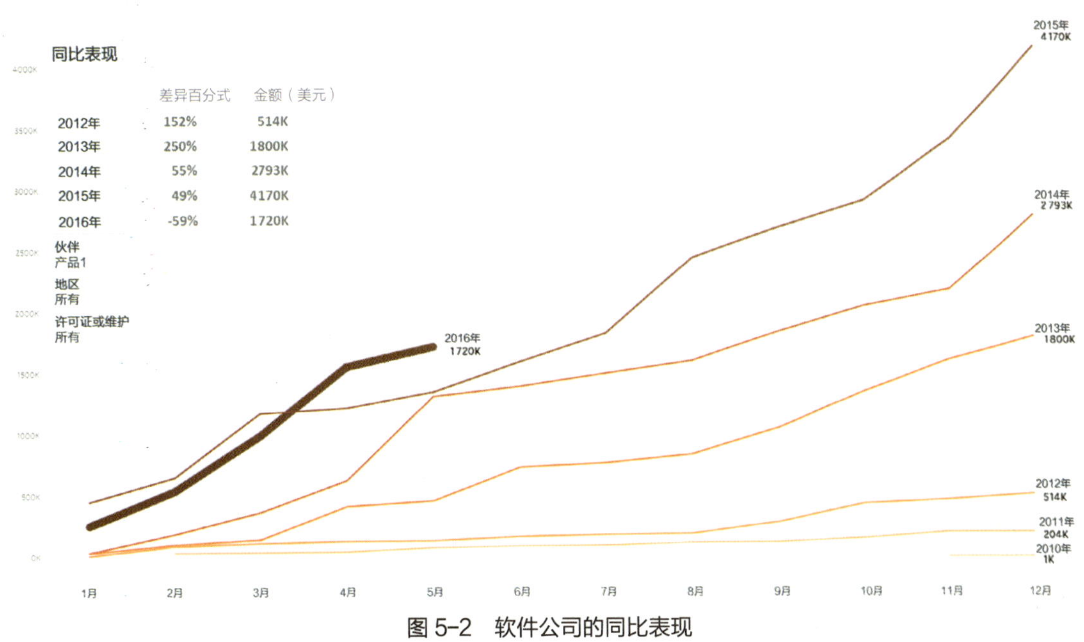

图 5-2　软件公司的同比表现

注：正如你所看到的，2016 年追上了前一年的进度。

指数图可以显示增长率的比较情况，而图 5-3 所示的条形图却可以显示每个季度销售额的实际值。条形图的每一行都代表该公司所关注的七个指标之一。只有三个重要的条（当前季度、上一季度、去年同期）被加上了标签。这减少了仪表盘上的混乱，使得用户在不依赖交互性的情况下仍然能找到最重要的数字。

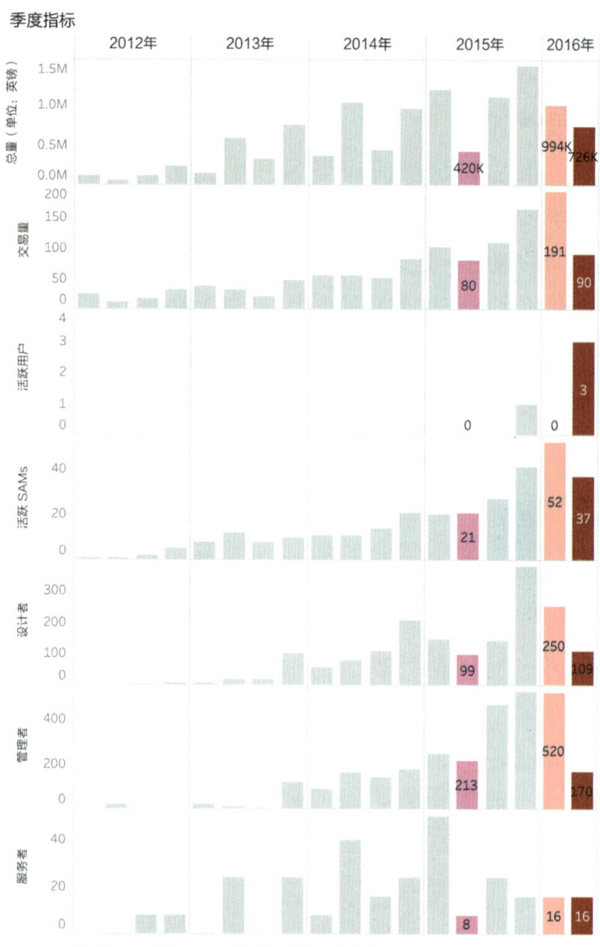

图 5-3 显示了随时间推移的增长情况的条形图

注：标签使得浏览者看到最相关季度的确切信息。

将关键指标列为文本

仪表盘的左上角是如图 5-4 所示的表。只要看一眼，高管们就可以查看仪表盘中最显著的部分，准确地找到他们需要查看的数字。

经济订单量剩余天数	季初至今交易量	季初至今活跃客户量	季初至今SAMs
76	90	3	37
季初至今销售量	管理者	设计者	服务者
726 225	170	109	16

图 5-4 关键数字信息图

注：将信息提取为几个关键数字或许是很重要的。在这种情况下，只有数字会被显示。与之相关的详细图表可以在别处显示。

在一周开始或与销售团队开会前查看仪表盘时，你可以只查阅这些数字作为要点。

所需之处见细节

这个仪表盘以关键指标、指数图和详细的条形图为主。筛选器下面的空间正好可以添加完整业务快照所需的额外信息。在图 5-5 中，最近五个订单被突出显示，订单下面是销售该公司产品的国家的地理快照。

颜色

与本书中众多的仪表盘一样，图 5-3 对颜色的巧妙运用使得仪表盘更为有效。红色？很抢眼！这代表本季度，也是最重要的事。粉色和橙红色也很重要：代表去年同期和上一季度。灰色就不那么重要了。颜色选择貌似小事，实则重要，它对人们如何轻松识别自己最需要的数字具有很大的影响。

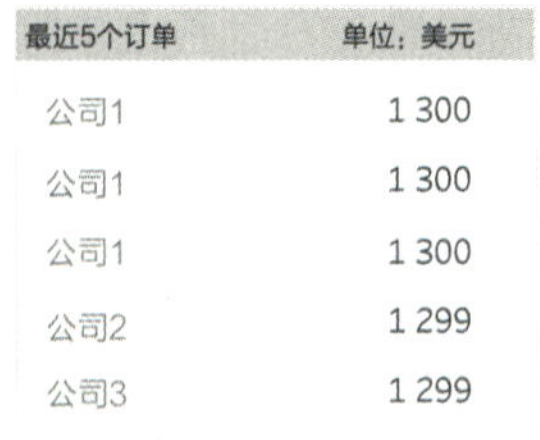

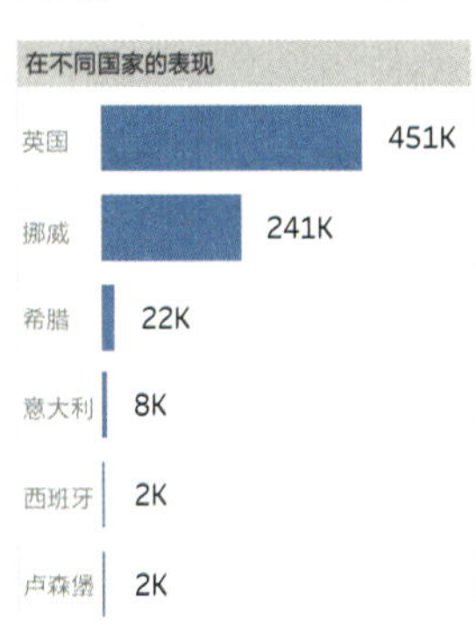

图 5-5 小图表完全适合小空间

作者的评论

安迪：当你打开一个网页或仪表盘的时候，你第一眼会看哪里？最可能是左手边。那就是放最重要的信息的地方。那么筛选器应该放在那里吗？筛选器需要被新用户发现并使用。因此，你可以理解为它们应当放在左边。然而，一旦你熟悉了仪表盘，筛选器的位置也就不拘泥于此了。所以，它们可以放在右边。

这个仪表盘由一个很熟悉其数据及操作的团队在使用。他们不需要在每次使用仪表盘的时候快速发现筛选器；他们已经清楚那里有筛选器。因此，筛选器被放置在右边。

如果仪表盘只是被偶尔访问它的浏览者使用，也许在左边放置筛选器会更合理，如图 5-6 所示。

我一直更喜欢把筛选器放在仪表盘的右侧。作为仪表盘设计师，我知道筛选器在右边，因为是我把它们放在了那里。不过，当看到用户测试这些仪表盘，特别是使用它们时，我会感到绝望：他们到处点击，看起来很随机，而且大部分人并不会使用筛选器。

“你为什么不点击筛选器呢？”我在可用性测试后问道。“什么是筛选器？”这是个常见的回答。就像可能只有你自己喜欢自己的仪表盘一样，其他人只会将它看作新的工具，而且很多人不会把目光投向右侧。因为不是他们把筛选器放在了仪表盘上，他们不会想着向右边看。

解决办法是什么呢？本章中的仪表盘确实把筛选器放在了右边，因为这家公司会培训所有用户如何使用这个仪表盘。公司会向用户展示筛选器，并教会他们如何使用。

杰佛瑞：我喜欢这个仪表盘使用的图表类型：仪表盘顶部的关键指标、指数图和条形图。该指数确实很好地反映了和前一阶段趋势的比较。这个仪表盘包含丰富的信息。我认为稍微改变总体设计将有助于它的整体流畅。我可能不会纠结于筛选器的位置，以便可以适当移动一些元素，并给仪表盘的组件留出一些喘息的空间。

图 5-7 显示了一个重新设计的示例，我移动了其中一些元素。我创造了更多的空间来容

纳所有内容。我也移除了条形中的数据标签，因为工具提示可以给出更多详细的数据。通过将标签移动到图表中，我避免了旋转条形图 y 轴上的文本。旋转后的文本用户阅读起来需要更长的时间，会增加阅读难度。例如，这个仪表盘中的“活跃客户”出现了拼写错误。这个仪表盘其实已经被许多人检查过了，但在我旋转文本之前，这个错误都没有被发现。

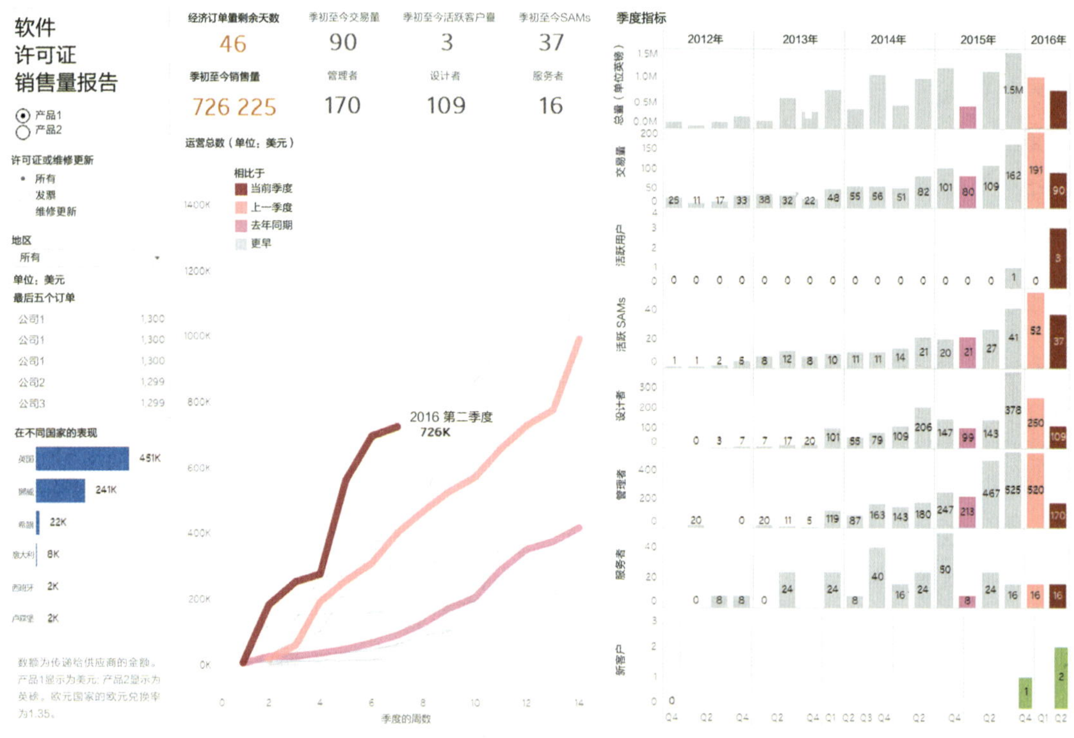

图 5-6 筛选器在左侧的仪表盘

注：把筛选器放在左边，仪表盘也能正常工作。对于不会频繁使用仪表板的人来说，这种方法更好。

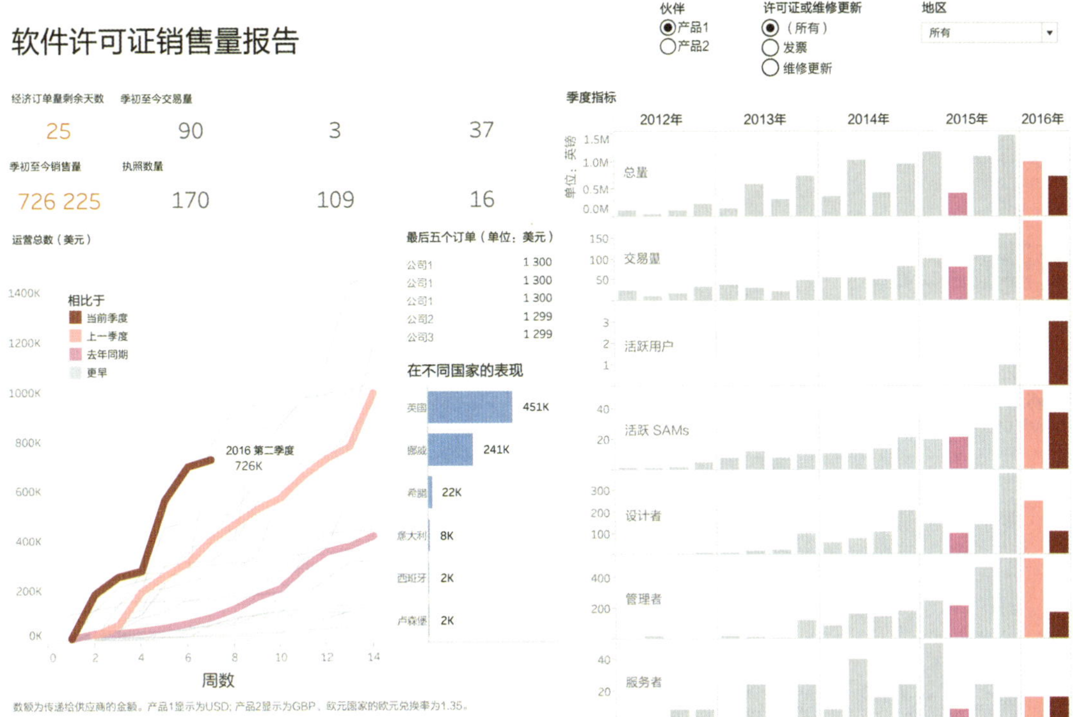

图 5-7　重新设计的仪表盘样本

第 6 章

相比之前，现在的排名

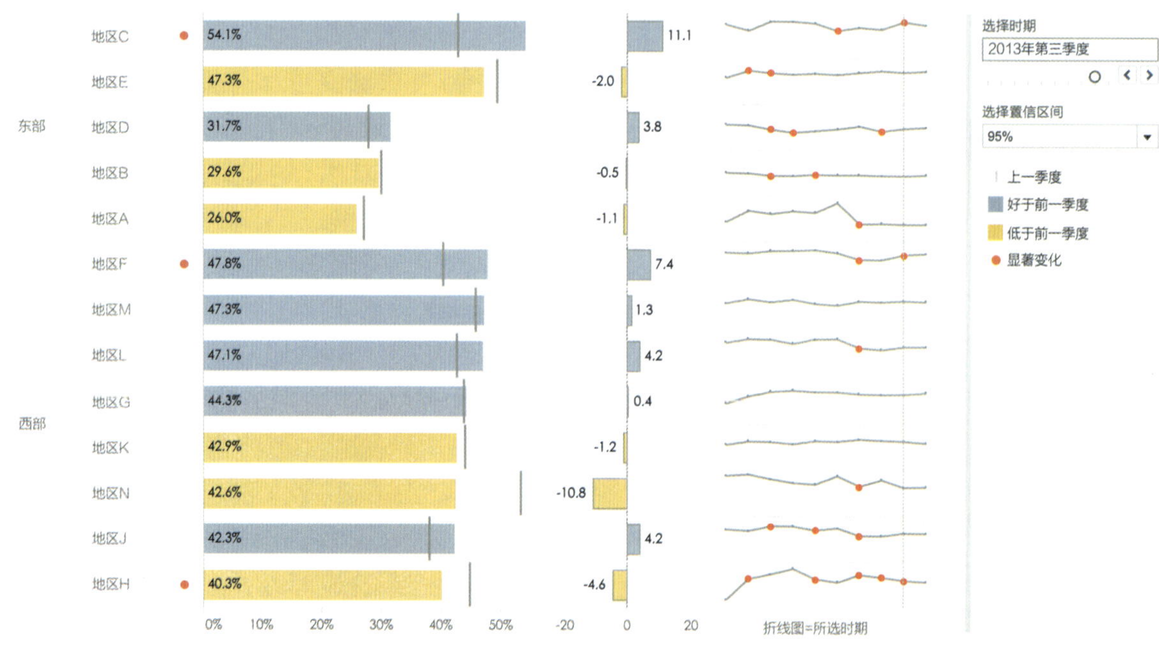

注意

在这个仪表盘中，我们展示了对产品或服务评价很高的受访者（“推荐者”）的百分比。关在数据可视化过程中如何把推荐者、贬损者和那些对任何形式都不在意的人（“中立者”）考虑在内的相关讨论，请参见第 16 章。

情境

重点

你的公司非常重视用户的满意度。每个月你都要按照主要地理区域（分区）和子区域（地区）对其进行监测，并且需要了解客户满意度在哪些区域提高了、在哪些地区降低了或保持不变。

你希望能迅速对衰退做出响应，但不希望引起不必要的恐慌，所以你需要查看之前一段时间的变化是否在统计上非常显著。你还需要看到随时间推移产生的变化，从而了解大幅波动是特定时期的孤立事件，还是表示出现了更大的问题。

细节

- 你的任务是：按地区和分区来分解，显示对你的产品及服务非常满意的客户（“推荐者”）的百分比。
- 你需要按地区对数据进行排序，以便轻松看出哪个分区客户的满意度最高，哪个分区的满意度最低。
- 你想轻松地看到一个地区与另一个地区相比，其客户的满意度要高出多少。
- 你需要比较不同时间段的绩效，例如，将本季度和上一季度进行对比。
- 你需要使用公司用于确定统计显著性的任何决定性检验来显示上一个时间段的变化是否显著。

类似情境

- 你需要按州进行细分，对产品和服务的销售额进行排名，并将它们与之前的一个或多个时期进行比较。
- 你正在审阅每周的电子邮件营销活动，需要显示打开电子邮件并点击的人数或百分比，按性别和年龄进行细分。你需要比较本周和前一时期的情况。

用户如何使用仪表盘

在这个仪表盘中，浏览者可以选择一个自己感兴趣的地区。在图 6–1 中，浏览者选择了 F 地区，那么仪表盘会更新以显示关于该地区的纵向信息。

将鼠标悬停在一个条形上时，你会看到关于某个特定地区的更多信息，如图 6–2 所示。

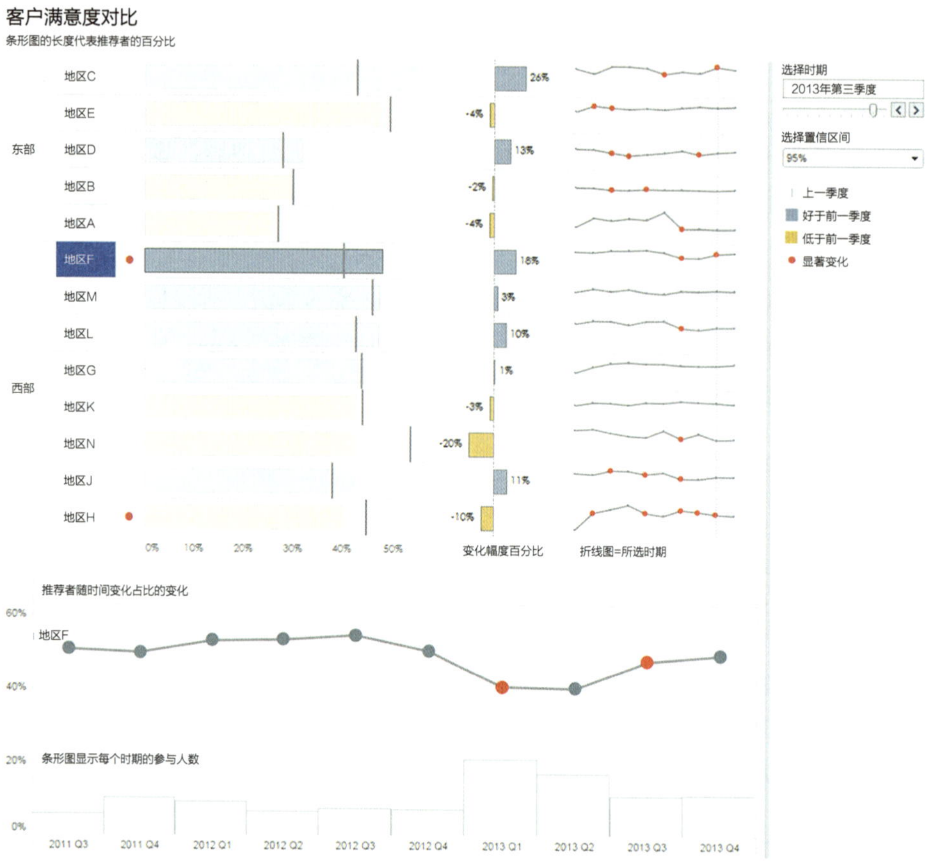

图 6-1 选择一个区域并显示相关的纵向信息

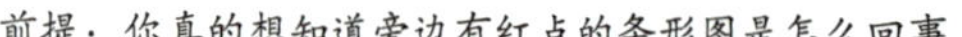

前提：你真的想知道旁边有红点的条形图是怎么回事。

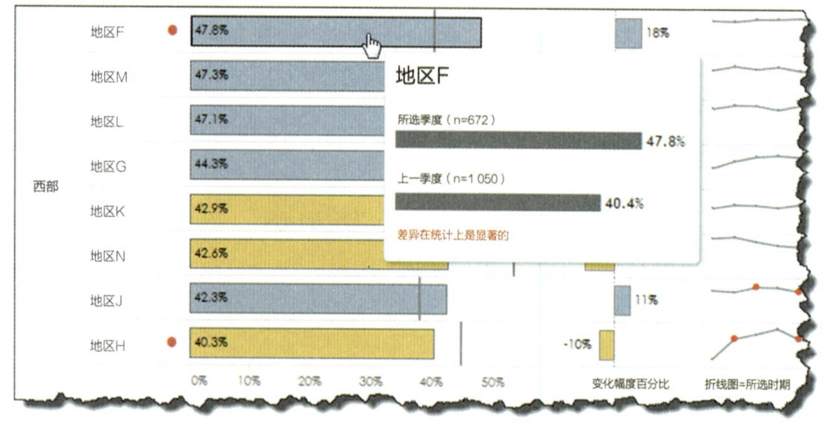

图 6-2 弹出窗口提供了关于特定区域的更多信息

这样做为什么有效

条形图让比较变得更容易

条形图可以使人很容易看到一个地区与另一个地区之间的比较。如图 6-3 所示，我们可以删除条形内的标签，却依然可以看出 C 地区的客户满意度是 A 地区客户的近两倍。

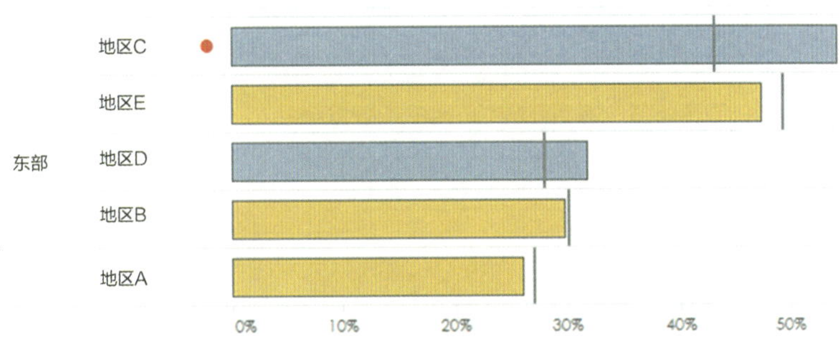

图 6-3　这些条形图很方便对大小进行排序和比较

垂直参考线使人们可轻松看到有多好或多糟

图 6-4 中的垂直线让我们看出 C 地区当前的表现比前一时期要好一点，而 E 地区当前的表现比之前要稍差一些。

图 6-4　垂直参考线便于比较

条形的颜色使人们很容易看到情况在变得更好或更糟

尽管垂直参考线可能会使颜色编码和颜色图例变成非必要元素，但通过颜色，我们可以迅速地看出在图 6-5 中，东部分区中的两个地区比前一时期的表现更好，而西部分区中的五个地区的表现好于前一时期。

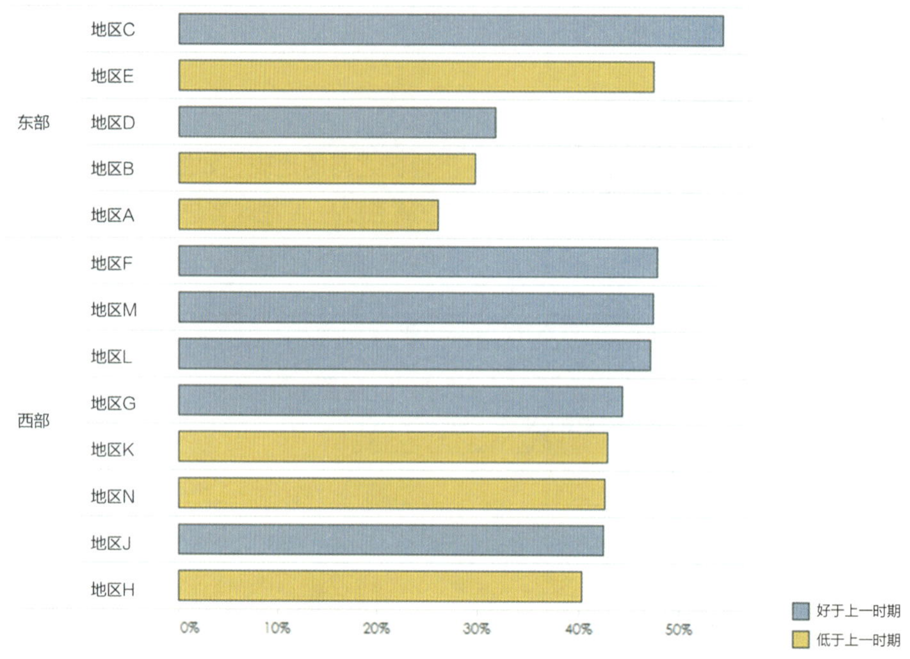

图 6-5 颜色编码显著对比了不同区域在前几个时期的表现

注：通过颜色编码清晰地显示了客户满意度下降或改善的情况。

与前一时期相比的百分比变化

显示与前一时期的百分比差值可能会非常有用，如图 6-6 所示。

请注意，有些人更喜欢看到分数的差异而不是百分比差值，所以你可能需要在仪表盘上添加一个小部件，让用户可以在两种显示差异的方式之间切换。

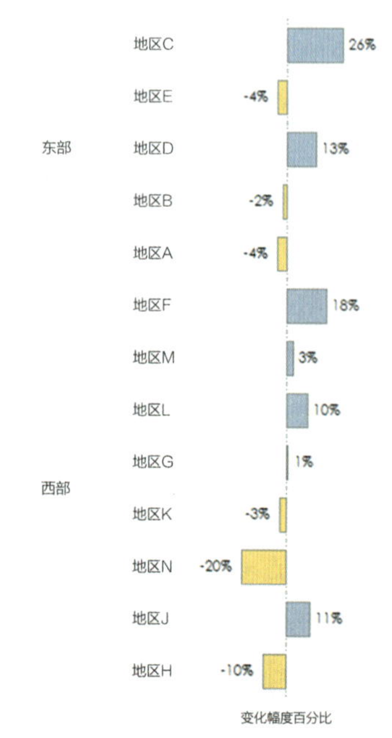

图 6-6 条形图的长度和方向对应与上个时期的百分比差值

红点让人很容易看出哪些差异有待进一步研究

快速浏览一下图 6-7，可以很容易看出 C、F、H 地区有些特殊，而所谓的特殊情况并不是指“差异特别大”。例如，地区 N 的当前值和过去值之间有很大的差距，但它没有红点标记。图 6-6 表示当前时期和前一时期之间的差异是显著的，对于这种情况，可以使用任何显著性检验。

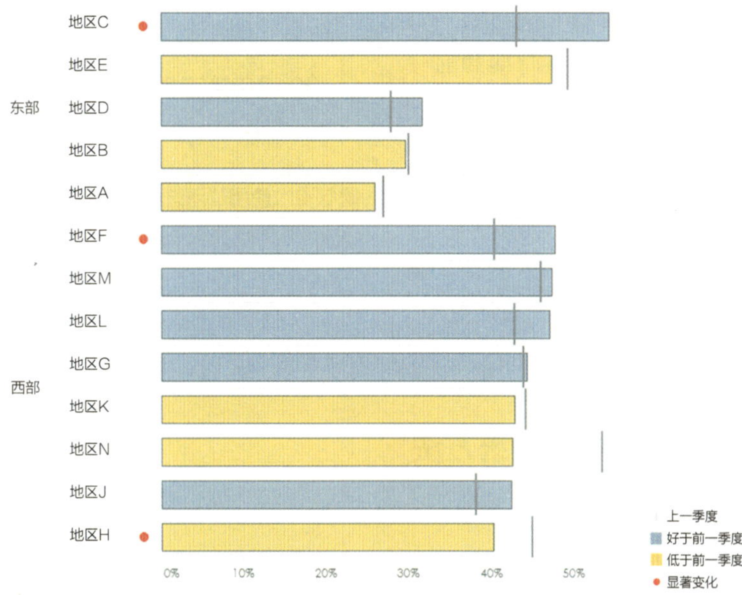

图 6-7　红点使识别潜在的机遇 / 问题区域变得容易

迷你走势图便于看出随时间推移，客户满意度是如何变化的

迷你走势图一目了然地向我们展示了每个地区随时间推移的表现，以及其中所有的显著变化（即是否没有变化、有些变化或变化很大）。在图 6-8 中，我们可以看到 H 地区有大量的波动。请注意，有很多因素会导致客户满意度显著升高或降低，包括在此期间对调查做出回应的人数。这就是为什么我们没有在 A 地区的峰值看到红点标记。虽然它增长的幅度确实很大，但基于统计显著性的应用测试，它并不具有统计学意义。

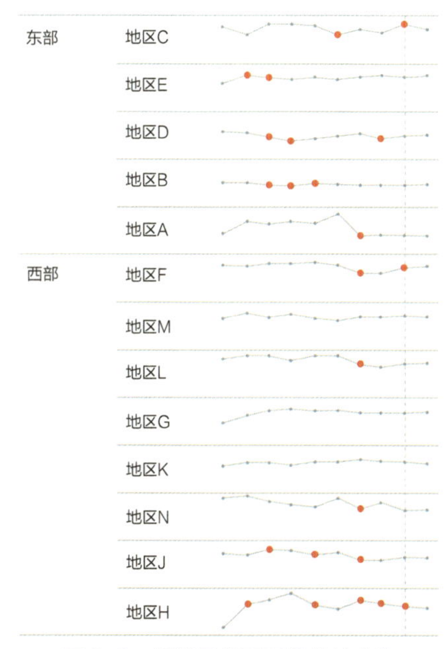

图 6-8　折线图体现了整体的变化

注：一个红点表示与上一个值相比变化是显著的。

仪表盘的其他功能

注意仪表盘上有一个“选择时期”的参数控制，见图 6-9。

该参数允许浏览者将任何时期与前一时期进行比较，而不是仅比较当前时期和前一时期。

图 6-9 使用“所选时期”可以查看任意时期的数据

这样做为什么有效？

假设今天是 2 月 27 日，有人想比较 1 月和 12 月的数据。周末过后，这个人到办公室来完成分析，结果发现仪表盘现在只能显示 2 月和 1 月的数据对比了，因为今天是 3 月 2 日。而增加这个参数使用户可以关注他们感兴趣的任何时期的数据。

你为什么应该避免使用传统方法

许多公司使用传统类型的记分卡来处理这种情境，如图 6-10 所示。

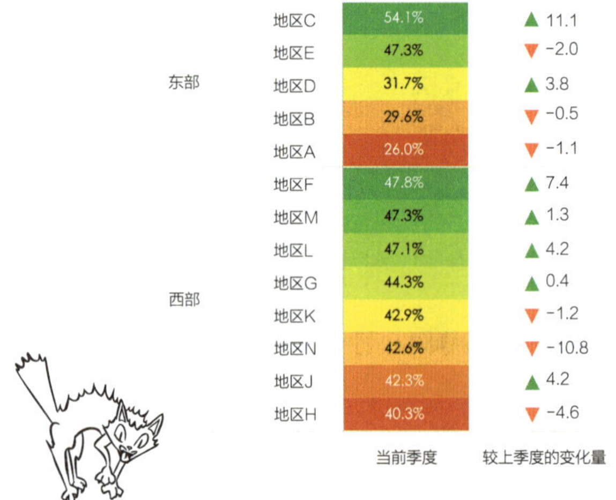

图 6-10 经典但毫无用处的计分卡

既然这种图表类型如此受欢迎，那为什么我们会建议你不要使用它呢？

这种方法至少有以下五个缺点。

1. 单元格尺寸一致使我们很难直观地看出一个地区和另一个地区相比，其表现好多少或差多少。如果没有每个单元格中的数字，我们就不能说出 C 地区的推荐者百分比是 A 地区的两倍多。
2. 交通信号灯配色忽略了患有色觉缺失的人群（约有 8% 的男性患有色盲症）。
3. 颜色是基于排名而不是表现，这可能会带来问题。大多数人将红色等同于情况糟糕，但在这个例子中，它是表示排名最低。事实上，一个分区的所有分数可能都很好，但是最低的好分数仍然是红色的。比如 H 地区的 40.3%，它是红色的，因为它在西部分区排名最低，但如果它在东部分区，它将是浅绿色或黄色的。
4. 关键绩效指标（向上和向下指向的三角形）只显示了增加和减少，而不是增加和减少的程度。对于用户来说，并不容易看出哪里存在巨大的差异。
5. 关键绩效指标的颜色与用颜色编码的单元格相冲突。也就是说，绿色在一种情况下表示最高的等级，而在另一种情况下则表示简单地增加。

其他方法

还有其他方法可以显示不同类别在两段时期之间的变化。

其中一种方法是分布式斜率图，如图 6-11 所示，它可以根据不同分类的表现进行排序，并轻松地查看不同时期之间的变化程度。

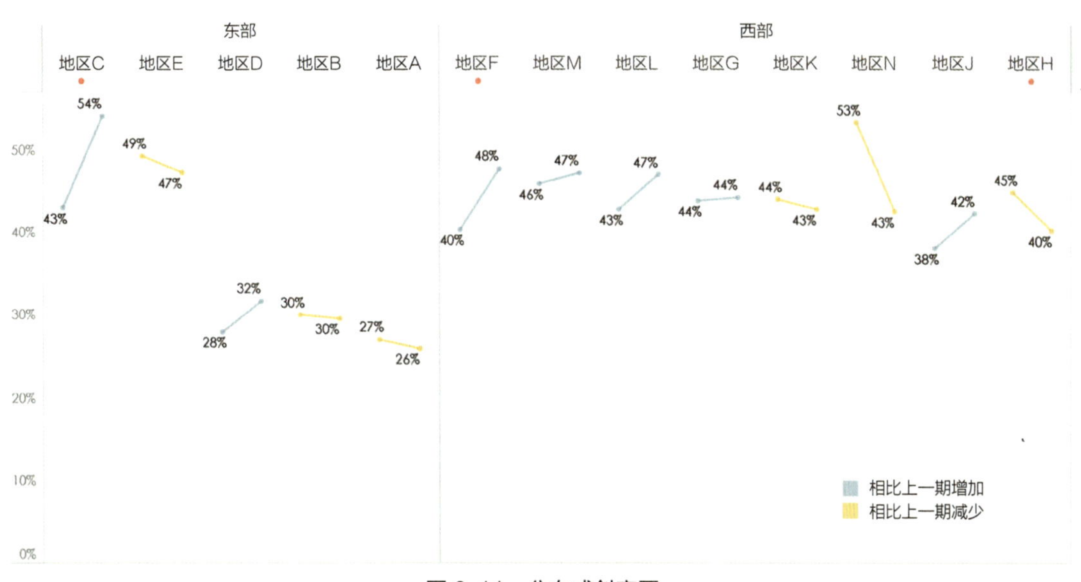

图 6-11　分布式斜率图

为什么使用分类的条形图而不是斜率图呢？因为分类后的条形图与仪表盘的其他元素能够更好地配合。尤其是提供一目了然的纵向视图的迷你走势图，并不能补充斜率图的不足之处。

作者的评论

安迪：你可以认为显示百分比差异的条形图并不是必需的，因为条形图和参考线也可以让你看到这些差异，如图 6-12 所示。

图 6-12　从参考线到左边条形末端的距离显示了与右边的百分比差别条形相同的信息

当然，你可以删除显示百分比差异的条形图，并让参考线来完成所有的工作，但这样的话，查看仪表盘时，同时解析多个问题就会变得更加困难。某一天，你的主要问题可能是最高和最低的满意度。如果是这种情况，请关注左侧的条形。参考线会为你提供一些次要的信息。

某一天，你可能想知道百分比差异。在这种情况下，你不会试图测量所有条形之间的差距。不如试试仅根据图 6-13 中的条形，来找出哪个百分比变化最大。

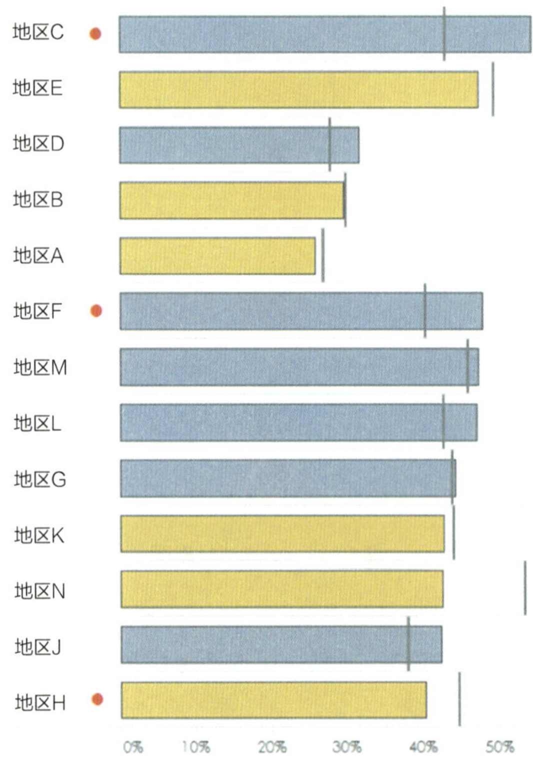

图 6-13　哪个地区与前一时期相比变化最大

百分比条形图使你可以轻松地从一个问题切换到另一个问题，并将一组值与一个通用基线进行比较。

你确实需要咨询你的用户哪个是最重要的问题，并突出这个问题。在本章的仪表盘中，最重要的问题是："客户满意度处于什么程度？" 百分比的问题是次要的。

如果你发现百分比的问题是最重要的，那么只需调整布局将百分比差异的比较置于更易受关注的位置就可以了，如图 6-14 所示。

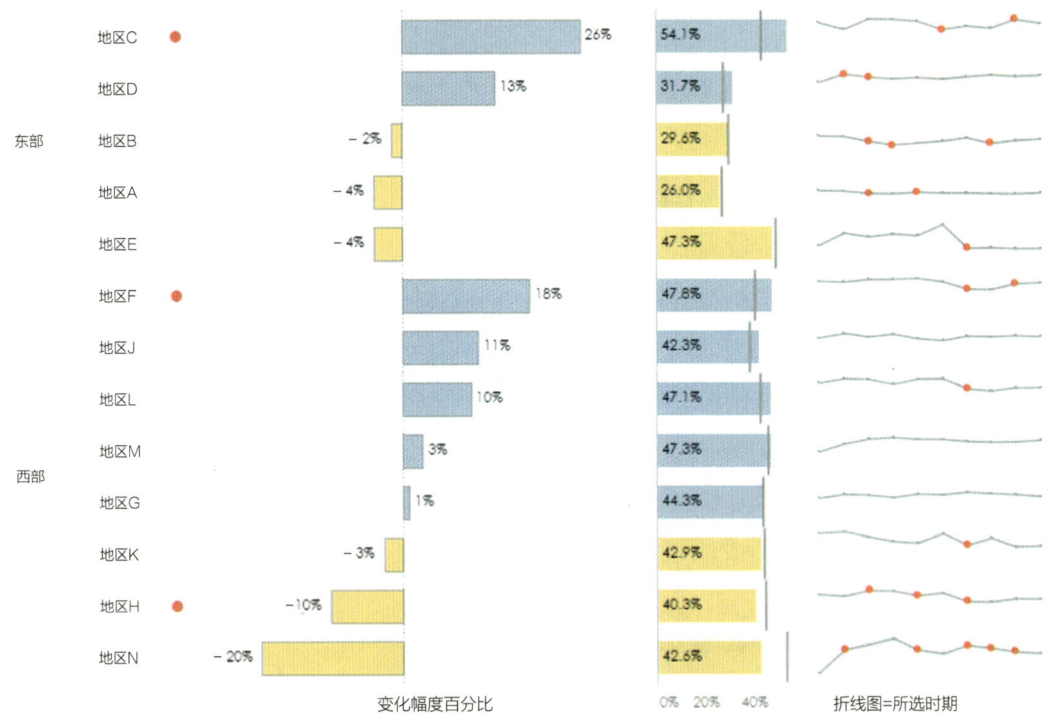

图 6-14 突出显示最重要的问题

注：如果百分比差异比实际值更重要，那就把它变成更大的图表。

第7章

我们是否达成了目标

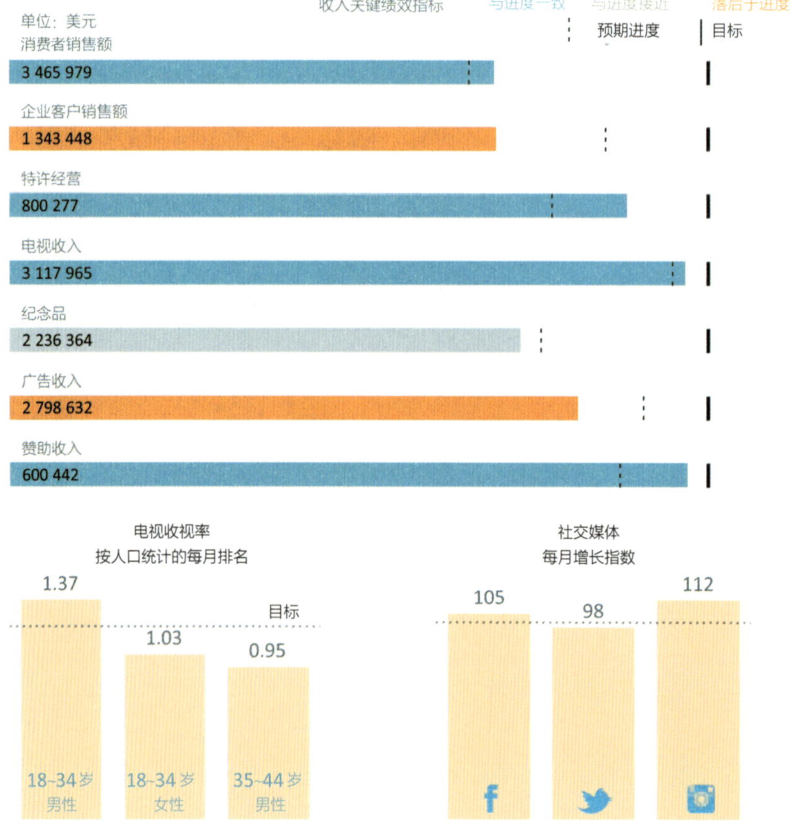

情境

重点

尽管你的组织坚持争取让大家都使用交互式仪表盘，但某些管理人员坚持要收到一份包含主要收入、电视收视率和社交媒体指标的每周单页摘要。尽管你的组织跟进了数百项指标，但每位管理人员都要求提供只包含特定指标的个性化报告。

使用该仪表盘的管理人员审阅各种资料的时间不愿意超过两分钟，他们特别关注的是收入关键绩效指标能否按进度达到公司的目标。

细节

- 你需要通过电子邮件向管理人员提供一份关键绩效指标的摘要。
- 你需要展示该组织当前的表现，同时也要让人能看出组织全年的表现。
- 你需要对不同的指标进行标准化，这样即使各个指标的尺度不同，也易于比较业绩表现。
- 管理人员需要看到关于各种收入指标和特定时段电视及社交媒体评级的目标的进展情况。

用户如何使用仪表盘

这里有一个很好的个性化的、解释性仪表盘的例子。这个仪表盘是个性化的，因为呈现的指标是按照收到该仪表盘的管理人员的兴趣定制的。仪表盘是可解释性的，通过电子邮件发送到管理人员的收件箱。这个仪表盘并没有互动或探索，只需要清楚地呈现关键性指标。

这样做的目的是尽可能使管理人员对哪些关键指标表现良好，而哪些又表现不佳的情况一目了然。

需要注意的是，仪表盘的制作者在顶部放置关键信息（见图 7-1）。图中这些问题很可能是管理人员在查看仪表盘时会想到的三个问题，而重点信息提供了场景来帮助他们更好地理解其中的数字。

主要观点

- 消费者销售额比进度快5%；这很可能是由我们18～34岁的男性人口推动的。
- 由于我们在第三季度的广告预算缩减，企业客户的销售额大幅落后于预期进度。
- 商品量落后6%;分配支出需要被重新考虑，以达到七个收入目标中的五个。

图 7-1 仪表盘顶部的关键信息摘要

这样做为何有效

进度图清楚地表明了进展

进度图是史蒂夫·费尔（Stephen Few）的关键信息摘要的一个变体，它显示了朝向目标（加粗黑线）的进展，以及组织是否按进度来实现目标（虚线），如图 7-2 所示。

图 7-2 进度图

注：显示了当前的表现（条形），我们是否按预期达成了目标（虚线），以及我们的最终目标（实线垂直线）。

请注意，收入指标是根据目标来进行标准化的，而不是实际的收入金额。也就是说，条形的长度取决于目标完成的百分比。这就解释了为什么 130 万美元的企业客户销售额条形比 80 万美元的特许经营收入的条形要短。

同样值得注意的是颜色编码（见本章第一个图）。很容易看出公司销量、特许经营销量、电视收入和赞助收入是领先于目标进度的（蓝色），特评经营销量接近目标进度（灰色），而企业客户销售额和广告收入则落后于目标进度（橙色）。

参考线阐明评级

在图 7-3 中，我们可以很容易看到，18 ～ 34 岁的男性的电视收视率高于目标值，而其他关键人群的收视率低于目标值。

每月增长指数提供了简单的对比

以下案例基于仪表盘制作者假定仪表盘的接收人了解该指数。在图 7-4 中，值为 100 表示本月增长与上月持平。

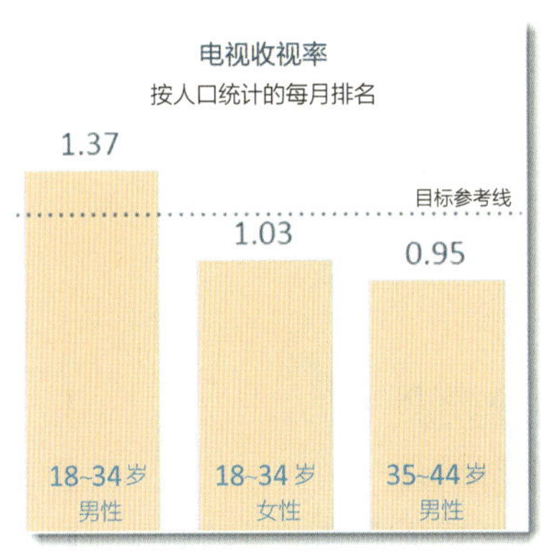

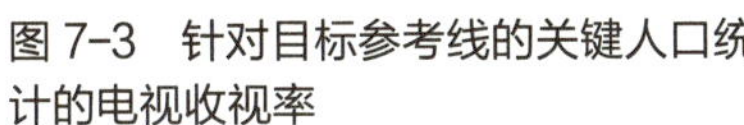
图 7-3 针对目标参考线的关键人口统计的电视收视率

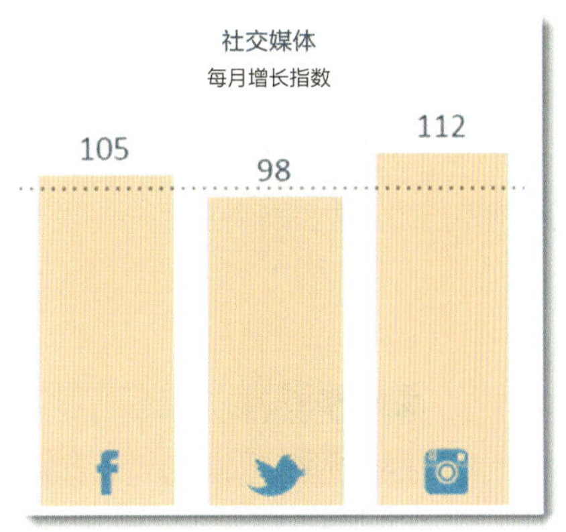

图 7-4 Facebook、Twitter 和 Instagram 的增长比较

Facebook 的值为 105，表示与上月相比本月点赞数增加了 5%。例如，上个月可能有 1000 个赞，但本月有 1050 个赞。

与收入对比一样，增长指数标准化了原始计数，因为 Instagram 的用户数量可能远远低于 Facebook 的用户数量。通过一个通用的指数，可以很容易比较增长率，并能看到 Twitter 的用户数量比上一月有所下降，而 Instagram 的用户数量则增长了 12%。

作者的评论

史蒂夫：即使事先不了解业务的性质，我们也可以在没有制作者解释的情况下了解仪表盘上发生的几乎所有事情。唯一需要帮助的地方就是理解社交媒体每月的增长指数。

尽管我们也许需要有所了解，但相信仪表盘的目标执行官不需要任何解释。事实上，这些随意选择的测量指标及其相关的展示，深刻而透彻地说明了报告用户想要看到什么。

请注意，我们使用了“报告”这个词。尽管这个词肯定符合我们对仪表盘的定义，但在关键信息、评论、布局和简要建议等上，目标受众所花费的时间不应该超过两分钟，特别是通过电子邮件时。

我们特别喜欢将季节因素考虑进去的进度图，以及干净整洁的设计和嵌入条形图内的简单易懂的 Facebook、Twitter 和 Instagram 图标。

我抱有疑问的一件事情是，为什么底部的条形图没有基于在目标值之前或之后以颜色编码。尽管不是必须用颜色编码，但因为那样很容易看出哪个条形处于参考线之上或之下，颜色编码也许会是一个好的补充。

安迪：该仪表盘可以进行浓缩以节约空间。但在这种情况下，要求也是非常清晰的，只需要关键信息来创建一个可打印的仪表盘。如果我们设法说服执行官在手机上看这些仪表盘，那我们就需要创建更浓缩的东西来适应一个小空间。

我首先会把条形图上方的标签移到条形图左边（见图 7–5）而不是在它们的上方。

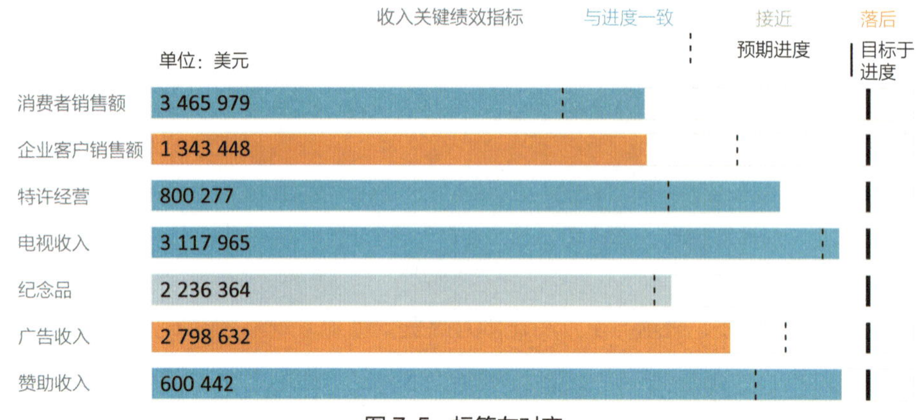

图 7–5 标签左对齐

这提高了图表的可读性。现在，我扫一眼，就可以读出不同类别，并找出我想看的那个。我也可以用眼睛快速读取数字。而标签在条形上方时，我必须多花点功夫去查找类别和数值（见图 7–6）。

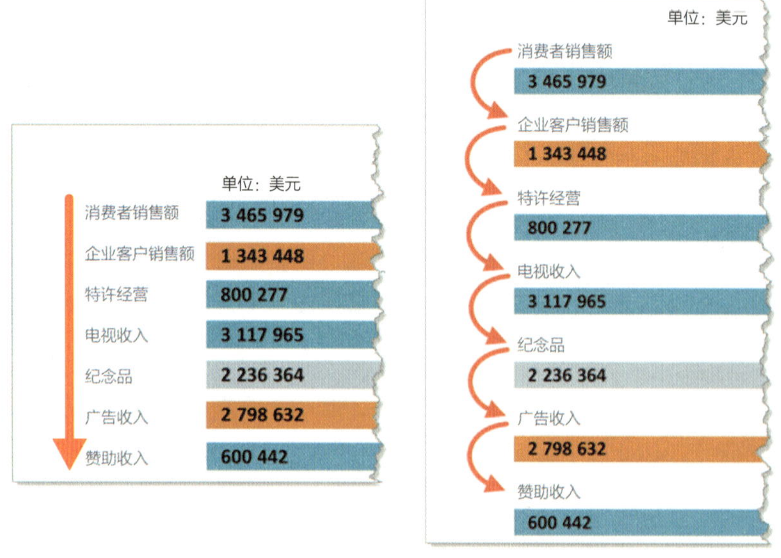

图 7–6 你的眼睛如何阅读图表的两个版本

注：红线表示你的眼睛如何在页面上移动以消化信息。

第 8 章

多个关键绩效指标

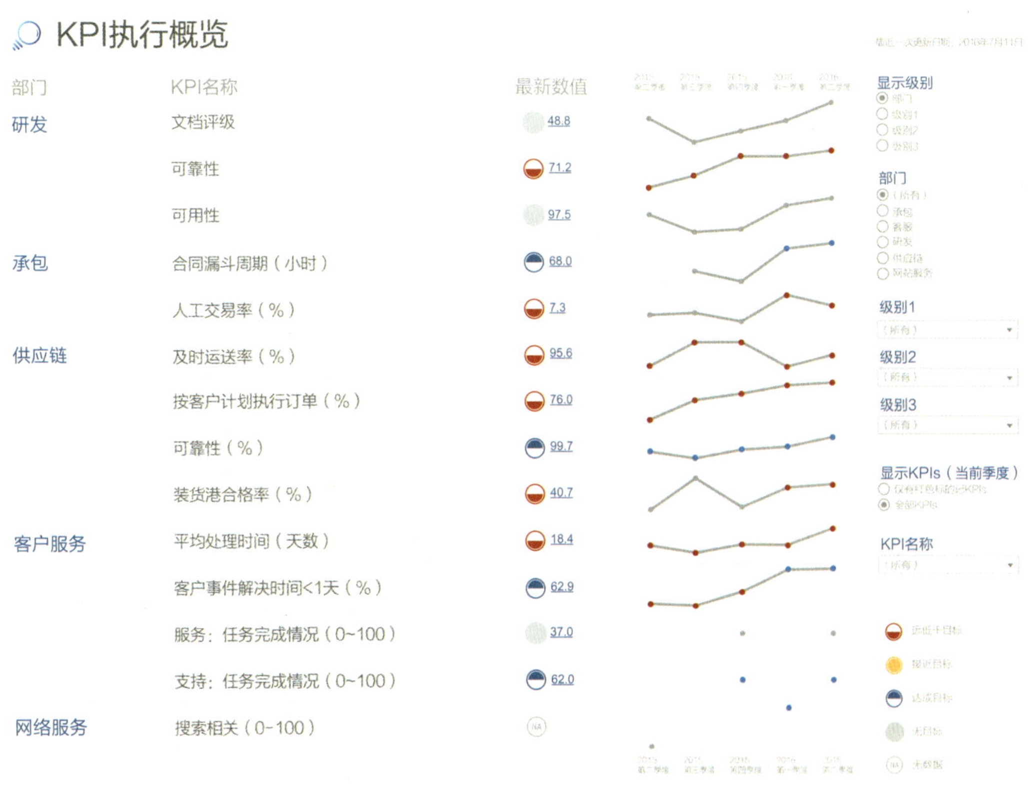

情境

重点

你有几十个处理公司不同业务的仪表盘需要维护，这让你觉得很疲惫，所以你决定构建一个具有数百项关键绩效指标（KPI）的主仪表盘，来监测整个公司的业务运营是否正常。仪表盘的界面需要紧凑些，以使利益相关方可以轻松关注到与其相关的项目，并看到项目在整体中的状况。

仪表盘必须一目了然地显示你是否已经实现了当期目标，以及你是否持续地达到或错过了目标。你也需要允许用户放大并查看一个特定 KPI 的详细信息。

细节

- 你需要通过许多不同的衡量绩效的方式，来显示企业所有领域的实际值与目标的对比。
- 你想更轻松地单独呈现业务表现不佳的领域。
- 你的公司会进行季度审核，并需要看到当前季度的情况和之前季度的趋势。
- 你的公司设定了阈值，并要求测量值保持在高于或低于该目标的给定百分比内。

类似情境和额外功能

- 你需要浏览组织层次结构的所有级别，以便为这些不同层级的经理们提供服务。
- 你需要为特定 KPI 的测量标准和目标值提供便捷的访问。
- 你想要在详细视图中显示计算后的数字，例如比例或百分比。
- 你需要一种方法来获得业务单元或 KPI 特有的专业化视图。

用户如何使用仪表盘

该仪表盘显示了一个公司组织架构中的多个层级的 KPI。如图 8-1 所以，通过使用仪表盘右侧的筛选器，用户可以根据其报告需求来选择一个部门以及与其相关的业务级别。

仪表盘左侧部分随后显示了每个业务级别的总体情况和基于视图级别选择的详细信息（见图 8-2）。

当鼠标悬停在任意图形上时，会呈现一个提示定义的工具，并链接到一个用户可以标注与所选 KPI 相关的系统（见图 8-3）。

图 8-1　筛选器和参数控制允许用户选择特定部门和相应级别的 KPI

KPI总体概览

部门	KPI名称	最新考核
研发	文档评级	48.8
	可靠性	71.2
	可用性	97.5
承包	合同漏斗周期（小时）	68.0
	人工交易率（%）	7.3
供应链	及时运送率（%）	95.6
	按客户计划执行订单（%）	76.0
	可靠性（%）	99.7
	装货港合格率（%）	40.7
客户服务	平均处理时间（天数）	18.4
	客户事件解决时间<1天（%）	62.9
	服务：任务完成情况（0~100）	37.0

图 8-2　根据参数和筛选器选择不同部门对应的不同 KPI

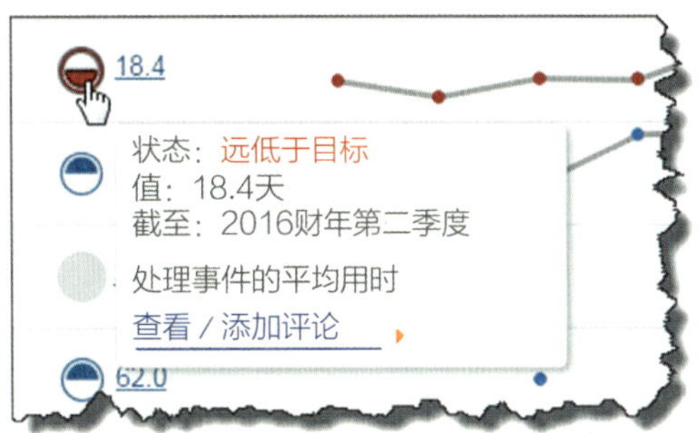

图 8-3　鼠标悬停在任意图形上显示的一个工具提示

当用户点击一个 KPI 名称时，会出现一个关于该 KPI 详细信息的窗格，如图 8-4 所示。

在图 8-4 中，我们可以看到如下的详细信息。

- 关于目标以及该数值是否高于或低于一个阈值的细节。
- 与当前周期计算相关的详细信息。该案例中显示了一天内解决的事件数量（分子）和处理的事件总量（分母）。
- 目标值为一条虚线的更大的趋势视图。
- 所选 KPI 的定义，包括它是如何被测量的，或是否涉及任何例外情况。
- 在专门为该业务单元和 KPI 设计的独立仪表盘上，能够查看详细信息的链接。

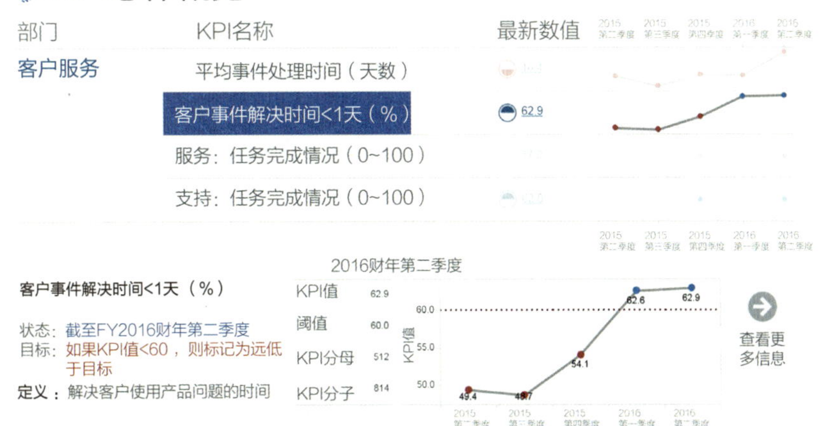

图 8-4　选择一个 KPI 并显示与 KPI 相关的明细信息

这样做为何有效

形状为 KPI 数值和目标值的比较添加了辅助信息

我们对圆圈的上半部分或下半部分进行填充，以显示当前值与目标值之间的关系，如图 8-5 所示。不同的形状和颜色让用户更容易找到表现不佳的业务单元。灰色的圆圈表示没有目标值或者数据在当前不可用。

图 8-5　不同颜色形状代表的绩效情况与目标的对比

迷你走势图显示了绩效的提升或下降

这个仪表盘显示了几个没有设置目标值的 KPI。这些 KPI 目标很简单，就是在周期内持续提升。趋势线轻松地显示出了这些区域的提升（或下降）。

如果有确定的目标值，趋势线可以显示已经达到或未达到业务目标的连续时间段的数量。这为确定某一区域是需要持续关注还是仅为一次性问题，提供了重要的背景信息。

业务层级导航可以在一个视图中服务于多种需求

以与更高业务层级相同的视角来显示子层级的值，可以帮助用户诊断兴趣点，而无须在仪表盘之间来回切换，如图 8-6 所示。这些筛选器和参数控制使得单个仪表盘就能满足广泛的业务需求，从而减少当用户需求变更时，额外开发仪表盘的工作量。

筛选器让用户关注低于阈值的 KPI

鉴于有数百个 KPI，如图 8-7 所示的筛选器可以让用户只关注当前低于目标值的 KPI。

显示级别
部门
级别1
级别2
级别3
部门
（所有）
研发
供应链
级别1
（多重值）
级别2
（所有）
级别3
（所有）

图 8-6　筛选器以及参数设置使用户可以关注到某个业务层级的某个级别

替代方法

如何将实现目标的过程可视化？在这个仪表盘中，罗伯特·劳斯（Rodert Rouse）选择了各种各样的圆形图标。为了便于识别，浏览者必须了解每个图标的颜色和形状代表的含义。尽管对于使用仪表盘的人来说，这不算太大的负担，但仍不够完美。由于它是 KPI 仪表盘，会被定期使用。圆形几乎不占据空间，这是一个很大的优势。

如图 8-8 所示，我们展示了一个类似的 KPI 追踪仪表盘的替代方法。

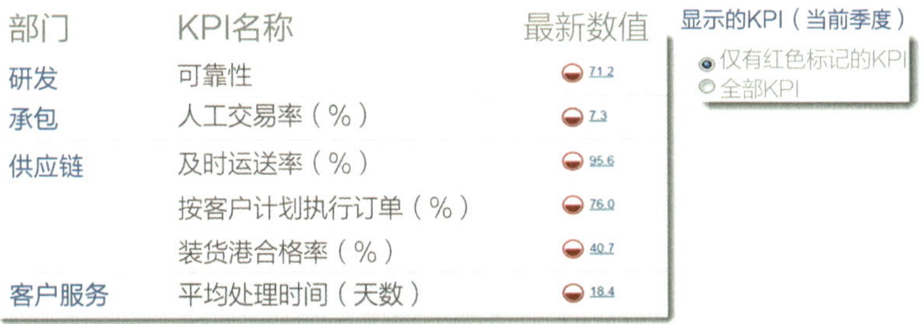

图 8-7　用户可以用筛选器查看当前季度低于目标的 KPI

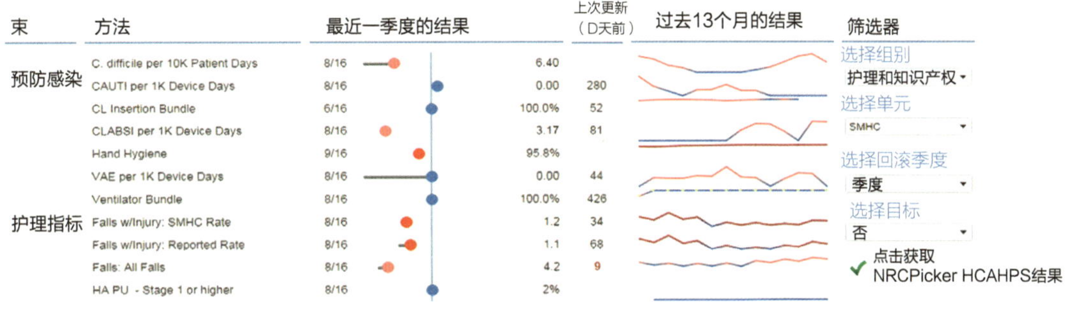

图 8-8　健康护理 KPI 追踪仪表盘

乔纳森·德鲁米的仪表盘记录了感染问题和护理问题的发生，例如跌倒的次数、艰难梭状芽孢杆菌的病例数量等。本章的第一个仪表盘与图 8-8 所示的仪表盘有很多相似之处：每行显示一个 KPI，用彩色迷你走势图显示趋势，以及允许查找特定值的精确数字。

这两个仪表盘最大的区别在于中间的棒棒糖图，我们认为这是一种有趣且有用的追踪进展的方法，如图 8-9 所示。

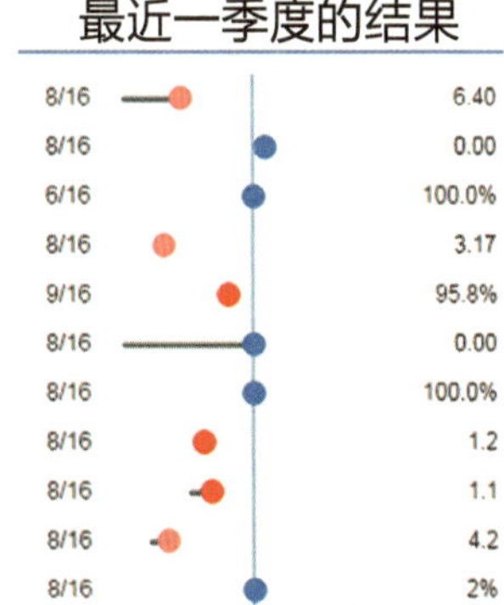

图 8-9　棒棒糖图显示目标的进程

以下是棒棒糖图的工作原理：

- 垂直的蓝线标记目标值。圆圈在蓝线右侧表示目标实现；圆圈在蓝线左侧则说明表现不佳。
- 蓝色圆圈表示实际目标值超过了预期目标值。
- 红色圆圈表示，表现差于目标而高于优先级的度量值。
- 粉色圆圈表示表现较差而低优先级的度量值。
- 棒棒糖的棒显示了与上一个周期（通常是一个月，有时是一个季度）的比较。棒由上一个周期的业绩水平横向延伸至代表当前周期的圆圈。如果没有出现棒，则意味着业绩水平没有变化。

让我们看一下图 8-10，来了解棒棒糖图表是如何工作的。

标记为 1 的圆圈是粉色的，表明它在仪表盘的选定组别中优先级不高。虽然它的表现不佳，但棒棒糖的棒意味着其表现与前期相比有所提升。

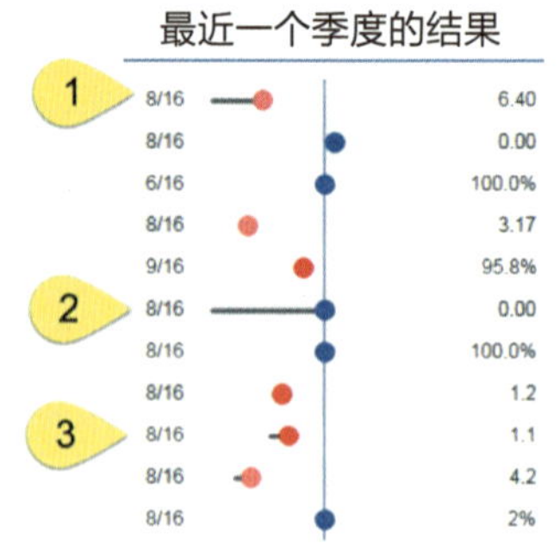

图 8-10 棒棒糖图显示目标的进程

标记为 2 的圆圈是蓝色的。它刚好达到了目标值。棒棒糖的棒表明，与上一个周期相比，本周期有了非常明显的提升。

标记为 3 的圆圈是红色的。这是一个高优先级的目标，实际表现不佳，但比上一个周期略有提升。

有很多方法可以显示实现目标的过程，如进度图和子弹图。

作者的评论

史蒂夫：这个仪表盘展示了一个很好的方法，可以解决"我目前做得怎样"的问题。这里的重点是该公司实际表现与目标值的对比，它还显示了过去五个周期的趋势。

这个仪表盘的很多属性对我们应有极大的吸引力，我们可以在不需要任何指示的情况下计算出 KPI 和相关细节。我们也很喜欢设计师的图标，用以确定 KPI 是低于、接近还是超出目标。

这个仪表盘令人印象深刻的功能之一（难以在书中呈现），就是在仪表盘中嵌入了大量不同层级的 KPI。设计师竭尽全力，允许利益相关方在同一个仪表盘中找到业务层级以及相关的 KPI，而无须开发多个仪表盘。

安迪：这个仪表盘解决了一个棘手的问题：你如何将数百个 KPI 可视化？一种方法是进行大量的筛选。另一种方法是把所有的 KPI 都装进由巨大屏展示的迷你走势图中。尽管它们都是有效的设计解决方案，但也许应该提一个更基础的业务问题：为什么有这么多的业务 KPI 呢？

在设计仪表盘时，设计的简洁性始终是值得深究的。在本案例中，你如何衡量 KPI 是否被查看过？我建议该企业监测有哪些 KPI 被实际查看过。如果数百个 KPI 中的很多个从未被查看过，我会建议该企业重新评估其衡量成功的方法。

第 9 章

发电厂的运营监控

情境

重点

你是发电厂的经理，你工作的一部分是监测消耗量和发电量。你需要知道今天的发电量与过去几天相比是否有不同，还需要知道发电量的变化趋势。某些事情可能会影响生产水平，所以你也会密切注意这些相关变量的实时指标。

你需要监控不同位置来确定它们是否都达到了预期发电量，以及它们的产能是否随时间推移发生了变化。同时你还管理着这些位置的例行检查，因此也需要知道上次检查的时间，并标记那些最近没有被检查的位置。

细节

- 你的工作是创建一个概览仪表盘，即向运营管理团队提供列出的所有信息。仪表盘应当是交互式的，用以提供额外的细节，并允许用户深入位置级别来查看历史数据。
- 你需要根据安装位置来展示数据。你需要显示当前发电量和预计发电量的对比，以便看出哪些位置没有按需发电。
- 你想看到哪些位置随时间推移始终未达到或超过预期发电量。
- 你需要根据每个位置的最后检查时间对数据进行排序，以便能轻松确定在下次行程中，需要花费更多时间的位置。
- 你需要为运行中心提供实时数据以保持信息的更新。
- 你需要提供一份关于特定位置未能达到预期发电量的详细数据，并按位置查看这些数据和其他额外运营服务级别的数据。

类似情境

- 你需要跟踪制造过程中分布在多个位置的任意分布式部分的产出 / 表现。
- 你需要得到一个与最近的过去时间（如最近 14 天）相比，产能指标的快速实时概要。它应当允许在更长的历史时期里（最近 90 天 / 最近 X 年）进行分析。
- 你需要在一个运营中心的壁挂式显示器上显示实时结果而无须人工交互参与（例如，线上服务支持中心、制造服务中心、电信网络运营中心）。

用户如何使用仪表盘

仪表盘的顶部用于快速查看发电厂当前的消耗量和发电量。面积图显示近期的趋势；红点用于显示最新的数值（见图 9–1）。读者可以查阅当前数值和趋势的对比，并快速预估当前数值是否高于或低于该组数据的线性回归线。

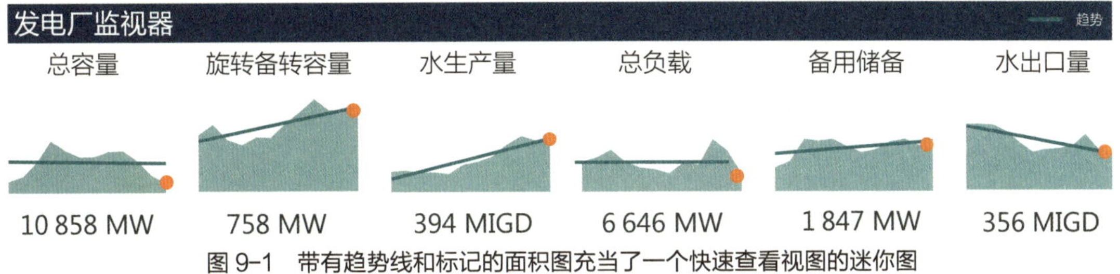

图 9–1　带有趋势线和标记的面积图充当了一个快速查看视图的迷你图

现场经理可以打开实时数据传送，来持续监测影响现场运行的条件指标（如温度和湿度）。简化版子弹图用于显示实际值和目标值的对比（见图 9–2）。

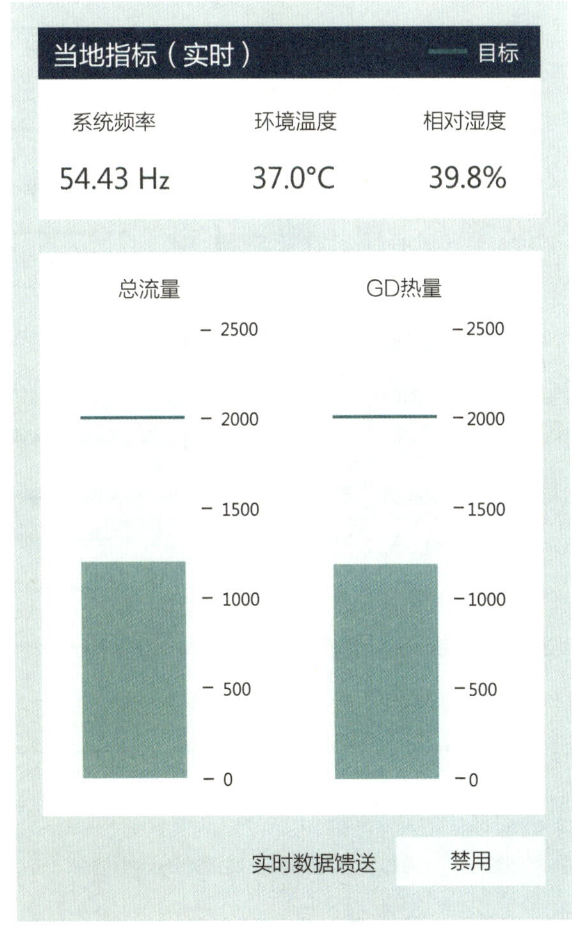

图 9–2　显示实时指标

注：实时数据传送可根据需要打开或关闭。

地区（安装）经理们和总体统筹管理层使用位置细节来快速识别未达到预期发电量的地区（见图 9-3）。他们可以看到特定地区是否始终达不到预期目标，或者短缺是否为独立事件。他们还可以将焦点放在检查上，追踪哪个地区需要检查（距离上次检查超过 15 天），以及哪些地区即将需要检查（10 天为开始临界线）。

详情（所有地区）

地区	发电量 (kW)	预期发电量 (kW)	实际 vs 预期	近14天趋势	上次检查
1833 Appleby Line	350 370	420 453	83 %		3天前
1833 Highway 4	3 374	3 917	86 %		19天前
48 Davis Dr	5 058	5 602	90 %		2天前
144 Howard Cavasos	655 698	714 991	92 %		7天前
2 Jack Hanoka Dr	5 342	5 521	97 %		13天前
22 Daybreak Dr	3 053	3 148	97 %		7天前
1 Whitestone Rd	4 579	4 711	97 %		2天前
1552 Flintrock Rd	5 342	5 488	97 %		18天前
1335 County Line	5 087	5 210	98 %		4天前
1 Jack Hanoka Dr	3 307	3 338	99 %		12天前
1525 West Line	946 311	954 645	99 %		4天前
1335 Omoo Rd	847 260	854 289	99 %		3天前
18819 Guelph St	1 060 307	1 068 858	99 %		15天前
1 Adam West Rd	652 373	650 426	100 %		4天前
11820 Dover Tr	900 606	884 292	102 %		6天前
15 Rural Rd	1 200 261	1 174 570	102 %		4天前

图 9-3　为每个地区提供关键指标的详细信息

单击任意位置会打开一个新的仪表盘，显示某个特定地区的详细信息，包括全球支援团队所需的地区模型细目和服务级数据（见图 9-4）。

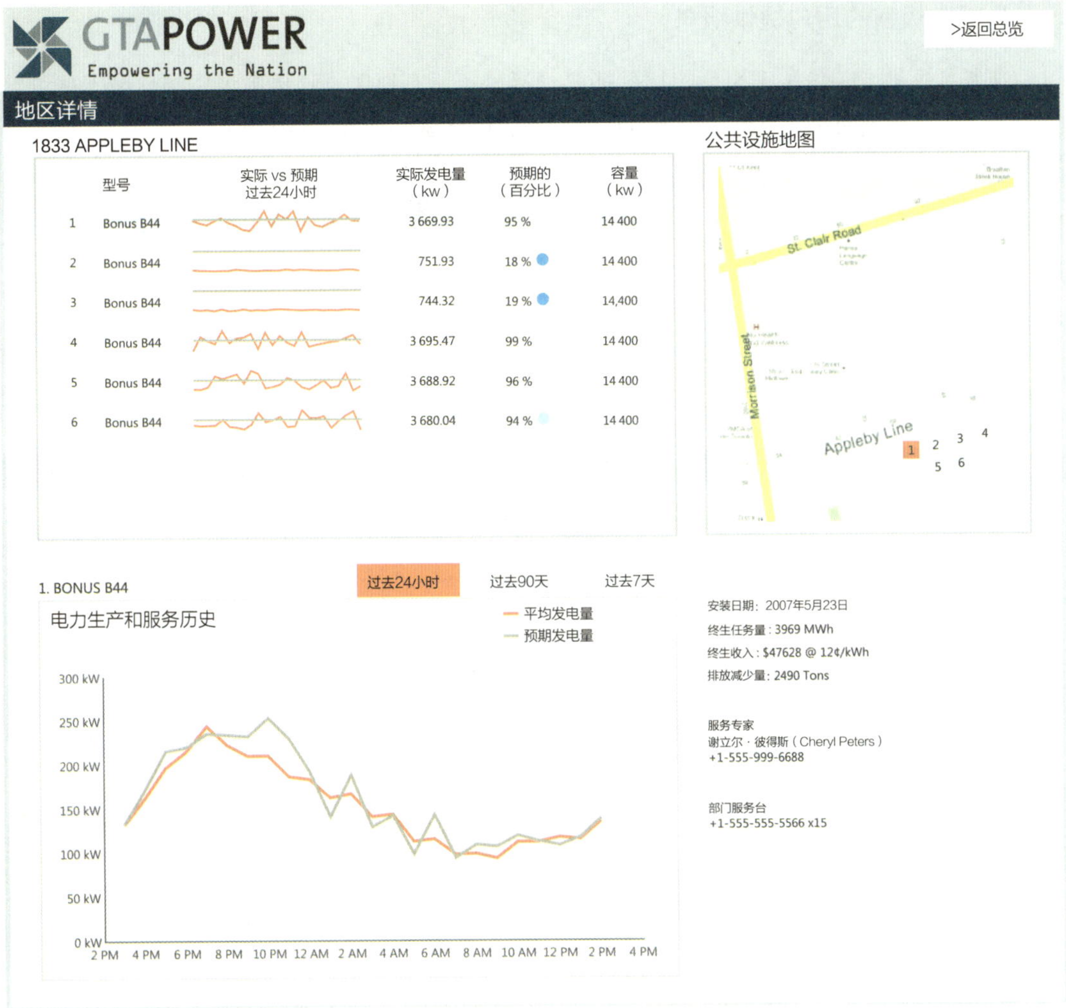

GTAPOWER
Empowering the Nation

>返回总览

地区详情

1833 APPLEBY LINE

	型号	实际 vs 预期 过去24小时	实际发电量（kw）	预期的（百分比）	容量（kw）
1	Bonus B44		3 669.93	95 %	14 400
2	Bonus B44		751.93	18 %	14 400
3	Bonus B44		744.32	19 %	14,400
4	Bonus B44		3 695.47	99 %	14 400
5	Bonus B44		3 688.92	96 %	14 400
6	Bonus B44		3 680.04	94 %	14 400

公共设施地图

St. Clair Road
Morrison Street
Appleby Line
1 2 3 4 5 6

1. BONUS B44

过去24小时　过去90天　过去7天

电力生产和服务历史

平均发电量
预期发电量

300 kW
250 kW
200 kW
150 kW
100 kW
50 kW
0 kW
2 PM　4 PM　6 PM　8 PM　10 PM　12 AM　2 AM　4 AM　6 AM　8 AM　10 AM　12 PM　2 PM　4 PM

安装日期：2007年5月23日
终生任务量：3969 MWh
终生收入：$47628 @ 12¢/kWh
排放减少量：2490 Tons

服务专家
谢立尔·彼得斯（Cheryl Peters）
+1-555-999-6688

部门服务台
+1-555-555-5566 x15

图 9-4　用户可选择的各个地区的按需详情视图

这样做为何有效

专注于最新的数据

在面积图中突出显示当前数值，可以让用户把注意力集中于该值，并将其与总体趋势进行比较（见图 9-5）。这有助于读者将注意力转移到当前数值，而不是不相关的最高值和最低值。

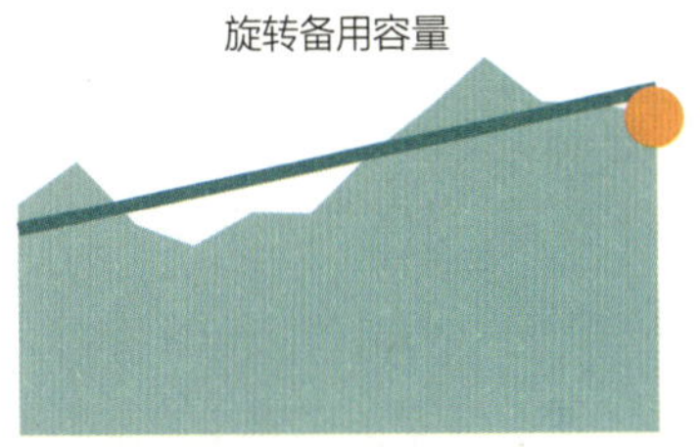

758 MW

图 9-5　简单的重点突出的设计

为所有级别的用户提供服务

仪表盘提供了一份关于聚合指标的摘要，涵盖了所有地区，让更高级别的管理人员可以获得不同地区表现的快速纵览。仪表盘也实时回答了区域经理和支持人员的问题。

用户可以点击仪表盘中显示的任何地区。点击之后会出现第二个仪表盘，显示发电厂的详细信息以及该地区的关键统计数据（见图 9-6）。点击每个模型可以提供更详细的视图，通过对折线图进行筛选，可以显示过去 24 小时、90 天或 7 年的情况。同时，还有一个地图用来显示每个选定模型的位置。

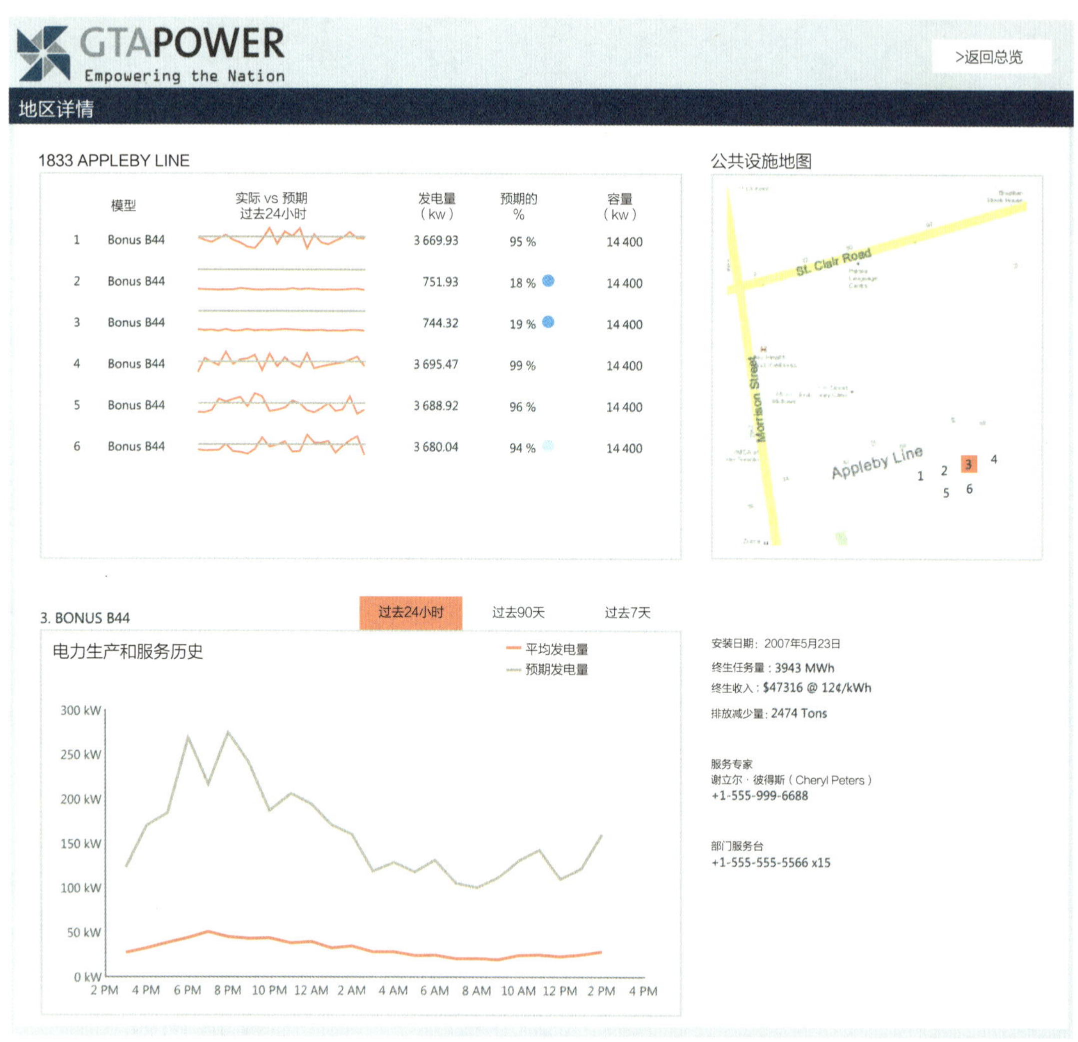

图 9-6 选择一个模型过滤选定时间段的折线图并显示其在地图上的位置

本 · 施耐德曼（Ben Shneiderman）的口头禅

在设计仪表盘时，想想本 · 施耐德曼的口头禅：首先是概述，随后是缩放和筛选，接着是按需的详细信息。这个例子清楚地遵循了这个建议。

折线图允许用户分析特定时间范围内，而不是单个时间点的地区发电量。它还允许用户将数据与检查日期交叉匹配。这允许迅速深入关键地点获取维护该地区所需的运营数据。服务人员随后可以通过谷歌地图来比较街道地图上的位置布局，并看到安装日期和服务记录。

对子弹图、迷你走势图和业绩指标的简单使用

图 9–7 包含简单且精心设计的子弹图和迷你走势图。其中显示的目标线允许读者将数据与背景信息进行比较。例如，在某些地区，趋势始终低于目标值。而在使用迷你走势图时，它们通常只显示数据的趋势。添加目标线有助于将数据的趋势放在其应处的位置进行比较。

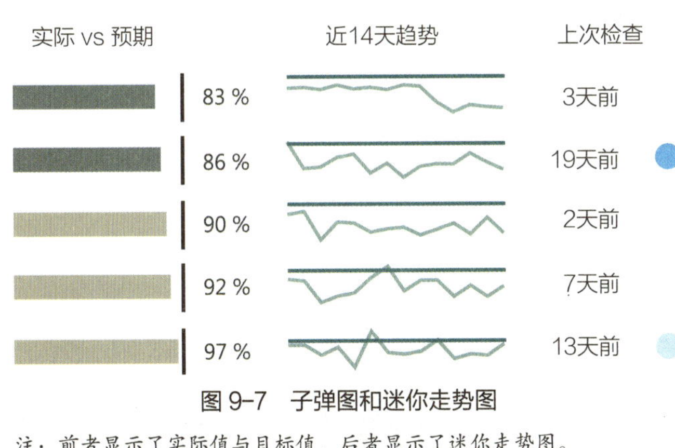

图 9–7　子弹图和迷你走势图

注：前者显示了实际值与目标值，后者显示了迷你走势图。

蓝点用于显示该地点自上次检查后经过的时间。浅蓝色的点表示自上次检查后已经过了 13 天，而深蓝色的点表示自上次检查后已经过了 19 天了。

作者的评论

杰佛瑞： 我真的很喜欢这个仪表盘的设计，尤其是数据表中子弹图和迷你走势图的设计及布局。这和我们公司使用的管理人员仪表盘的外观及布局几乎相同。我们没有一个固定的目标范围，就像这个例子一样，所以我们在子弹图中也没有使用绩效带（performance bands）。当教授数据可视化时，我发现在理解子弹图时经常会有些混乱。所以，如果不需要绩效带，那么我建议放弃子弹图并使用类似上述的设计方式。一个带有目标线的实际条形很容易理解，尽管它通常用定量标度显示。

这个仪表盘上的一个设计让我有所怀疑，那就是选择使用蓝色来显示自上次检查之后所经历的时间。如果我希望读者将点标记解读为坏事，那么我可能会选择一个不同的颜色，一

些明亮并具有警报意味的颜色，如红色或橙色，并将面积图上使用的标记改为蓝色。使用一种具有警报意味的颜色有助于吸引读者去注意那些距上次检查时间过长的地区（见图 9-8）。

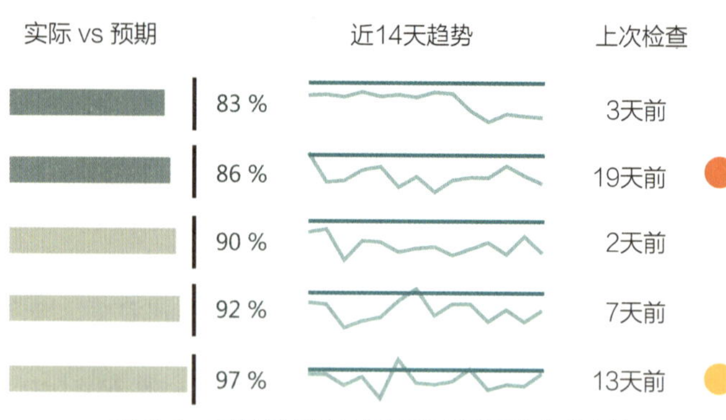

图 9-8 用红色和橙色提醒读者需要注意的事情

在这个仪表盘的原始版本中，设计师在条形图中为每个条使用了独立的尺度（见图 9-9）。这样是为了显示实际发电量和预期发电量之间的比率。我们的一位审阅者指出这是非常令人困惑的。他问道：“为什么 1whitesstone Rd 位置比 1552 Flintrock Rd 位置的条要更长？”我们也同意这一意见。

设计者曾考虑使用一个常见的千瓦发电量尺度来显示这些条（见图 9-10）。问题是：如果以相同的基于千瓦发电量的定量尺度来显示这些条，那么所有小规模的发电站都将始终显示出接近零的目标线，并且条形都会不可见。

另一个选择是在 0% ～ 100% 的相同尺度下显示条，这样目标线就可以适用每个地区（见图 9-11）。这是一个好方法，但请注意，在这个例子中，由于实际值接近 100%，因此很难看到实际值与目标值之间的微小差距，也无法显示出千瓦发电量下差距的影响。

详情（所有地区）

地区	发电量（kW）	预期发电量（kW）	实际 vs 预期
1833 Appleby Line	350 370	420 453	83 %
1833 Highway 4	3 374	3 917	86 %
48 Davis Dr	5 058	5 602	90 %
144 Howard Cavasos	655 698	714 991	92 %
2 Jack Hanoka Dr	5 342	5 521	97 %
22 Daybreak Dr	3 053	3 148	97 %
1 Whitestone Rd	4 579	4 711	97 %
1552 Flintrock Rd	5 342	5 488	97 %

图 9-9 独立轴标尺上的条形图

详情（所有地区）

地区	发电量（kW）	预期发电量（kW）	
1833 Appleby Line	350 370	420 453	83 %
1833 Highway 4	3 374	3 917	86 %
48 Davis Dr	5 058	5 602	90 %
144 Howard Cavasos	655 698	714 991	92 %
2 Jack Hanoka Dr	5 342	5 521	97 %
22 Daybreak Dr	3 053	3 148	97 %
1 Whitestone Rd	4 579	4 711	97 %
1552 Flintrock Rd	5 342	5 488	97 %

图 9-10 基于常见千瓦发电量尺度的条形图

这就很好地阐释了为什么通过可视化来理解待回答的问题很重要。如果你是 48 Daris Dr 位置的区域经理，那么对你来说很重要的一件事就是，知道你的地区只达到了目标发电量的90%，这在图 9-11 中清楚可见。然而，如果你是 48 Daris Dr 的区域经理，那么更重要的事情可能就是了解 1833 Appleby Line 位置和 144 Howard Cavasos 位置要对与目标发电量的最大差距（总共将近 13 万千瓦）负责。

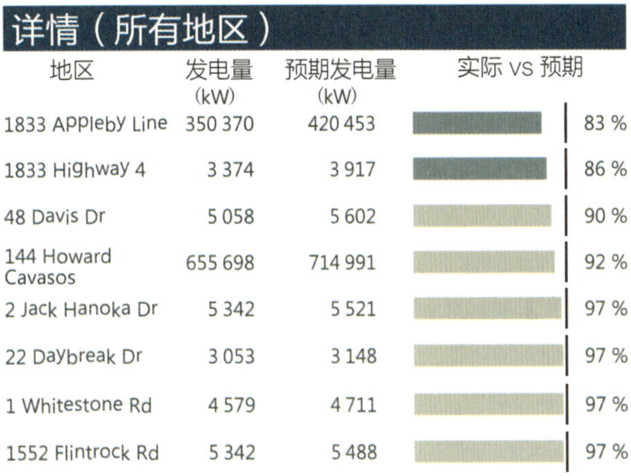

详情（所有地区）

地区	发电量（kW）	预期发电量（kW）	实际 vs 预期
1833 Appleby Line	350 370	420 453	83 %
1833 Highway 4	3 374	3 917	86 %
48 Davis Dr	5 058	5 602	90 %
144 Howard Cavasos	655 698	714 991	92 %
2 Jack Hanoka Dr	5 342	5 521	97 %
22 Daybreak Dr	3 053	3 148	97 %
1 Whitestone Rd	4 579	4 711	97 %
1552 Flintrock Rd	5 342	5 488	97 %

图 9-11　基于 0% ～ 100% 的常见尺度条形图

这个例子的一个替代方法也许是以百分比而不是实际值来表示差异。这可以通过点图来实现。在图 9-12 中，实际发电量和预期发电量的比例，通过与 100% 目标线相距位置上的点，以百分比的方式来显示。这让读者可以看到或许是非常重要的细小差别。另外，发电量的规模差异（以实际发电量与预期发电量之间的千瓦绝对值来测量）用点的尺寸来编码。这显示了千瓦差异相对于设施大小的影响，而不是简单地用百分比来解释。这非常重要，因为在这个例子中，达到预期发电量 92% 的设施，实际上比那些达到预期发电量 86% 和 90% 的设施，有更大的负面影响。

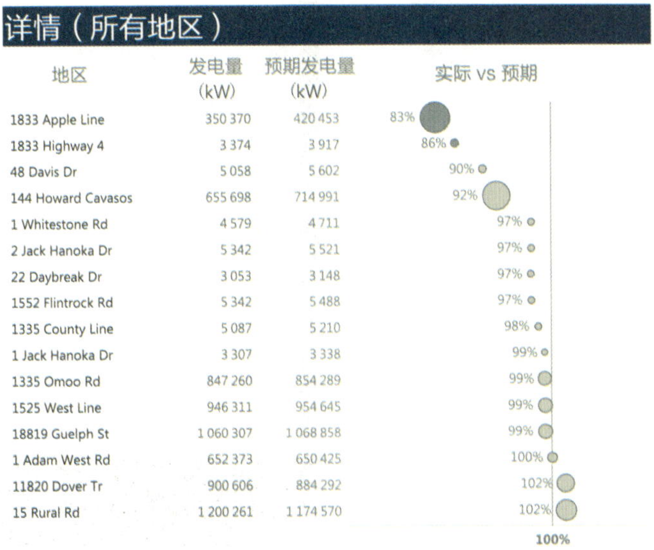

详情（所有地区）

地区	发电量（kW）	预期发电量（kW）	实际 vs 预期
1833 Apple Line	350 370	420 453	83%
1833 Highway 4	3 374	3 917	86%
48 Davis Dr	5 058	5 602	90%
144 Howard Cavasos	655 698	714 991	92%
1 Whitestone Rd	4 579	4 711	97%
2 Jack Hanoka Dr	5 342	5 521	97%
22 Daybreak Dr	3 053	3 148	97%
1552 Flintrock Rd	5 342	5 488	97%
1335 County Line	5 087	5 210	98%
1 Jack Hanoka Dr	3 307	3 338	99%
1335 Omoo Rd	847 260	854 289	99%
1525 West Line	946 311	954 645	99%
18819 Guelph St	1 060 307	1 068 858	99%
1 Adam West Rd	652 373	650 425	100%
11820 Dover Tr	900 606	884 292	102%
15 Rural Rd	1 200 261	1 174 570	102%

100%

图 9-12　显示实际发电量与预期发电量的点图

注：点的大小表示以千瓦为单位测量的发电量差异。

第 10 章

同时显示年初至今和去年同期的数据情况

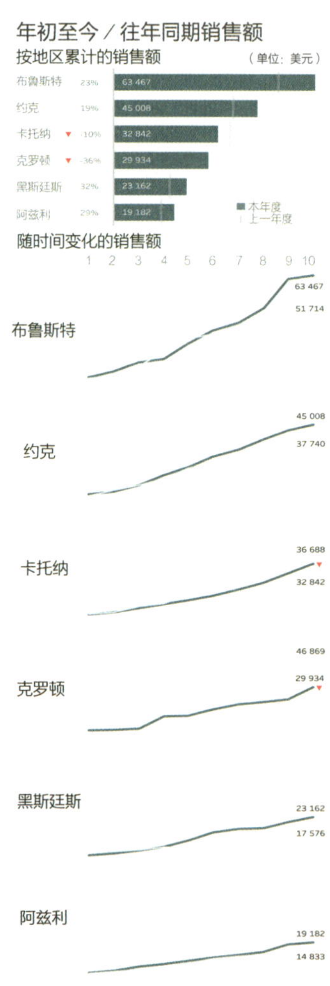

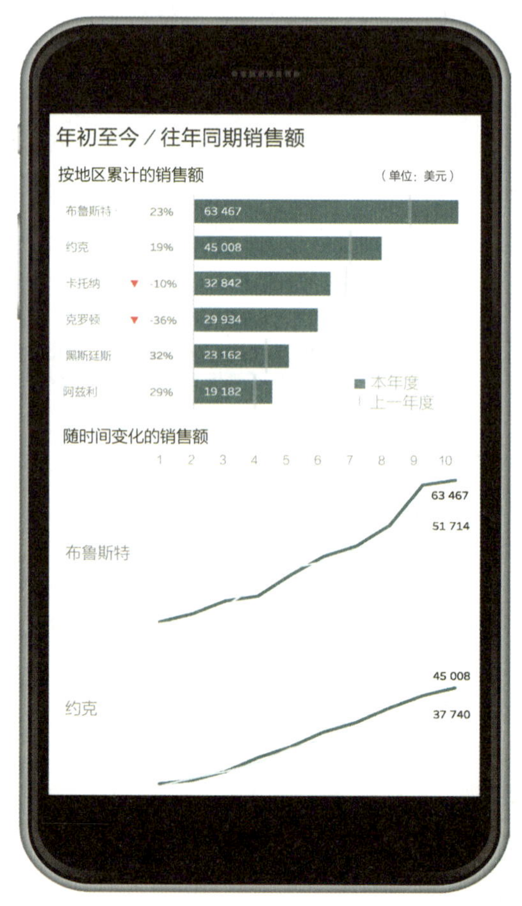

情境

重点

在今年六月，你收到了一份涉及六个不同地区销售管理的推广方案。你的首要目标是，确保在年底时，每个地区的销售额都高于去年同期。

你开始了新的工作，发现其中两个地区的销售额远远落后于预期的程度。在与高层管理人员的讨论中，你提出了以下观点：一个合理的目标是，提高其他四个地区的销售额，并改善这两个地区的趋势。

由于你外出走访各个商店，你希望拥有一系列适用于移动设备的仪表盘，以根据需求来监控当前的销售情况、趋势和近乎实时的详细信息。回到办公室，你又可以有一个单独的仪表盘，能将所有这些元素都整合在一个视图中。

在这里，我们将研究如何设计一个仪表盘，以比较不同地区和年份的表现并发现其中的趋势。

细节

- 你需要对六个地区年初至今的销售表现进行排名，并与上一年的销售额进行对比（即同比）。
- 你需要快速看出这些地区销售表现更好或更坏的程度。
- 你需要看到销售的趋势，以确定你是否有能力实现目标。
- 你需要一种方法来查看特定区域在特定时间范围内的销售活动。

类似情境

- 你需要监控几种不同产品的首次呼叫解决率，并将其与前一年的解决率进行对比。
- 你是一所大学的年度捐献的负责人，需要对 10 个不同地区在今年和去年的捐赠情况进行排名和对比。
- 你需要监控戏剧作品的上座情况，并要就年初至今的门票销售情况和去年同期的进行对比。
- 在本书中，请查看这些章节：第 5 章，使用指数图来对比季度至今的表现；第 6 章，比较了本季度和上季度的客户满意度；第 7 章，展示了你是否超前或落后于预期目标；第 8 章，对当前表现和预期目标进行了对比。

用户如何使用仪表盘

打开仪表盘来查看六个地区截至今天的总销售额，见图 10-1。

KPI 的图标表示卡托纳和克罗顿地区出现了问题，用户可以向下滚动来查看这两个地区的趋势，见图 10-2。

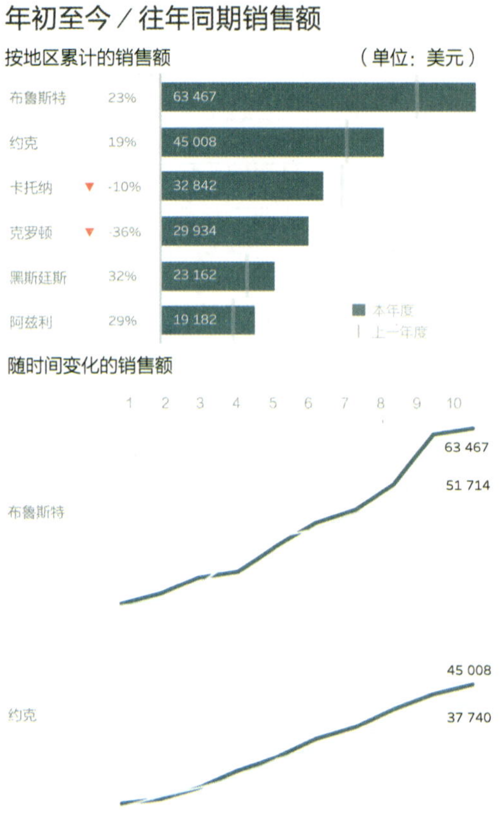

年初至今／往年同期销售额

按地区累计的销售额 （单位：美元）

地区		增长	本年度
布鲁斯特		23%	63 467
约克		19%	45 008
卡托纳	▼	-10%	32 842
克罗顿	▼	-36%	29 934
黑斯廷斯		32%	23 162
阿兹利		29%	19 182

■ 本年度
| 上一年度

随时间变化的销售额

1 2 3 4 5 6 7 8 9 10

布鲁斯特 63 467 51 714

约克 45 008 37 740

图 10-1 初始化仪表盘显示总体情况和前两个地区的趋势

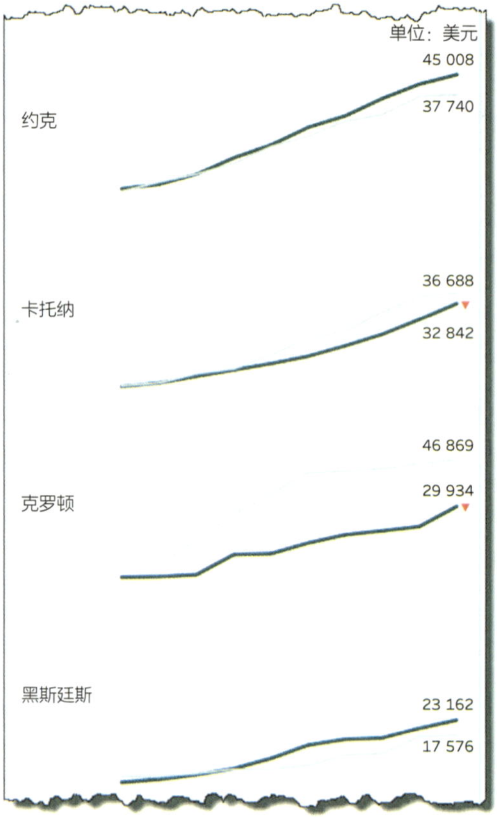

单位：美元

约克 45 008 37 740

卡托纳 36 688 32 842

克罗顿 46 869 29 934

黑斯廷斯 23 162 17 576

图 10-2 滚动屏幕可以看到下面的地区

好消息是：虽然截至今日的数据显示年初至今的销售额有所下滑，但现在的销售情况比几个月前你刚接手时要好很多。你可以把你的手指放在一个数据点上，以查看关于该时期的信息，见图 10-3。

如果你想查看有疑问的地区以及时段的详细销售信息，你可以点击“查看详情”的链接。你可能会看到一周中的每天和单个产品的详细销售情况。

图 10-3 点击一个点后显示该点在当月的详细活动

这样做为何有效

条形图易于比较

通过条形图可以很容易地看出一个地区的销售额和另一个地区的销售额相比差别有多大，见图 10-4。

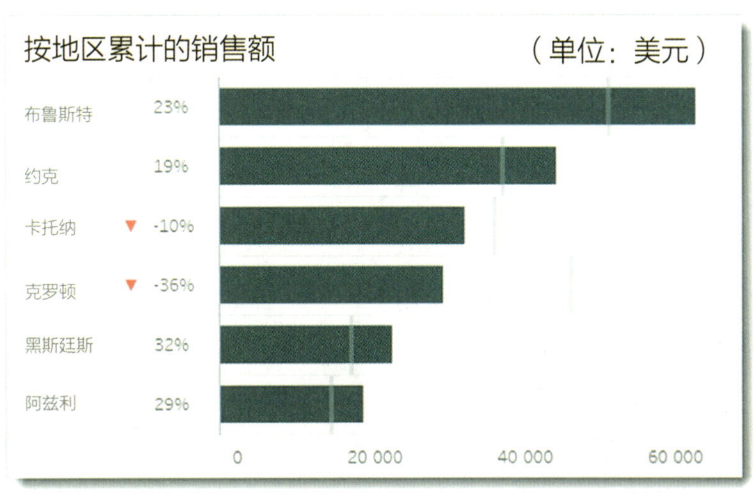

图 10-4　条形图

事实上，我们可以将条形内的标签置于可视化图形外，这样做依然可以很容易地看出布鲁斯特的销售额是卡托纳的近两倍。

参考线使我们很容易看出领先或落后的程度

同样，即使我们移除数字和 KPI 图标，依然可以很容易地看出克罗顿的销售额远落后于去年，而卡托纳的销售额只落后一点，约克的销售额则比去年同期领先不少，见图 10-5。

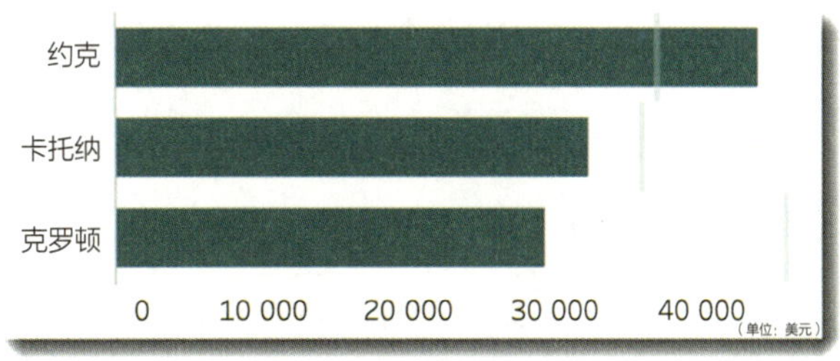

图 10-5　带参考线的条形图

合理使用颜色以及颜色图标布局

我们用深绿色代表今年，用浅灰色代表去年，因为今年是我们的首要关注点，见图 10-6。颜色和形状的图标（用户现在甚至不需要它，因为他们已经看过这个仪表盘几百次了）被藏在图表内，并且不占用任何额外的空间。

KPI 的图标是红色的，而该图标的存在和其箭头朝下的事实提醒所有用户（甚至那些患有色觉缺失症的用户）：卡托纳和克罗顿地区的销售情况有问题。

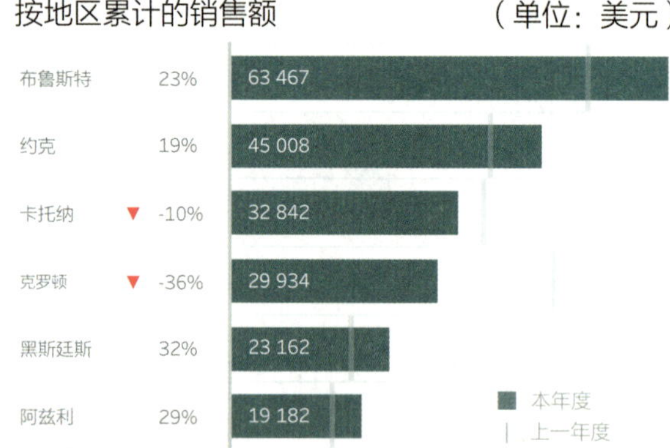

图 10-6 颜色、标记和图例增强了图表可读性

数字摆位对空间的优化

由于目标设备是智能手机，并没有足够的空间供条形图使用。因此把数字放在条形内可以为图表提供更多的空间，并避免与参考线发生冲突。

按地区累计的销售额 （单位：美元）

布鲁斯特 23% 63 467
约克 19% 45 008
卡托纳 ▼ −10% 32 842
克罗顿 ▼ −36% 29 934
黑斯廷斯 32% 23 162
阿兹利 29% 19 182
本年度
上一年度

图 10-7 在条形图外，与参考线重叠的数据标记

图 10-7 显示了如果将这些数字放置在条形外，图表会呈现的样子。

折线图能使用户更轻松地了解数据趋势

一个快速摘要视图固然是好的，但了解事物的趋势依然很重要。例如，卡托纳的销售额比去年下降了 10%。这个差距是最近才出现的，还是从年初开始就有问题？图 10-8 中的趋势线让我们很容易看出，该地区今年早些时候的差距更大，但其销售额与去年相比已经追上了很多。

自由选择允许用户轻松探索不同时期的按需详情

用户可以点击线上的任意点来获取关于该点的额外信息。在图 10-9 中，我们看到六月时的销售差距比现在要大得多。

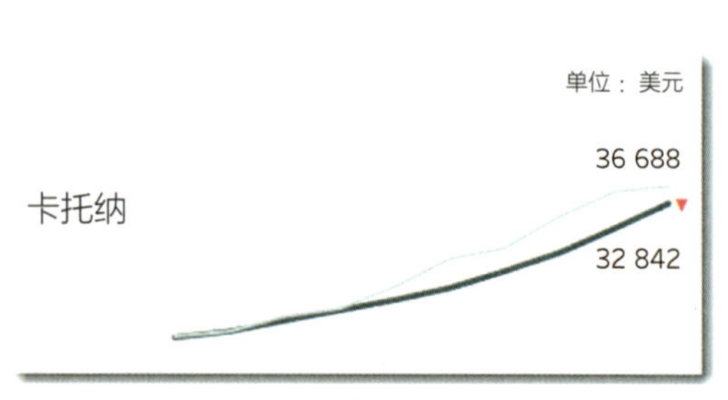

图 10-8 趋势线显示出正在变小

“查看详细”的超链接让用户可以查看所选

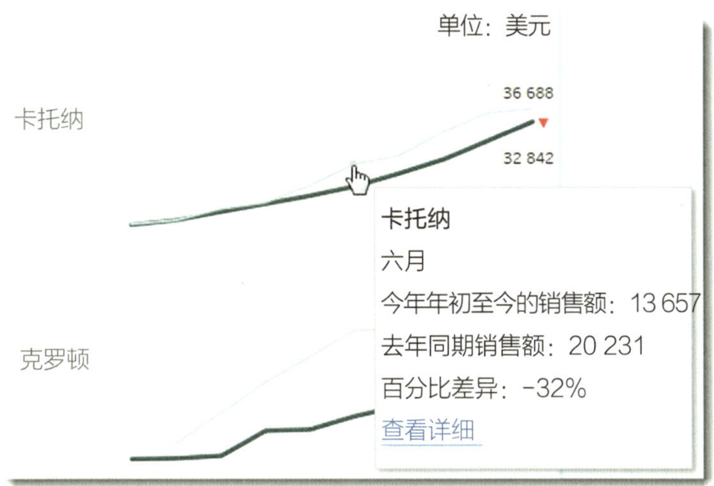

图 10-9　今年六月的销售额比去年同期减少了 32%

周期的详细销售信息。该链接可以跳转到实际的销售系统，或者跳转到一个包含有问题月份和地区的详细销售信息的仪表盘。

避免使用传统方法

图 10-10 举例说明了用于显示年初至今和去年周期数据的表格计分卡方法。带有 KPI 图标的表格看起来并不难看；只是它让我们很难理解数字的量级和差异。例如，布鲁斯特的销售额是 63 467 美元，而阿兹利的销售额是 19 182 美元。用户要做什么事呢？用户必须通过心算，才会知道销售额最大的地区是销售额最小地区的三倍多。

显示百分比差异的列也是一样的。用户必须心算并想象不同长度的条形。而在图 10-5 中，用户几乎不用费太多功夫就能真正了解量级上的差异。

仪表盘设计师的评论

史蒂夫：我之所以想加入这个例子，是因为我见到很多公司都很难展示同比表现的对比。图 10-10 中的图表就是他们的典型做法。

我承认可能会把一些重要的考虑因素排除在这个情境之外。例如，如果这是一个桌面仪表盘，我肯定会在其中把销售细节显示出来。

假设，除了显示今年和去年的同比表现，我还想把每个地区的目标值显示出来。当然，我们希望今年比去年的销售情况要好，而且不只是好一点点；我们希望每个地区至少有 20% 的增长。这应该如何显示呢？

按地区累计的销售额

	今年销售额（美元）	去年销售额（美元）	差异比%
布鲁斯特	63 467	51 714	23%
约克	45 008	37 740	19%
卡托纳 ▼	32 842	36 688	-10%
克罗顿 ▼	29 934	46 869	-36%
黑斯廷斯	23 162	17 576	32%
阿兹利	19 182	14 833	29%

图 10-10　显示今年年初至今的销售额与去年同期销售额的经典计分卡

图 10-11 是该仪表盘的一个非常早期的迭代，我在这里展示了一个内嵌条形图，以显示今年的销售额与去年的对比，并用一条参考线来显示目标。

虽然这是一个很好的尝试，但这个图表还远远达不到使用的标准。在内嵌条形图和参考线之间，用户可以有很多种解析。而且我也不清楚显示百分比差异的蓝色和橙色条形是表示当前进展与去年的对比还是与目标的对比。

我还把趋势线放置在条形图的右侧，希望更容易看出每个地区的趋势。问题在于，除了最明显的差距，每一行的高度限制了分辨出其他所有差距的能力。

如果有一个客户需要全部这些功能，我会重新考虑这个方法，但对于我所建立的特定情境，我认为更简单的、适配移动设备的仪表盘就可以满足要求。

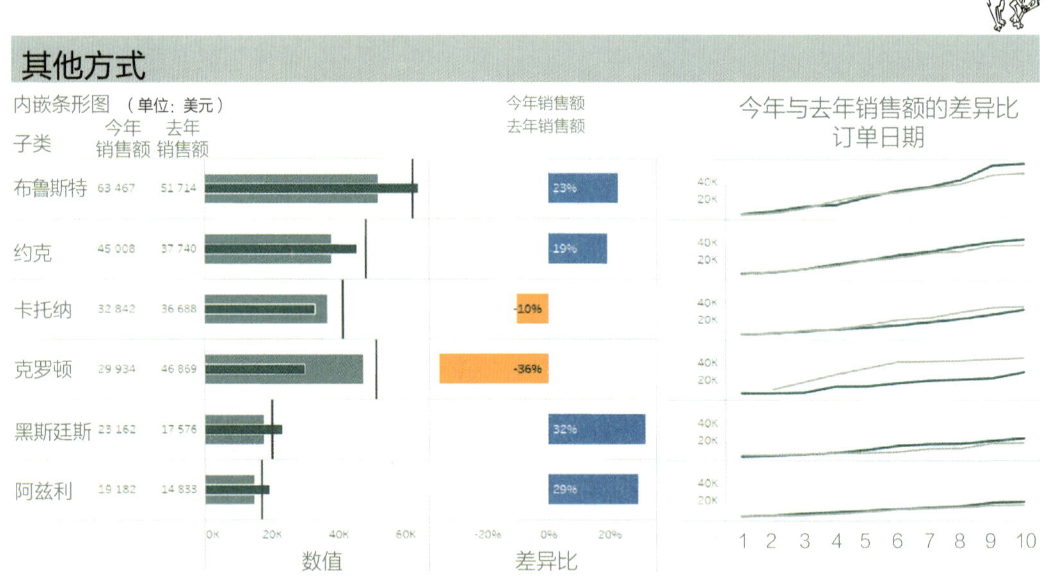

图 10-11 今年与去年的销售额以及与目标销售额的对比

作者的评论

选择哪个图表更合适

安迪：在追踪同比表现时，你经常不得不考虑两个选项：

- 你是否可视化了两年互相重叠的实际销售额？

- 你是否可视化了实际差异本身?

两种方法都有利有弊。在这个案例中，史蒂夫选择了前者。在他的示例中，你可以看到呈现在趋势线上的实际数字。你可以看到两年之间的差距是大是小，但要精确地测量出差异并不容易。

这让我想到：如果我们对实际间的差异进行可视化，会是什么样子呢？见图 10-12。

现在我们看到了绝对清晰的差异。还记得卡托纳和克罗顿的问题吗？你可以看到这有多糟糕。同比差距在今年几乎所有月份都变得更糟糕。最近一个月可以看出有提升，但距离实现目标仍有一段距离。

在图 10-13 中，你可以比较不同方法的效果。如果知道准确的同比差异更为重要，那我会建议使用左侧的方法。这种方法的缺点是你不能再看到实际累积的销售额。这也是采用右侧方法的一个原因。

你可否构建一个仪表盘，同时对实际值和差异进行可视化呢？你可以这样做，但这样的设计会让你的仪表盘变得复杂，意味着可能会失去对数据的一些理解，最终人们不会再使用它，因为它不够简单。一个折中的办法是增加一个开关，让用户可以在两个视图之间来回切换，如图 10-14 所示。

年初至今 / 去年同期销售额　（单位：美元）

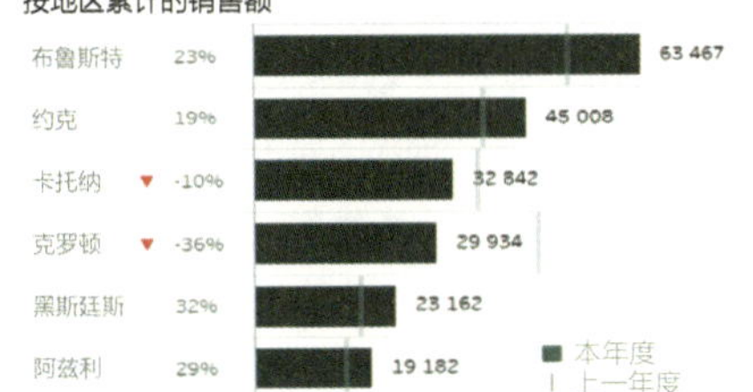

累计的销售额与去年同期相比

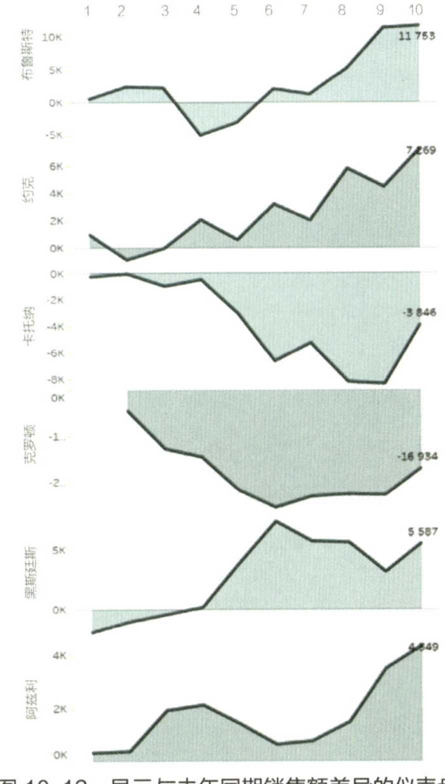

图 10-12　显示与去年同期销售额差异的仪表盘

注：注意区域图中的每个轴都是独立的。

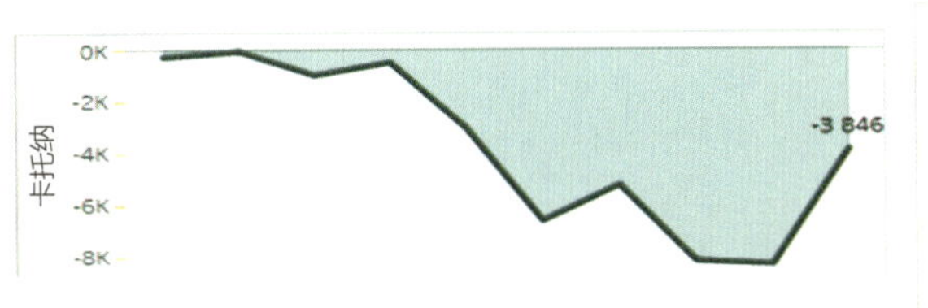

图 10-13　两种方式显示卡托纳与去年同期销售额的对比

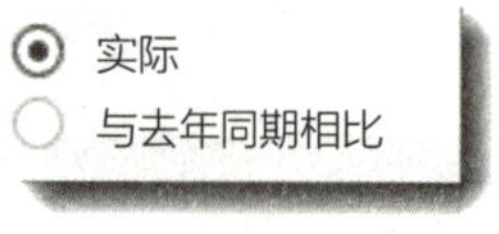

图 10-14 仪表盘顶部的简单开关

注：允许用户在两个视图之间来回切换。

条形图还是表格

史蒂夫分别在图 10-5 和图 10-10 中准确地比较了条形图和表格的效率。毫无疑问，对于精确比较不同类别中的值，具有参考线的条形图更有效。然而，我们并不主张你永远不在仪表盘上放置表格。

如果重点是一目了然地比较许多值，那么图表总是会胜过表格的。但是，如果你需要查找精确的值，而快速比较并不是主要的任务，那么表格或高亮表格可能是最好的。我们的视觉系统非常出色，这就是我们对数据进行可视化的原因。要注意的是，在有些情况下知道确切的数字比其他任何事情都更重要。

第 11 章

英超联赛球员表现指标

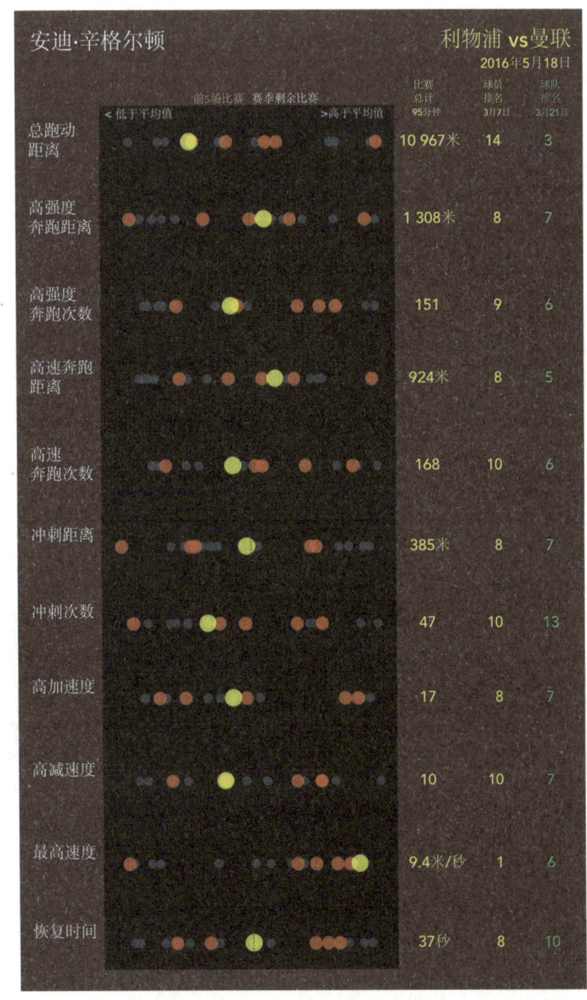

情境

重点

你在一支英超联赛的球队踢球。周六踢了一场比赛，然后周日休息。现在是周一，你要在上午 10 点到达训练场参加该场比赛的球队总结会。你会怎么做？你刚刚到达后，就在手机上通过电子邮件收到了自己的个人球员仪表盘。它显示了你在这场比赛中的身体表现指标：

- 你在最近的比赛中表现如何？
- 与最近一次比赛以及整个赛季相比，你的表现如何？
- 你的表现是否和球队其他球员相当？
- 相对于本赛季的其他时间，整个球队的表现如何？

细节

- 球员需要理解他们在比赛日的身体表现，并观察几个关键指标，包括总跑动距离、冲刺次数及最高速度。

- 球员需要知道他们的表现是高于还是低于平均水平。这有助于他们将自己的表现与教练为特定比赛所设定的战术相结合。
- 为了解相关情况，球员需要知道他们在单场比赛中的表现与最近几场比赛的表现相比如何（特别是如果他们正在从伤病中恢复）。更进一步来讲，整个赛季比赛的表现也会被呈现。
- 最后，每位球员需要知道其个人表现的好坏与球队整体在比赛日的表现是否相关。
- 每个人在参加训练的时候都会准时收到仪表盘，并被鼓励进行由数据驱动的交流，甚至会有一点友好的竞争。

类似情境

- 任何涉及 KPI 的情境在这里都可以应用。黄点表示 KPI，红点显示的是最近几场比赛的情况，而灰点则显示全部比赛的情况。
- 你想比较任意离散类事物的当前和过去值（如员工、产品、国家等）。
- 你需要追踪个人的表现：他们的表现指标与前段时间相比如何？
- 你身处信息技术领域，正在追踪关键项目的速度，并且想要一个关于最近表现的总体概况。

用户如何使用仪表盘

在这支英超联赛球队某场比赛后的第一堂训练课上，所有球员都被要求在规定时间内用完早餐。在到达之前，他们的手机上收到了一份关于自己的个人仪表盘。坐下来与队友聊天之前，他们会先浏览一下仪表盘。除了作为自我表现的个人参考，仪表盘也会在团队训练环节的恰当时刻引发会话：即当他们准备进行最近比赛回顾的时候。仪表盘推送时间也设置为球员聚集在一起时：管理团队鼓励竞争性比较。

所有踢了 70 分钟或更长时间（如 90 分钟的足球比赛）的运动员都会收到仪表盘。如果他们没有踢满 90 分钟，指标会基于 90 分钟的尺度被标准化。对于踢了不到 70 分钟的球员来说，用 90 分钟的尺度来度量指标是不可靠的。因此，他们不会收到关于这场比赛的仪表盘。

仪表盘为每位球员显示了他在 11 个关键比赛指标下的表现。这 11 个指标涉及奔跑距离和速度。图 11-1 显示了第一个指标——总跑动距离的详细信息。

图 11-1 显示详细总距离指标的球员仪表板

注：黄点代表球员在该场比赛中的表现。红点显示之前的五场比赛。灰点显示本赛季的所有其他比赛。比赛总计显示该指标的总和。球员排名：这是他本赛季 17 场比赛中的第 14 多的跑动距离。球队排名：整个球队的跑动距离也是本赛季迄今为止所打的 21 场比赛中第 3 高的。

衡量尺度的问题成功地引起了我们的注意。它们以不等的量级来显示不同的衡量指标。例如，总距离通常有几千米，而高频次的奔跑距离则少于一千米。所有尺度呈现为正态分布，而不是线性比例。极左或极右为表现极端异常的点。球员已经了解到点的绝对位置并不是最重要的。使用正态分布意味着所有指标都可以相互比较。

数据只是组织决策制定架构中的一部分，特别是对于职业体育来说。球员会和他们的教练谈论仪表盘。教练和运动员也会将数据融入背景。例如，一位球员正在从伤病中恢复。如果是这种情况，他可以查看这场比赛与之前五场的情况来判断他的恢复进程是否同预期相符。另一个例子是，如果某位球员在一场给定的比赛中有一个特定的战术目标，如被安排去盯住一个极度迅速而敏捷的对手，那么在这种情况下，该名球员的一些统计数据就可能偏高于或低于平均值，但这是可预期的。

这样做为何有效

用好颜色

如图 11-2 所示，颜色在这个仪表盘中的使用非常巧妙。黄色代表最近一场比赛，被用于标示比赛名称、日期和此场比赛表现的指标点，以及右侧的相关统计数据。红色代表之前的五场比赛，且特意做得不如黄色那么显眼。灰色的点能够被看清，但更像背景，以此反映它们在这个展示中的相对角色。绿色代表了团队表现。这个调色盘很基础，但非常强大。

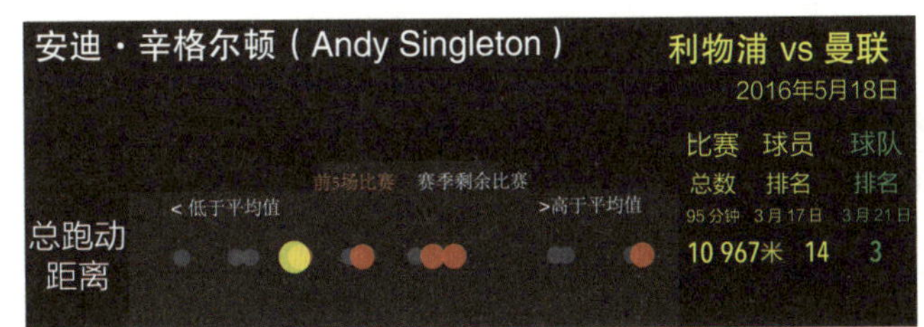

图 11-2　每种颜色都大胆而清晰

注：文字解释了每种颜色代表的意义。

该仪表盘的确使用了红色和绿色，可能会对患色觉缺失症的读者造成困扰。在这个仪表盘中，问题通过如下（将所有信息再次编码）的方式得到了解决：

- 最近一场比赛用相对更大的圆来表示；
- 之前五场比赛用中等尺寸的圆；
- 绿色的“团队排名”通过列标题和位置进行区分。

随着时间的推移，当用户对仪表盘更熟悉时，用颜色就可以快速地识别显著的事实。

尺度定向

所有的衡量尺度都被进行了调整，因此右侧的点代表比平均水平高的表现。例如，图 11-3 显示了最高速度和恢复时间。最高速度应该尽可能快，而恢复时间则应该尽可能短。为了保持一致性，所有的衡量尺度都被进行了调整，因此右边的标记表示更好。

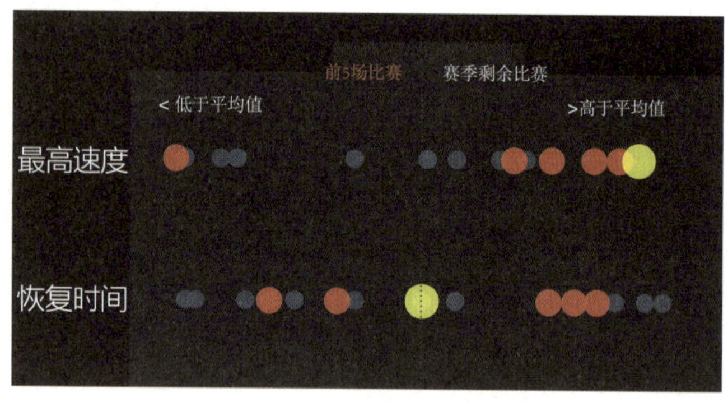

图 11-3 右侧的点表示更好

标准化的尺度

这些尺度没有以线性数据的度量来显示。如果以线性表示，就无法轻松地比较最高速度和总距离的相对表现了，因为一个是速度，而另外一个是距离。如果尺度被标准化，就可以根据它们和平均表现水平的差异来对比这些指标（参见第 7 章）。

最小限度地使用数字

显示的仅有的几个数字是最近一场比赛的数字。除此之外，信息会尽可能地少，以免让球员和教练负担过重。显示较少的数字有助于将重点放在仪表盘的主要目标上：你在上一场比赛中表现怎样，与其他比赛相比如何？

社交互动的提升

将数据引进足球运动员的生活是目前的趋势。当所有球员在一起参加训练时，数据会在某一个时刻直接发送到他们的手机上。通过这种方式，教练就能知道球员已经收到仪表盘，且仪表盘嵌入了日常训练安排中。这有助于提升球员对仪表盘的接纳和使用。

让球员有可能去比较自己与他人的表现是有意为之。有竞争力的人乐于看到能显示出他们表现良好的依据点。发送给运动员仪表盘的时间和方式被设计为鼓励这种竞争。

适合移动设备

仪表盘被发送到移动设备上使用，其尺寸针对手机进行了优化。它不是交互式的。一个静态的、非交互式仪表盘可以容纳的信息量的确减少了，但这是有原因的。在逐步引入数据技术的背景下，一个静态的、适合移动设备的简单的仪表盘是更为谨慎的选择。

个人和团队的快速比较

仪表盘的首要目的是比较球员及其最近比赛的表现。图 11-4 显示了该球员冲刺次数的统计数据低于最近比赛的平均值。但是，如果这场比赛本身就踢得很烂呢？如果整个球队的表现都很差呢？这难道不会影响该球员的结果吗？

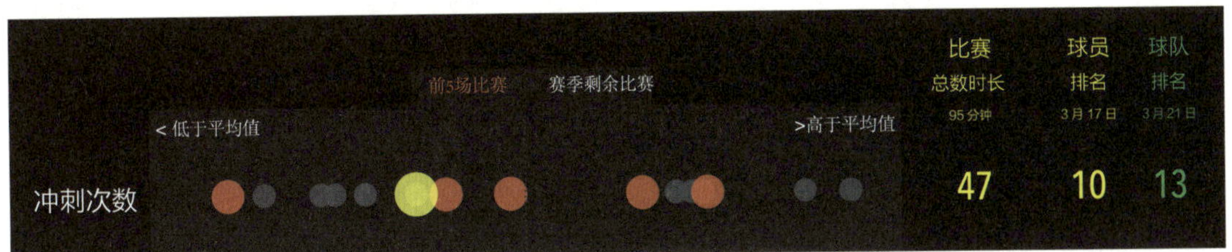

图 11-4　点图右侧的数字表明球员在这场比赛中的表现在其参加的 17 场比赛中排名第 10

注：这比整个球队的排名要好，这场比赛在全部 21 场比赛中排名第 13。

由于这个原因，每个指标最右侧绿色的球队排名有助于结合前后情况来理解结果的好坏。如果球员和球队的排名都很低，这意味着整个球队一周的表现都很糟糕，也就是说结果对球员来说并不像一开始想得那么差。

这个仪表盘的主要目标是将该球员此次表现与其他场次的表现相比较。你可能会想，该球员与其队友的比较也很重要。对某些仪表盘来说，这个想法也许是对的，但这个仪表盘的目的是让球员以自己为基准进行比较。在这里，球队排名不是为了让他看到自己是否比队友表现更好，而是为了让他了解其个人表现是否受到团队整体表现的影响。

在足球运动中，过多地将个人与其他队友的表现相比并不能提供更多的信息。不同位置的球员扮演着不同的角色，也面对着不同的身体挑战和期望，又或者某个球员在那一周有不同的战术目标。

作者的评论

安迪：像这样的仪表盘不仅仅和数据有关。它和文化的改变也有关系。很多机构选择缓慢地将数据引入他们的文化中。在职业体育中，教练对数据的看法是不同的。一些教练认为像足球这样的运动是一直流动的，因此不可能精确地对表现进行量化。哈里·雷德克内普（Harry Redknapp）是英超联赛历史上最成功的主教练之一，是著名的反数据统计者。在输掉一场比赛后，他曾对他的分析师说："让我来教教你，就说下周吧，为什么不干脆就让你的电脑和对手的电脑来对抗，然后看看谁能赢呢？"

还有一些俱乐部会更深入地使用数据，但始终不会有人宣称数据应该替代直觉和经验。俱乐部谨慎地引入这个示例仪表盘，有助于将数据告知运动员和教练。这是对训练的辅助，是为了激发球员和教练的讨论而设计的。其简洁性、移动设备友好的设计以及推送时机的恰当性都促进了数据的共享和讨论。

设计的简洁性是有意为之的。分析师需要避免的一件事是：太快地提供过多的信息，这会让运动员和教练反感。很多额外的东西可以添加到这个仪表盘中，例如：

- 交互性。每个点带有工具提示，带来更多的背景信息。
- 带标签的点显示实际值，而不仅仅是标准化后的位置。
- 将标准化度量值转化为实际度量值的按钮，让球员了解更多关于自己的数据。
- 比赛的结果。

过多过快地为球队引入数据，可能会让球员和教练被海量的数据压垮。相反，缓慢而稳当地教育球员和教练却是有可能的，这会让每一个新的信息逐渐被嵌入。

任何首次将数据引入其公司文化中的机构都可以采取这种方式。分析师经常会因为他们所掌握的数据而变得激动不已，喜欢一口气把所有东西都塞进他们的输出中。而其他部门毫无准备的同事却可能因此不堪重负，返回去使用他们的 Excel 表格，而不是试图适应新的数据知会文化。

记住：仪表盘通常以不作为的方式在某些地方达成妥协。如果你刚刚起步，最好开始得悠着点，然后逐渐增加复杂度。

杰佛瑞：我们在第三部分讨论了交通信号灯颜色的使用，这是一个调色板实际应用的好例子。这个仪表盘在色觉缺失模拟下表现得很好，因为点图上的点并不是红绿组合。而亮黄色的点在大部分情况下表现得都很好，且很容易从红色中分辨出黄色的点。另外，这些点的尺寸也是不同的：红色的点比灰色的点稍大，而黄色的点略大于红色的点。就像在图 11-5 中所看到的，这有助于区分不同的点（查看第 31 章，获取更多关于交通信号灯颜色的信息）。

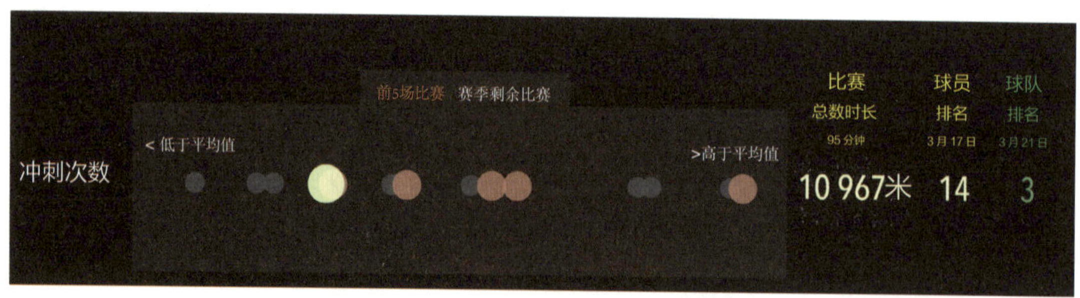

图 11-5 对色觉缺失患者友好的仪表盘部分

第 12 章

苏格兰皇家银行六国锦标赛比赛表现分析

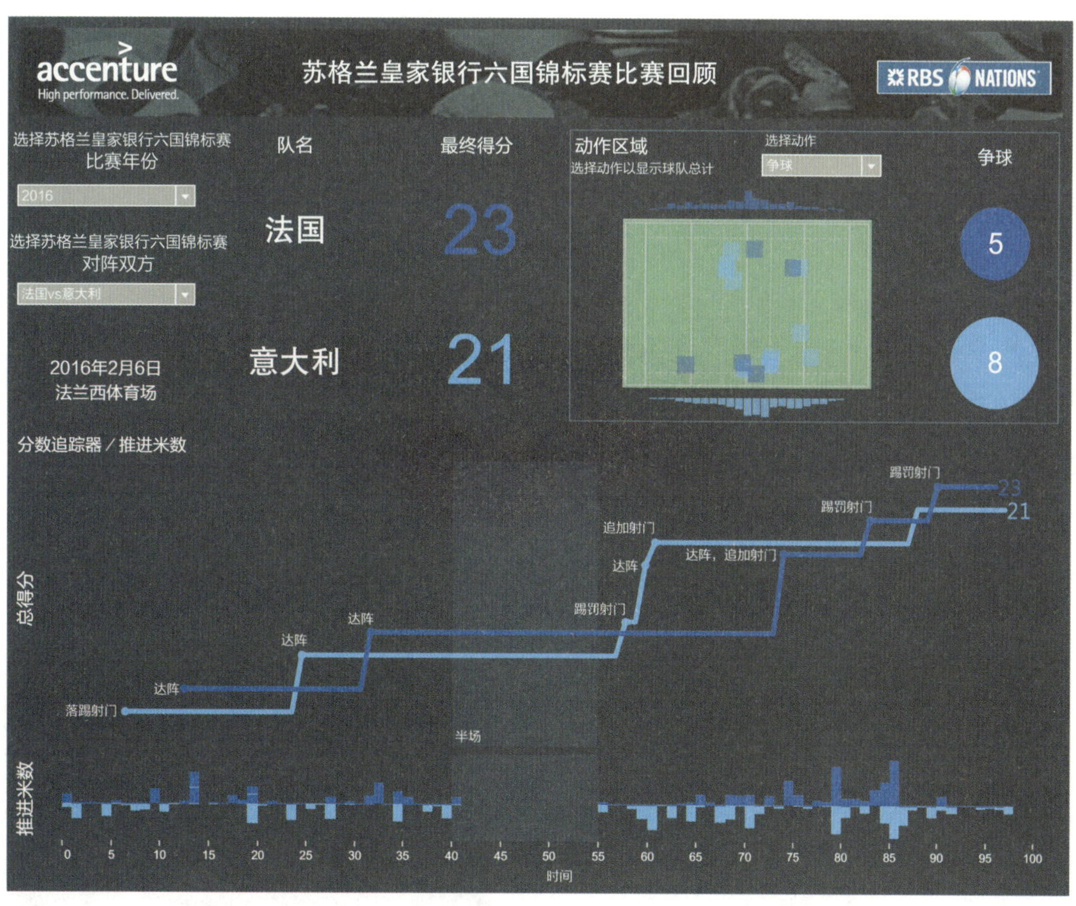

情境

重点

苏格兰皇家银行六国锦标赛是一个每年一届的国际英式橄榄球比赛，由六个欧洲国家和地区（英格兰、威尔士、苏格兰、爱尔兰、法国和意大利）争夺冠军。数据可以讲述比赛中的故事，这个仪表盘就可以让你回顾过去16年里六国锦标赛的情况。比分追踪器显示了比赛的激烈程度以及领先球队不断交替的次数。比赛区域部分允许你选择一种事件类别，例如拦截，并查看在场上发生这类事件的位置。其实如果你喜欢英式橄榄球和数据的话，这将是一个你乐意去探索的仪表盘。

细节

- 任何一场苏格兰皇家银行六国锦标赛比赛的最终得分是多少？
- 比分情况是如何变化的?
- 球场上的大部分动作发生在哪里？

类似情境

- 你想为任何有两支球队和得分机会频繁的运动构建一个运动比赛跟踪器。例如，篮球和橄榄球都是很好的候选运动，而足球的进球机会太少，以至于无法建立有效的追踪器。
- 你需要创建一个政治信息仪表盘，通过追踪获得的代表数量或席位，来识别出政府的多数党。
- 你需要创建一个销售仪表盘，其中累积的季度销售额非常重要（见第5章）。

用户如何使用仪表盘

在锦标赛期间，六国之间互相都会进行一场比赛。由苏格兰皇家银行六国锦标赛官方技术合作伙伴埃森哲创建的仪表盘，拥有自2000年以来所有比赛的详细数据。用户可以使用左侧的筛选器选择想要查看的比赛。比赛细节（如场馆、日期和比分）会在筛选器的旁边显示。让我们来看一下2016年法国队对意大利队戏剧性的比赛明细，如图12-1所示。

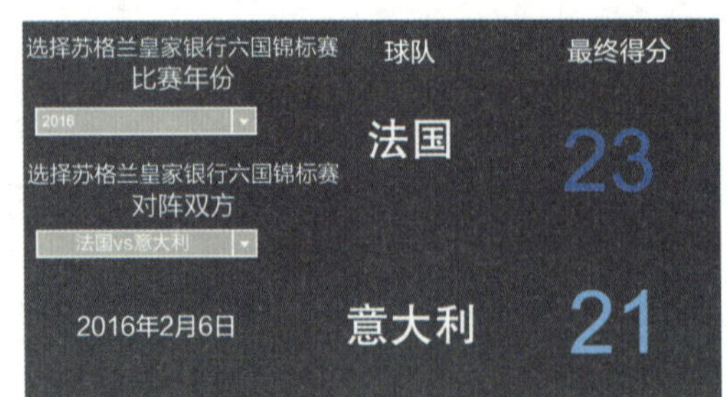

图 12-1 选择比赛以及比赛详细信息

仪表盘用折线图和条形图展示真正比赛的情况，如图12-2所示。x轴显示比赛进行的分钟数。折线显示了每支球队在整个比赛过程中的得分情况。每个分数都添加了标签来显示这一分的得分方式（在英式橄榄球中，有达阵、追加射门、射门或踢罚射门）。每当两条线交叉时，都代表着领先方的交替。

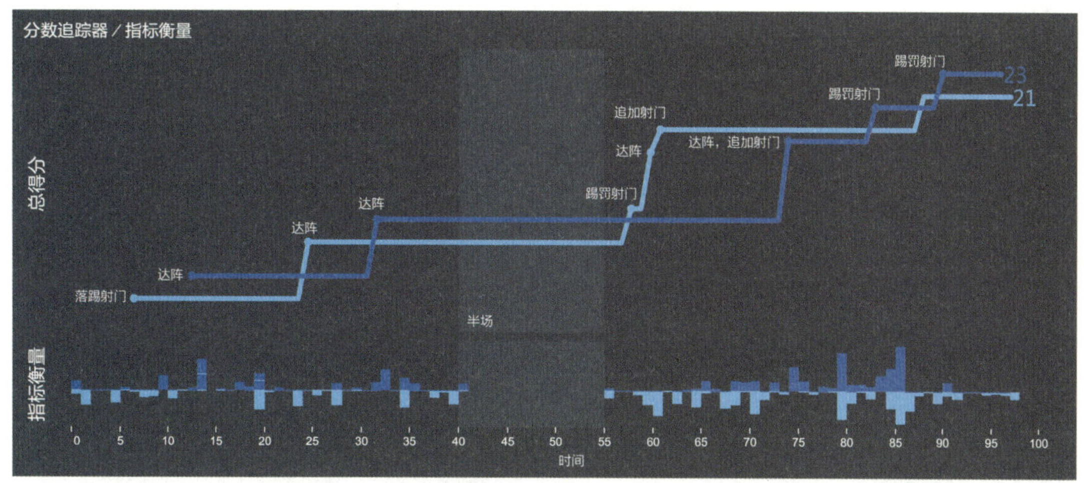

图 12-2　仪表盘的主要部分显示了整场比赛的比分进程（上半部分），以及各支球队在比赛中每分钟的米数推进情况

正如你所看到的，2016 年法国对战意大利的比赛是一场戏剧性的遭遇战。这场比赛的领先者改变了八次，赛前受欢迎的法国队最终击败了意大利队。

最后一部分允许用户探索比赛的详细信息。在图 12-3 中，我们选择了攻防转换。用户还可以选择抱截、争球、传球以及其他动作。场地图显示了每个动作发生的位置。两队的比赛方向都是从左到右；他们的防守终区都在场地图的左侧。

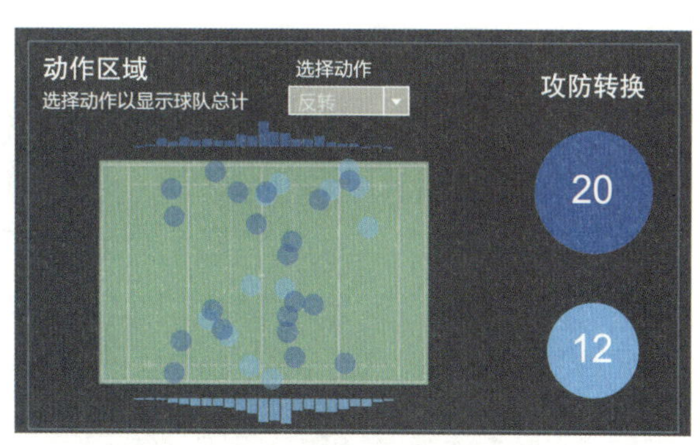

图 12-3　第三部分显示了比赛活动的详细信息

在场地图上方和下方的直方图显示了每个球队在球场该部分占据的时间。在这场比赛中，你可以看到意大利队大部分时间都在中线以前，如图 12-3 中下方浅蓝色的直方图所示。

这样做为何有效

总分创造了一个引人入胜的故事

在上一节中，我们看了 2016 苏格兰皇家银行六国锦标赛中一场令人兴奋的比赛。随时间变化的总比分揭示了这场戏剧性比赛惊心动魄的过程。这类折线也适用于显示其他类型比赛的情况。比如一支球队完胜另一支球队，或者一支球队上演了大逆转。

图 12-4 和图 12-5 展示了非常不一样的比赛，并通过累积的总比分揭示了比赛的进程。想象一下这些比赛的球迷们所感受到的戏剧性、欢乐或沮丧吧。

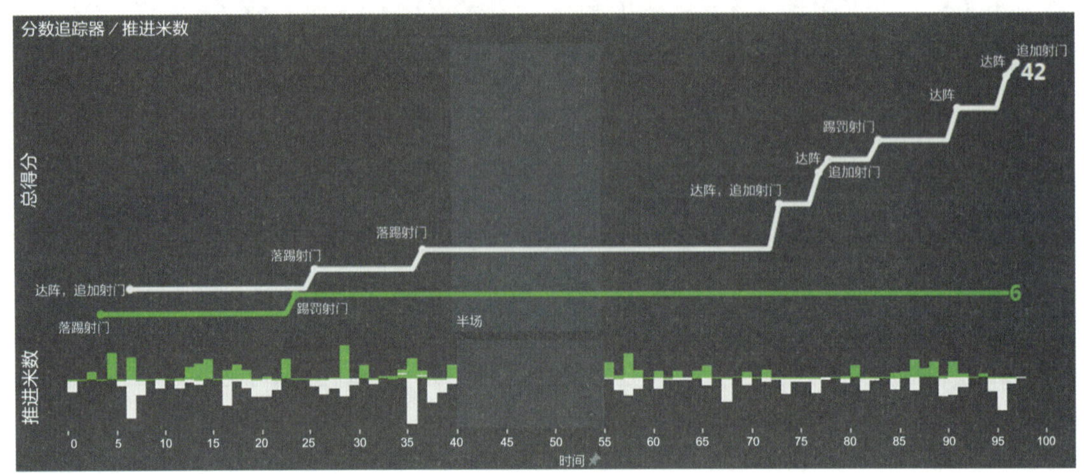

图 12-4　2003 年爱尔兰（绿色）对英格兰（白色）的比赛情况

注：对英格兰队来说，这是一场 42 ∶ 6 的胜利，爱尔兰队在 25 分钟之后还没有得分。

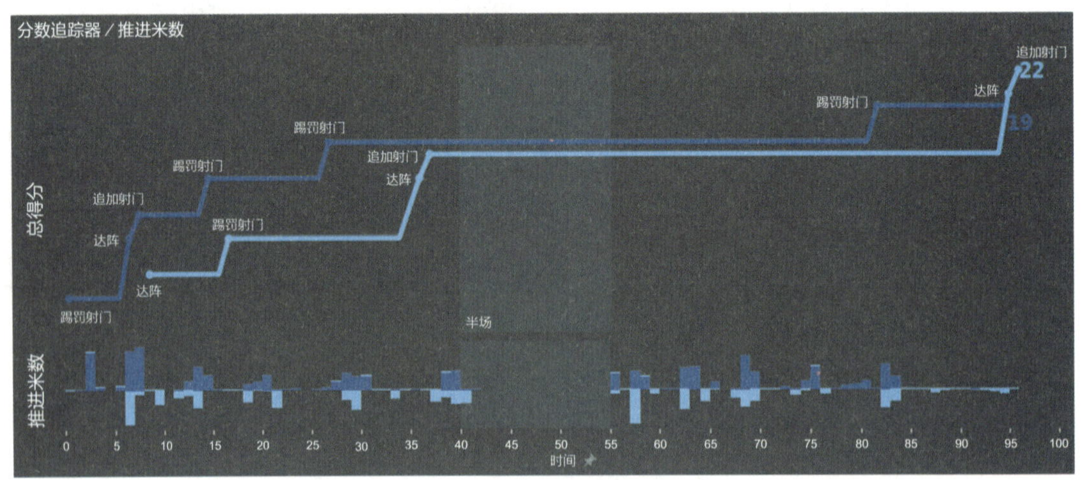

图 12-5　2015 年苏格兰（深蓝色）对意大利（浅蓝色）的比赛情况

注：苏格兰领先了整场比赛，直到意大利上演大逆转以最后时刻达阵和追加射门赢得了比赛。

场地图按需显示细节

场地图是以数据驱动方式来展示空间细节的好方法。通过一张背景图，让每个动作都被映射到球场上。在图 12-6 中，我们看到了 2015 年苏格兰队与意大利队比赛期间错过的抱截。在场地图右侧的大圆圈清晰地表明意大利队错过的最多。上面的标签告诉了我们具体的数值：意大利错过 20 次，而英格兰仅错过了 8 次。

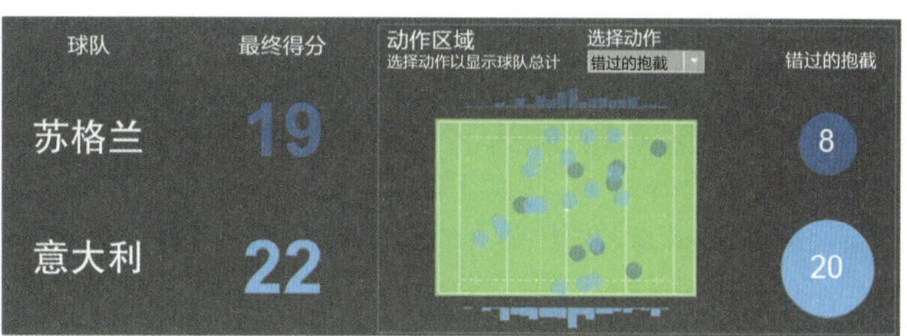

图 12-6　2015 年苏格兰在与意大利的比赛中错失的抱截

场地图上方和下方显示每支球队所占据位置的直方图也非常强大。让我们看看 2008 年爱尔兰对阵威尔士的比赛，比赛由威尔士队获胜。结果如图 12-7 所示。在这个例子中，每个球队的传球都显示在场地图和直方图上。威尔士队的数据（红色圆圈和条形）清楚地显示了，他们大部分时间都在爱尔兰队的半场进行比赛。

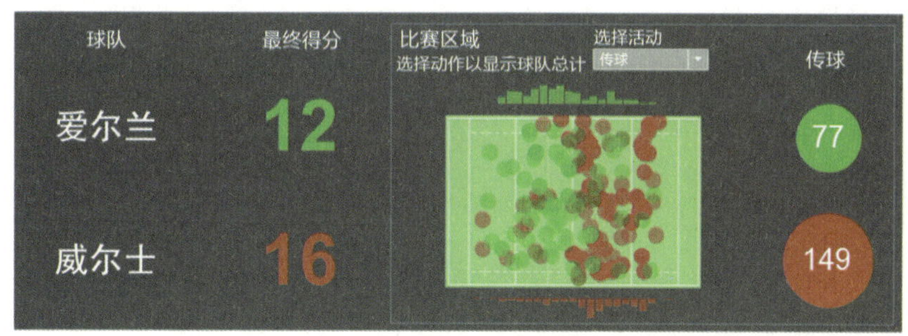

图 12-7　2008 年爱尔兰与威尔士的比赛

注：一场比分非常接近的比赛，威尔士队几乎一直在持续攻击。

使用合适的字体

使用许多不同大小的字体有助于指导用户定位到需要查看的位置。最大的字体是球队名称和得分。这样的字体能吸引用户关注数据中最重要的一对数字。

与此相反，累积得分线都使用得分类型（例如，达阵、追加射门、踢罚射门等）来进行注释，但字体要小得多。在这种情况下，字体本身不会引起太多的注意。如果用户希望看到它，它就在那里。但如果用户只想观察折线，字体并不会妨碍用户观察。

作者的评论

安迪：很多人都喜欢体育，我们很高兴阅读一页又一页的报纸和博客，了解关于比赛的分析。通过仪表盘展示比赛的过程，这种方法是非常强大的。你可以轻松地看到逆转、完胜或是领先球队多次交替的比赛。这和阅读一篇关于比赛的报道一样有力。

该仪表盘很有意思的一个方面是对颜色的选择。不同颜色代表不同球队国家的主题颜色或队服的颜色。仪表盘的背景颜色与锦标赛赞助商苏格兰皇家银行的颜色相匹配。这两种选择分别来说都有意义，但存在两个主要的问题。

第一个是对患色觉缺失的用户可能造成混淆。在图 12-7 中，我们比较了爱尔兰队（绿色）和威尔士队（红色）的得分和占据时间的情况。在这个例子中，颜色的选择对那些有色觉缺失的人是不友好的。

第二个问题是，在深色背景下使用深色字体会导致辨认困难。图 12-6 是一个例子，在深蓝色的背景下，苏格兰队得分的深蓝色字体很难看清。

这类仪表盘既是一种营销工具，也是一种分析工具，可以使人明白为什么会做出这样的决定。在商业环境中，我们的目标是在最短时间内获得最大的理解。因此，你应该始终选择与数据高对比度的背景颜色。这就是为什么这本书中绝大多数仪表盘都是白色或灰白色背景。

第 13 章

网站分析

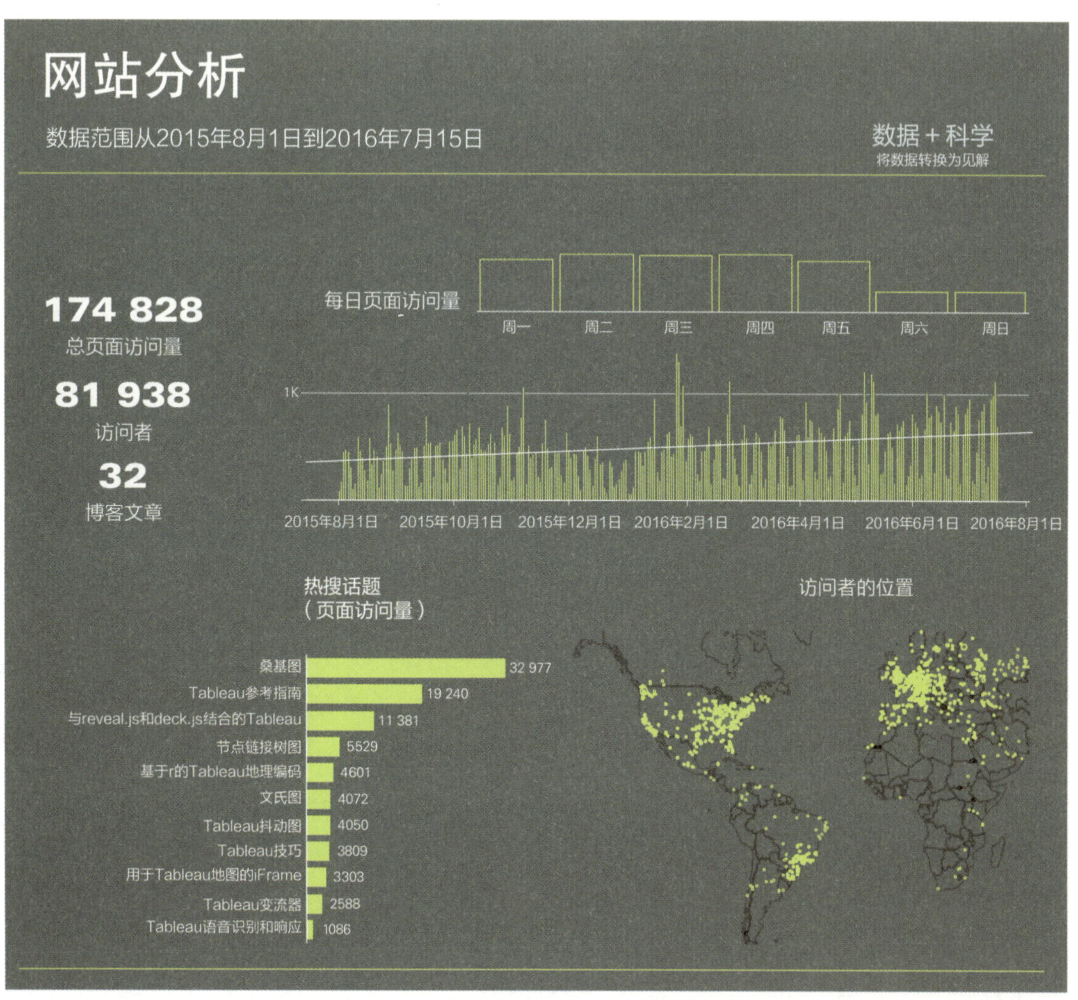

网站分析
数据范围从2015年8月1日到2016年7月15日
数据＋科学
将数据转换为见解
174 828
总页面访问量
81 938
访问者
32
博客文章
每日页面访问量
周一
周二
周三
周四
周五
周六
周日
1K
2015年8月1日
2015年10月1日
2015年12月1日
2016年2月1日
2016年4月1日
2016年6月1日
2016年8月1日
热搜话题
（页面访问量）
桑基图 32 977
Tableau参考指南 19 240
与reveal.js和deck.js结合的Tableau 11 381
节点链接树图 5529
基于r的Tableau地理编码 4601
文氏图 4072
Tableau抖动图 4050
Tableau技巧 3809
用于Tableau地图的iFrame 3303
Tableau变流器 2588
Tableau语音识别和响应 1086
访问者的位置

情境

重点

你有一个博客或网站，你需要一个仪表盘来追踪不同的指标。这个仪表盘将链接谷歌分析或另一个数据库以更新仪表盘上的数据。

细节

- 你需要追踪博客和网站的访问者。你需要查看某时间段内的访问者。
- 你想要查看该段时间内的总页面访问量（一个常用的网站指标）、访问者总数以及博客文章数量。
- 你想查看拥有最高页面浏览量的博客文章或网页。
- 你想查看访问者的地理位置。
- 你想查看按工作日排序的访问者分布情况。

类似情境

- 你是一个出版商，要追踪图书的销售情况、卖出的数量、销量最佳的书以及销售的地点。
- 你需要追踪不同产品线的客户获取量，显示随时间变化的总获取量以及最佳产品线类别。
- 你需要追踪你所提供服务的订阅者。

你需要在累加的基础上，追踪一些随时间变化的数据，显示前 n 名和地理位置。

用户如何使用仪表盘

用户会用某些固定的区间去浏览仪表盘，如每月、每季度或按需浏览。仪表盘给出了用户追踪的关键数据统计概况。在网站分析领域，页面访问量是一个通用指标。这代表一个网页被浏览的次数。仪表盘用不同的方法显示了网页访问量和一些其他指标。

如图 13-1 所示的仪表盘顶部，显示了三个高级别指标：仪表盘顶部标记的时间段内的总页面访问量、访问者总数以及博客文章数量。条形图显示了随时间变化的每日页面访问量，同时有一条趋势线将这段时间的趋势可视化。直方图用来显示一周中每天的页面访问量。

图 13-2 的直方图没有轴标签或数据标签。它的方式和火花条形图类似，即对一周中每天分布的整体情况进行简单的可视化。添加数据标签很容易，但在这里没有必要，例如与另一天相比，某天的访问量是 31 966。这里还有嵌入的工具提示，所以用户可以选择悬停在直方图内的任意一点上，他们在选择后就会看到相应的数据。工作日的网页访问量更多，其中周二和周四的访问量最多。

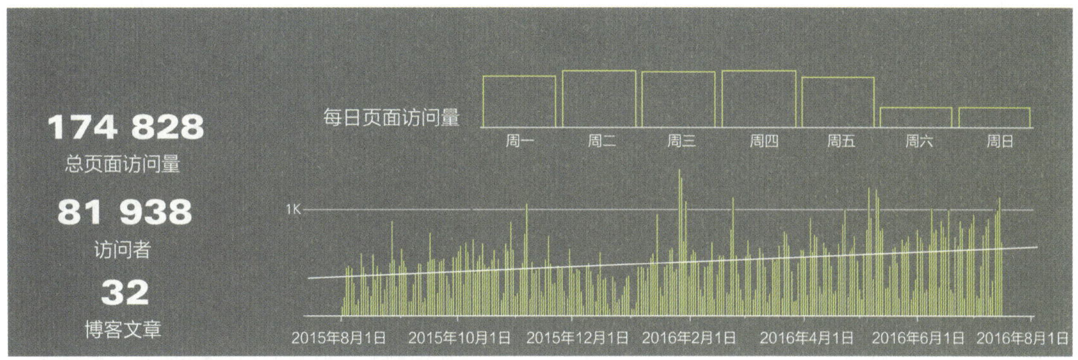

图 13-1 关键指标显示在左侧

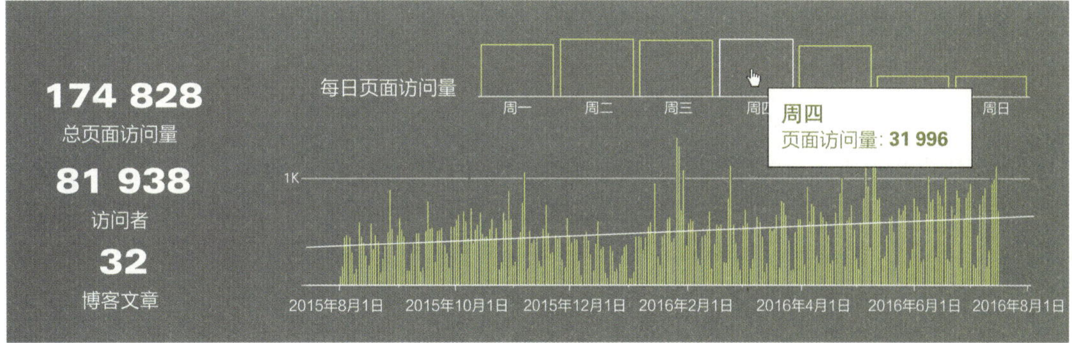

图 13-2 整个可视化中使用工具提示来显示所选或突出显示的任何点的数据详细信息

图 13-3 中的条形图用来显示网页访问量靠前的博客文章。它可以显示前 5 或前 10 的视图，主要取决于用户想看什么，交互性甚至允许用户指定在视图中显示前 n 位。你也可以添加仪表盘动作以允许用户点击某一条就能看到所有的博客文章列表和 / 或与该条相关的网页。点击列表中的条目会跳到一个新建的博客文章或网页。

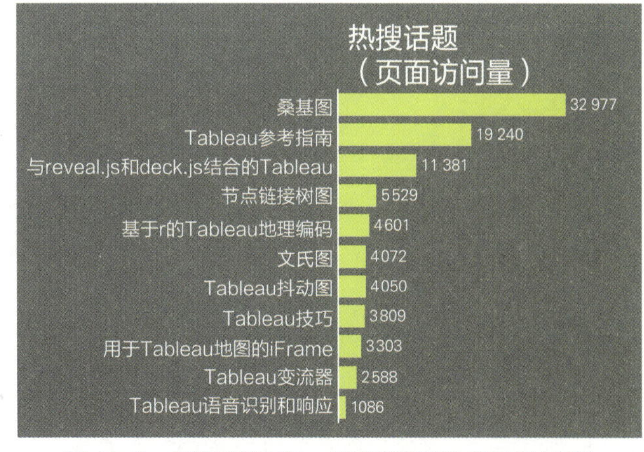

图 13-3 条形图显示每一条博客推送的总页面访问量

> **给条形排序**
>
> 按升序或降序排列条形图可以为数据提供额外的信息，也更容易比较值的大小。

图 13-4 所示的地图显示了全世界用户的地理位置。这幅地图的风格十分简洁。没有国家或城市的标签，只有世界地图上的点。地图允许用户缩放、移动，甚至搜索特定的城市。

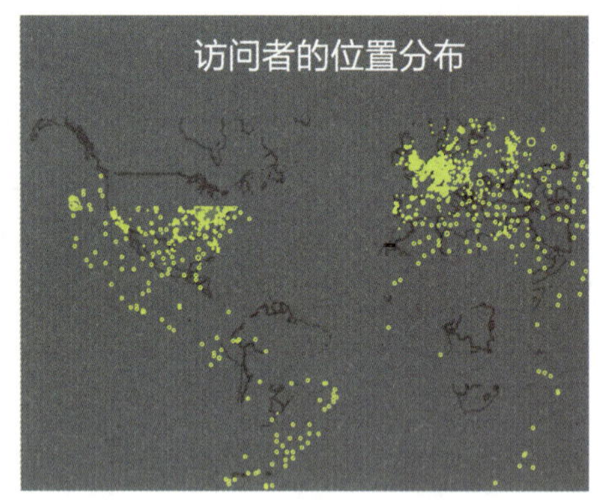

图 13-4 网页访问者地图放大了世界地图的一部分

这样做为何有效

用简单的方式追踪几个关键指标

这个仪表盘只有少量关键指标，其中网页访问量是首要指标。折线图、直方图和条形图都显示了该指标的波动情况。带有趋势线的条形图显示了随时间变化的网页访问量，直方图显示了每日的网页访问量，条形图显示了热门博客文章的网页访问量。用户数量和博客文章数量以文本的方式呈现。仪表盘唯一的其他条目就是地图上用户的地理位置。

简单地使用颜色

除了白色文本外，这个仪表盘上的所有图表都使用了单一的颜色。颜色对于数据的编码没有任何作用。任何配色组合都是可行的，例如，使用公司主题色或团队的颜色。即使所有的颜色都被移除，这个仪表盘的效果也会同样好。例如，图 13-5 所示，使用白色、黑色和灰色背景。

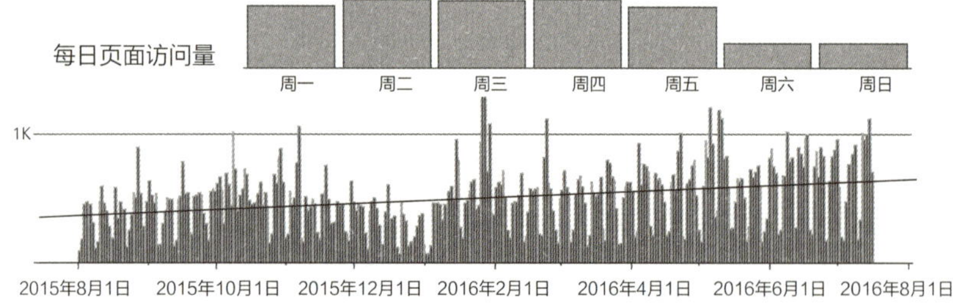

图 13-5 使用单一颜色的仪表盘

用于不同比较的优秀图表类型

该仪表盘编码数据的主要方式是长度的前置属性（例如，条形的长度或高度）。除了趋势线和地图（位置被使用）外，长度 / 高度被用于编码该仪表盘中的所有数据。这让比较变得非常简单且精确。在图 13-6 中，用户可以迅速看出周末的网页访问量比工作日少得多。事实上，即使这些数值相近，细微的差别仍然可以被发现，例如，周一的网页访问量比周二、周三和周四的要少一点。

干净整洁的设计

正如前面提到的，只有少部分图表被展示出来。如果你仔细检查这些图表，就会发现它们并没有很多标签。图 13-6 的直方图没有 y 轴，也没有数据标签。图 13-1 中显示的条形图，没有轴标签，只有数据标签，而随时间变化的网页访问量只有一个标签，即 y 轴上那条显示 1 000 次网页访问量的网格线。其他数据可以通过工具提示得到，但这样的选择让仪表盘产生了十分简洁的设计感。

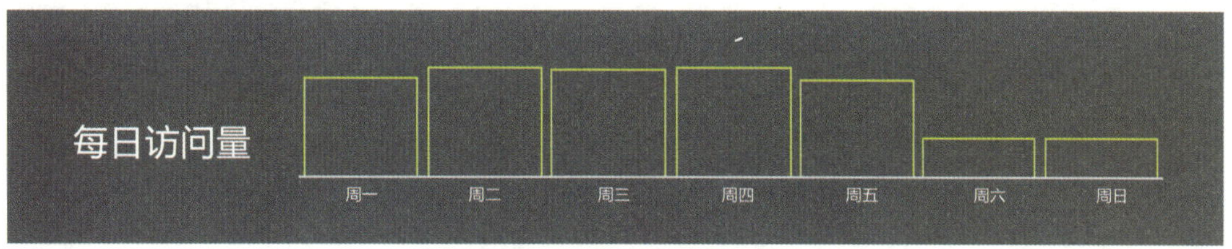

图 13-6 每周访问量的直方图

注：注意工作日之间的小差异。

作者的评论

史蒂夫：我超爱探索这个仪表盘，它干净、清晰且直观。我也倾向于使用明亮的背景色，对我而言，阅读文字和解码图表完全没有问题。

这个仪表盘非常吸引人，我发现我渴望了解更多关于网站流量的情况。这幅地图让我想知道美国境内相比境外的流量情况。我也喜欢看到如图 13-7 中条形图所展示的额外信息。

这也激发了我的好奇心，想看看不同城市的网页访问量。尽管图 13-8 的树图有点过于夸张，但它揭示了最大的访问量其实是来自英国伦敦而不是美国国内。

另外，图 13-3 的条形图让我对能够激发网页访问量的内容感到好奇。在仪表盘未来的版本中，我希望有办法可以看到让我感兴趣的话题的相关文章，并且还可以直接跳转至这些文章。

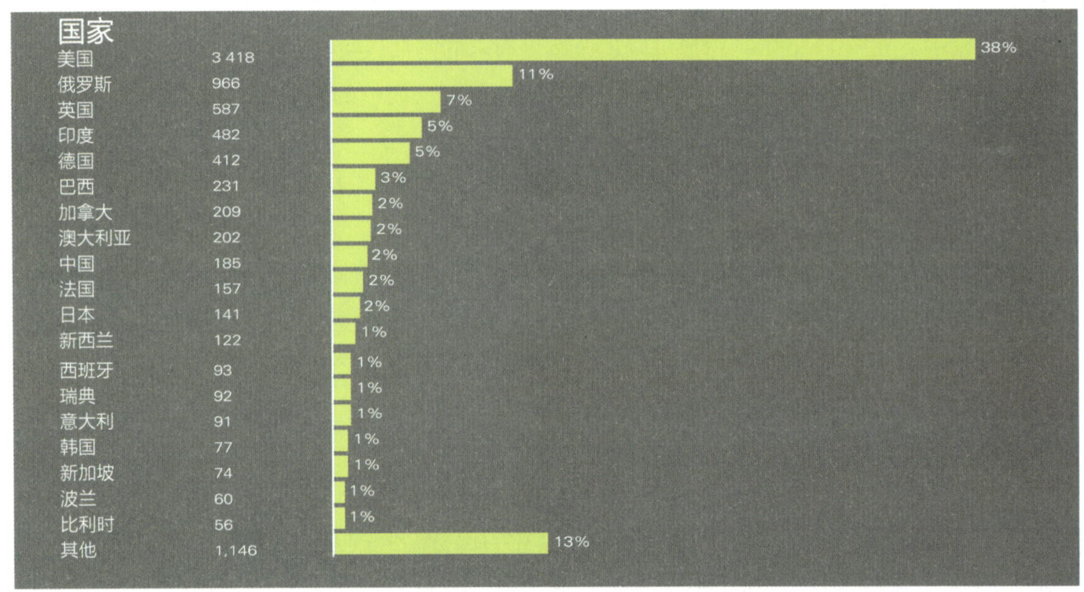

图 13-7 条形图显示按国家排序的页面访问量

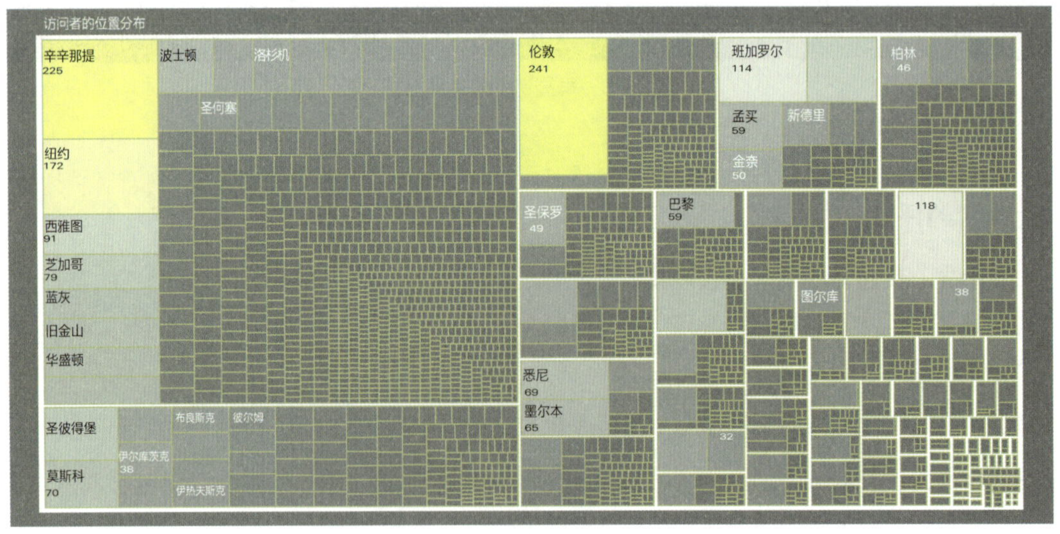

图 13.8 显示各国城市的矩形树图

注：用白线分隔不同国家。可以看到，相比其他城市，伦敦有更多的页面访问量。

第 14 章

入院患者的病历分析

情境

重点

你是一名临床医生，你效力的健康信托机构与许多家医院有合作。你的职责是为你所在地区的患者提供个性化医疗保健服务。其中一个方面是对患者入院进行及时回应。你的工作是帮助临床医生了解患者的病历，并使用这些信息制订一个计划，帮助患者尽快恢复并出院。

该仪表盘显示了过去 24 小时内入院患者的活动轨迹。患者的最新病历有助于研究其入院原因。把这些信息与你了解的患者的个人情况结合在一起，就能为患者制定出一个成功的治疗方案。

细节

你想了解在最近一天和一个月被送进医院的患者的情况。这些住院的人在过去五个月里都做过哪些医疗健康检查？

类似情境

对于其他任何单个项目的呈现比汇总数据更重要的情境，本情境中所使用的展示方式都可以被套用。这些情境包括如下例子：

- 学校想追踪个别学生旷课的情况；
- 公司想追踪用户在其网站上的活动，以便为用户制定个性化销售策略；
- 数据库管理员需要了解公司基础设施的瓶颈和宕机时间。

用户如何使用仪表盘

每天，医生们都要开会计划工作。打开仪表盘后，筛选出与团队相关的患者。同样的仪表盘也被用于健康信托，涵盖了多个领域、医院和团队。如图 14-1 所示，仪表盘上有两个主要区域。

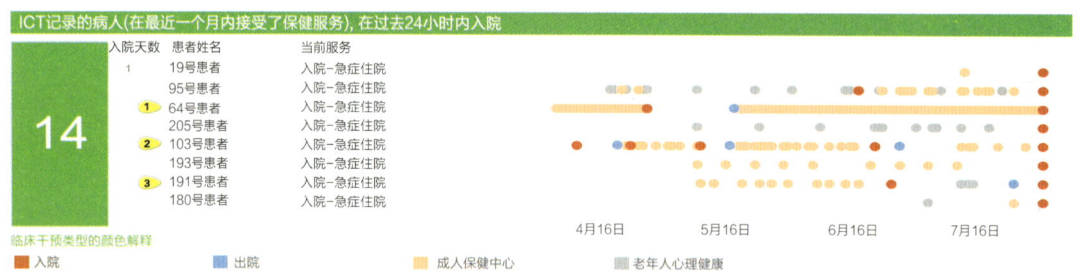

图 14-1 第一部分显示昨天入院的病人情况

顶部区域显示了过去 24 小时内入院的患者数据。患者数量显示在左侧绿色色块中。在这个例子中，共有 14 位患者入院。其中八位患者的信息显示在屏幕上，其余患者的信息可以通过滚动屏幕来查看。点代表医护人员的访问、患者入院或出院。这些点的模式讲述了每个患者的丰富经历，我们将在稍后详细介绍。

临床医生可以查看每位患者最近的诊疗情况，并结合他们了解的个人病历，为每个患者制订合适的治疗计划。每个点都有一个超链接，直接链接到该诊疗方案的详细记录。

图 14-1 中的每行都会显示一位患者真实病历的详细记录。随着时间的推移，临床医生会慢慢了解点和颜色的解码，因此能够更容易、快速地理解每位患者的病历。让我们看看仪表盘告诉我们的三位不同患者的病历记录。

1. 在当前视图所展示的时间区间内，64 号患者几乎持续不断地被成人健康护理服务团队（橙粉色的点）拜访。唯一的时间缺口是在住院期间（显示入院和出院的红点和蓝点之间的时间）。这表明，密集的家庭护理在很大程度上的确让患者有更多的时间可以在家休养，可以为他提供宝贵的独立性。然而尽管采取了这些干预措施，该患者最终还是需要住院治疗。
2. 103 号患者的诊疗要少一些，但在过去五个月中，他已经有四次入院记录了（每个红点代表一次入院）。成人健康护理团队对 103 号患者的拜访不像对 64 号患者那样频繁，但也让该患者在家里待了很长时间。
3. 191 号患者在刚出院不久后又重新住院。第一次住院前，成人健康护理服务团队已经对该患者进行了定期拜访，而在 191 号患者住院期间，也需要老年人心理健康团队陪伴他（灰色的点）。

在如图 14-2 所示的仪表盘的下半部分，显示了正在住院且入院时间超过 24 小时的患者。

在每日例会上，临床医生使用这个仪表盘来讨论每位患者的病历。

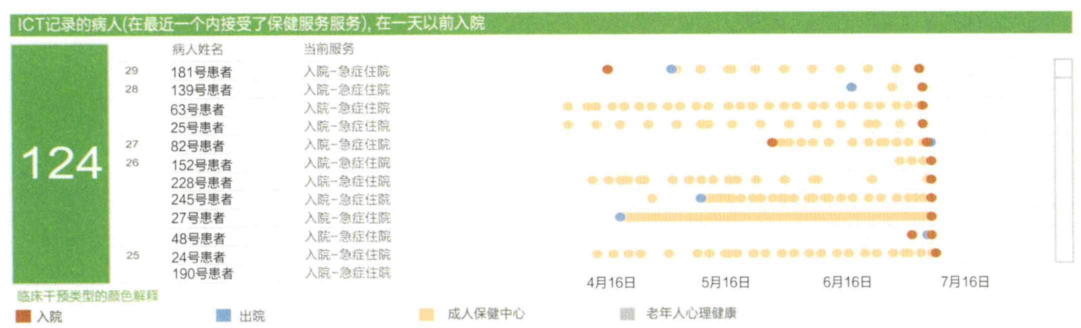

图 14-2　在一天以前入院的病人

这样做为什么有效

完整的数据而非汇总的数据

本书中的许多仪表盘都在关注关键绩效指标和汇总指标。对于查看公司的整体情况而言，这样做是很好的，但思考一下医疗健康数据的内容：每条记录都是一位患者，一位可能正在疾病中挣扎的患者。弄清所有患者的平均症状，可以为医疗健康提供方的监督者提供整体画像，而总体平均值对于试图帮助个体患者的提供方毫无用处。每个患者的情况都不相同，他们每个人都需要个性化诊疗方案。

这并不意味着每位患者都需要一个独立的仪表盘视图。这个仪表盘提供了该团队护理的所有患者病史的整体情况。这些信息可以被呈现在一个屏幕内，有助于商量讨论所有患者的细节。

线性讲述真实患者的病历

这些人都是真实的患者。他们的病历情况不能被汇总成平均值。只有看患者的完整病历，才能照料他们的健康情况，而散点图可以做到这一点。图 14-2 中的散点图显示了沿水平线的每次互动，让我们可以直观地跟踪该患者的病历记录。

单个数字的编号

过去 24 小时内有多少新入院的患者？有多少患者在过去 30 天内入院且依然没有出院？这两个问题都很重要。答案位于该仪表盘的最大、最突出的部分（如图 14-3 所示）两个问题的答案分别是 14 和 124，大数字在每个散点图区域的左侧展示。

图 14-3 关键数值尽可能突出显示

顶部的筛选器

该仪表盘同时被多个团队使用，所以他们需要用筛选器来迅速获得正确的数据。如图 14-4 所示，在该仪表盘中，筛选器位于顶部，这也是人们最可能首先看到的地方。在理想情况下，筛选器的各项设置应予以保留，这样浏览者每次打开仪表盘时，筛选器都和之前的设置相同。这样的话，筛选器就不需要在每次浏览时被重置，那么就可以把筛选器移动到不那么突出的位置，比如仪表盘的右侧边。

我们在第 5 章的作者评论中详细讨论了过滤器的位置。

图 14-4　每次打开仪表盘筛选器要重新设定

设计者的评论

西蒙·博蒙特：在医疗保健领域，数据通常只被用于支持和测量目标，并促成仅针对目标的对话。这些数据通常用传统的红黄绿三色等级来汇总。这种方法的问题在于，它丢掉了医疗保健的目的——支持患者过上健康、独立和充实的生活。而使用汇总数据，会使我们失去与我们所服务的患者之间的这种关联。这并不是说我们没有衡量这些举措是否成功：我们在其他更高级别的仪表盘上会这样做。但是医疗保健提供方的日常工作是照顾患者，它们需要了解细节，而不是汇总之后的信息。

在该仪表盘被应用前，临床医生基本上无法查看所有患者的历史数据。当患者入院时，医生们会在他们的手机上收到一条短信。为了了解患者的病历，临床医生必须点击短信中的链接，或将其复制到浏览器中。没有任何方法可以在同一个视图中查看完整的病历；医生们需要逐一点击过去的每条诊疗记录。这样非常不方便而且也很混乱。最终的结果只能是临床医生遵循的流程过于烦琐。

这个仪表盘具有革命性意义。它的目的同时也是所有临床医生的首要目标：最大限度地提高他们为患者提供的护理的效果。数据直接支持临床医生的日常工作。它利用来自整个健康经济领域的自动、及时的信息为医生们补充了相关的临床情况。数据不会被视为汇总的障碍，而会被视为一种直接支持提供个性化服务的资产。

作者的评论

安迪：许多仪表盘都是将一家公司的各种活动汇总成一小组数字。当这些数字代表人时，我们会感到不舒服。没有所谓的“平均”人，不管他们是患者、学生还是员工；在学校班级中的一员可能有平均水平的智商，但他们在其他领域并不能被平均。这不是说像西蒙所在的医院不应该查看汇总数据，他们应当这样做。从这个仪表盘中学到的经验是，可以从不同级别的详细程度来查看数据。

第 15 章

客户情绪分析

情绪分析

所有银行的客户情绪分布

对421篇相关银行的推文情绪评分（过滤掉非相关的内容）

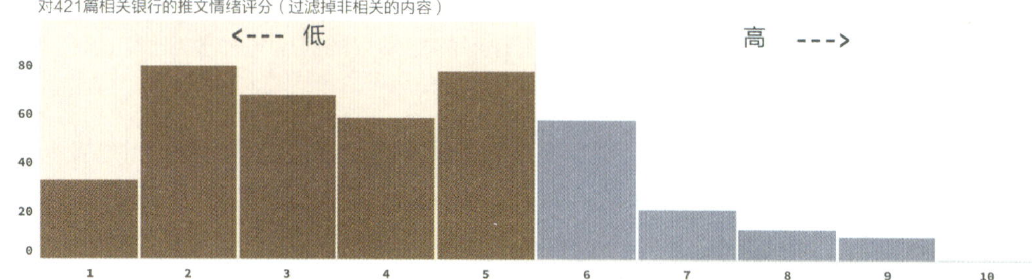

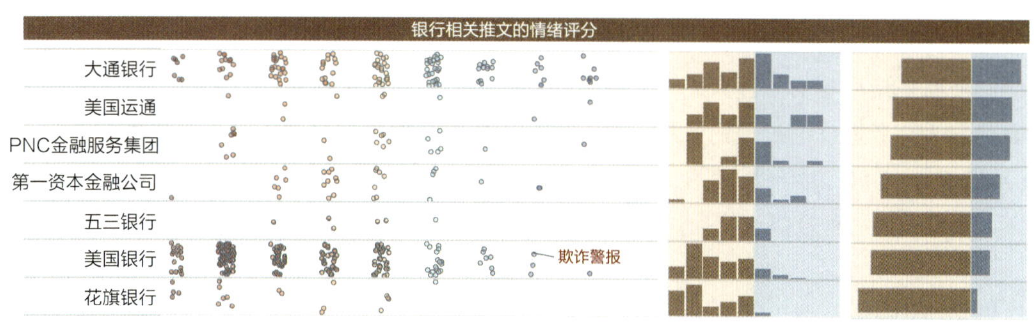

账户警报是个热点话题

“大通银行，请停止向我发送带数字的每日银行账户更新信息，一个伤心的表情很符合此刻的心情。”

“我无法计算每天我都收到了多少大通银行发送的账户低余额警报。”

备注：

情绪分析并不总是准确的

最好的算法也只有78%的准确率

数据来源：twitter

仪表盘设计者：杰佛里·谢弗

情境

重点

假设你是一位社交媒体经理、品牌经理或商业分析师，正在研究特定品牌 / 公司及其竞争对手的消费者情绪。你从 Twitter 上下载推文，查看其中的相关情绪，并使用如亚马逊机械土耳其人（Mechanical Turk）这样的工具对它们进行评级。

细节

- 你有来自消费者某段时间的文本评论。可能是 Twitter 的推文、客户服务记录、网站上的消费者评论或是消费者的短信或电子邮件。
- 你已经整理了这些文本，并通过人工审核或计算机算法对评论进行了评分。
- 这种情绪评分的范围是从 1 到 10，其中 10 分是最好的（最正面），而 1 分表示最差（负面）。
- 你想把该情绪表现与公司其他品牌、竞争对手的品牌或整个公司的情绪表现进行比较。
- 你有大量的数据点：成百上千个，甚至更多。

类似情境

- 你需要在网站上显示产品的评论，例如在亚马逊、Yelp 或 Consumer Reports 上的评论。
- 你需要显示满意度调查的结果。
- 你需要显示客户反馈表的结果。
- 你需要显示电影的评论，例如互联网电影资料库（IMDB）或烂番茄上的评论。
- 你是一位经理，需要显示绩效考核的结果。
- 你是一位教授或老师，需要显示一个班的成绩。

用户如何使用仪表盘

这个仪表盘使用了与第 3 章中的仪表盘类似的技巧。不过在之前的情境下，你的公司或你自己只是其中一个点，而你需要将自己与所有其他的点进行比较。在本章的情境下，所有的点都是顾客对你、你的品牌或你的公司的反馈。与其他品牌或公司的比较在于比较各行或各列点的分布，而不是比较一个点和另一个点的位置。

如图 15–1 所示，仪表盘的上半部分显示了推文的总体分布。在本例中，数据来自不同银行机构的推文。

这个直方图使用从 1 到 10 的评分来显示推文的情绪。通过使用直方图对情绪进行可视化，读者可以很直观地看出该情绪的分布。例如，在这个例子中，数据是向右偏移的。显然，对银行的负面情绪多于正面情绪。

情绪分析

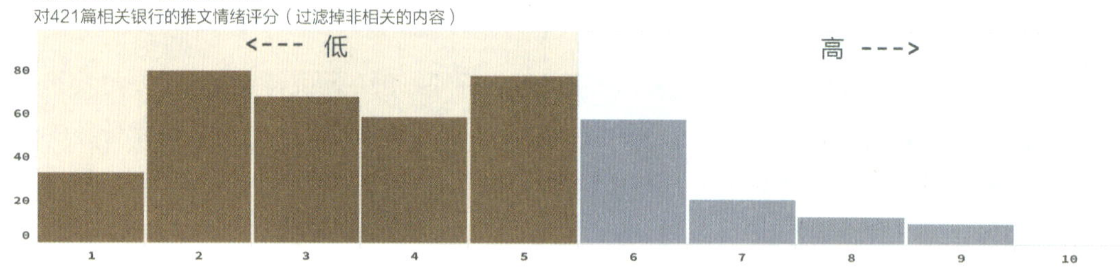

图 15-1　直方图显示银行相关推文的情绪分布

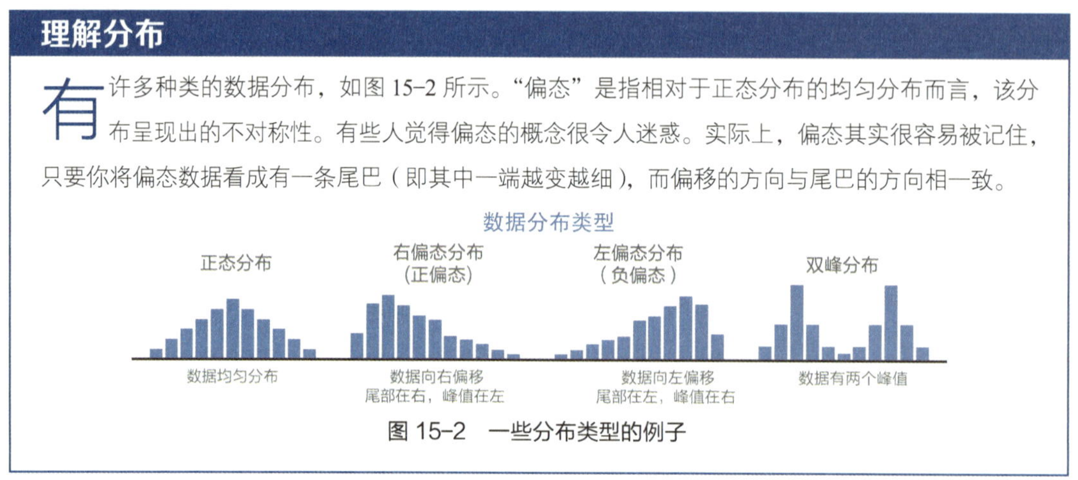

理解分布

有许多种类的数据分布，如图 15-2 所示。“偏态”是指相对于正态分布的均匀分布而言，该分布呈现出的不对称性。有些人觉得偏态的概念很令人迷惑。实际上，偏态其实很容易被记住，只要你将偏态数据看成有一条尾巴（即其中一端越变越细），而偏移的方向与尾巴的方向相一致。

图 15-2　一些分布类型的例子

从图 15-3 中，读者可以看到每家银行的情绪分布情况，并对其进行比较。点的密集程度可以让读者对每家银行的推文数量有一个直观感受。数据可以逐点探索，以查看每条推文的详细内容，而对各家银行的总体比较也可以通过散点图、直方图和发散条形图上点的分布来进一步了解。在这个特定的数据集中（筛选后只有 421 条推文），用户可以看到在列表底部的美国银行和花旗银行的情绪分布，比大通银行的情绪分布要更加偏右。

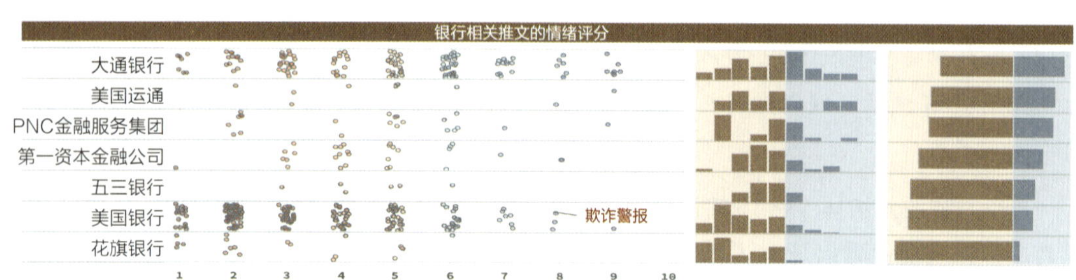

图 15-3　用散点图、直方图与发散条形图显示各家银行的情绪分布

这样做为何有效

用双重抖动来显示离散点的分布

散点图显示了每个独立的数据点。在这个例子中，每条由消费者发出的推文都被给了一个情绪分数。由于评分是离散的数字，即从 1 到 10，当这些点被绘制出来时，它们可能会相互重叠，导致其中一部分数据点完全被隐藏。正如我们在第 3 章中绘制的散点图一样，我们应该用抖动点来分离这些重合的点。不过，在这个散点图中，每个点都是在 x 轴和 y 轴上同时抖动的；换句话说，这些点是双重抖动的。

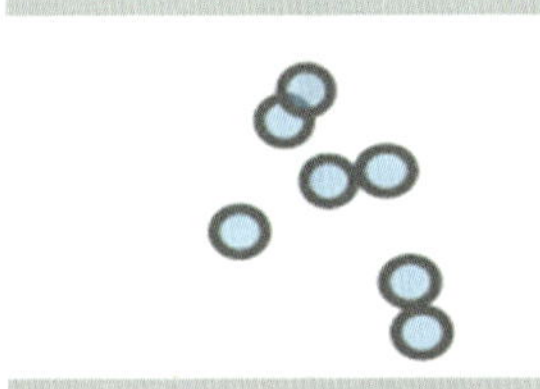

图 15-4　散点图中的点随机分布在数据线的上下左右

在 y 轴上，抖动点的位置是随机的，它把顶部至底部每一行的各个数据点分隔开来。但是，即便在 y 轴上使用抖动，这些点仍可能会相互重叠。由于 x 轴显示了情绪分数，所以避免让数据失真非常重要。因此，在 x 轴上，要谨慎使用每个抖动，将这些点移动到实际数据点之上或之下，使它们聚集在真实的数据点周围。换句话说，一个 3 分的点可能被绘制成 2.9 分，也可能被绘制为 3.1 分，如图 15-4 所示。

抖动的数量取决于数据集里点的数量。数据点越多，散点图中发生重叠的概率就越高。

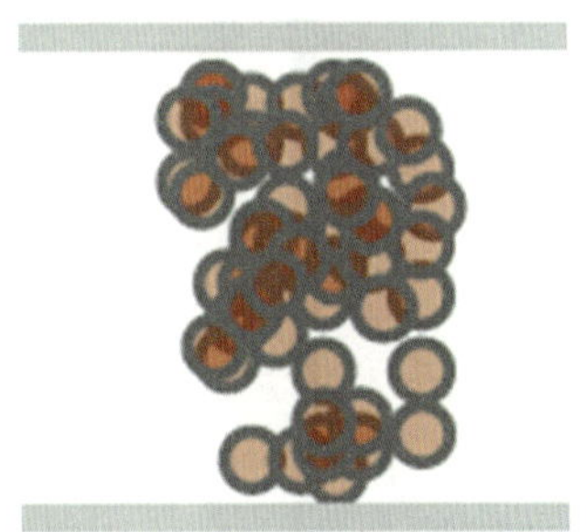

图 15-5　拥有很多相同数值的点的数据

注：这张图可能更需要抖动，但必须注意抖动不要太大，以免扭曲数据。

确定抖动的正确数量非常棘手，如图 15-5 所示。如果你使用的抖动太少，数据点将会重叠过多。如果使用抖动太多，就会造成数据显示的偏移。抖动的数量必须恰到好处，正如金凤花姑娘的粥（Goldilocks’ porridge），不冷不热。

对多个数据点的简单探索

散点图能对数据进行简单探索。因为这些绘图使用的是独立的数据点，用户可以将鼠标悬停在任何点上，并查看相应推文的内容。用户可由此探索数据，有时候甚至会发现一些有趣的事情。例如，通过对该数据的探索，发现了一个欺诈案例，并对其进行标注（如图 15-6 所示）。

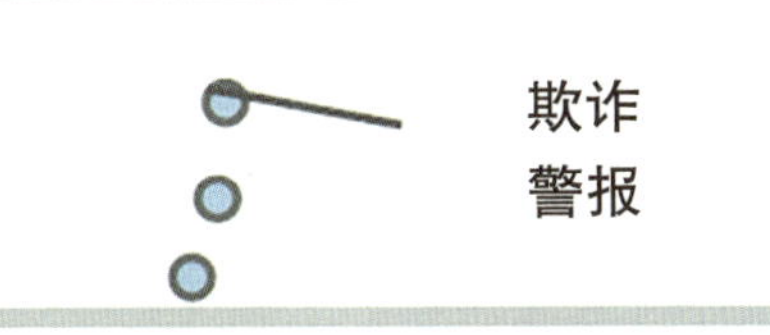

图 15-6　异常抖动

注：在推文上浏览，发现了一个抖动的程度异常，这似乎是一种欺诈行为（被注释为欺诈警报）。

这位美国银行用户在其推文中写道：

关于对美国银行撒谎，其实透支就可以让钱退回到你的账户上 #3 次 #$$ 直接去喝酒[①]。

用直方图能轻松看出每个银行的情绪分布

仪表盘右侧的直方图实际上是一个迷你走势图：没有轴标签，也没有数据标签。迷你走势图不会给出精确的数字，但它可以用来快速比较一家银行与另一家银行的情绪分布。用户可以快速扫过仪表盘的右侧，并看出一家机构的负面情绪比另一家的更多或更少。直方图并不是在统计点数或对各家银行做出估计，而是在小空间里展示出一个简单的概况。

其他方法

我们可以用箱线图来显示点的分布。图 15-7 所示是把相同的数据放在带有箱线图的散点图上进行展示。

尽管箱线图可以很好地展示点的分布，但它的普及度可能并不高，用直方图展示分布有助于让更多读者理解。

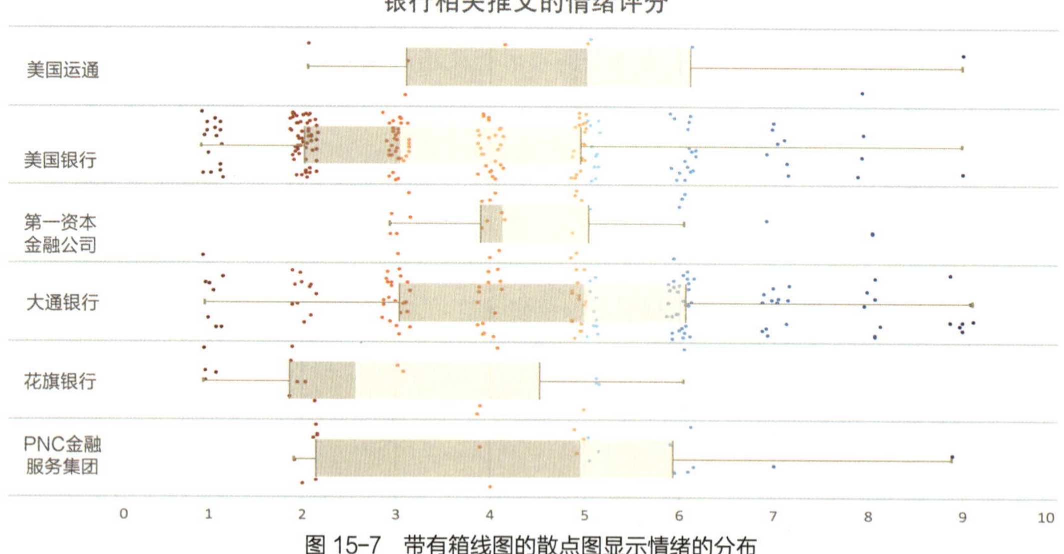

图 15-7 带有箱线图的散点图显示情绪的分布

散点图或细条图可以不加抖动点，但在绘制大量数据点时，点的重叠太多会导致无法使用。图 15-8 显示了一门特定课程的考试分数。注意常规散点图与使用了抖动与性能带的散点图重叠点的对比。

---

① 英文版原书即为带符号的网络语言。——译者注

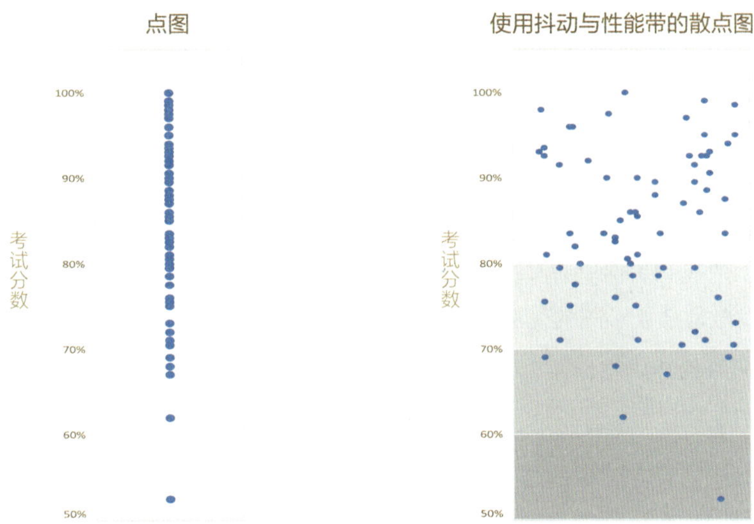

图 15-8　班级考试评分的数据可视化

注：在点图中加入抖动使散点没有重叠，添加性能带可以提供更多背景信息。

图 15-9 显示了用相同的数据绘制带抖动和箱线图的散点图。与情绪仪表盘的方式类似，没有使用性能带，而是使用不同的颜色来编码成绩。

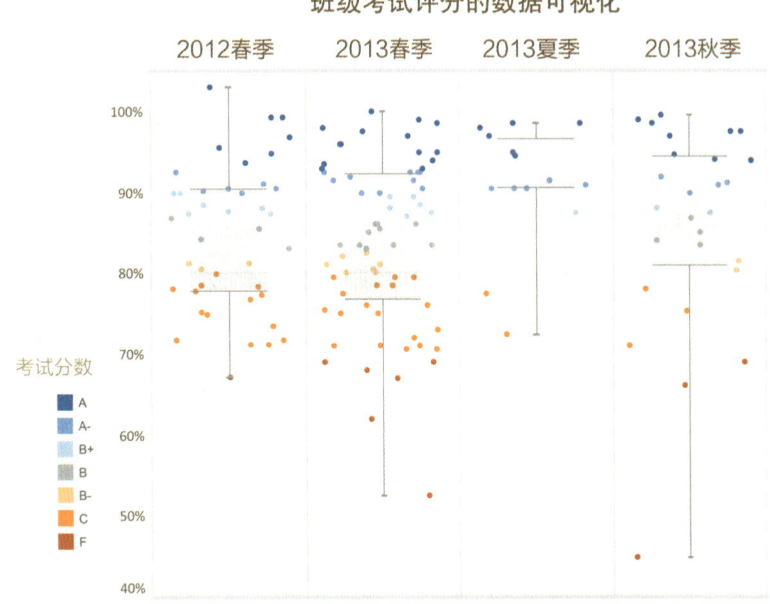

图 15-9　班级考试评分的数据可视化

注：应用带抖动和颜色的点来标记分数，并添加一个方框，可以在不同班级之间快速进行比较。

有时，情绪会被以不同的度量来归类。例如，它可能纯粹是正面的、负面的、中立的，或者以李克特量表的形式呈现。请参阅第 16 章，查看对该数据进行可视化的其他方法。

作者的评论

史蒂夫： 我希望阅读本书的人能看到我们在设计这些仪表盘时经历了多少次迭代。尤其是这个仪表盘，使我和杰佛里曾多次进行热烈的讨论，我们讨论了在展现情绪是如何偏移时，使用直方图与发散堆叠条形图的优势。

对我来说，一部分问题在于：我习惯在这类情况下看到堆叠条形图，所以我主张采用图 15-10 展示的方法。

杰佛里仍然认为直方图中的公共基线对值的比较非常重要，所以我们尝试同时使用这两个图表（如图 15-11 所示）。

杰佛里接着指出，我们在堆叠条形图中不需要如此多的详细信息，因为直方图中已经包含了这些细节。他建议将这个方法纳入最终的仪表盘，如图 15-3 所示。我认为这个方法效果很好。

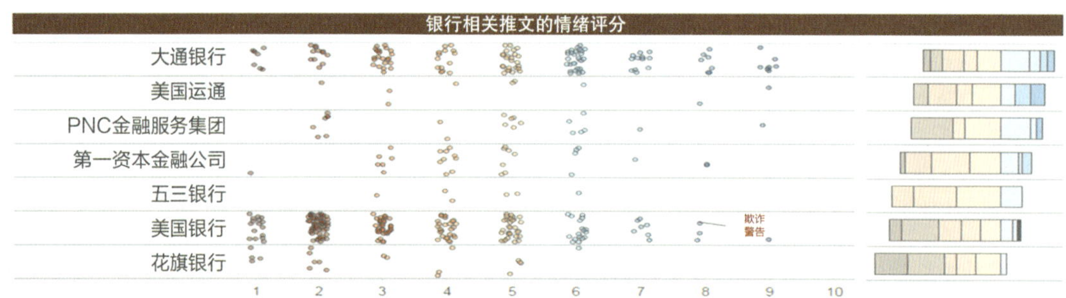

图 15-10 使用堆叠条形图显示银行相关的推文的情绪评分

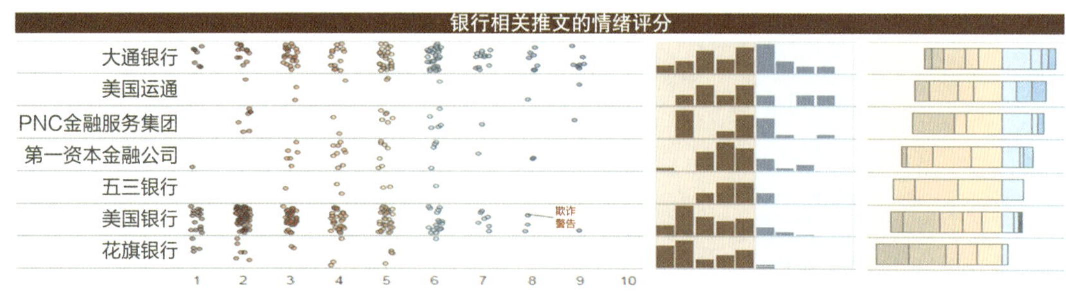

图 15-11 使用直方图与堆叠条形图并排放置

这个特殊的情境让我反思如何显示净推荐值（NPS）。图 15-12 是我们在第 17 章中展示仪表盘的另一种方式。

安迪：我很喜欢抖动图，也很喜欢在这个仪表盘上使用它们。我要提醒读者，不要每次在使用散点图时都想到抖动图。箱线图是专门为解决绘制时出现重叠数据的问题而设计的。抖动图带来了风险，未受过培训的浏览者会把位置解读为一种度量指标，即便这一度量实际上并不存在。我在第 3 章中举例详细说明了这一点。

图 15-12 结合多种方式展示净推荐值

第 16 章

用净推荐值显示态度

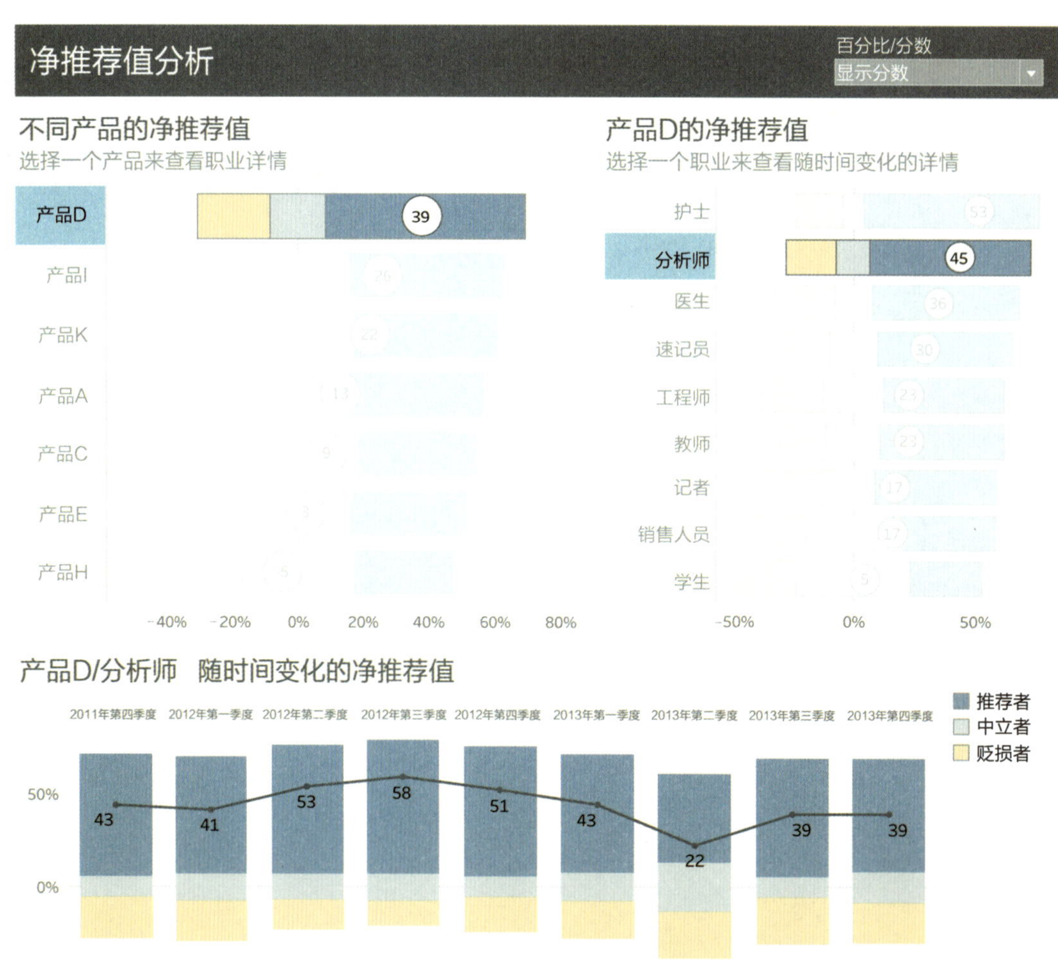

情境

重点

假设你是一位市场研究员，需要跟踪消费者对几个品牌的偏好。你需要看到不同受访者对每个品牌的感受，以及随时间推移的评价变化。

调查受访小组时，你会尽量涵盖许多不同类型的问题，而一定会问到的则是经典的净推荐值问题（你会向朋友或同事推荐这个产品或服务吗？请从 0 到 10 中选一个数字进行评价），因为贵公司已经将净推荐值标准化为客户态度的衡量标准。

细节

- 你要展示不同产品的净推荐值，以查看人们会推荐哪一类产品，而不会推荐哪一类产品。
- 你需要了解不同职业的人是否会推荐或不推荐一款产品。
- 你需要知道对总体人群以及不同职业的人来说，一款特定产品的净推荐值是如何随时间变化的。

类似情境

- 你需要查看一系列李克特量表问题的结果，可显示出受访者对一系列陈述表示同意或不同意的程度。
- 你需要看到人们如何评价竞选公职的候选人。
- 你想知道受访者对不同社交媒体的使用频率，以及不同人群年龄和性别的使用差异。

李克特量表

李克特量表是以人力资源研究院（Human Resources Institute）创始人伦西斯·李克特（Rensis Likert）的名字命名的。李克特提出了将定量标度（通常是 1 到 5）用于定性测量的想法。例如，“在 1 到 5 分中，1 分代表非常不同意，5 分代表非常同意，请对下列陈述做出你的选择。”

理解净推荐值

在一个关于净推荐值的调查中，受访者被问道：“你会推荐这个产品 / 服务给朋友或同事吗？如果用从 0 到 10 的数字来表示程度，你会选择多少？”

- 回答 0 到 6 的人都被视为贬损者。
- 回答 7 或 8 的人都被视为被动的（或中立的）。
- 回答 9 或 10 的人都被视为推荐者。

净推荐值的计算是用推荐者的百分比减去贬损者的百分比，最后乘以 100，如图 16-1 所示。

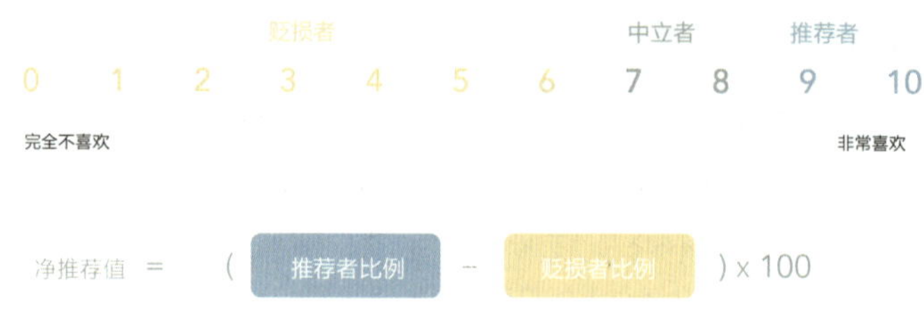

图 16-1　净推荐值计算

用户如何使用仪表盘

如图 17-2 所示，在初始状态下，仪表盘只显示了几个不同产品的评分 / 排名。

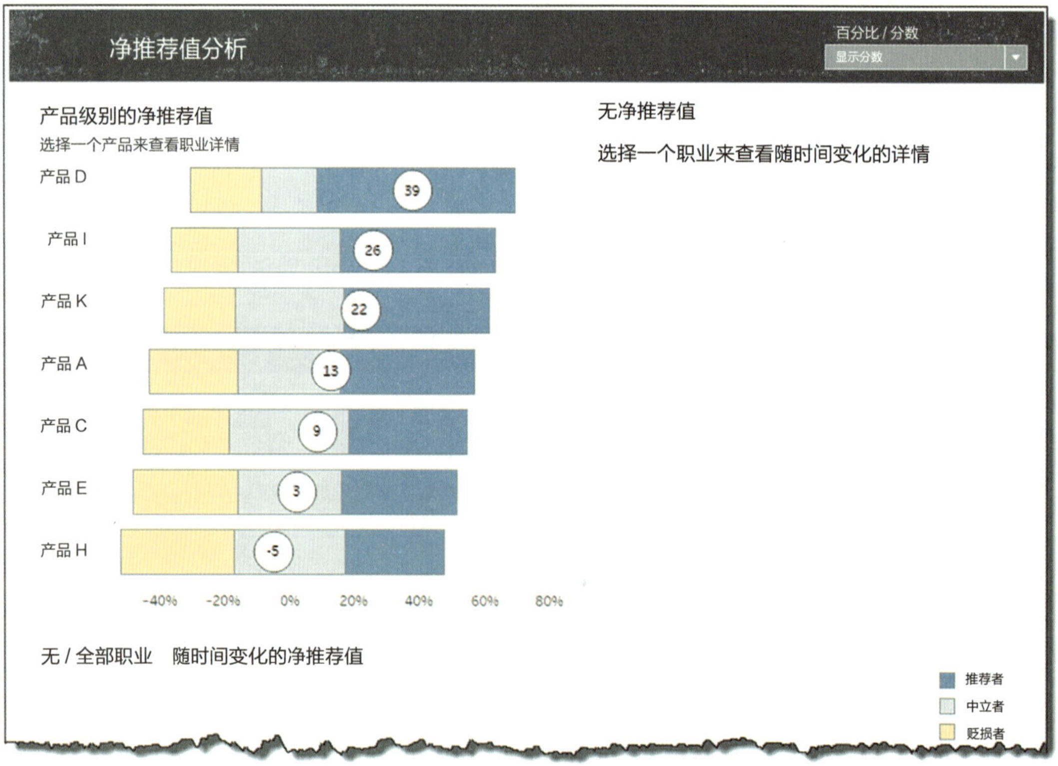

图 16-2　仪表盘的初始状态仅显示被研究的七种产品的评分 / 排名

当一件产品被选中后，你可以看到不同职业的人对所选产品的感受，以及产品的净推荐值是如何随时间变化的，如图 16-3 所示。

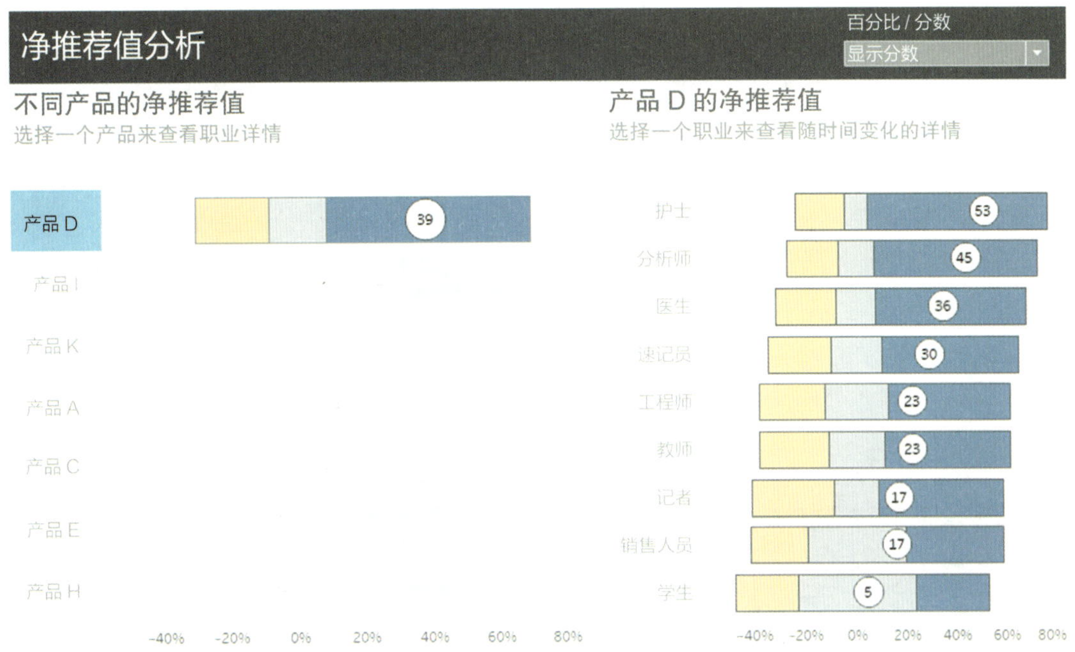

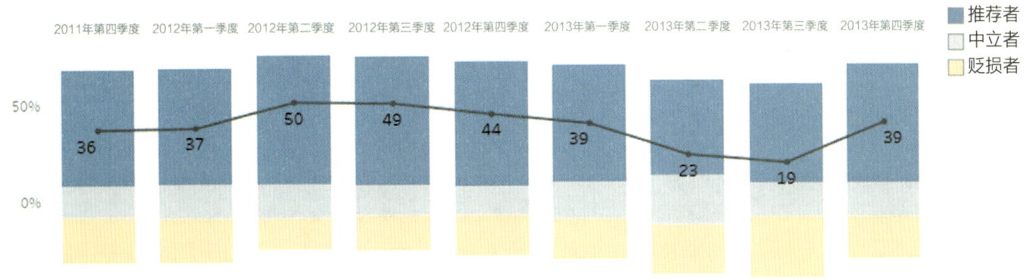

图 16-3 产品 D 随职业和时间变化的净推荐值

选择特定的职业后，你可以看到所选产品的净推荐值是如何随着时间推移而改变的，本例中的选定职业为分析师，如图 16-4 所示。

净推荐值分析

百分比 / 分数

显示分数

不同产品的净推荐值

选择一个产品来查看职业详情

产品 D 39

产品 I

产品 K

产品 A

产品 C

产品 E

产品 H

-40% -20% 0% 20% 40% 60% 80%

产品 D 的净推荐值

选择一个职业来查看随时间变化的详情

护士

分析师 45

医生

速记员

工程师

教师

记者

销售人员

学生

-40% -20% 0% 20% 40% 60% 80%

产品 D/ 分析师 随时间变化的净推荐值

2011年第四季度 2012年第一季度 2012年第二季度 2012年第三季度 2012年第四季度 2013年第一季度 2013年第二季度 2013年第三季度 2013年第四季度

50% 0%

43 41 53 58 51 43 22 39 39

推荐者 中立者 贬损者

图 16-4 分析师随时间变化如何看待产品 D

参数下拉切换

当选择“显示百分比”时，视图将被更改，以便你可以看到推荐者、中立者和贬损者的百分比，如图 16–5 和图 16-6 所示。

请注意，在任何时候都可以利用仪表盘的交互性来改变视图以显示推荐者、中立者和贬损者的百分比，而不是净推荐值，见图 16–6）。

图 16–5 下拉切换

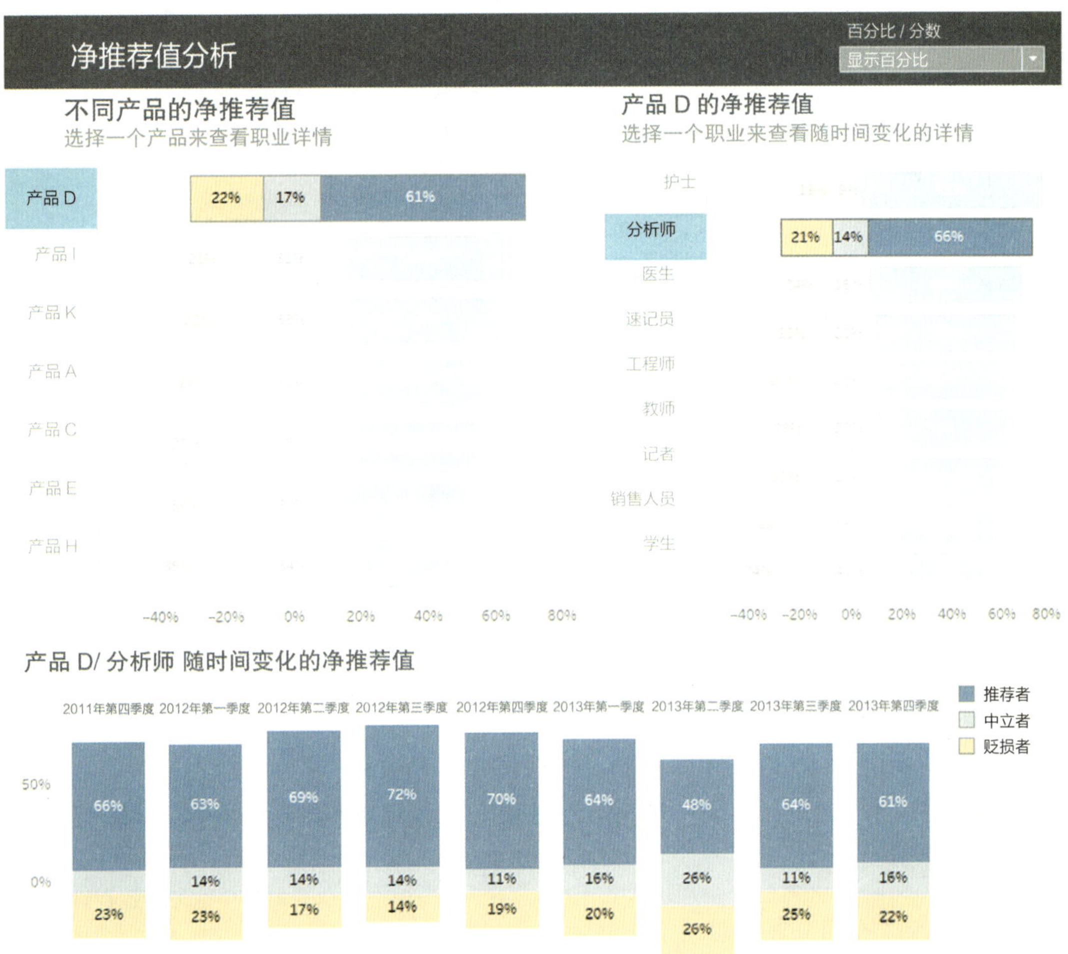

图 16-6　显示百分比而不是净推荐值

这样做为何有效

易于理解的组合图表

主要的可视化板块（见图 16-2）是一个组合图表，将发散的堆叠条形图与总得分（圆圈）组合在一起。

如图 16-7 所示，发散的堆叠条形图让人很容易看出态度如何偏向正面或负面。也就是说，整个条形向左或向右的移动显示了哪些产品有更好的评价。

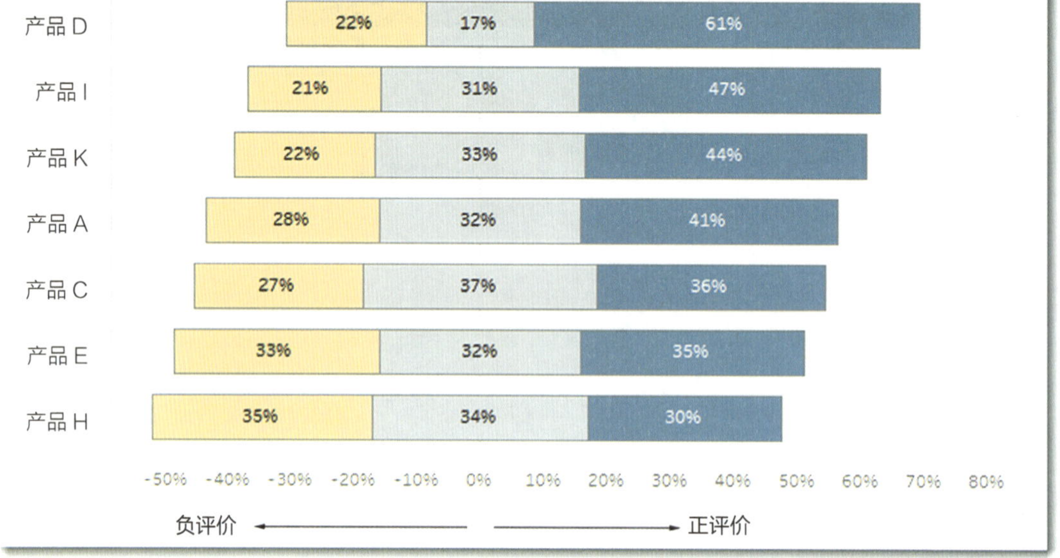

图 16-7 排好序的发散堆叠条形可以让人很容易看出哪些产品的评价更好

需要注意的是，在这种情况下，一半中立受访者在正评价一侧，而另一半在负评价一侧。这样安排是因为我们想展示这些中立的响应，以及它们如何以零为中心分布（另一种处理中立的方法见图 16-19）。

中立者告诉我们很多信息

一个典型的净推荐值图表只显示分数，而不显示正面、负面和中立回应的分布（见图 16-10）。中立代表净推荐值的一个极大转折点，因为选择 7 或 8 的人距离成为推荐者或贬损者只有一分之差。一个中立者比例很高的产品代表了它有很大的机会让受访者转变为推荐者。

按职业分类，提供更多见解

选择一件产品并查看特定人口（在本例中为职业）的表现，让用户可以看到态度是如何因人群分类的差异而展现不同的。

在图 16-8 中，我们可以看到，产品 A 在医生中的净推荐值是 35，但在学生中为 -2。

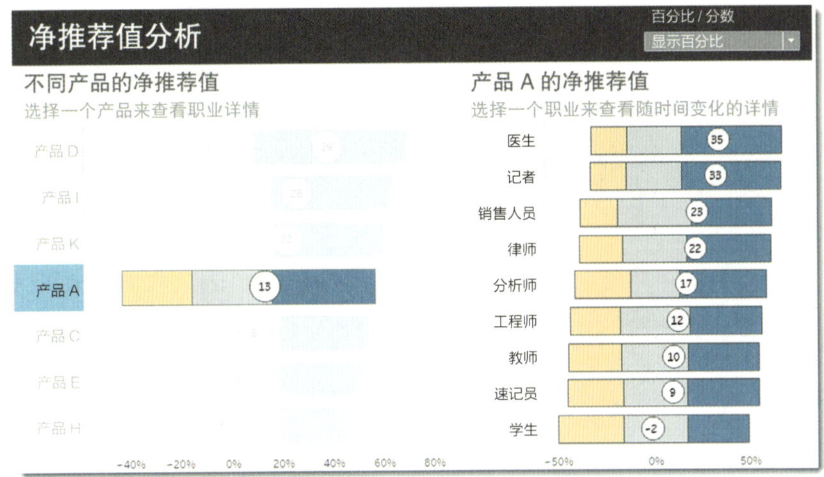

图 16-8　净推荐值根据受访者的职业不同而产生极大的差异

避免使用传统的净推荐值方法

看一下图 16-9 中所示的净推荐值调查数据片段，回答代表了不同职业的人对不同公司的评价。

如果我们只关注净推荐值而不是它的组成部分，可以生成一个如图 16-10 所示的易于排序的条形图。

没错，可以很容易看出 D 公司的净推荐值比 H 公司高很多，但由于没有显示出个体的组成部分，我们错过了这个故事中重要的一部分。特别是，中立者 / 贬损者正处于即将成为推荐者的紧要关口，而他们的态度是至关重要的。

例如，一个 40 分的净推荐值可以来自：

- 70% 的推荐者和 30% 的贬损者；
- 45% 的推荐者、50% 的中立者、5% 的贬损者。

分数相同，但在组成上却大不相同，如图 16-11 所示。

ID 编号	公司	职业	回复
1004fu85p1apxwys2w	H	其他	3
1005snzpcjxh5uuplc	H	建筑师	9
1005t40dugzy8lmkga	B	学生	9
10074yq2iivnze1j9g	B	学生	5
100f4sp6ll3absivr8	A	学生	10
100fp9su1bqoa6tlxg	H	学生	8
100lrtua6er94cgyhr	B	学生	9
100ne7wa8w5dug2g1	F	学生	5
100nlg01cfn0msxpur	H	其他	8
100y25xxs0nv0il9p0	H	学生	8
100y2h4bkc2p0srgcl	B	学生	8
100ys9lpwygoyfsmtk	A	学生	10
10129h0ue2g5rka41p	I	教师	7
10134x62b8h5xra3uv	A	学生	5
10136cd35tap0qg4ea	H	医生	3
10187wtl372sf48ayo	B	建筑师	7
101c9em3yv4b10p1jt	B	退休人员	10
101eumtd2d0x8ry0rd	A	学生	3
101h3owvofp46e9t6y	I	教师	9
101hbvthsqx03oi2jb	J	学生	5
101ln7j98hvmwycrve	B	雇员	9
101nohawdhwo1v9b	B	学生	8
101op61th1xw17o86a	A	教师	8
101rph2x8niiaen9k8	B	学生	9
101rr82z0otkrika4	B	建筑师	8
101wt6qmvdbvjs1uej	G	销售人员	8
1022hef1uafdabzbh7	C	学生	7
1024d28z3pac8brhc2	I	学生	8
1026xy49c3k9k9r3k	A	学生	[illegible]

图 16-9　来自不同职业的人对不同公司的原始净推荐值数据

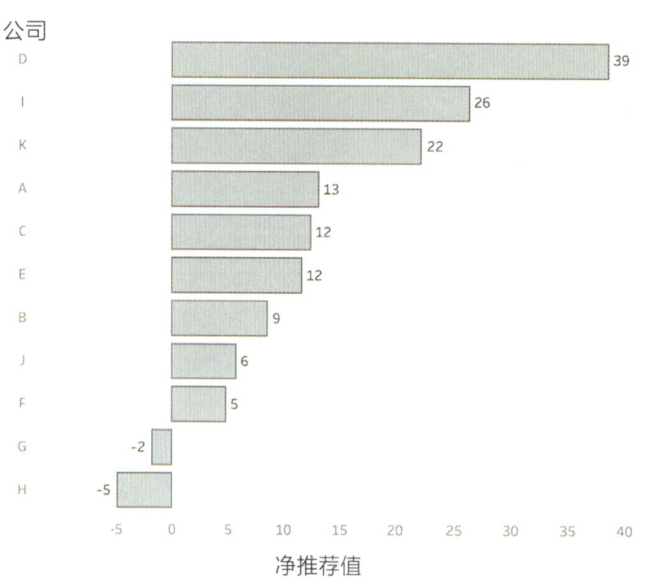

图 16-10　显示净推荐值的传统方式

对态度进行可视化的更多思考

让我们来看看，为什么传统的显示净推荐值的方法往往会显得不足。李克特量表的调查数据表现如何呢？那些询问人们对一系列陈述表示同意或不同意程度的调查数据又表现如何？让我们看看不同的解决方法，以了解我们应该避免什么和做些什么。

为什么默认图表的效果不好

考虑一下图 16–12，其中显示了使用各种学习方式的虚拟民意调查的结果。

单从这些数字中很难收集任何有意义的东西。那试试如图 16-13 所示的条形图怎么样？

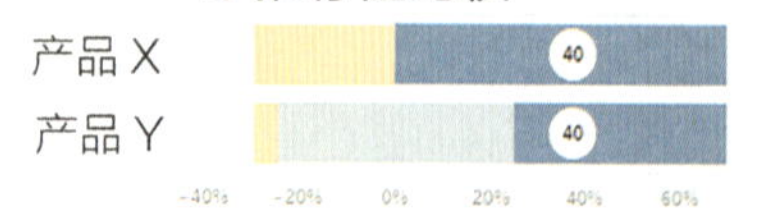

图 16–11　相同的推荐值

注：在这里我们可以看到只显示累加后的结果的问题。产品 X 和 Y 的净推荐值是相同的，但值的来源其实是非常不同的。

你使用以下学习方式有多频繁

	从不	很少	有时	经常
聊天室	1%	49%	30%	20%
课堂教学	0%	7%	12%	81%
学习游戏	12%	20%	14%	54%
手机学习	6%	25%	31%	38%
播客	4%	21%	26%	49%
模拟仿真	7%	25%	28%	39%
社交网络	3%	21%	21%	55%
虚拟教学	2%	9%	24%	64%
维基百科	11%	46%	21%	22%

图 16–12　包含调查结果的表格

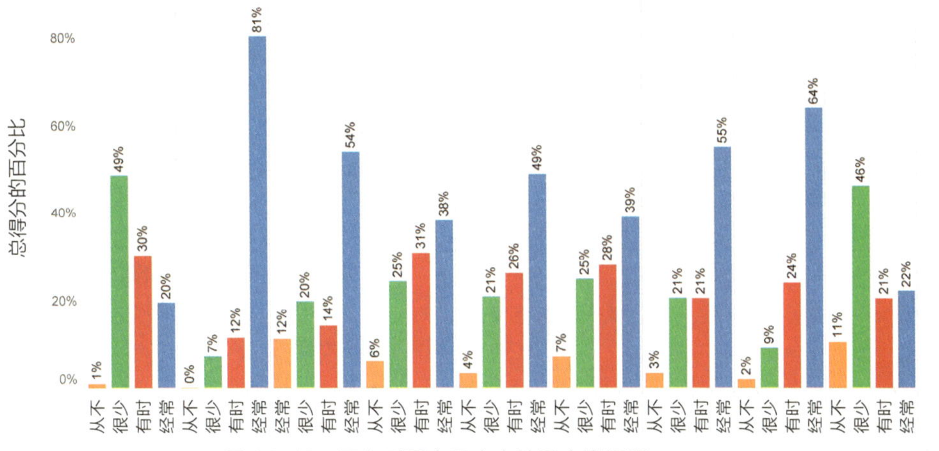

图 16-13 用条形图表示李克特量表类问题

哇，这真的很糟糕。用 100% 的堆叠条形图来表示呢，如图 16-14 所示。

图 16-14 好一点了，但看起来依然很糟糕，因为默认配色无法帮助我们看到相邻数据的倾向。也就是说，“经常”和“有时”应该使用类似配色，正如“很少”和“从不”一样。

所以，让我们尝试更好的配色。

图 16-15 当然是一个进步，但它的模式是按字母顺序排列，而不是使用频率。让我们通过图 16-16 看看当对条形进行排序时会发生什么。

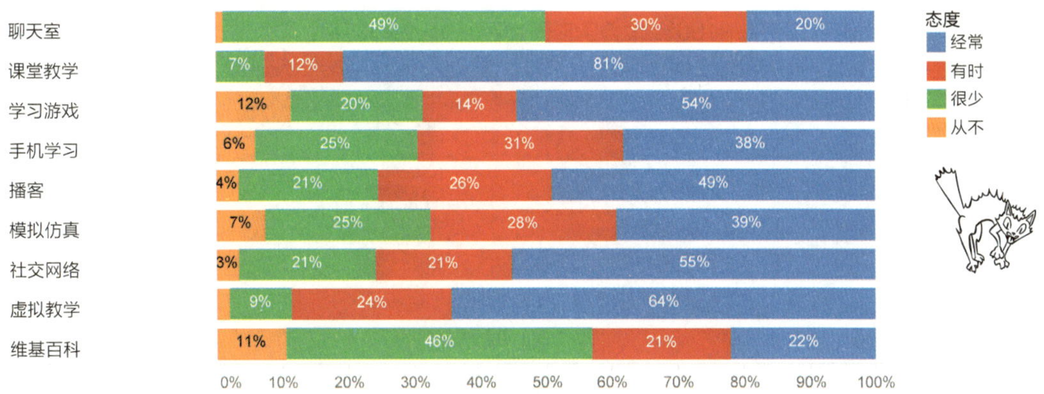

图 16-14 使用默认配色的 100%堆叠条形图

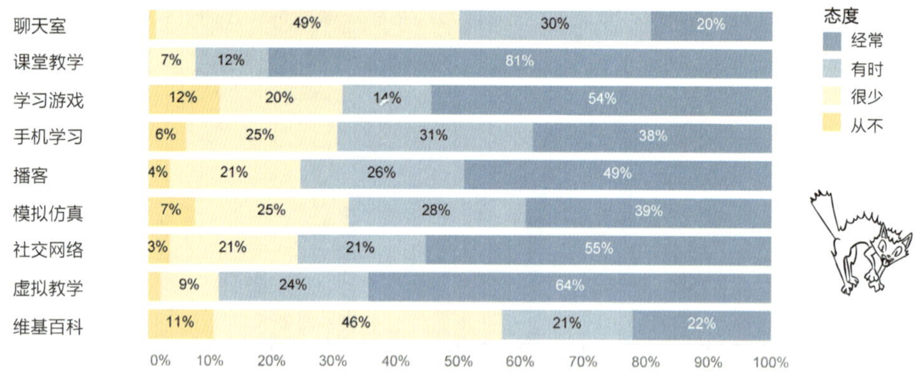

图 16-15 100%堆叠条形图

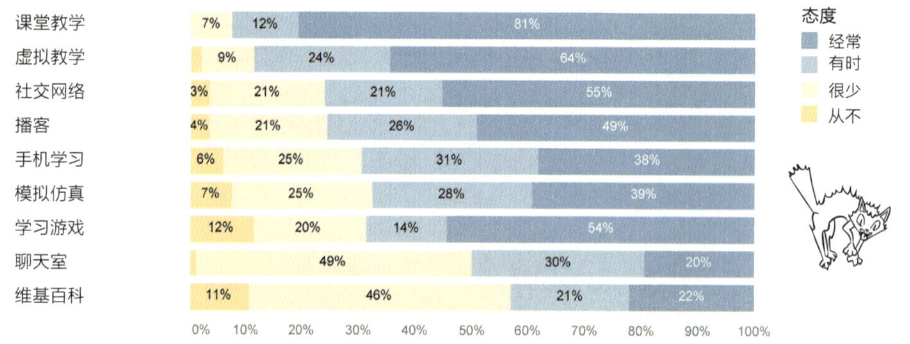

图 16-16 拥有良好配色并排序的 100%堆叠条形图

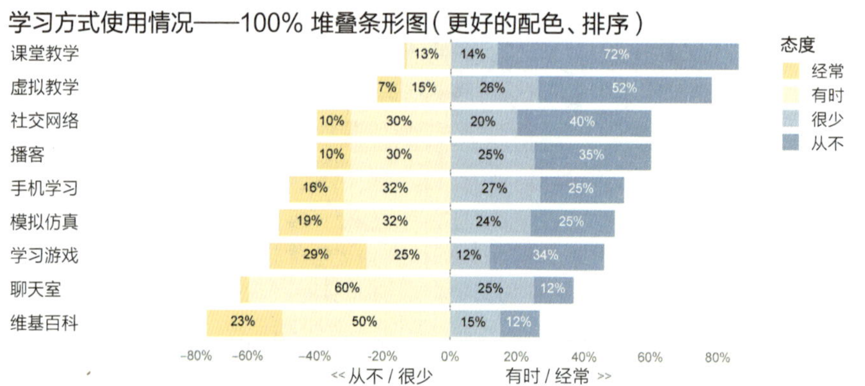

图 16-17 拥有良好配色并排序的发散堆叠条形图

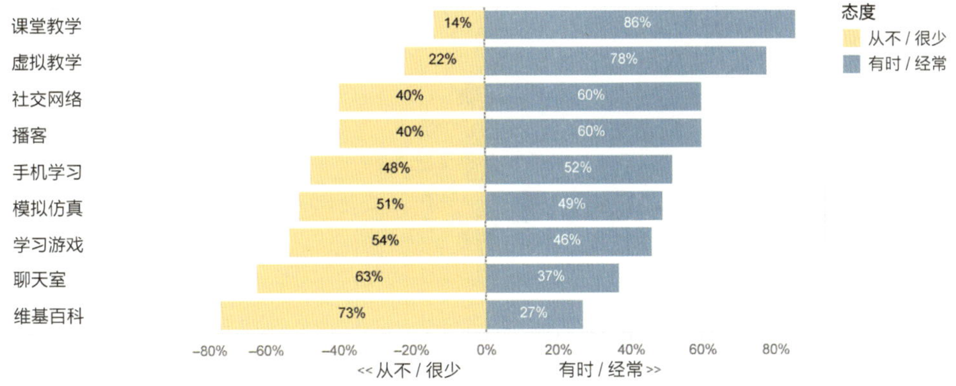

图 16-18　发散堆叠条形图只有两个维度的态度

作者的评论

史蒂夫：我发现这种发散的做法很适合我，也引起了我的同事和客户的共鸣。

图 16-7 的中立者百分比大小的比较在我看来并没有什么问题，但我的一些同事建议，也许可以把中立者分离到一个单独的图表中，就像图 16-19 所示那样。

在这里，我们有一个共同的基准来比较正面、负面和中立态度的情况，与图 16-7 里中立以零为中心的情况相反。

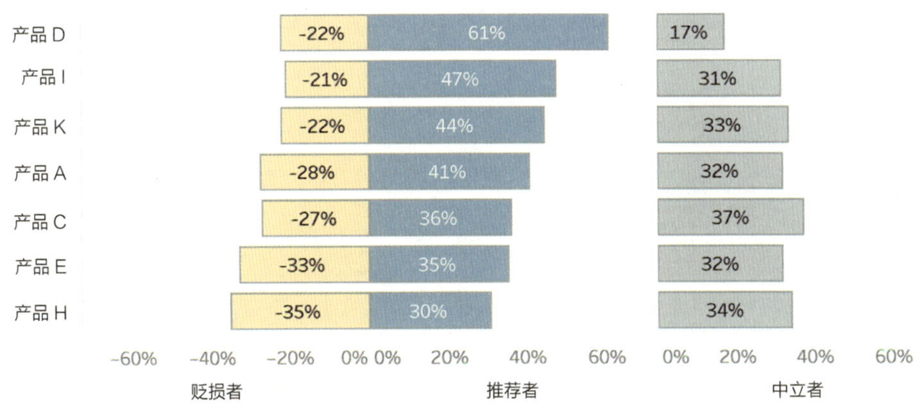

图 16-19　在发散堆叠条形图中处理中立者的替代方法

第 17 章

服务器进程监控

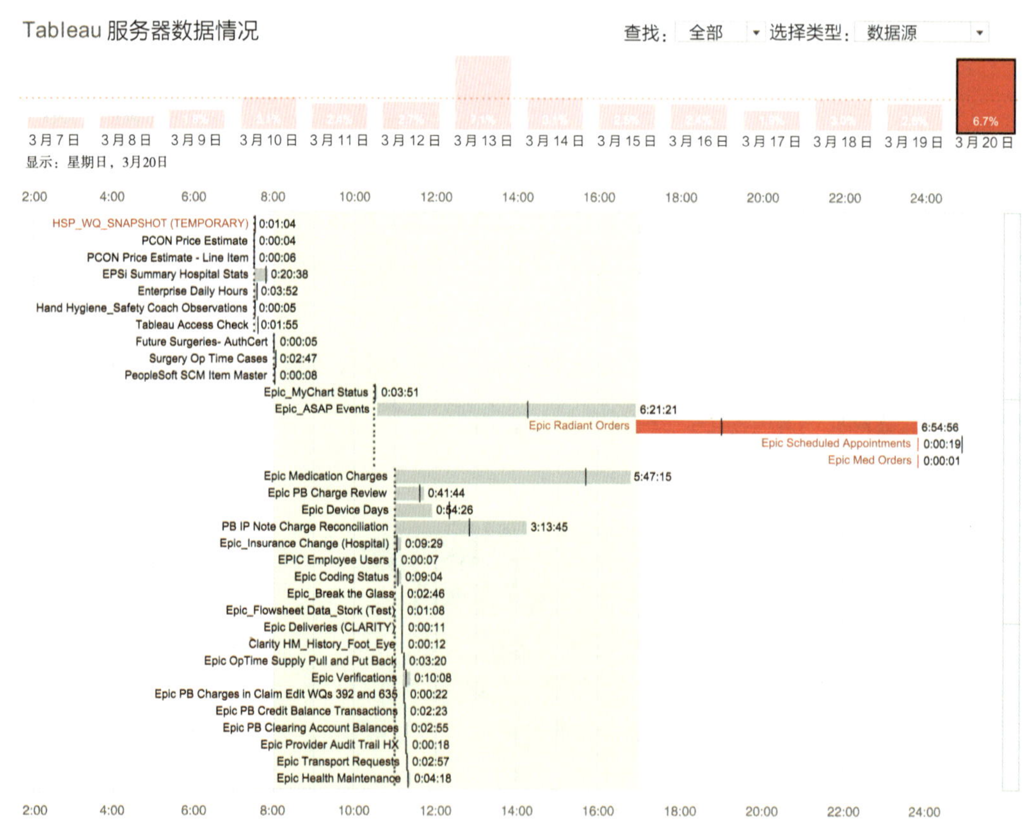

情境

重点

你是一个商业智能经理。你的员工在早上上班时需要依靠你的商业智能服务来在线获取最新数据。在大家开工前你需要知道前一晚的进程是否出现了问题。你所需要的是一个每天早上都可以查看的仪表盘，上面显示有什么拦截了你的服务器（如果有的话）。如果有什么问题，你可以直接跳到那个进程并采取校正操作。同时，你也可以深入研究这个进程最近的运行历史，看看它是否一直存在问题。如果确实有问题，你需要做更多的研究，并制定一个行动路线来修复这个进程。为了决定下一步操作，你可能会问以下几个问题：

- 我们的服务器进程今天全部运行成功了吗？
- 哪些进程失败了？
- 失败的进程是重复失败的吗？
- 哪些进程比平常花费的时间更长？

细节

- 你管理着一个服务器，并需要在进程失败时进行快速响应。如果这些进程会给用户带来问题，那么这些问题需要被快速识别和处理。
- 你需要在每天早上收到一封关于前一晚进程的总结报告邮件。如果出现非常多的进程失败或者如果有关键进程失败了，你需要点击这封邮件进入实时仪表盘，并深入了解详细情况。
- 对于任何失败的进程，你需要额外的辅助背景信息来帮助你诊断和解决问题。这个失败是由进程链中的问题引起的吗？这个进程是不是持续出问题？

类似情境

- 你是一名制造商，需要跟踪生产安排进程的完成情况。
- 你是一名活动经理，需要跟踪各项任务是否正确启动并按时运行。

用户如何使用仪表盘

作为负责保持企业系统正常运行的管理员，你需要知道事情是否出了问题。每天早上，一张静态的仪表盘图像都会通过电子邮件发送给仪表盘设计师马克·杰克逊（Mark Jackson）。仪表盘顶部的条形图显示了过去 14 天中每天进程失败的百分比。最近一天的情况显示在条形图的最右端（在概况仪表盘上突出显示的条形）。将昨晚和过去两周相比，马克很容易就能看出昨晚的进程是正常还是异常。图上的平均故障率用虚线展示。

马克可以看到，6.7% 的进程在昨晚出现了故障。这确实是个问题，而且明显超过了过去 14 天的平均故障率。有必要进一步深入调查一下。

马克可以看到那天发生的所有进程。灰色代表进程成功，红色代表进程失败。每个甘特条上的参考线分别显示了计划开始时间（虚线）和任务的平均用时（实线）。这一天明显的问题就出在 Epic 放射检测任务上。

如果马克想要调查任何任务的详细情况，他可以将鼠标悬停在该任务上来看到包括额外辅助信息的工具提示（见图 17-1）。

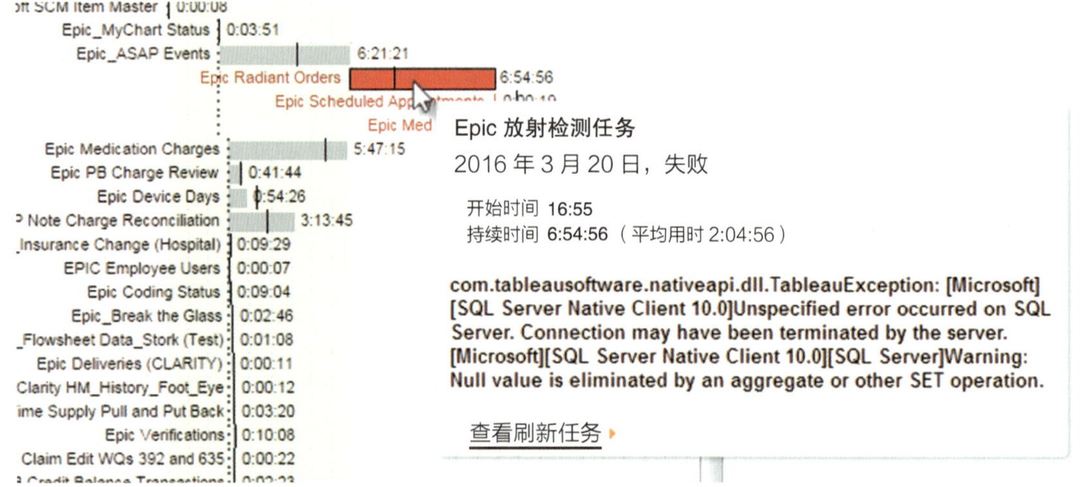

图 17-1 工具提示提供了额外的关于失败的详细信息

现在，马克可以看到关于 Epic 放射检测任务的细节了。这项任务不仅失败了，而且花费了将近七个小时。一般来说，完成该任务只需要大约两个小时。

在这里，他有两个选择。工具提示中有一个 URL 链接：他可以点击工具提示中的链接，查看服务器上的任务本身。另外一个选择是点击该甘特条，之后会在仪表盘的底部出现一个新的视图，展示该任务的详细信息。

在图 17-2 中，马克可以看到，Epic 放射检测任务最近经常运行失败。

然而，他用到的任何预防方式都尚未成功。

详细视图显示了一个单一任务在过去一个月中的表现。Epic 放射检测任务需要进行一些调查。它在上个月运行失败了七次。

在整个过程中，马克从每日接收一封警报电子邮件转到能够查看当天的概况。从那里开始，他可以深入研究需要他进一步探索的细节，并最终前去查看任何需要调查的服务器进程。

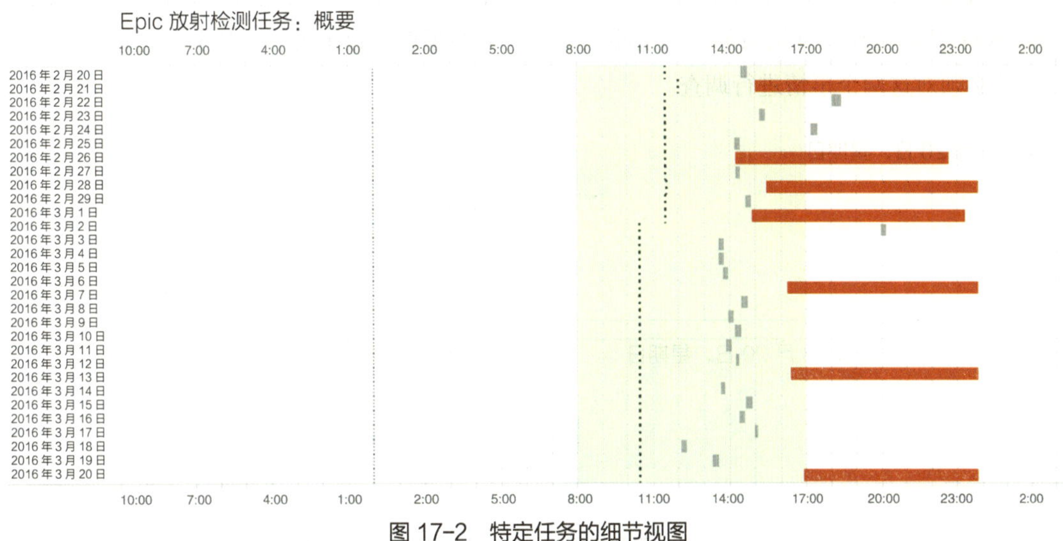

图 17-2 特定任务的细节视图

注：在这种情况下，我们正在查看 Epic 放射性检测任务。

这样做为何有效

在甘特条形图上的标签

马克可以在标题区域将标注每个任务的标题放在图表左手边。然而，他选择在甘特条形图上贴标签。一眼望去，这让视图看起来非常繁复：过多的文本紧挨着条形。当你看到图 17-3 时，你会明白为什么他要这样做。当他看到一个红色的失败任务时，任务的名字就在那里，而他的目光就会聚焦在那里。他不需要仔细查找图表左边的内容来寻找该任务的名称。

参考线

除了快速定位失败的进程外，马克需要一个指示来了解其他哪些进程可能导致该进程失败。在这种情况下，他使用参考线来显示时间安排和持续时间。

在图 17-4 的例子中，马克可以看到 Epic 放射性检测的任务（它是红色的）失败了。

每项任务的垂直虚线显示了该任务应当开始的时间。我们可以看到在这个例子中，Epic 放射检测被严重推迟了。它本应该在上午 10 点 30 分左右开始，但直到下午 5 点左右才开始启动。

垂直实线显示了每项任务的平均持续时间。在这个例子中，马克可以看到之前的任务，EpicASAP 活动也比正常结束的时间要晚。一个任务的延迟导致了另一个任务的延迟吗？马克知道他必须对这两个事情进行调查。

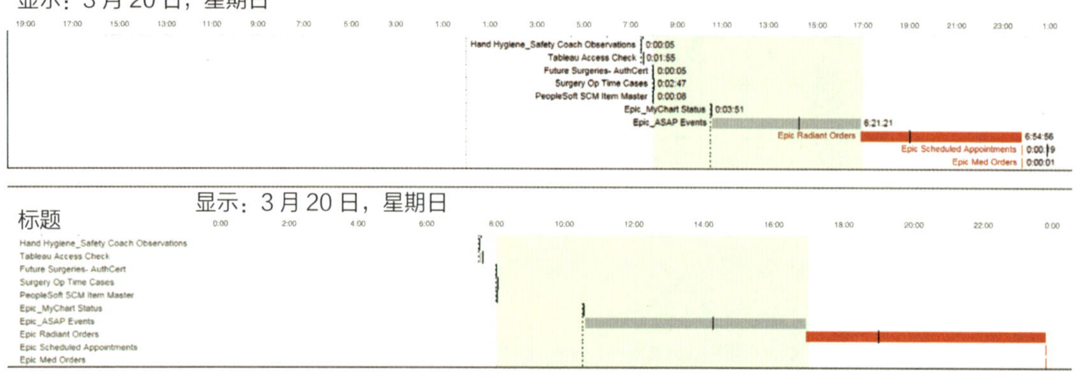

图 17-3 上面的视图了马克是如何设计仪表盘的

注：在甘特图边上有标签。图 18-4 显示了右侧的标签。

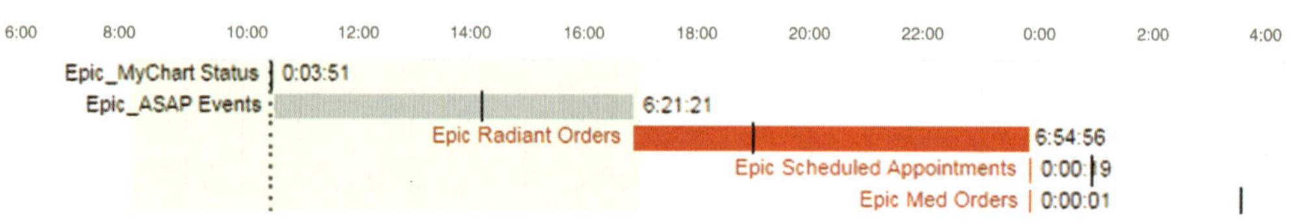

图 17-4 每个计划任务都由甘特条显示

注：虚线表示预定的开始时间，实线表示平均任务持续时间。

对 URL 链接的操作

工具提示中包含一个 URL 链接（见图 17-1）。马克可以从中找到需要进一步调查的详细信息，只要单击一下，就可以直接跳转到相关的信息。这种速度和直接性对于任何仪表盘都很重要，因为它在流程中考虑了用户操作的实际情况。马克不需要浪费时间找下一个相关的仪表盘；URL 链接会直接把他带到那里。

摘要、缩放和筛选、按需详情

如我们所知，成功的仪表盘有一个特点是利用数据创建探索路径。马里兰大学计算机科学系的特聘教授、信息可视化研究的先驱本·施内德曼（Ben Shneiderman）描述了他关于数据可视化的真言：

- 概览；
- 缩放和筛选；
- 按需详情。

图 17-5 中的仪表盘展示了该流程。从仪表盘的顶部开始，马克对最近几天服务器的表现有个总体认知（1）；点击其中一天可以让他筛选出一个单日的视图（2）；他之后可以通过点击任务按需得到任务的详情（3）；打开任务摘要视图中的细节（4）；使用 URL 链接直接跳转到服务器上的任务本身（5）。整个流程自上而下，易于跟进。

任务摘要视图在电子邮件版的报告或初次打开报告时是不可见的。只有点击时，这个视图才会出现。这个仪表盘应用了一种很好的方式在初始视图中显示了尽可能多的细节，并只在需要时才引入辅助的背景信息。

作者的评论

安迪：这是一个简单的仪表盘。我认为这有利于它发挥作用。马克设计这个仪表盘来回答他每天最重要的三个问题：

1. 有多少任务失败了？
2. 失败的任务是哪些？
3. 失败是一种趋势还是一次性的？

条形图、甘特图、甘特图，这些就是这个仪表盘所需要的，它不需要其他装饰。

考虑到会出现后续问题，URL 链接让马克可以了解他可能需要提出的下一组问题。将许多仪表盘链接在一起的策略可以避免仪表盘变得杂乱。试图在一个仪表盘中解决太多问题会降低清晰度。

文本和垂直参考线在甘特条形图中重叠会引起几个问题。这也许会带来几只“难看的猫”，但这个仪表盘由于一个重要的原因而得以豁免：它聚焦了马克的目光。因为仪表盘的观众是他自己，所以他建立了一些对他自己有效的东西。

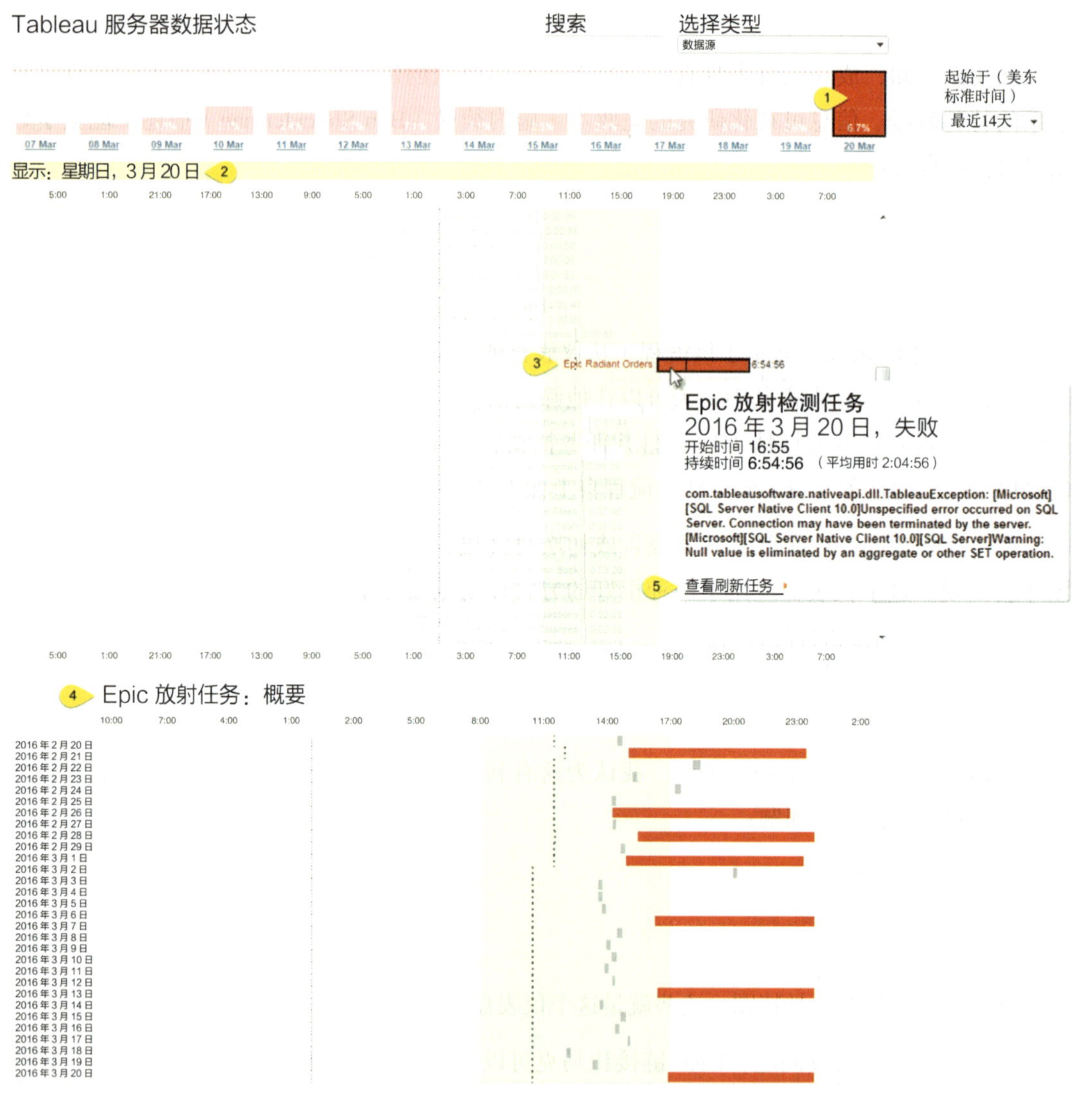

图 17-5 仪表盘具有良好的自上而下流程

当设计仪表盘时，你会多在乎分隔和修饰？如果它只是为你而设计的，那么仪表盘上的内容就在你和电脑屏幕之间。如果它适合你，那就非常好。不过，如果它是供整个公司使用的，你必须让体验尽可能流畅。如果马克的仪表盘要被整个公司的人使用，我们可能会建议采用变通的方式来避免文本重叠。

第18章

投诉事件仪表盘

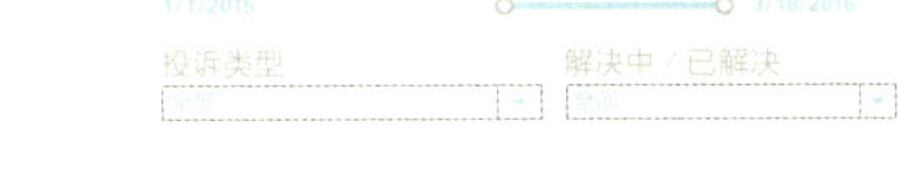

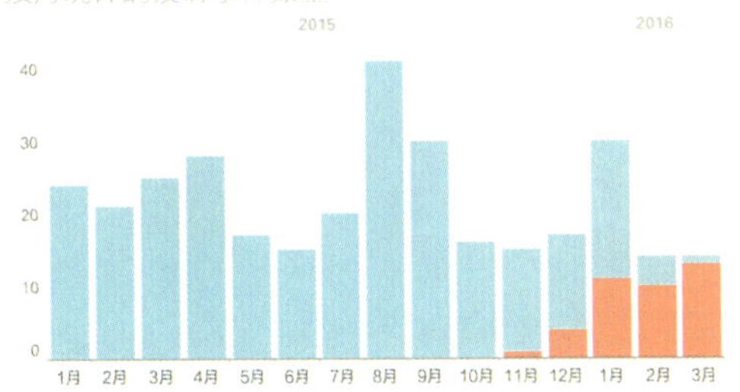

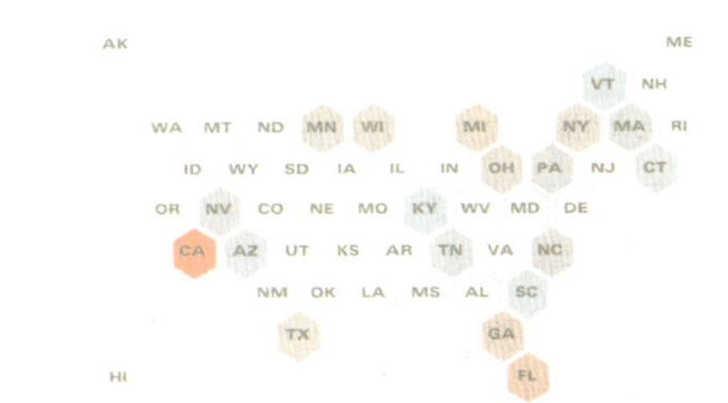

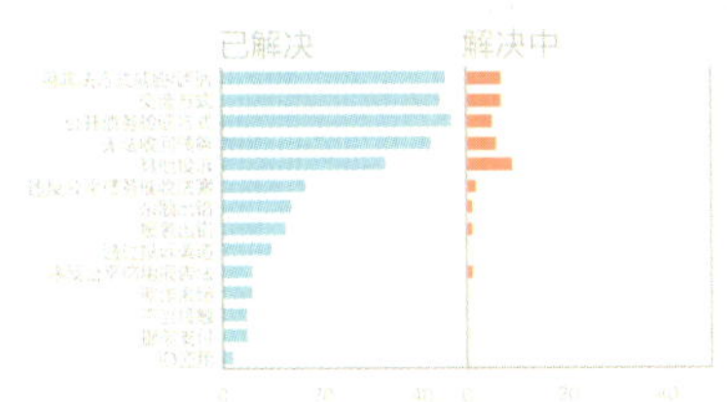

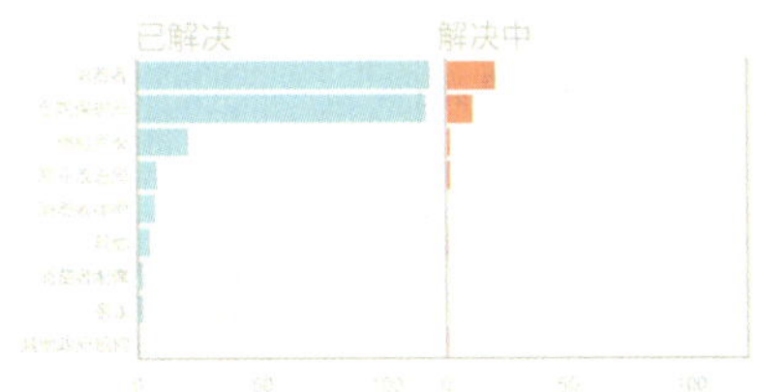

情境

重点

你在为一家银行或信用卡公司工作。你每天都会收到客户的投诉。这些投诉必须得到迅速且妥当的处理。投诉可以直接来自消费者，也可以通过监管机构（如美国联邦或州政府机构）提供。当投诉得到合理的解决后，这些投诉就会被标记为已经解决。

细节

- 你需要看到在特定时间段内的消费者投诉数量。
- 你需要查看正在解决和已经解决的投诉分别有多少。
- 你需要查看各种不同原因的投诉量。
- 你需要查看各个不同投诉主体的投诉量。
- 你需要查看各州的投诉量，并在仪表盘上按州进行筛选。
- 你需要能更改日期范围，以查看不同时间段的投诉。

类似情境

你需要监控消费者对金融产品的投诉情况。例子包括：

- 银行和信用社；
- 信用卡发卡机构；
- 讨债公司；
- 律师；
- 应收账款管理公司；
- 学生贷款的发行方或服务方；
- 汽车贷款公司；
- 信贷咨询公司；
- 发薪日贷款公司；
- 网络金融服务公司。

你需要监控消费者对任何产品或服务的投诉情况。包括：

- 线上零售商；
- 食品服务提供商。

你需要监控工作场所中的投诉情况。包括：

- 骚扰；
- 工作条件；
- 多元化；
- 受保护阶级；
- 伤病；
- 不端行为。

用户如何使用仪表盘

合规性是许多行业的一个关键问题。在金融服务行业，任何受到美国消费者金融保护局

（CFPB）监管的公司都应及时恰当地处理消费者的投诉。公司还需配置投诉管理系统，以及处理投诉的政策和程序，而不论投诉性质或来源。

投诉来自许多渠道。有些投诉直接来自消费者，而另一些则直接来自 CFPB、州政府机构或其他组织。每个投诉都记录了投诉原因和投诉渠道。

首席合规官或合规团队的成员定期使用该仪表盘，来帮助监控投诉管理系统的合规情况。他们可以根据实际需要采取行动——例如，跟进或调查一项长期无法解决的投诉。图 18-1 显示了随时间变化的所有投诉的情况。

默认的时间范围是过去 12 个月，但是用户可以调整滑块控件来改变选中的时间周期（见图 18-2）。

一个使用六边形的美国各州分布图显示了各个州正在解决的投诉情况。对用深色标记、正在解决的投诉进行监控非常重要，这样可以确保能采取必要的措施并及时响应。点击一个州，可以在仪表盘上筛选出该州的投诉情况（见图 18-3）。

在收到投诉时会记录下投诉的原因。已解决的和正在解决的投诉的原因，都会在仪表盘上显示出来（见图 18-4）。

投诉的提出方在图 18-5 的条形图中显示。从该图表中选择一个投诉提出方，将会在仪表盘的其他部分按照该提出方进行筛选。

组合筛选器让用户可以缩小范围并快速聚焦。例如，用户可以点击六边形

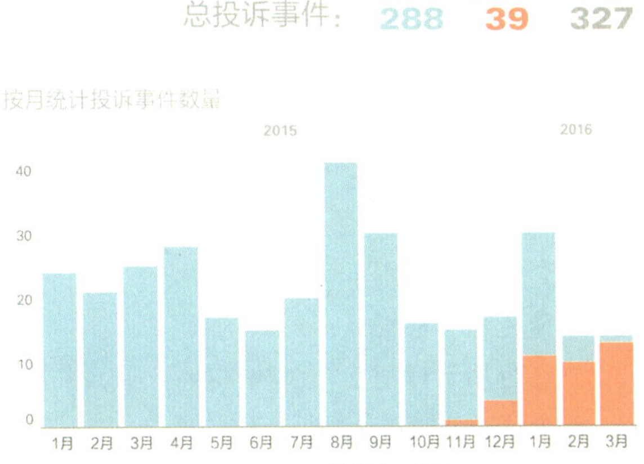

图 18-1 堆叠条形图

注：总数显示在顶部，堆叠条形图显示在选定期间解决中与已解决的投诉事件。

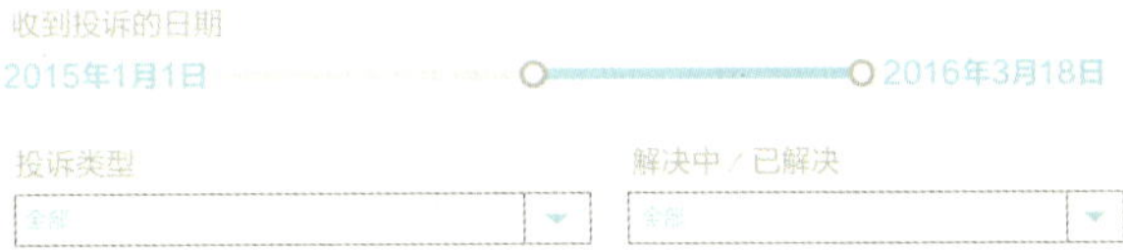

图 18-2 滑块控件可调整时间周期，并选择投诉类型或解决中 / 已解决的状态

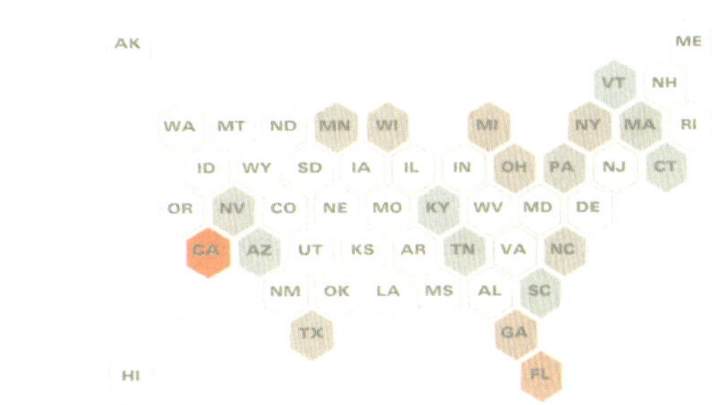

图 18-3 六边形地图

注：显示按州划分的解决中的投诉事件。用户点击一个州可以在仪表盘上筛选出该州的投诉情况。

地图上的加利福尼亚州，然后再按提出方排序投诉的条形图中点击州检察长。这会触发整个仪表盘立即更新，以显示加州检察长办公室的投诉历史记录。

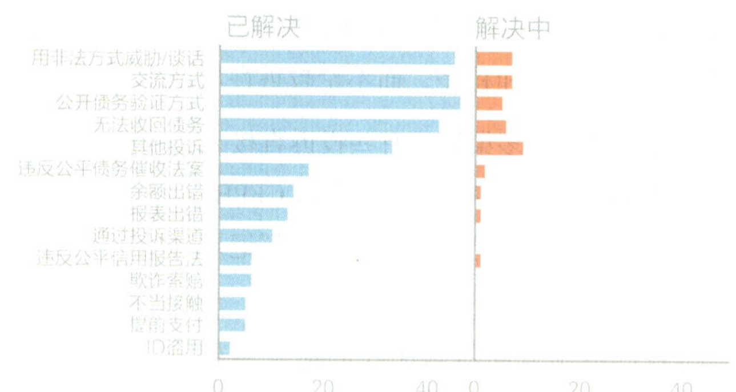

图 18-4　按原因划分解决中的投诉事件和已解决的投诉事件

这样做为何有效

简单地运用颜色

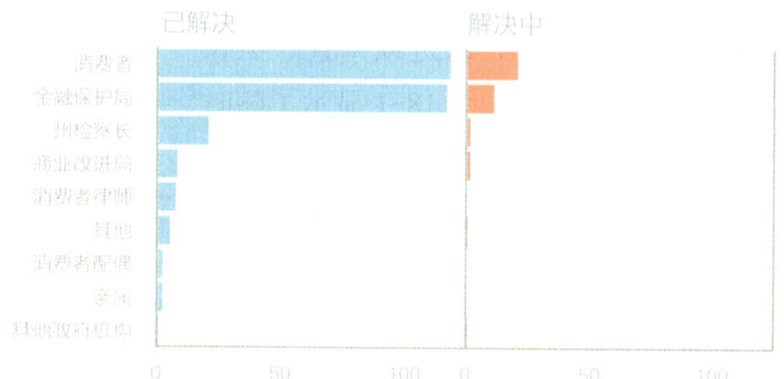

图 18-5　显示投诉提出方的投诉事件及其解决状态

这个仪表盘使用了两种分类颜色，天蓝色用于标记已经解决的投诉，桃红色用于标记正在解决的投诉。整个仪表盘的颜色都是一致的。在地图上，正在解决的投诉的颜色使用了顺序配色方案，从白色到淡红色到桃红色。有些州可能在选定时间段内没有任何投诉。与其将它们从视图中筛选出来，不如将没有投诉的州显示为带有六边形边框的白色。这样可以显示一个完整的包括了所有州的六边形地图，而不用考虑时间周期或其他可能被应用的筛选器。

用合适的图表类型进行多种比较

该仪表盘大部分都是由条形图组成的，这很适合进行精确的定量比较。堆叠条形图被用于显示投诉总数随时间推移的变化，以及正在解决的投诉与已经解决的投诉数量的对比（见图 18-6）。

需要注意在图 18-6 中，正在解决的投诉位于堆叠条形图的底部。正在解决的投诉是最重要的，因为它们代表了这个仪表盘上需要完成和监控的工作。将它们放在堆叠条形图的底部，可以使用户对条形图的高度进行非常精确的比较。例如，即使没有提供数据标签，也很容易从图中看出 1 月比 2 月多一个正在解决的投诉。这是因为所有的条形都固定在一个共同的基准线上，即 x 轴，就可以对条形的高度进行精确的比较。你也很容易找到时间最早但状态却是仍在解决的投诉，图中 2015 年 11 月有一个正在解决的投诉。

用图 18-6 尝试比较 11 月和 12 月已经解决的投诉（蓝色条形）。哪个月的投诉更多，多

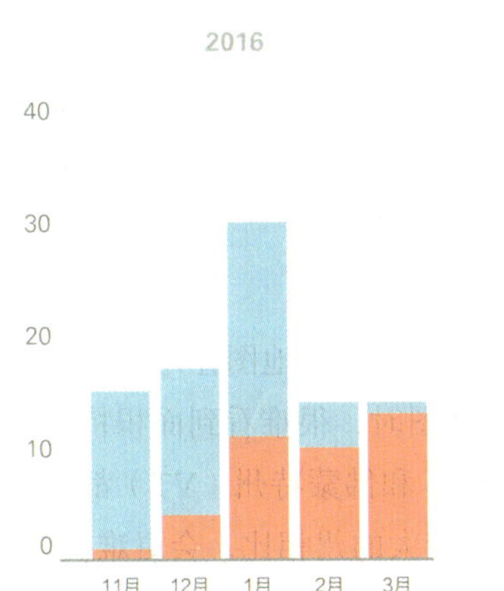

图 18-6　堆叠条形图显示解决中与已解决的投诉事件

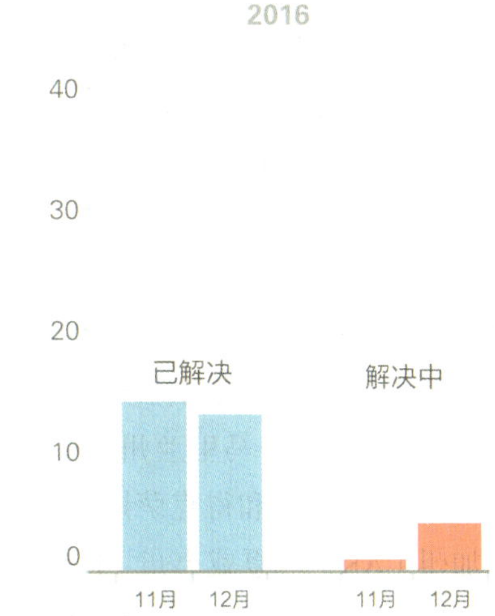

图 18-7　非堆叠条形图比较 11 月和 12 月的相同数量的已解决与解决中的投诉

了多少？因为没有共同的基准线，所以这个测定要困难得多。正在处理和已经解决的投诉之间的差别和图 18-7 中的一样。11 月比 12 月多了一个已经解决的投诉。值得庆幸的是，用户不需要已经解决的投诉的精确信息，尽管他们可以在需要时从下拉框中选择进行筛选。

堆叠条形图的比较

除第一段外，堆叠条形图对其他的条形都难以进行精确的比较。把最重要部分的信息放在第一部分，同时注意不要把条形切分成太多段。

使用堆叠条形图要十分谨慎。它们非常有用的原因有两个：（1）当整体比较重要时，显示部分与整体的关系；（2）将一个部分与整体进行比较。在这种情况下，用户希望看到随时间推移，投诉总数的变化。鉴于正在解决的投诉也很重要，我们可以看到它们之间的相互比较。这是因为它们处于堆叠条形图的底部。我们也可以看到正在解决的投诉与全部投诉之间的关系，也就是部分与整体的比较。堆叠条形图对于准确地比较同一个条形中的一段和另一段是没有用处的。

仪表盘上的其他条形图都按照正在解决与已经解决的投诉来划分。这就可以同时按投诉原因和投诉主体（收到投诉的渠道）对正在解决和已经解决的投诉进行快速和便捷的比较。

设计成网格的仪表盘

仪表盘被分为四个象限。四个部分之间都有清晰的水平和垂直分界，且仪表盘的每个部分之间都留有空间。这可以减少仪表盘的混乱，让它看起来不那么拥挤。仪表盘的良好结构会帮助用户清晰快速地查看信息。

相同大小州的六边形地图

不论投诉渠道和数量，所有投诉都被认为同样重要。六边形地图让用户可以平等地看到每个州的投诉情况。当使用传统的地区分布图或填充地图时，很难看到面积特别小的州。例如，特拉华州（DE）、马里兰州（MD）、罗得岛州（RI）和佛蒙特州（VT）都很难看到，与加利福尼亚州（CA）和得克萨斯州（TX）这些面积比较大的州相比，会更难被点击。此外，阿拉斯加州（AK）和夏威夷州（HZ）经常需要特殊处理，有时会被放置在地图外的位置。六边形地图解决了这些问题。它能对各州进行相同的可视化，无论它们的陆地面积如何。

从图 18-8 可以看出展示东北部的各个小州有多困难。罗得岛州、康涅狄格州（CT）、佛蒙特州、新罕布什尔州（NH）、特拉华州和马里兰州都很难从完整的美国地图上看出来。如果地图被用作这个仪表盘中的筛选器，那么用户很难在这个地图上选中小的区域来进行筛选。

请注意图 18-8 中的六边形地图，每个州都被同等对待了。数据分析师也可以从六边形地图的直观展示中受益。在某个相关的仪表盘上，一个后台编码出了问题，导致康涅狄格州没有出现在数据中。这在六边形地图上会立即显现，在地区分布图上则不会如此迅速地被发现。

不过，六边形地图也有其不足之处。其中最重要的，各州的地理位置并不准确，因为他们要为合理的位置摆放做出折中。图 18-9 显示了在普通的地区分布图和六边形地图上东南部各州的位置。检查一下每个州在六边形地图上的位置。佐治亚州（GA）并不在亚拉巴马州（AL）和南卡罗来纳州（SC）的南侧。由于每个州不在其通常的位置，所以必须提供两个字母的各州缩写，以便用户能够快速找到对应的州。

使用六边形地图的另一个问题是，它可能不适用于其他国家或地区。美国有许多不同的模板，但是创建一个英国的六边形地图会更困难。在英国，由于各个郡的面积相当，因此使用地区分布图可能更好。

其他方法

在地图上对数据进行可视化非常具有挑战性。在这个过程中需要做出许多折中。在六边形地图上，仪表盘设计师决定只显示正在解决的投诉。在这种情况下，可以像前面描述的那

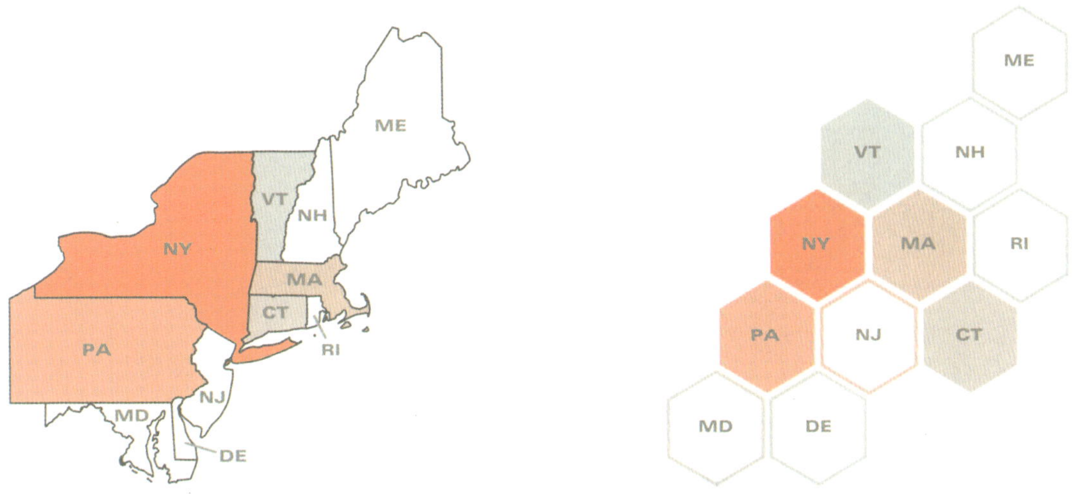

图 18-8　在等值线图上看到较小的地区很困难

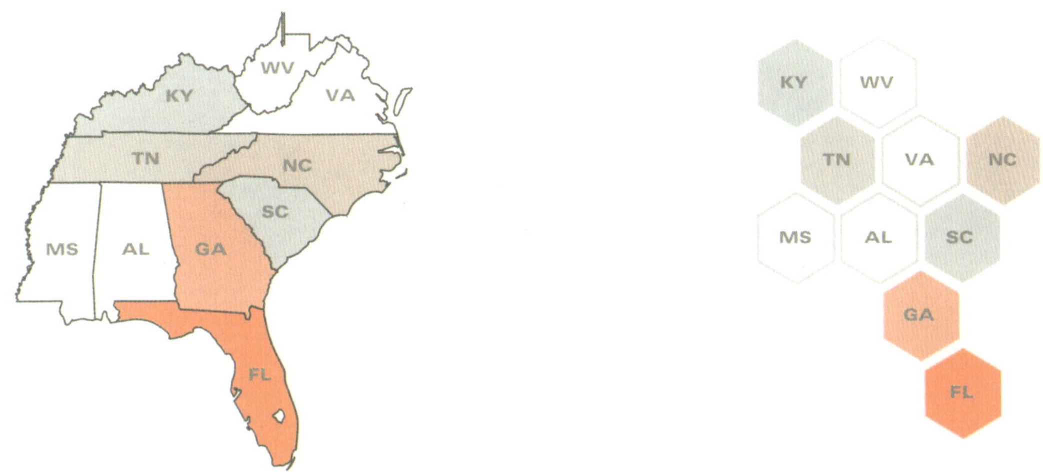

图 18-9　等值线地图和六边形地图分别显示美国各个州的位置

样，数据可以在地区分布图上显示（见图 18-10）。

然而，图 18-10 再次显示看出面积较小的州非常困难，特别是在显示完整的美国地图，且它被放置在仪表盘的一个小区域内时。

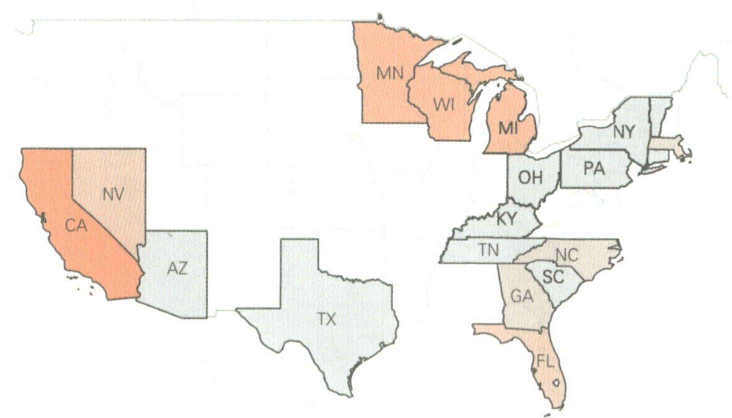

图 18-10　这张地图显示了每个州解决中的投诉事件

在地图上显示局部与整体的关系也特别有挑战性。在这种情况下，填充地图不会起什么作用。尽管饼图通常不是对数据进行可视化的最佳选择，但在这个案例中，对于在地图上显示局部与整体的关系，它们是非常有用的（见图 18-11）。

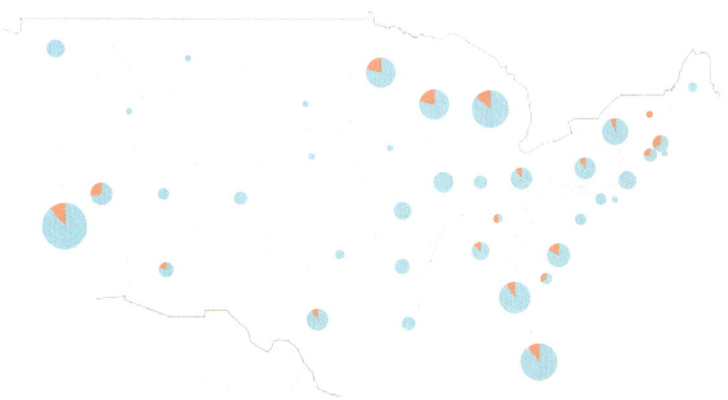

图 18-11　使用饼图显示在地图上的解决中与已解决的投诉事件

这个解决方案也会遭遇一些和填充地图相同的问题。较少的投诉量对应的饼图面积更小，这让比较变得非常困难，而用户也难以将鼠标悬停在上面或进行选择。

另外一种替代方法是完全避开地图。仅仅因为数据本质上是地理数据并不意味着它必须被绘制在地图上。图 18-12 显示了矩形式树状结构图。矩形式树状结构图被设计为用于对分层数据进行可视化，但它也可以被用于展示多个类别——在这个案例中，有 50 个州。

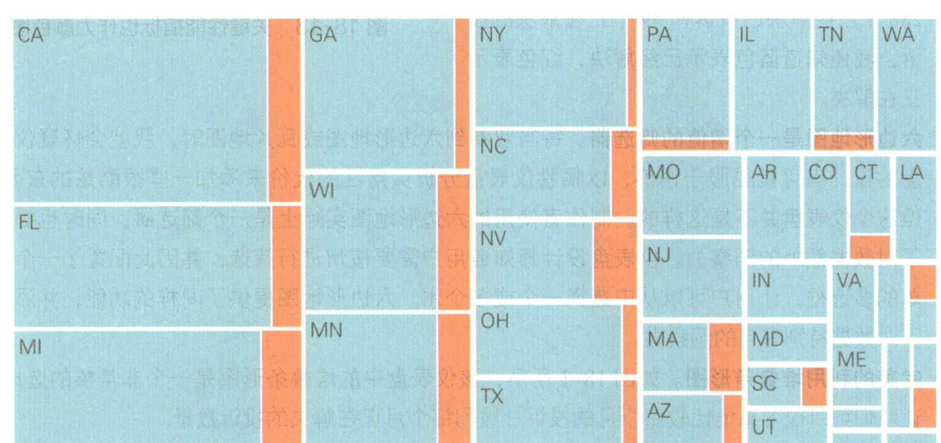

图 18-12　树状图显示各州解决中和已解决的投诉事件

这个解决方案的优势在于，现在的数据是按照投诉量由多到少排序的。很容易看出，佛罗里达州（FL）的投诉量是第二多的，密歇根州（MI）排在第三，而这个信息在其他地图上无法轻松地分辨。矩形式树状结构图还向我们展示了每个州正在解决和已经解决的投诉分别与整体的关系。

这个解决方案的问题在于，如果用户需要选择其中一个州来深入了解更多的数据，会很难找到相应的州。最小的州也是不可见的，因为有些州没有显示州标签。这些问题可以通过下拉菜单和工具提示来解决，但仍然需要用户找到矩形式树状结构图中的非常小的区域来选择，这和地区分布图非常像，但却没有已知地理位置的帮助了。

另一种解决方案是使用排序的条形图，但在处理 50 个州或 196 个国家时，条形图会很快变得不切实际。如果你不需要列出所有类别，那么只显示前 10 位的条形图可能是一个很好的解决方案。然而，在这个仪表盘中，能看到每个州非常重要，你需要同等地对待它们，并允许用户轻松地对它们进行筛选。

最后，设计师觉得六边形地图是在仪表盘上显示全部正在处理的投诉的最佳折中方案。

作者的评论

史蒂夫：我认为在这个仪表盘上有三个设计非常巧妙。

1. **KPI 也是一个颜色图例**（见图 18–13）。请注意这个表里并没有颜色图例。仪表盘顶部的汇总数字是用颜色编码的。我不仅知道有 288 个已经解决的投诉和 39 个正在解决的投诉，我还知道蓝色表示已经解决，红色表示正在解决。

投诉事件仪表盘

	已解决	解决中	总计
总投诉事件：	288	39	327

图 18–13 关键性能指标也作为颜色图例

2. **六边形地图是一个增值的筛选器**。每当我看到六边形地图或瓦片地图时，我就会怀疑仪表盘的设计者可能屈服于诱惑，以牺牲仪表盘分析实用性的代价来添加一些很酷炫的东西。但这个仪表盘并不是这样的。制作者使用的六边形地图实际上是一个筛选器，同时也提供了对数据额外的洞察力。仪表盘设计师知道用户需要按州进行筛选，并因此配置了一个简单的多选框，让用户可以从中选择一个或多个州。六边形地图提供了同样的功能，并添加了对数据特别有用的洞察力。
3. **完美的利用堆叠条形图**。如图 18–1 所示，该仪表盘中的堆叠条形图是一个非常棒的选择，让我们可以很容易地比较每个月的投诉总数和每个月正在解决的投诉数量。

第 19 章

医院手术室使用情况

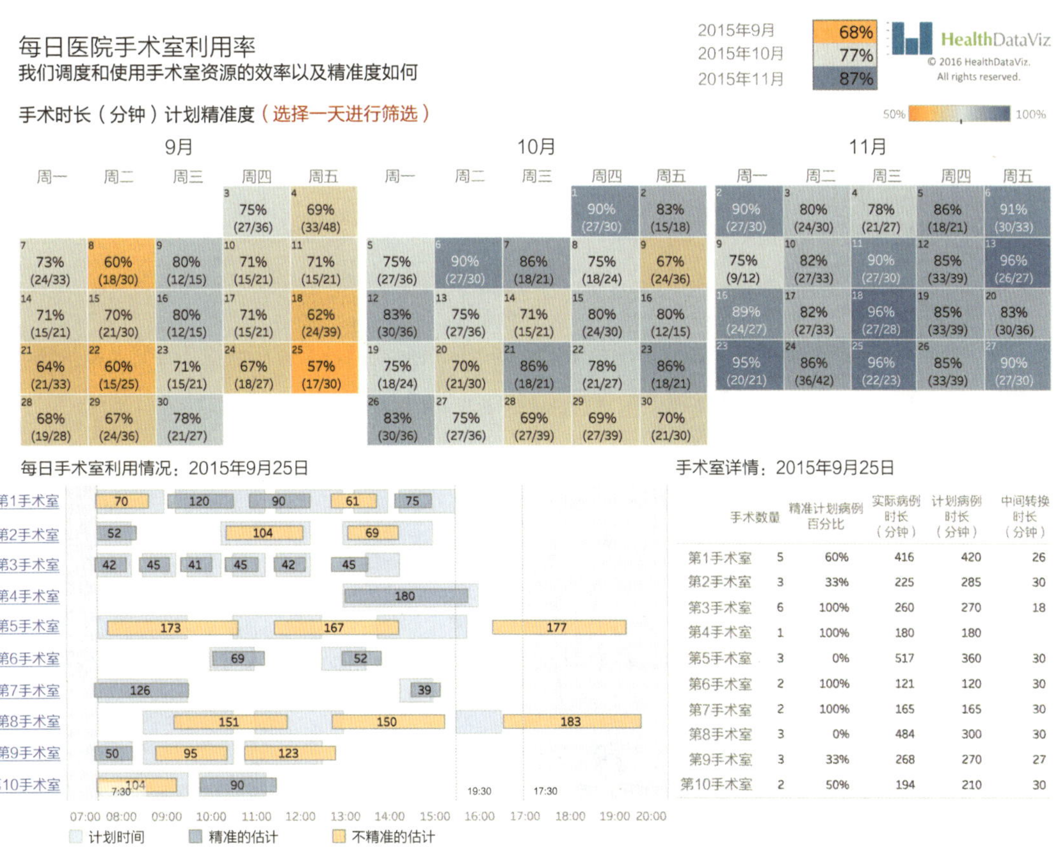

	手术数量	精准计划病例百分比	实际病例时长（分钟）	计划病例时长（分钟）	中间转换时长（分钟）
第1手术室	5	60%	416	420	26
第2手术室	3	33%	225	285	30
第3手术室	6	100%	260	270	18
第4手术室	1	100%	180	180	
第5手术室	3	0%	517	360	30
第6手术室	2	100%	121	120	30
第7手术室	2	100%	165	165	30
第8手术室	3	0%	484	300	30
第9手术室	3	33%	268	270	27
第10手术室	2	50%	194	210	30

情境

重点

你管理着医院一系列的手术室（ORs），外科医生对这些手术室的需求很大，而手术室的运营成本也很高。为了在符合成本效益的情况下满足医生对手术时间的需求，并确保高质量、安全的病患护理，你需要一个仪表盘，使你可以轻松地了解并检查手续安排的精准度，以及手术室资源是否得到了有效的利用。

关于该医院手术室使用情况的仪表盘以清晰易懂的方式展示了手术病例和手术室信息，帮助手术室管理者、医务人员、外科医生和麻醉师找寻潜在的改善机会。

细节

此仪表盘中包含的度量指标能帮助浏览者比较手术计划时间和实际时间的精准度。计划不精确的情况会对指标产生负面影响，所含指标如下所示：

- 手术是否准时开始；
- 资源利用情况；
- 手术室周转时间；
- 患者满意度。

类似情境

- 你需要对资源规划进行可视化，比如会议室的安排。
- 你需要对活动策划进行可视化，比如演唱会的时间调度或对场馆进行维护，例如，哪些场馆需要打扫、哪些场馆有空调系统等。
- 你需要监控医疗保健资源的调度。
- 你需要对物流进行可视化，比如确保飞机准点到达准确位置的航班计划，或是运输及物流公司的司机管理。

用户如何使用仪表盘

手术室管理者、手术计划安排人员、外科医生以及临床和技术团队可以用这个仪表盘：

- 提高手术计划时间的准确性；
- 监督并确保对患者进行及时、有效和安全的护理；
- 监控上下场手术间隔时间，监控重新整理手术室所需的时间，并发现改进的机会；
- 管理整个手术室的使用情况和效率，量化资源需求，并发现潜在的改进机会。

如图 19–1 所示，该仪表盘的最上面部分提供了一个为期三个月的手术安排准确性的摘要视图。在右上角，有一个每月手术整体安排准确度的概况，使用不同饱和度的颜色进行编码，来展示低百分比和高百分比。例如，浏览者可以迅速看到 9 月份手术室的手术安排准确度只有 68%（以橙色显示），而 10 月份增加到了 77%（浅蓝色），11 月份增加到了 87%（深蓝色）。

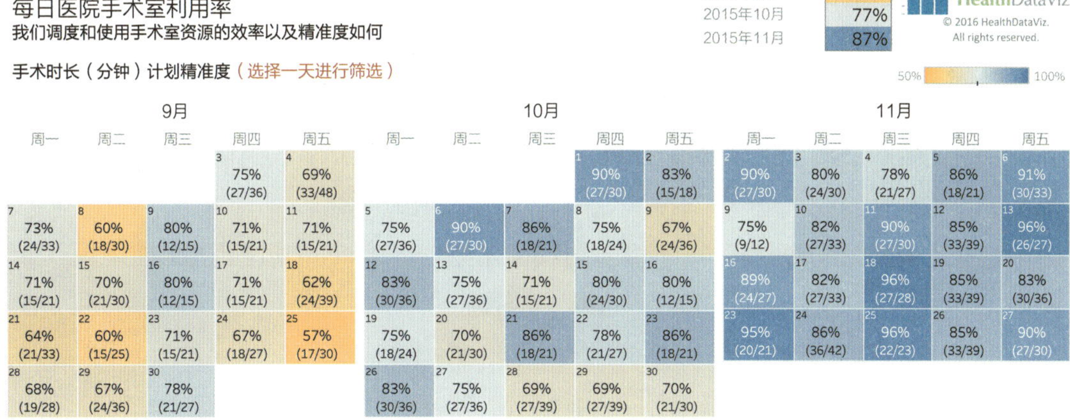

图 19-1 上半部分显示了随时间变化的概况

日历视图显示了这三个月中每天精确安排的手术数量百分比。该视图使用相同的橙蓝配色方案。浏览者可以快速地看到从低（橙色）到高（蓝色）的手术室安排准确度趋势。细节如图 19-2 所示。

图 19-2 两天的度量指标

图中有两天被显示出来。在周四，90%的手术得到了有效的安排。在一共 30 台手术中，27 台被精确地调度。周五效率稍低，为 83%，18 台手术中有 15 台按时完成。这个详细的日历视图也具有交互性；用户可以点击任意一天，即可在仪表盘的下半部分生成更多关于特定手术和手术室的详细信息。在图 19-3 中，我们显示了当用户点击某天时出现的详细视图。在该案例中，这一天是 2015 年 9 月 25 日。

每一行（1）都显示了每个手术室的名字；*x* 轴显示小时数（用 24 小时制）。图表的阴影背景表示工作日的开始和结束（2）。浅蓝色阴影（3）从下午 3 点 30 分开始，这是手术室在当天应该开始关闭的时间。白色的区域代表常规安排的手术室时间。所有已安排的手术都应当出现在白色区域内。

甘特图显示了每例手术的计划时间和实际时间。浅蓝色条（4）显示了一台外科手术病例的计划时间。在它上面的是实际的手术时间，以分钟为单位。精准安排的手术用深蓝色显示（5），而未精确安排的手术以橙色显示（6）。一台精确的手术被定义为和计划时间的差别在 15 分钟内。条形中的标签显示了完成该外科手术的实际分钟数（7）。用户可以通过工具提示了解更多的信息，例如，执行的步骤、外科医生的姓名（图 19-4）。

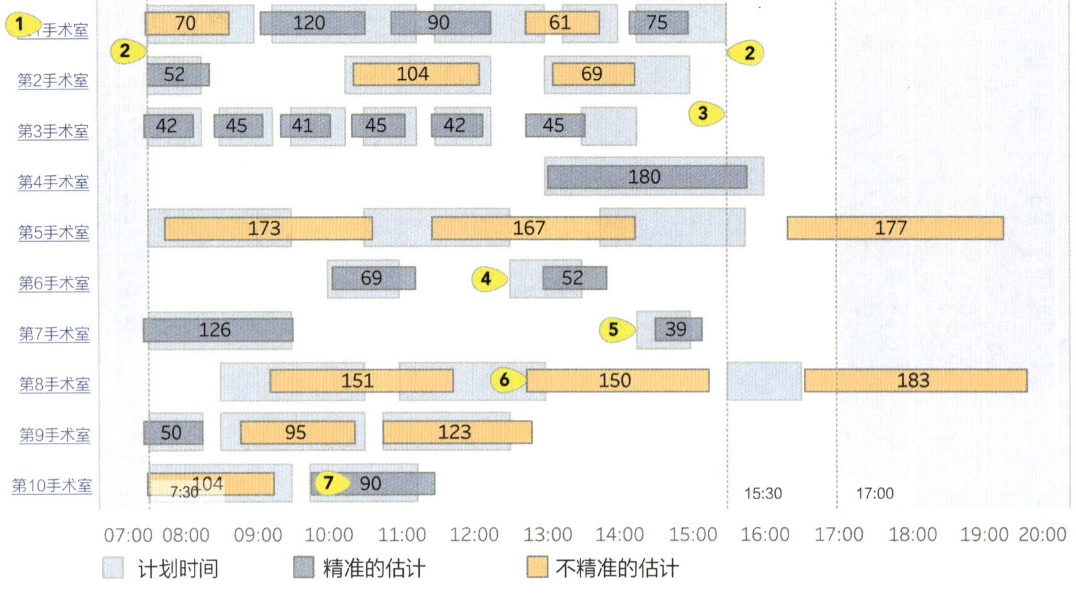

图 19-3 2015 年 9 月 25 日的手术室使用情况

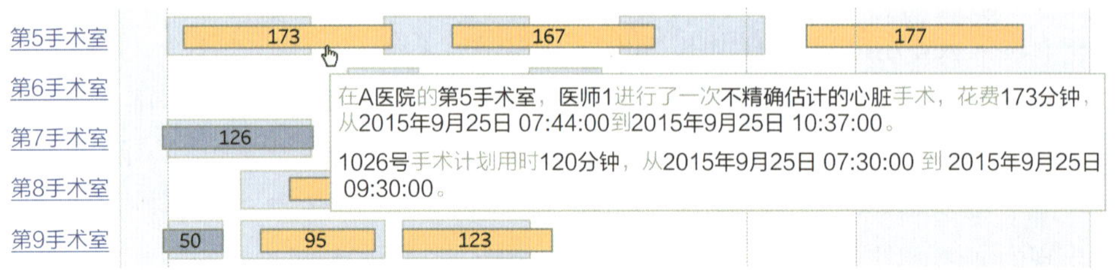

图 19-4 工具提示添加了丰富的信息

关于手术室安排的甘特图允许浏览者查看并研究每个手术室在特定日期的使用情况，并找出可进行额外分析或改进的部分（见图 19-5）。

图 19-5 显示了第 3 手术室在这一天的管理非常有效——安排了六台手术，每个都花了大概 41~45 分钟来完成。当天的第一台手术准时开始，而之后的手术都在预定时间之前稍早开始。当天最后一台手术在计划开始时间前，甚至是手术室计划关闭时间前就完成了。

图 19-5 第 3 手术室的详细情况（很成功）

图 19–6 显示了第 5 手术室效率低下的一天的数据。所有的计划手术时间（淡蓝色条）都是不精确的，这是显而易见的，因为实际手术时间条全部为橙色（即未准确安排的手术）。我们也可以看到当天的第一台手术延迟开始并且超时，造成了所有后续手术都延迟开始的多米诺效应。

图 19–6 第 5 手术室详情（情况不好）

图 19–7 显示第 8 手术室和第 5 手术室有着类似的情况。第一个手术开始晚了，最后一个手术严重超出了计划时间，也远远超过了计划中手术室的关闭时间。

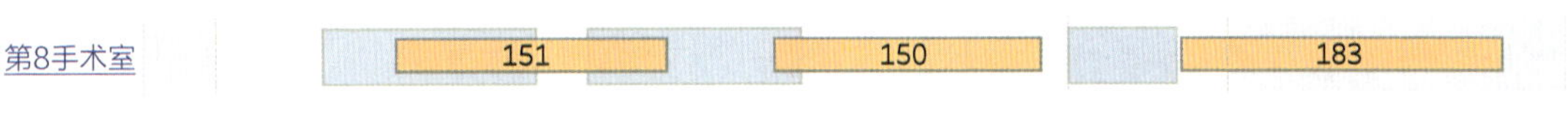

图 19–7 第 8 手术室详情：情况同样不好的一天

能够查看每个手术室的可用时间以及手术室中的实际情况，有助于浏览者理解手术室的整体使用情况，并探究是否需要更多或更少的手术室时间。例如，考虑如图 19–8 所示的第 6 和第 7 手术室的情况。它们的手术时间完全没有重叠。那么其实也许在一个手术室就可以完成所有的手术，而不是同时使用两个手术室。

图 19–8 第 6 和第 7 手术室

现在将图 19–3 的第一个例子 9 月 25 日（57%）与图 19–9 的 11 月 10 日星期二（82%）的效率对比一下。

在 11 月 10 日，只有六台手术的时间安排不准确。浏览者可以看到，尽管几台手术开始延迟，但总体来看，甘特条分布密集，表示手术室的利用率非常高。

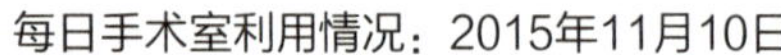

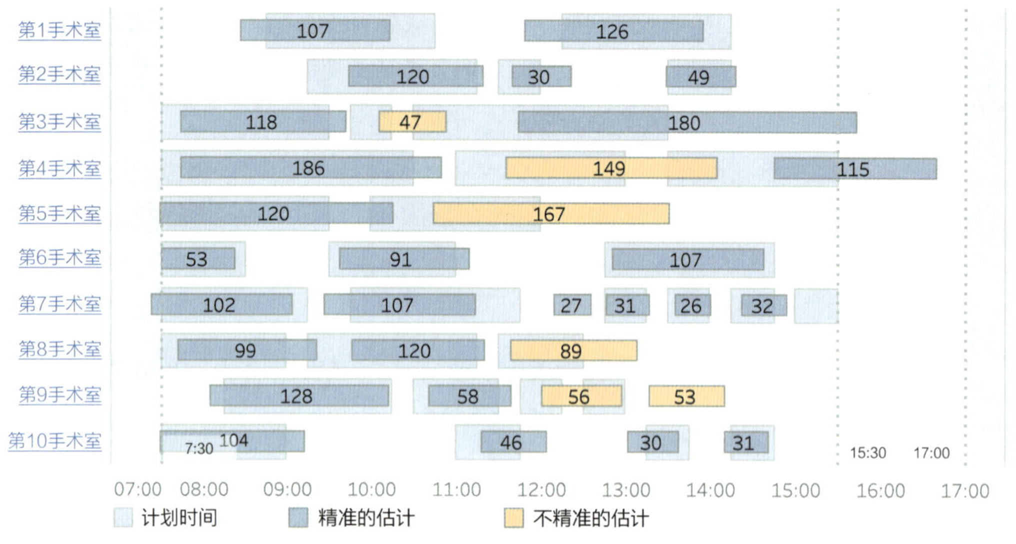

图 19-9　11 月 10 日的手术室使用情况

这样做为何有效

日历视图显示精确数值

你也许想知道为什么要使用日历视图而不是折线图。折线图似乎看起来不错，而且也能提供一些思路。正如你在图 19-10 看到的，效率的峰值和低谷都非常清楚。

然而，由于设计目标的原因，在此仪表盘上用日历视图和热图反而更好。很多时候，外科医生会按照特别分配的时间段，或手术室天数来进行手术。因此，能够直接识别和比较特定的数周或数月的手术室使用情况，并考虑任何可提升手术室利用效率或增加手术室资源需求的安排和使用模式，都是非常有用的。

尽管这个仪表盘是为在线查看和交互而设计的，但实际情况是，它经常会被打印到纸上并分发。甘特图的好处是，即使打印输出只显示了某天的细节，你依然能够在日历中看到每天的具体细节。折线图只会显示趋势，没有实际的数字。

橙蓝配色对色盲友好

使用橙色和蓝色来表示好 / 坏是一个很好的选择，并且没有让色觉缺失患者感到困惑的风险。

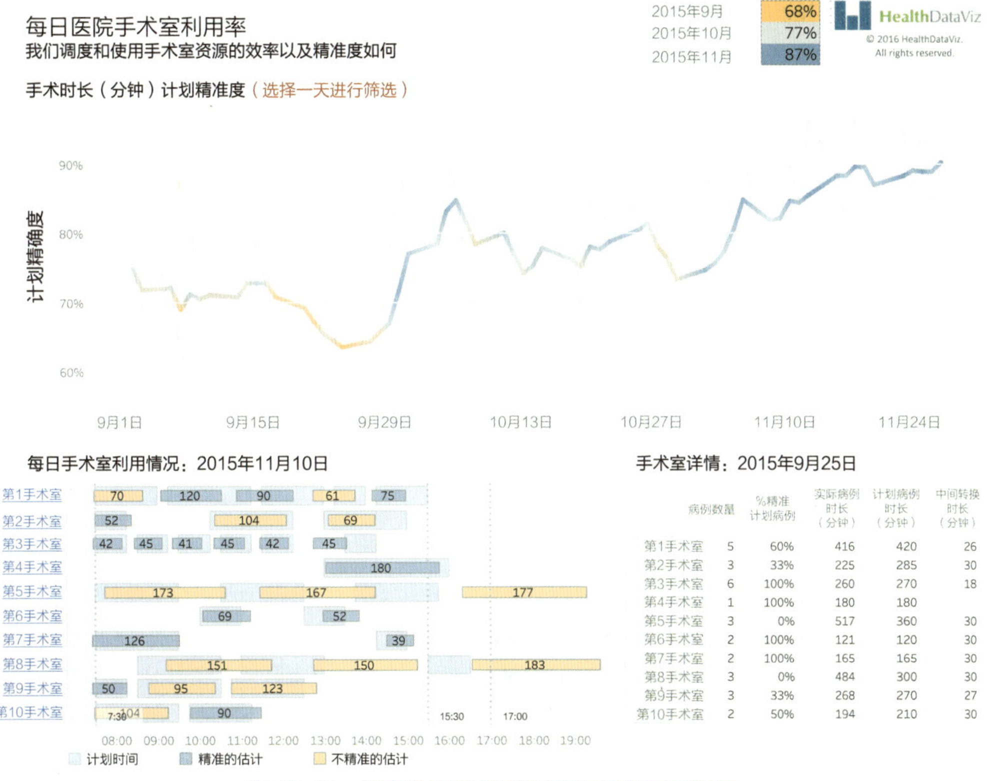

	病例数量	%精准计划病例	实际病例时长（分钟）	计划病例时长（分钟）	中间转换时长（分钟）
第1手术室	5	60%	416	420	26
第2手术室	3	33%	225	285	30
第3手术室	6	100%	260	270	18
第4手术室	1	100%	180	180	
第5手术室	3	0%	517	360	30
第6手术室	2	100%	121	120	30
第7手术室	2	100%	165	165	30
第8手术室	3	0%	484	300	30
第9手术室	3	33%	268	270	27
第10手术室	2	50%	194	210	30

图 19-10　仪表盘使用了折线视图而不是日历视图

注：粗线是移动平均线，而每日实际值显示为较细的线。

调色板是一致的

如之前所显示和讨论的，顶部的日历视图使用了分散的橙蓝调色板：越蓝表示越好（见图 19-11）。甘特图也使用橙蓝两色，但在本例中，它不是一个连续的颜色变化：橙色阴影表示非精确预估，蓝色表示精确预估。

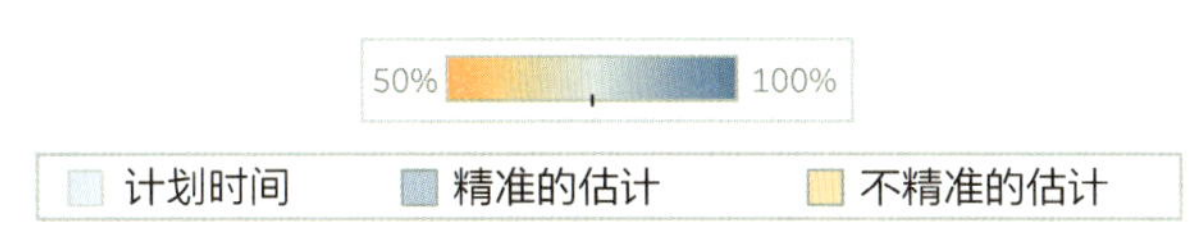

图 19-11　调色板使用了相同的橙色 / 蓝色主题

注：发散调色板被用于日历视图，分类调色板被用于甘特图。

严格来说，我们对这个仪表盘上的配色有异议，它的使用是不准确的，因为你可以看着甘特条，却以发散调色板来解读它们。仪表盘设计师明白这个风险，但为了使颜色尽可能少，他们决定保持通用的“蓝色 = 好”的规则，这个规则在两种视图下都是可以接受的。通过培训并熟悉之后，仪表盘的用户很快就会消化这些信息，以便快速解读数据。

所有数据都被显示

多数情况下，如果只显示汇总的数据，很容易判定为什么数字低于目标值。而在这个案例中，汇总手术室效率（仅仪表盘顶部的日历视图）或许很容易就被医生当作不精确的数据，从而不予理会。

按日对每个手术室的情况进行分解（仪表盘下部的甘特图），才能详细地显示问题所在。而在这种仪表盘出现前，医生只能访问汇总数据。如果他们看到，自己的手术安排只有 50% 的准确率，他们可能会认为这些结果是不精确的。只有同时看到所有的详细数据，他们才能发现问题并找出改善的机会。

作者的评论

杰佛瑞：我真的很喜欢这个仪表盘中甘特图的配色应用。它让人很容易看出与预计时间相比不精确的估值，而且这是一个色盲友好的调色板。我也很喜欢在日历视图中使用的热图。在日历视图中，我们将月份天数移至左上角，并使用较小的字体，以免干扰每个单元格中的数据。但如果是我的话，我可能会选择不同的颜色来显示日历视图和甘特图。重申一下本章关注的问题，即不重复使用类似的颜色对数据进行不同的编码。从技术角度上来说，颜色意味着相同的东西，而本仪表盘中两类颜色的测量尺度是不同的。尽管这是仪表盘设计师的设计选择，但我认为用户可能会因此感到困惑。

安迪：这个仪表盘回答了很多问题，但像其他所有仪表盘一样，它也无法回答所有的问题。考虑一下甘特图：蓝色的手术是时间安排精确的，而橙色的是不精确的。在这个仪表盘中，精确被定义为实际手术时间和计划手术时间的差别在 15 分钟以内。

但是，请考虑下第 8 手术室中发生的情况（见图 19-7）。第一台手术超时了并被归类为不精确的。然而它的开始也是延迟的。那么它为什么会延迟开始呢？仪表盘没有回答这个问题。这里有一个关于未知问题的例子（见第 34 章）：仪表盘激发了设计师没有想到的新问题。如果这个关于手术延迟开始的事情对很多人来说都很重要的话，那么仪表盘应当通过另一次迭代来提供答案。

第 20 章

排名和规模

销售额前20的产品 单位：美元

前20概览 | 排名方式：地区

排名	产品	销售额	中部	东部	南部	北部
1	通用冰箱	275 042		77 683		
2	三星屏保	255 304				
3	KA墙内壁炉	210 911				
4	惠而浦立式冷柜	206 494			67 595	
5	博世全自动洗碗机	194 880				
6	北极全自动洗碗机	147 395				
7	夏普AL-1530CS 数码复印机	130 047				
8	通用微波炉	128 100				
9	美泰格卷筒洗衣机	120 343				
10	美泰格白色可折叠干燥机	114 173				
11	索尼豪华版游戏机	112 759				
12	佳能个人复印机	112 417				
13	微软Surface H3 电脑	112 267				
14	爱普生R90 打印机	111 221	32 827			
15	爱普生投影机	109 417				
16	松下 OLED电视机	109 231				
17	范罗士塑料电动梳子	106 909				
18	兄弟标签扫描仪	106 529				
19	费雷斯诺专业卡拉OK录音机	104 463				
20	霍尼韦尔圆桌	102 006				

情境

重点

假设你是一名销售总监。你已经知道哪些零售产品是你的畅销产品，但仍希望能更好地了解这些产品在不同细分市场的销售情况。例如，考虑一下你最畅销的冰箱。它在所有区域的销售情况都一样好吗？还是说在某一个区域的销售情况不佳？或考虑一下你最畅销的平板电脑。可能它的总体销售情况良好，但是否在某个细分市场几乎无人购买呢？

你想要设计一个具有探索性的仪表盘，让你能够按照任何人口统计特性进行市场细分，来查看销售的规模和畅销产品的排名，从而揭示你可能错过的机会。

细节

- 你需要显示按销售额排序排名前 20 的产品。
- 你想同时看到销售额的排名与规模。也就是说，你需要能够轻松地看出一个产品的销售额比另一个产品的销售额高出多少。
- 你想知道从不同维度（比如区域、客户细分、性别等）查看销售额时，排名如何变化。

类似情境

- 你展开了一项调查，询问了人们一个可以选择所有适用选项的问题，并按不同类别排序，以查看哪些内容最常被选中。
- 你要求人们表明对政治候选人的偏好，并希望看到不同性别、年龄和地理位置的偏好差异。
- 你想按国家、年龄和类别来比较不同音乐组的流行程度。

用户如何使用仪表盘

首先展示给用户的是按销售额排名前 20 的产品列表，如图 20–1 所示。选中一个产品，就会显示该产品在所选类别中的排名，在这个案例中的类别是客户细分，见图 20–2。

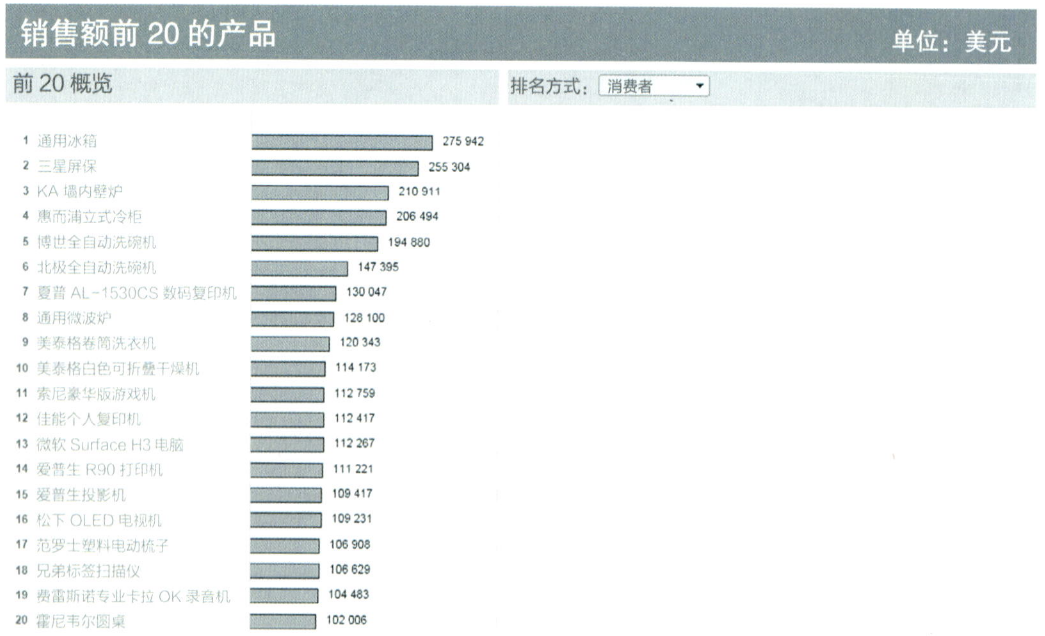

图 20–1 按销售额排名前 20 的产品

在图 20-2 中，我们可以看到惠而浦立式冷柜的整体排名是第四，但它在大众消费者中的排名是第七，在企业用户中的排名是第一，在家庭办公室中排名第六；它并不在小型企业排名前 20 的榜单中。下拉菜单允许用户比较不同维度的排名。

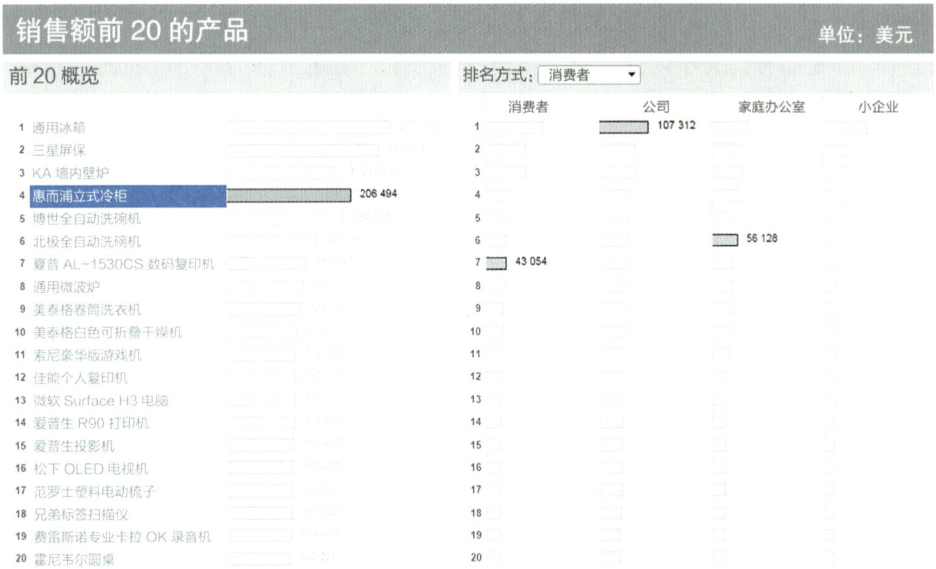

图 20-2　选择立式冷冻柜，显示其在四个客户段的排名和销售量

在图 20-3 中，我们看到了惠而浦立式冷柜在不同区域的排名。

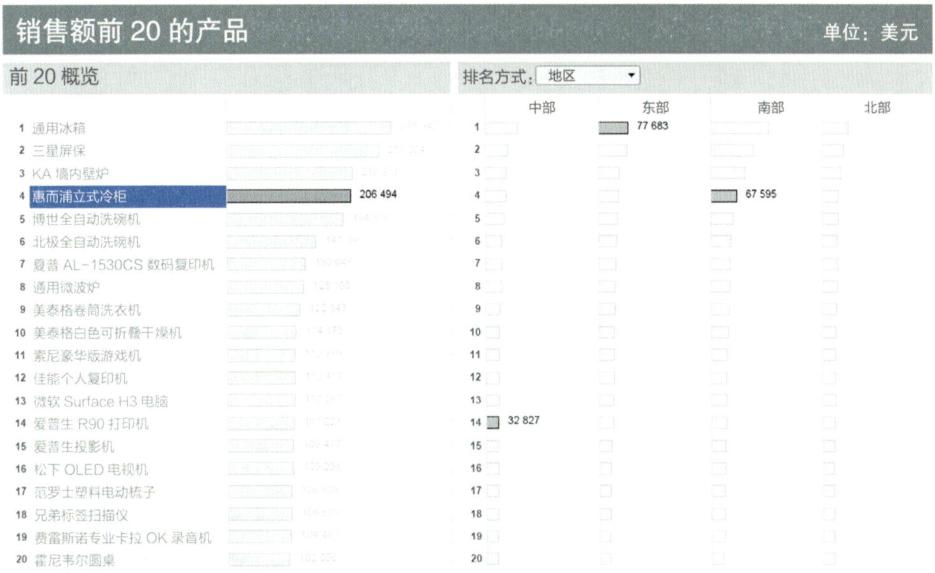

图 20-3　所选产品在不同维度的排名

这样做为何有效

这种方法非常全能

这种方法几乎适用于任何你想要排名的事物。思考一下如何将这个方法应用于调查数据。在图 20–4 中，我们看到关于调查问题“作为一名医生，请指出你为自己测量时会选的健康指标；选择所有适用的选项”的总体结果，以及对某一选定回答按出生年代的分解情况。

在查看不同出生年代时，真的出现了差异，传统主义者以 80% 的比例将呼吸情况排在第一位，而婴儿潮一代则仅以 45% 的比例将其排在第四位。

图 20–5 展示了另一个例子，我们通过六个不同的属性对员工的总体表现进行排名。在这里我们可以看到，莱昂纳多（Leonardo）的整体排名是第六，但他的排名和分数在不同的属性中的差别非常大。

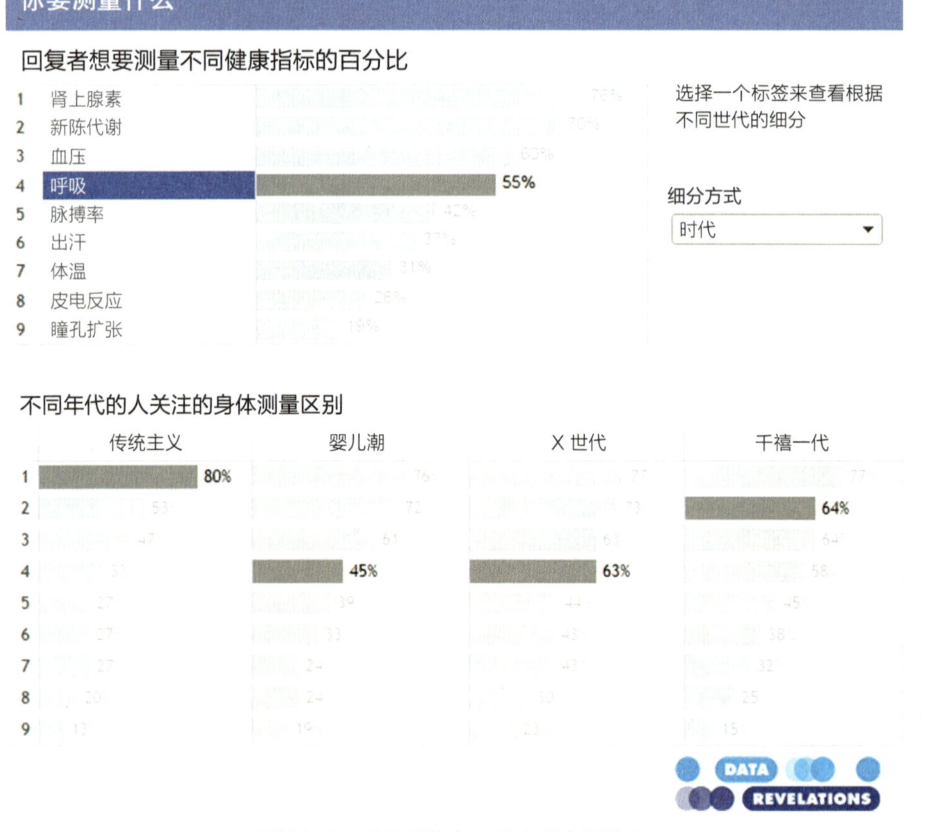

图 20–4 呼吸系统在不同人群中的排名

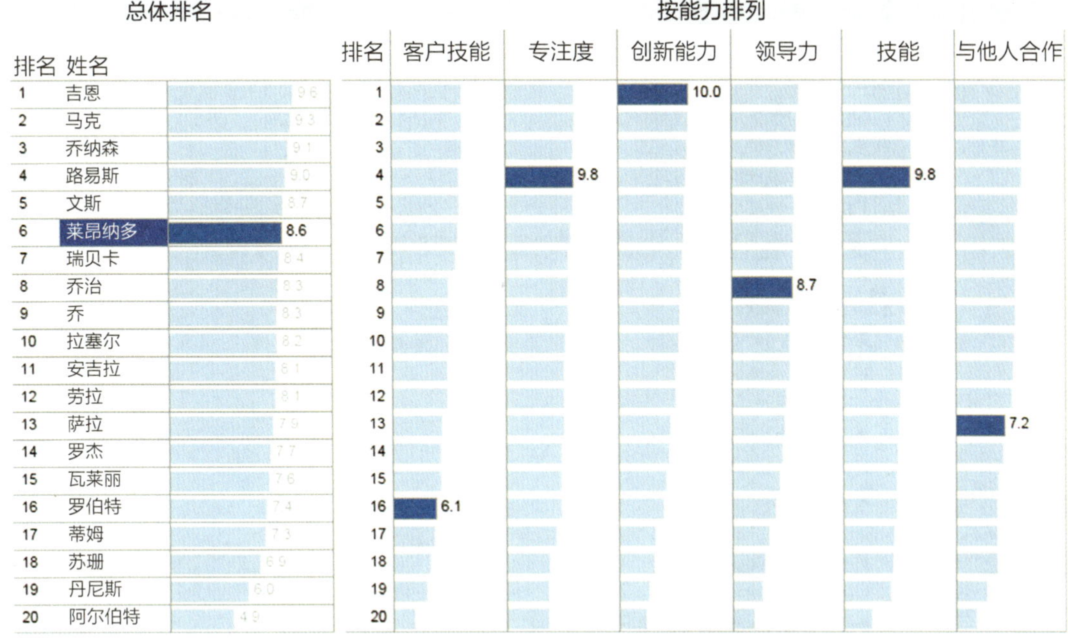

图 20-5 所有员工的排名以及按照能力排名的情况

条形显示规模

条形可以让人很容易看出某一特定产品的销售额与其他产品相比多或少多少。事实上，在图 20-6 中即使不显示标记标签（即条形旁边的数字），我们也可以看到，最畅销产品的销售额约是排名第七的产品销售额的两倍。

另外一种方法：凹凸图

如图 20-7 所示，显示单个产品随时间变化或在不同维度上另一种排名的流行方式是使用凹凸图。这当然是一个引人注目的可视化，但圆圈内的数字只显示了排名，没有规模。所以这样就无法得知一种产品的规模与另一种产品相比要多或少多少。

如果规模不是重要因素，那么凹凸图就是一个很好的选择。看一下凯南・戴维斯（Kenan Davis）在图 20-8 中出色的仪表盘，其中显示了 2012—2013 赛季英超联赛球队排名随时间推移的变化。

在排名条形图和凹凸图中，有一点需要注意：你无法同时显示所有的产品、团队、问题等。试图这样做只能给用户带来一个无法解析的由条和线组成的混合物，见图 20-9 和 22-10。

单位：美元

1 通用冰箱
2 三星屏保
3 KA 墙内壁炉
4 惠而浦立式冷柜
5 博世全自动洗碗机
6 北极全自动洗碗机
7 夏普 AL-1530CS 数码复印机
8 通用微波炉
9 美泰格卷筒洗衣机
10 美泰格白色可折叠干燥机
11 索尼豪华版游戏机
12 佳能个人复印机
13 微软 Surface H3 电脑
14 爱普生 R90 打印机
15 爱普生投影机
16 松下 OLED 电视机
17 范罗士塑料电动梳子
18 兄弟标签扫描仪
19 费雷斯诺专业卡拉 OK 录音机
20 霍尼韦尔圆桌

0 100 000 200 000

图 20-6　条形图使得比较两款产品的销售额变得容易

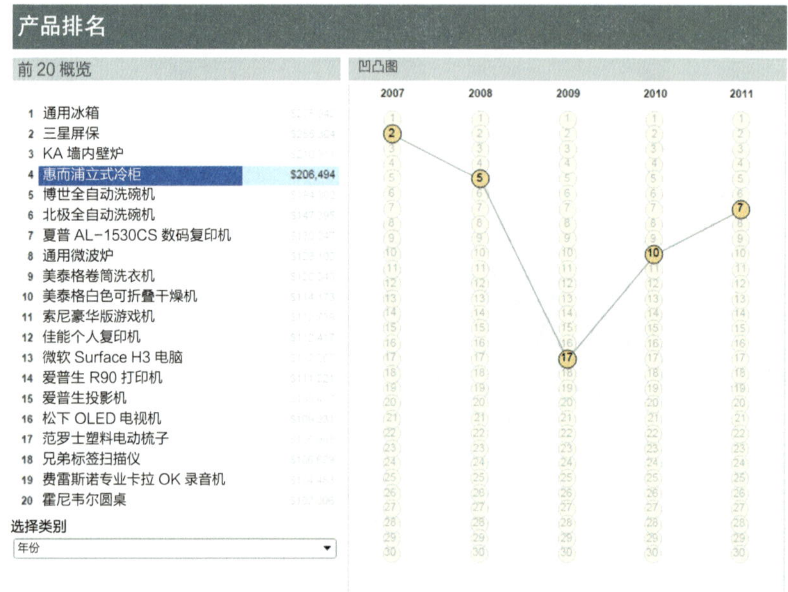

图 20-7　凹凸图显示了所选类别随时间变化的排名情况

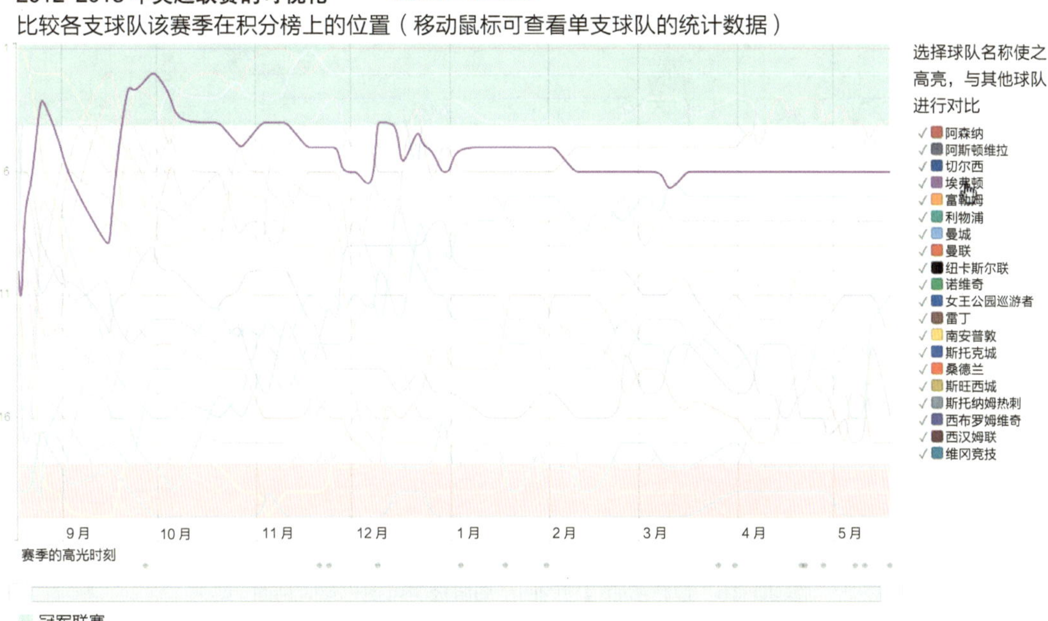

图 20-8　在颜色图例中选择球队，显示球队排名随时间推移变化

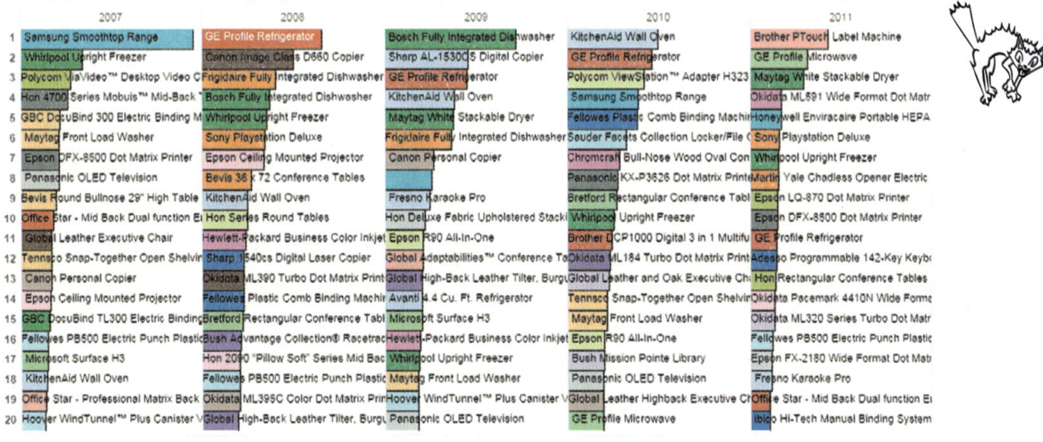

图 20-9　一个无法解析的条形图集合

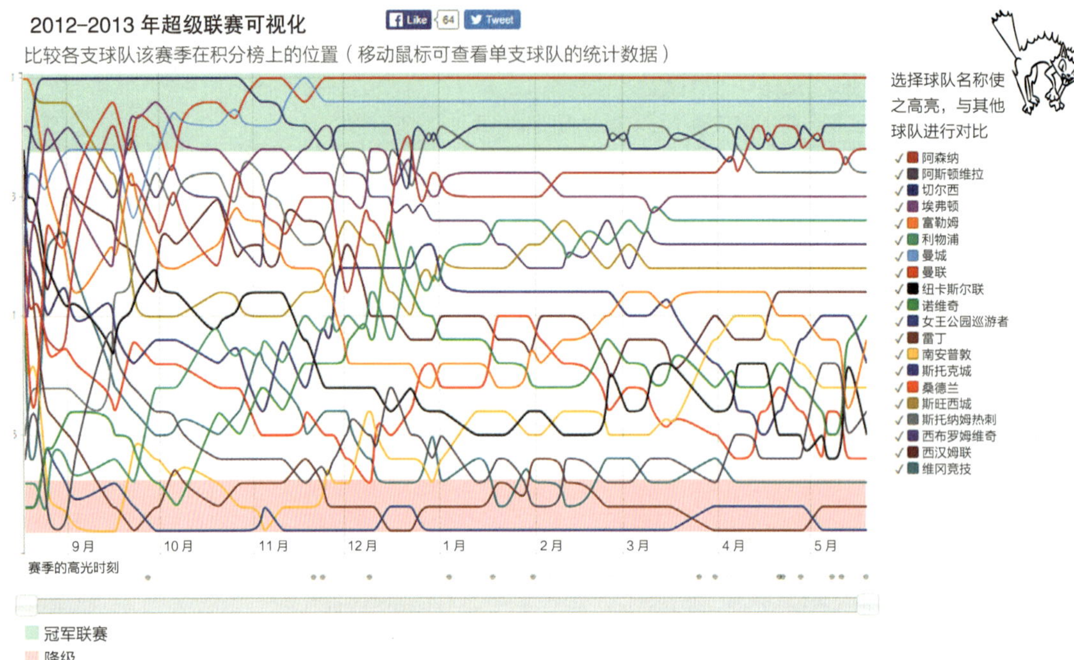

图 20-10 包含所有信息的凹凸图像极了可视化意大利面

在这两个例子中，为了让图表可用，你要么需要选择一个项目并捕获可视化状态的屏幕截图，要么需要提供具有必要交互功能的仪表盘。

作者的评论

安迪：当我第一次看到这个仪表盘的时候，我在想：嗯，它没有太大的作用，是吧？然而随着时间的推移，我渐渐意识到自己掉进了一个陷阱：期待仪表盘去做所有的事。这个仪表盘回答了两个问题：一个产品的总体排名是多少，以及该产品在四个区域的排名如何。如果这是你需要知道的全部信息，那么就不需要在仪表盘上添加其他功能了。

在人们探索这个仪表盘以找到他们所需的产品信息之后，他们可能会问，为什么某个产品的排名会这么高或这么低。

一个设计糟糕的仪表盘可能会试图在一个仪表盘上为所有潜在的问题提供答案。最终可能会做出一个混乱的仪表盘。也许答案可以在另一个仪表盘上找到。如果不在另一个仪表盘中，用户应该可以访问基础数据，以便他们可以针对意料之外的问题找到自己的专属答案（见 32 章）。

史蒂夫：我想出了我认为对该仪表盘很好的一个补充。因为没有公共基线，因此很难将对企业用户的销售额（107 312 美元）与对大众消费者和家庭办公室的销售额（分别为 43 054 美元和 56 126 美元，见图 20-2）进行比较。

我们可以通过添加一个额外的图表来解决这一难题，该图表显示了所选产品的销售额在各个细分市场的叠加情况，见图 20-11。

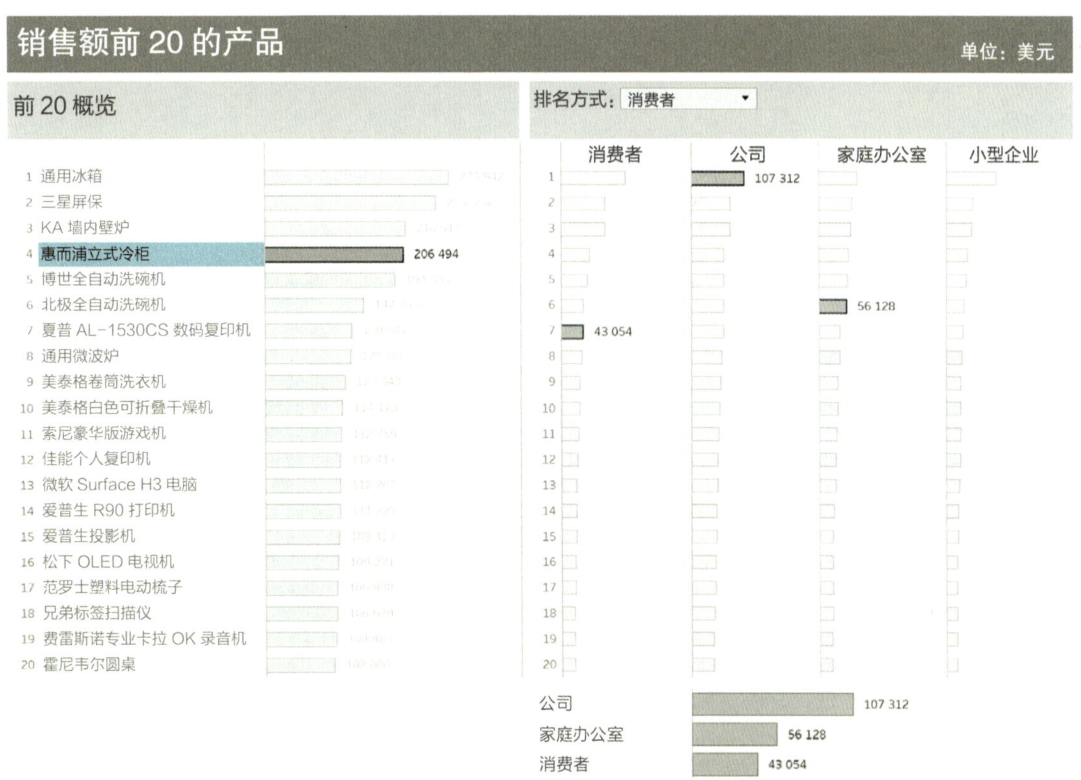

图 20-11　额外的图表更容易显示不同产品之间的销售额差异

注：公司的销售额大约是家庭办公室的两倍。

第 21 章

衡量跨多个度量和维度的索赔

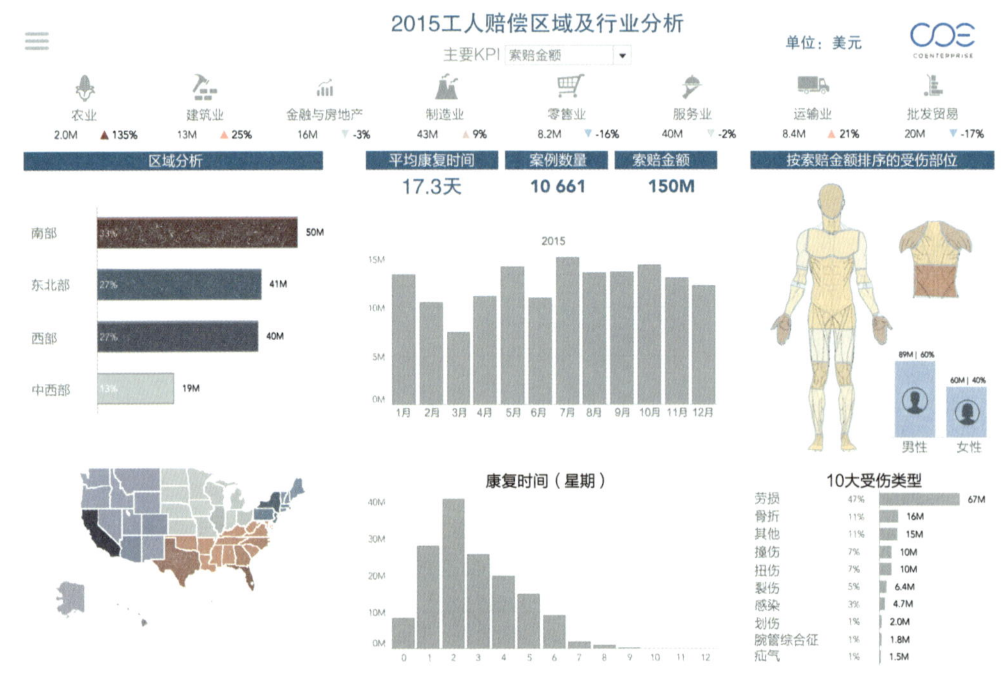

情境

重点

你在一个规模庞大的跨国集团工作，任务是了解在美国发生的工伤索赔情况。你需要掌握安全和成本问题。

数据量是庞大的。即便是一个简单的问题，例如“大多数工伤索赔发生在哪里”，也可能是一语双关，因为“在这个国家发生伤害最严重的地方”和“在人身体上受伤最严重的部位”

都可以回答这个问题。

一共有四个主要衡量指标：（1）案例数量；（2）索赔金额；（3）平均索赔金额；（4）平均康复时间。同时，至少有六种你想要的方法来拆分庞大的数据量，例如：单独查看身体的某个部位、国家的某个区域、伤害的类型（例如划伤与劳损）以及一年中提出索赔的时间。你决定构建一个单独的探索性仪表盘，帮助你和他人处理数据。

细节

你需要：

- 通过四个 KPI 查看和了解工伤补偿数据：
  a. 索赔总金额；
  b. 索赔的平均金额；
  c. 案例数量；
  d. 平均恢复时间（以周为单位）。
- 知道这些索赔是在每年的什么时候提出的；
- 了解身体受伤的部位；
- 查看按康复时间分组的情况（即，对于每个关键指标，你需要知道有多少个相应索赔案例以及一周、两周、三周康复时间所对应的索赔数额等）；
- 当你按照国家的特定地区、身体部位、一年中的月份以及行业类别筛选数据时，能够查看图表是如何变化的。

类似情境

你需要：

- 进一步了解运动损伤的性质、原因和严重程度，以及运动员要休息多长时间；
- 查看在特定医院或诊所的患者的受伤及患病情况；
- 分析一家保险公司的客户索赔数据，并且可以按照地域、索赔类型和索赔金额来拆分数据；
- 对一家需要维护大批车辆的租车公司的保养及事故数据进行分析。

用户如何使用仪表盘

按需改变关键绩效指标

仪表盘顶部的下拉菜单允许用户选取四个指标中的一个进行展示（见图 21-1）。

例如，用户可能并不想看发生的金额，而是想查看案件的数量。这将改变所有与之相关的可视化。图 21-2 显示了将 KPI 从“索赔金额”更改为“案例数量”时，在区域条形图上发生的变化。

按行业筛选

仪表盘顶部装饰性的关键绩效指标带也是一个筛选器，允许用户选择一个行业类别（见图 21-3）。某个行业类别被选定后，该仪表盘上的所有图表都会被相应地筛选，并只显示选定组别的结果。

图 21-1　通过下拉菜单，你可以选择要在整个仪表盘中探索的指标

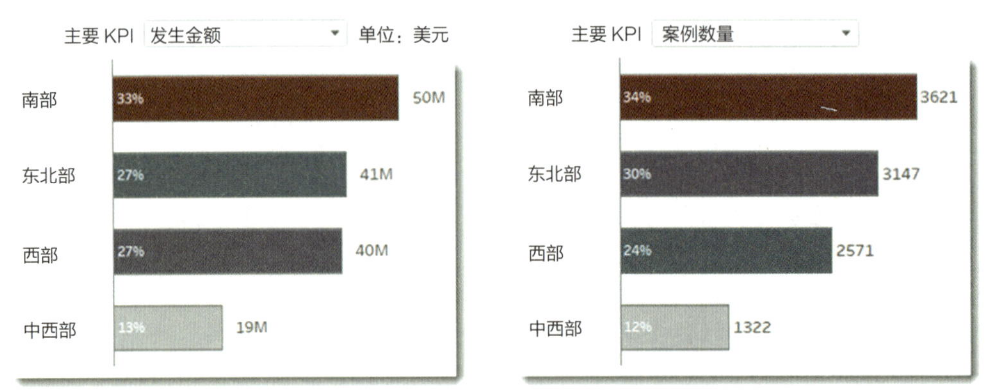

图 21-2　比较按地区划分的发生金额与按地区划分的个案数量

图 21-3　装饰性的 KPI 带也是一个筛选器

一切都是筛选器

点击任意图表的任意部分，都可以按照用户的选择来相应地筛选其他图表。这让用户可以自由地探索仪表盘，同时寻找有趣的规律和关系。

考虑一下人体地图、性别和受伤类型的条形图（见图 21-4）。在左边，你可以看到它们没被点击时的样子。右边则是点击左手后的效果。

> **注意**
>
> 这个装饰性筛选带（见图 21-3）让作者和仪表盘设计师进行了大量的讨论。请参阅本章末尾“作者的评论”中对这些讨论的总结。

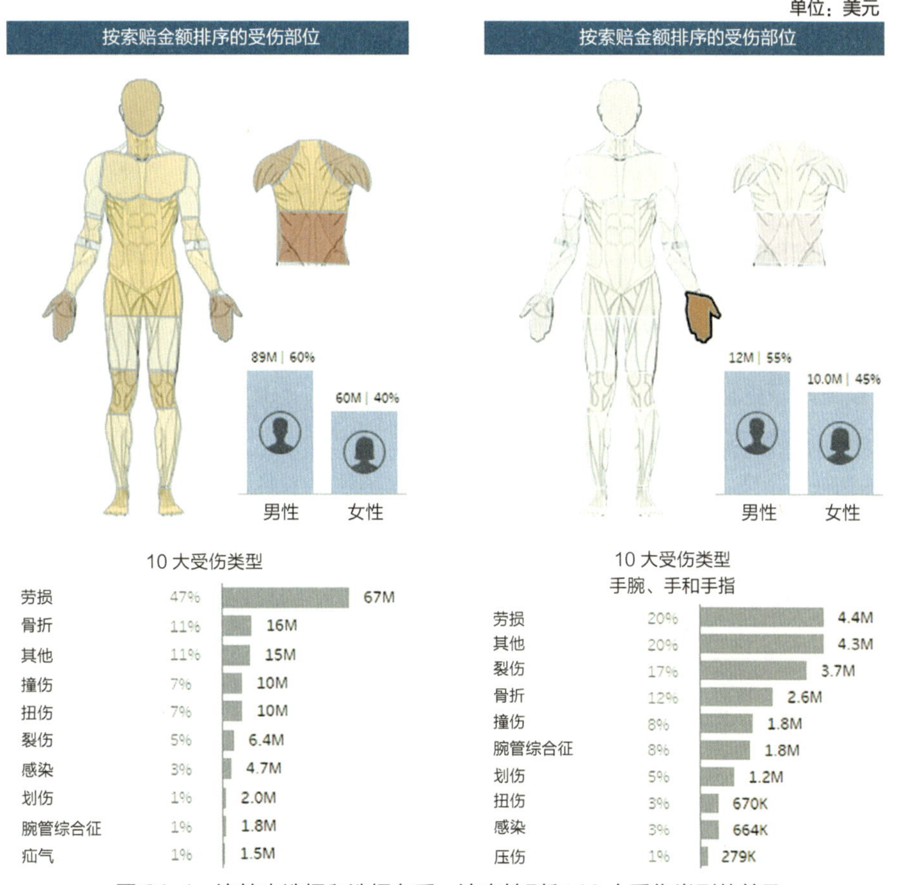

图 21-4 比较未选择和选择左手。注意性别和 10 大受伤类型的差异

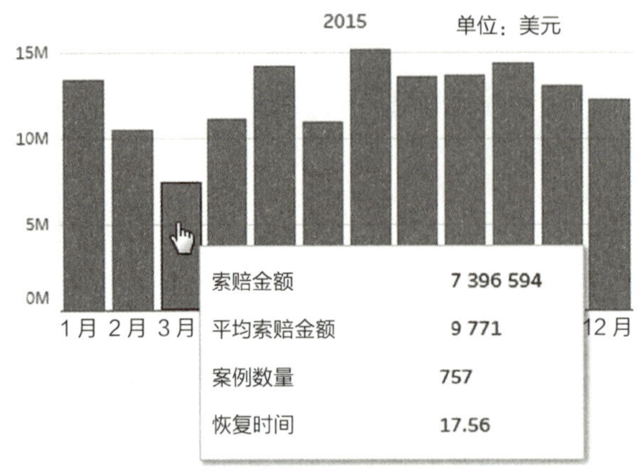

图 21-5　显示该标记的详细信息

悬停在标记处以揭示更多信息

将鼠标悬停在标记上可以显示有关特定数据点的详细信息。图 21-5 显示了三月份所有四个 KPI 的总结。

这样做为何有效

存在大量不同类型的图表，但布局非常整齐

在这个仪表盘上有八个不同的图表——如果你将行业类别组筛选带也视为图表的话，则有九个（见图 21-6）。

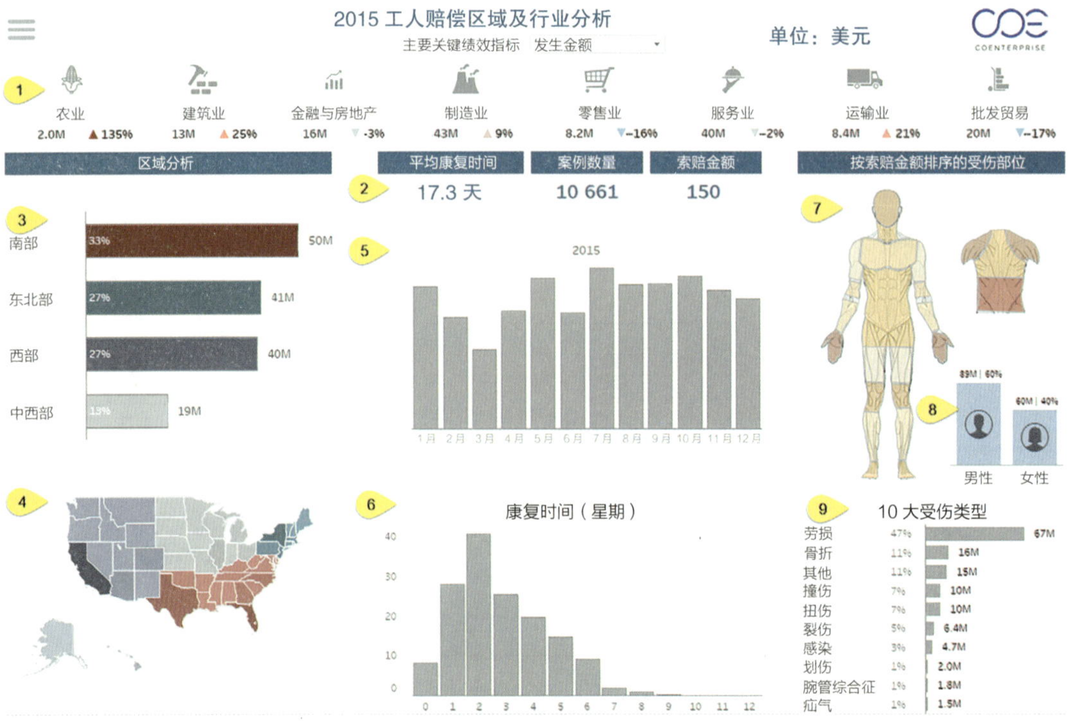

图 21-6　仪表盘包含了九个不同的图表

布局相对整洁（考虑到仪表盘显示了九个不同的图表），尽管没有用线将它们分开，但还

是很容易看到不同的区域。

事实上，唯一的线条是淡灰色的线，其将顶部筛选带中的行业类别进行了区分（见图 21-7）。

图 21-7　非常浅的灰色线条有助于将不同的行业组织分开且不会引起注意

改变 KPI 的菜单处于前方正中

用户不需要寻找改变 KPI 的控件；它直接位于标题下方，并同时起到控件及表明正在展示什么指标的标签的作用（见图 21-1）。

> **阴影和留白**
>
> 巧妙使用阴影和留白，可以在仪表盘上创建出不同的区域。

该布局易于探索和发现有趣的事实

这个仪表盘强烈渴望被探索。有很多不同的方面需要探索，当用户点击不同的标记时，就可以立即看到结果。如我们在图 21-8 中所看到的，点击区域分析图上的“中西部”，会显示索赔发生的时间（2 月份有一个高峰）、身体受伤部位（最大占比在头部）的完全不同的情况。这个数字还表明了女性提出索赔的比例更高（中西部为 48%，总体为 40%）。

谨慎和智慧地使用颜色

除了顶部的 KPI 指示器外，仪表盘设计师仅对地理区域和人体热图使用了颜色。鉴于有这么多图表想要吸引我们的注意力，这种慎用颜色的方式是非常受欢迎的。

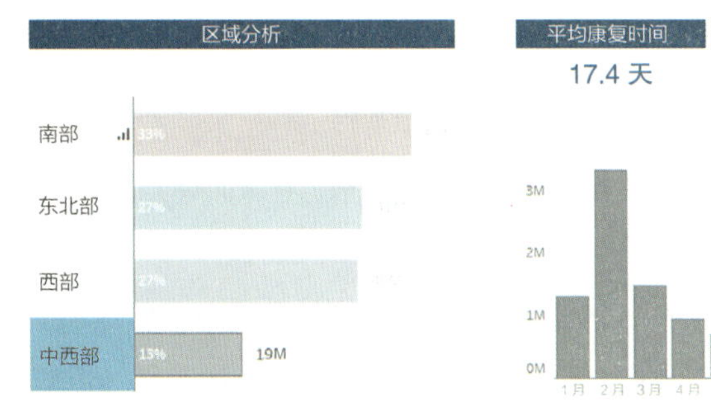

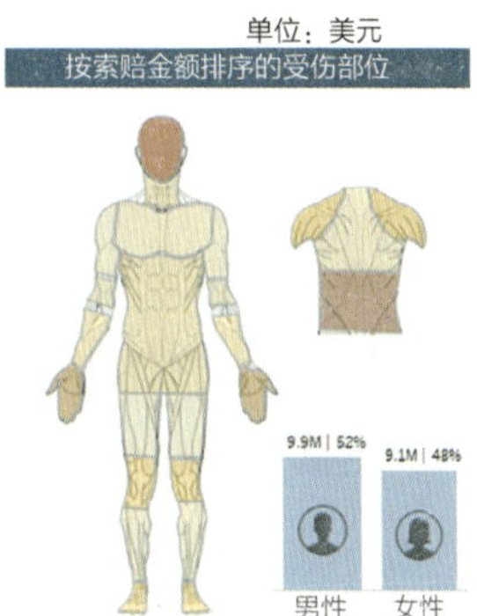

图 21-8　“中西部地区”各测量维度的结果截然不同

很好地使用性别图标

性别图标（见图 21-9）清晰易读，且不会分散读者的注意力。事实上，设计师避免了基于图标的自身量级（将其变得更大或更小），而是将它们放在了易于比较的条形图上，方便进行比较。

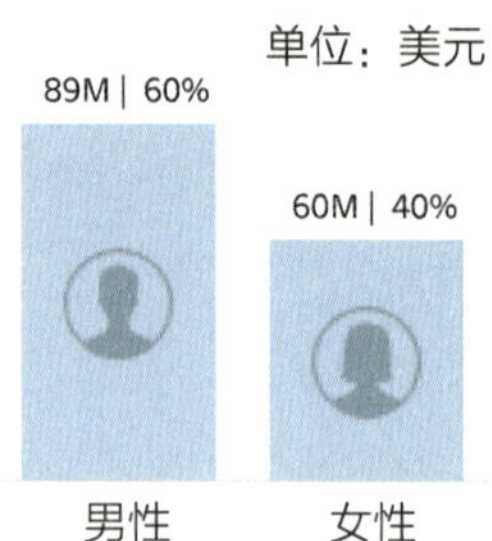

图 21-9　置于条形图上的性别图标使仪表盘不会那么明显

作者的评论

史蒂夫：我们称之为厨房水槽仪表盘，因为九个不同的图表和四个不同的 KPI 会产生 36 种不同的组合。我特别喜欢用屏幕顶部的菜单来即时更改 KPI 的操作。同时，这个仪表盘也激起了我的兴趣，让我想去了解更多（例如，为什么三月份会下降？在哪些行业中，女性比男性提出更多索赔？等等），这意味着我非常喜欢设计师给出的这些数据。

我最担心的是顶端的关键绩效指标带。当我向仪表盘设计师询问此事时，他告诉我这实际上是客户的一个要求。使用仪表盘的人已经非常清楚这些行业间的对比情况，因而想要一个图标驱动的筛选器，在他们看来，这种做法可以让仪表盘变得不那么无聊。

有时候，当客户坚持某种特定的方式时，你是无能为力的。但是我仍然担心一些重要的见解会一直隐藏在当前的渲染中。让我用以下示例来解释一下。

图 21-10 显示了关键绩效指标图表的一部分。图 21-11 以条形图的方式显示了同样的信息。

图 21-10　关键绩效指标带使得行业组之间值的比较变得困难

哇哦！现在我真的可以看到，制造业的索赔额是批发贸易业的两倍以上，而建筑业的索赔额比去年同期明显增加。

杰佛瑞：这个仪表盘上经历了多次迭代。我们与设计师进行了几次通话，同时作为一个团队，我们想出了一些可以改进仪表盘的建议。我们三个人几周以来都在努力改进它。正如史蒂夫提到的那样，它被称为厨房水槽仪表盘，但就像我们在整个过程中所做的那样，我们已经将其削减了很多。即使进行了大量删减，仪表盘还是留下了许多细节，包括一系列图表、地理图、人体图以及行业类别图标。不过最终的设计并不像之前的版本那样混乱了。就像现在看到的仪表盘一样，它仍然有一些富裕的空间。

正如我们在本章中讨论的那样，这个仪表盘上没有多少条线。这一点尤其重要，毕竟有这么多元素在争夺人们的注意力。边框和线条，尤其是垂直线条，真的会在仪表盘上造成混乱的感觉。

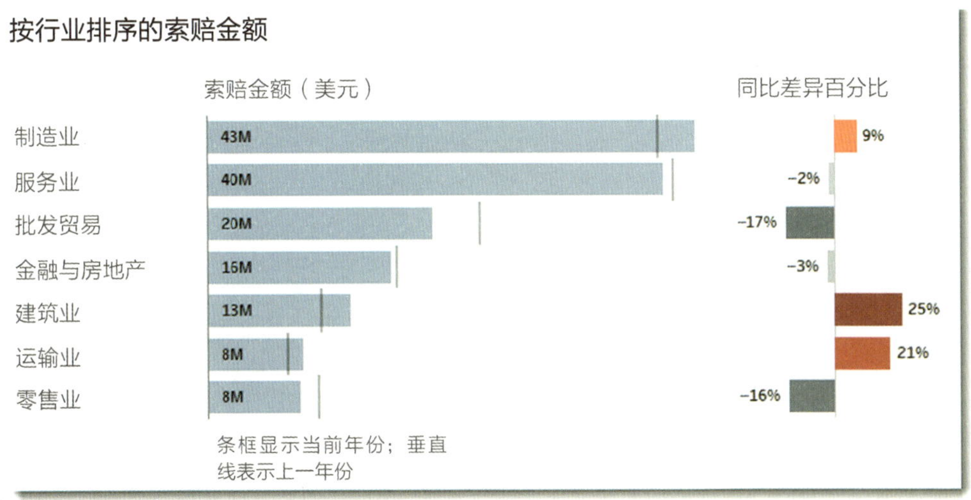

图 21-11　不同行业的索赔金额与上一年度相比呈现的百分比变化

第 22 章

流动与周转情况

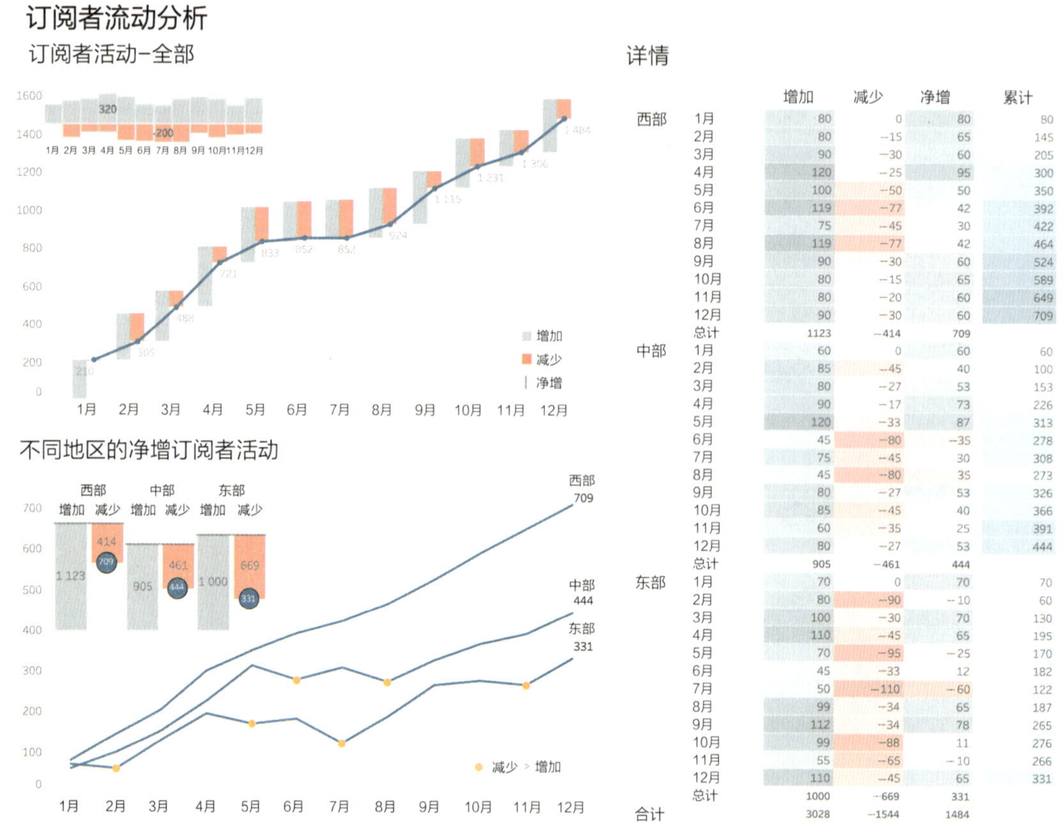

		增加	减少	净增	累计
西部	1月	80	0	80	80
	2月	80	−15	65	145
	3月	90	−30	60	205
	4月	120	−25	95	300
	5月	100	−50	50	350
	6月	119	−77	42	392
	7月	75	−45	30	422
	8月	119	−77	42	464
	9月	90	−30	60	524
	10月	80	−15	65	589
	11月	80	−20	60	649
	12月	90	−30	60	709
	总计	1123	−414	709	
中部	1月	60	0	60	60
	2月	85	−45	40	100
	3月	80	−27	53	153
	4月	90	−17	73	226
	5月	120	−33	87	313
	6月	45	−80	−35	278
	7月	75	−45	30	308
	8月	45	−80	35	273
	9月	80	−27	53	326
	10月	85	−45	40	366
	11月	60	−35	25	391
	12月	80	−27	53	444
	总计	905	−461	444	
东部	1月	70	0	70	70
	2月	80	−90	−10	60
	3月	100	−30	70	130
	4月	110	−45	65	195
	5月	70	−95	−25	170
	6月	45	−33	12	182
	7月	50	−110	−60	122
	8月	99	−34	65	187
	9月	112	−34	78	265
	10月	99	−88	11	276
	11月	55	−65	−10	266
	12月	110	−45	65	331
	总计	1000	−669	331	
合计		3028	−1544	1484	

情境

重点

你的公司刚刚推出了一项新的每月订阅者服务。你需要了解订阅数量是如何随时间增长的，无论是整体还是各个地区的订阅情况。订阅者可以随时取消，所以你需要查看每月增加了多少新的订阅者，以及减少了多少订阅者。你预计会流失一些订阅者，但你需要知道在什么时间、什么地方订阅者减少的数量超过了增加的数量，以及增加的订阅者都来自什么地方，在何时增加特别多。

细节

- 你需要能够随时间推移看到订阅者数量的波动。
- 你需要比较每个地区的总体订阅人数的增加和减少。
- 你需要轻松看出每个地区减少人数超过增加人数的情况。
- 你需要能够查看每个月的详细信息。
- 你需要看到表现最差和最佳的月份，无论是整体还是某一特定地区。

类似情境

- 你在一家大型跨国企业管理人力资源部工作，需要按照所在地和部门来监控员工流动情况。
- 你管理着一个软件开发项目，并需要监控处于开发过程中不同阶段任务的情况。
- 你为政府监控失业数据统计，并需要按行业和州显示就业流失情况。

理解瀑布图

在深入研究用户如何与仪表盘交互的细节之前，让我们首先来探索一下图 22-1 中的瀑布图是如何工作的。

表 22-1 给出了驱动这个特定可视化图表的原始数据。

表 22-1　驱动订阅者流动分析仪表盘的原始数据

	增加	减少	净增长	累计
1 月	210	0	210	210
2 月	245	-150	95	305
3 月	270	-87	183	488
4 月	320	-87	233	721
5 月	290	-178	112	833
6 月	209	-190	19	852
7 月	200	-200	0	852
8 月	263	-191	72	924
9 月	282	-91	191	1115
10 月	264	-148	116	1231
11 月	195	-120	75	1306
12 月	280	-102	178	1484
总计	3028	-1544	1484	

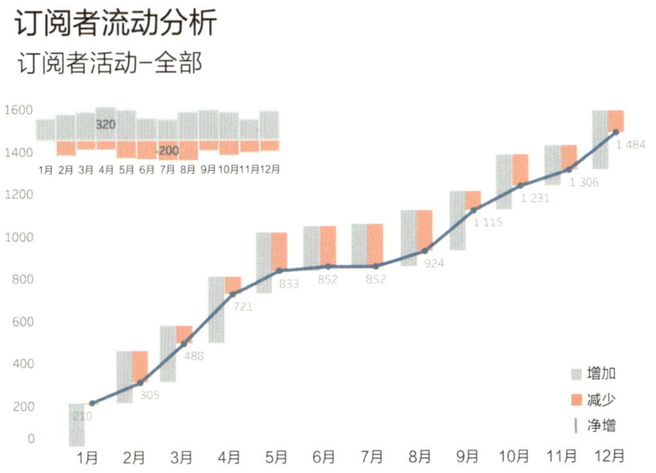

订阅者流动分析

订阅者活动-全部

图 22-1　瀑布图显示了全部部门的订阅户流失情况

以下是对这些数字的解读。

- 公司 1 月开张时，迎来了 210 位订阅者。
- 2 月，公司增加了 245 位订阅者，但减少了 150 位订阅者，净增 95 人。把这 95 人加上前一个月的数字，在 2 月底我们总共有 305 位活跃订阅者。
- 3 月，公司增加了 270 位订阅者，减少了 87 位订阅者，净增 183 人。把这个数字和之前的 305 相加，在 3 月底总共达到了 488 人。
- 底部的总计数据表明，在整个一年的时间里，该公司增加了 3028 位订阅者，并流失了 1544 位订阅者，净增加 1484 位订阅者。

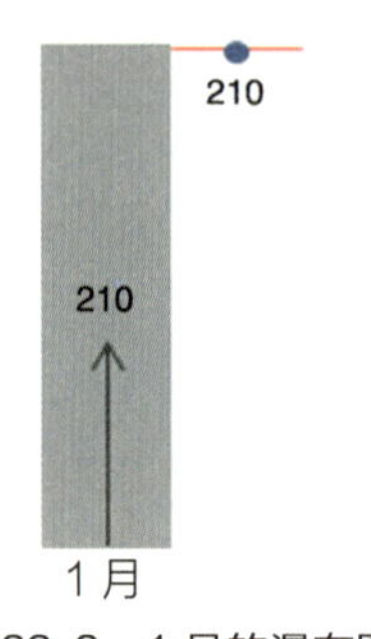

图 22-2　1 月的瀑布图

基于这一点，让我们来看看该如何解析瀑布图前三个月的数据。在图 22-2 中，我们看到增加了 210 位订阅者且没有任何减少，我们在该月末的订阅者总数为 210 人。

在图 22-3 中，我们从 210 位订阅者开始（我们在 1 月底的订阅者总数），本月新增了 245 位订阅者但减少了 150 人，所以在 2 月底的时候，我们总共有 305 位订阅者，其中 1 月 210 人，2 月 95 人。

图 22-4 显示在 3 月，我们从 305 位订阅者开始，增加了 270 人，但是减少了 87 人，3 月末的订阅者总数是 488 人。

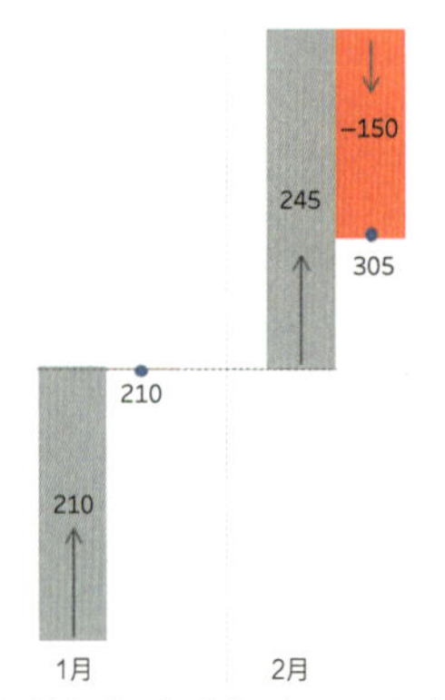

图 22-3　2 月的订阅者数加上 1 月订阅者的留存数

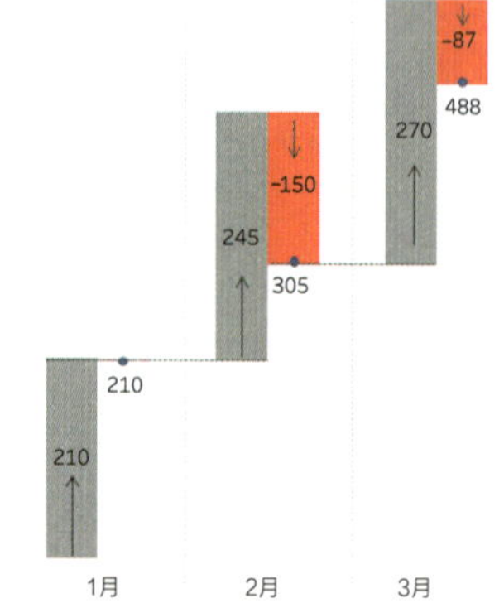

图 22-4　3 月份的订阅者数加上 2 月订阅者留存数

用户如何使用仪表盘

尽管没有控件可以进行选择，也没有滑块用于移动范围，在仪表盘上点击元素将会突出显示和 / 或筛选仪表盘上其他部分的项目。例如，在图 22-5 中，从汇总条形图中选择东部，会在仪表盘上筛选和 / 或突出显示来自东部地区的结果。

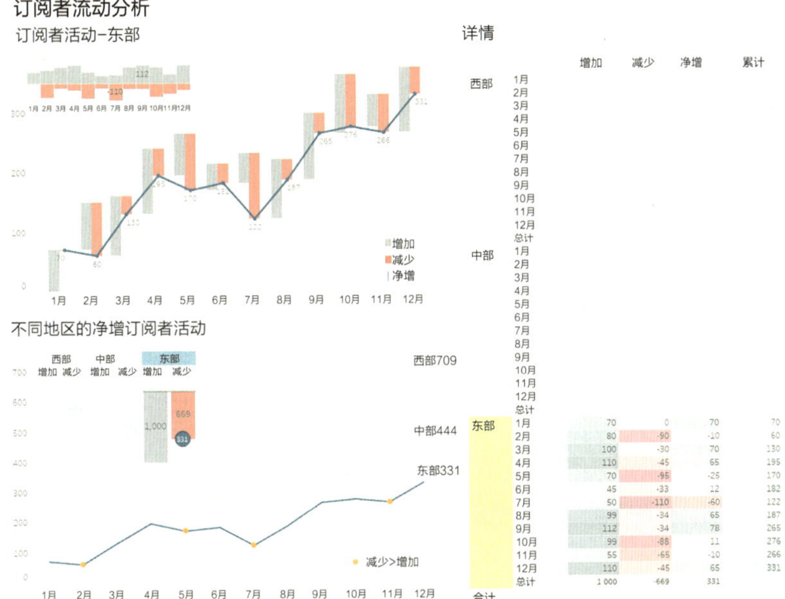

图 22-5 在仪表盘的某部分选择一个地区，仪表盘的其他相应部分也会随之高亮

同样，选择月份会在整个仪表盘上突出显示该月份（见图 22-6）。

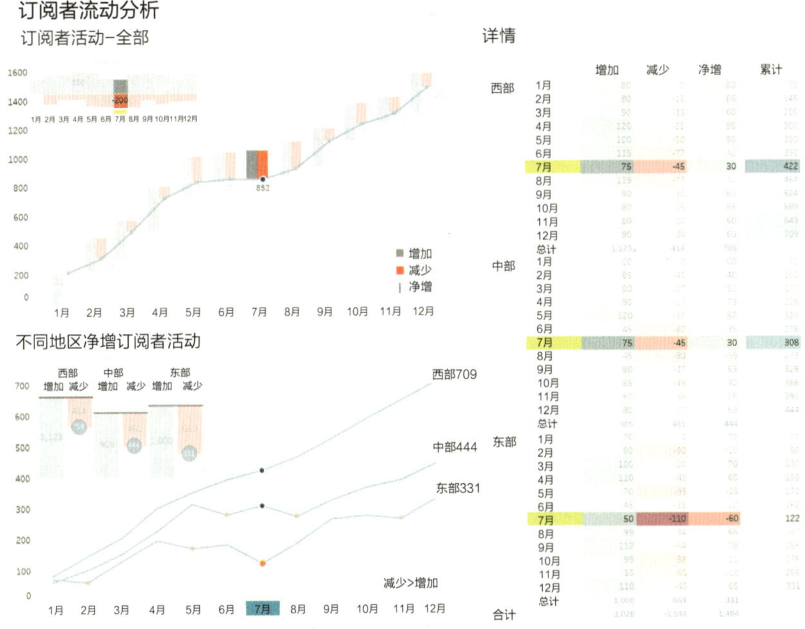

图 22-6 在仪表盘某部分选择特定的一个月，仪表盘的其他相应部分也会随之高亮

这样做为何有效

重点与细节

三个主要图表区域展示了数据在不同层级的详细信息。

重点

左上角区域显示每月订阅者活动情况。在图 22-7 中，我们可以看到：(1) 全年一共净增加了 1484 位订阅者；(2) 4 月份增长最多；(3) 7 月份流失最严重；(4) 6 月到 7 月的净增长为 0。

订阅者活动-全部

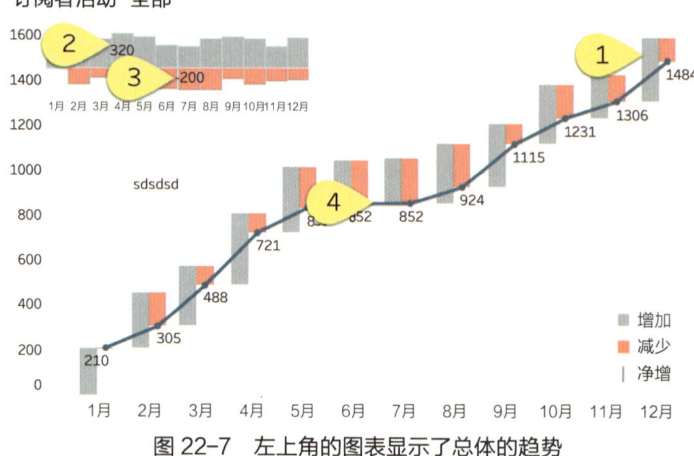

图 22-7 左上角的图表显示了总体的趋势

对三个地区易于比较

左下方的净订阅者区域让对三个地区的比较变得很容易，见图 22-8。从中很容易看出，尽管东部地区今年增加了 1000 位订阅者，但流失数量也最高。我们可以从平滑的趋势线中看出西部地区从来没有在任何一个月出现订阅者数量减少超过订阅者数量增加的情况。

不同地区净增订阅者活动

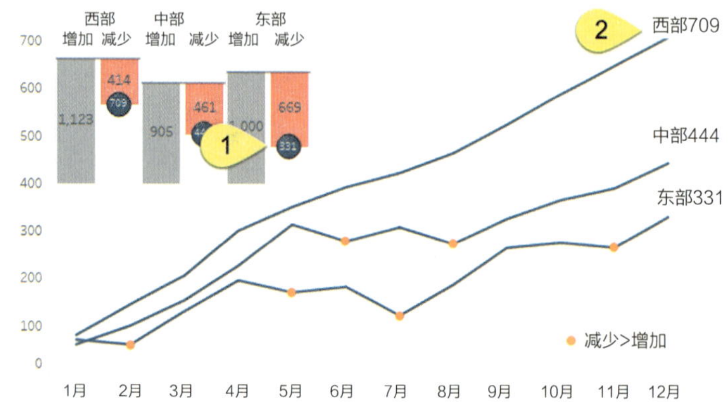

图 22-8 从仪表盘左下方延伸的图表比较了三个不同地区的订阅者数量的增减情况

注：用橘色点表示减少比增加更多的警告。

热度图显示详细信息

仪表盘右侧的热度图（也称“高亮表格”）让查看每个地区和月份的增长、减少、净增和累计总数变得很容易（见图 22-9）。

热度图提供了比文本表格更丰富的见解

许多具有金融背景的人经常会要求提供一个文本表格，以便他们“查看数字”。热度图的优点在于它提供了数字详情，并突出了异常值，这是你在文本表格中很难轻易看到的（见图 22-10）。

文本表格提供了海量的数据，用户需要非常努力地进行对数据进行对比。热度图通过不同的颜色编码，让比较起来容易了很多。

详细信息

		增加	减少	净增	累计
西部	1月	80	0	80	80
	2月	80	−15	65	145
	3月	90	−30	60	205
	4月	120	−25	95	300
	5月	100	−50	50	350
	6月	119	−77	42	392
	7月	75	−45	30	422
	8月	119	−77	42	464
	9月	90	−30	60	524
	10月	80	−15	65	589
	11月	80	−20	60	649
	12月	90	−30	60	709
	总计	1,123	−414	709	
中部	1月	60	0	60	60
	2月	85	−45	40	100
	3月	80	−27	53	153
	4月	90	−17	73	226
	5月	120	−33	87	313
	6月	45	−80	−35	278
	7月	75	−45	30	308
	8月	45	−80	−35	273
	9月	80	−27	53	326
	10月	85	−45	40	366
	11月	60	−35	25	391
	12月	80	−27	53	444
	总计	905	−461	444	
东部	1月	70	0	70	70
	2月	80	−90	−10	60
	3月	100	−30	70	130
	4月	110	−45	65	195
	5月	70	−95	−25	170
	6月	45	−33	12	182
	7月	50	−110	−60	122
	8月	99	−34	65	187
	9月	112	−34	78	265
	10月	99	−88	11	276
	11月	55	−65	−10	266
	12月	110	−45	65	331
	总计	1,000	−669	331	
合计		3,028	−1,544	1,484	

图 22-9 用颜色编码的热度图

注：这个图让人很容易看到详细情况并且尤其可以注意到异常情况。颜色的选择是基于颜色图例，灰色代表增加，红色代表减少，蓝色代表累计净增。

		增加	减少	净增	累计
中部	1月	60	0	60	80
	2月	85	−45	40	145
	3月	80	−27	53	205
	4月	90	−17	73	300
	5月	120	−33	87	350
	6月	45	−80	−35	392
	7月	75	−45	30	422
	8月	45	−80	−35	464
	9月	80	−27	53	524
	10月	85	−45	40	589
	11月	60	−35	25	649
	12月	80	−27	53	709

		增加	减少	净增	累计
中部	1月	60	0	60	80
	2月	85	−45	40	145
	3月	80	−27	53	205
	4月	90	−17	73	300
	5月	120	−33	87	350
	6月	45	−80	−35	392
	7月	75	−45	30	422
	8月	45	−80	−35	464
	9月	80	−27	53	524
	10月	85	−45	40	589
	11月	60	−35	25	649
	12月	80	−27	53	709

图 22-10 一个文本表格与一个热度图对比

注：热度图使异常情况更突出。

交叉列表和高亮表格

当你需要提供交叉列表时，考虑使用高亮表格来替代文本表格：用颜色编码的高亮表格让不同数字的对比变得更容易。

圆点显示了哪个月存在问题

圆点让看出哪些月份和哪些地区订阅者的数量减少超过数量增加变得很容易，见图 22-8。

迷你走势图让对比每月增加和流失的情况变得更容易

在仪表盘左上角的迷你走势图有利于轻松对比每个月订阅者增加和减少的情况，并突出显示人数增加最多和人数减少最多的月份，见图 22-11。

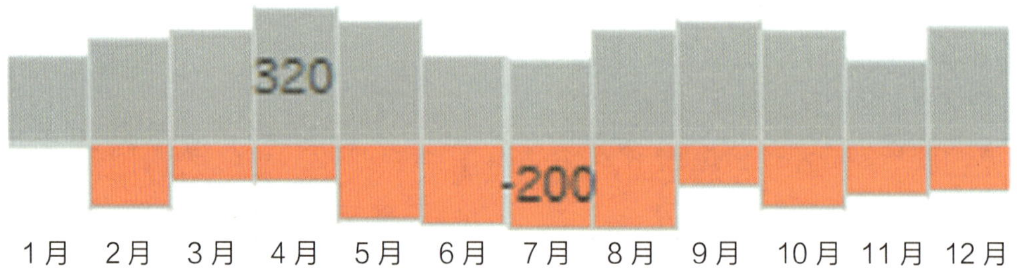

图 22-11　尽管没有坐标轴，仍然可以清晰地看出每个月人数增加 / 减少的情况

动作筛选器让关注一个特定地区变得更容易

在地区图表或详情图表上选择一个区域，以对瀑布图和迷你走势图进行筛选，让你可以更好地理解一个特定地区订阅者流动的情况。图 22-12 中显示了当用户选择了东部地区时所展示的情况。瀑布图向我们展示了东部地区订阅者的活动是多么不稳定。

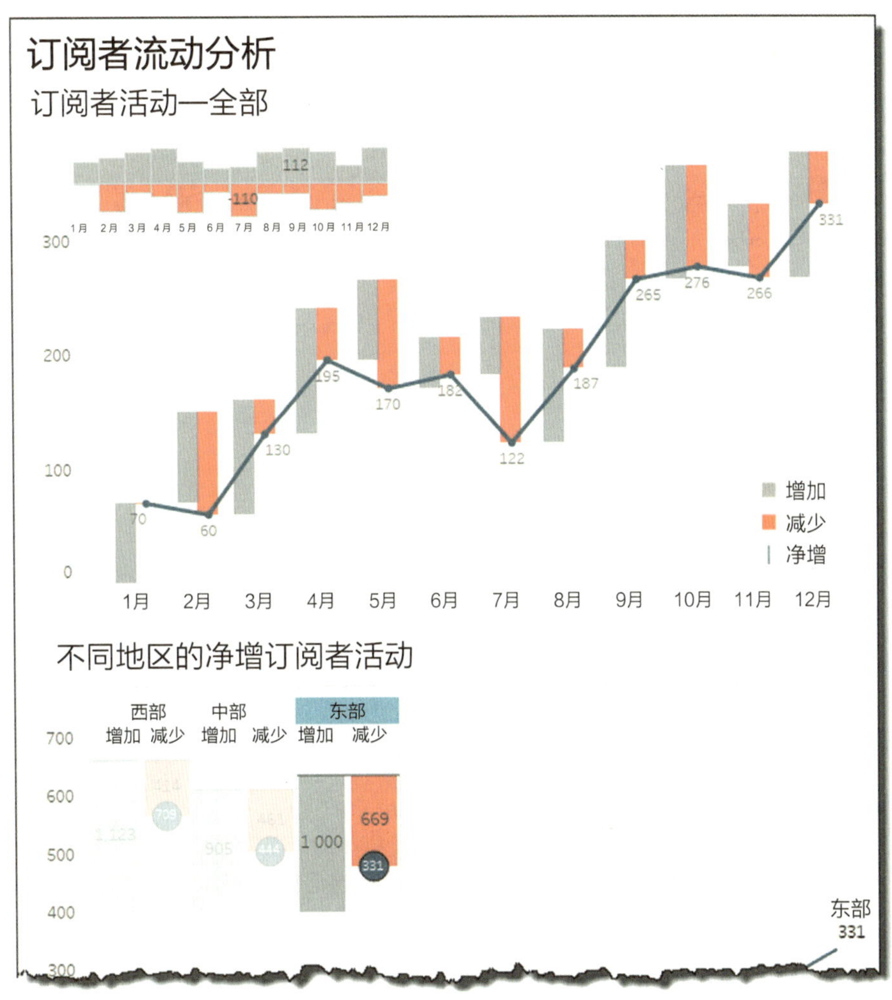

图 22-12 在底部的图表中选择东部，仪表盘其他部分的相关内容也会据此筛选

其他用例与方法

使用服务订阅者，目标是为了增加并且保持订阅者的数量。机场流量是另一个可以使用类似技巧显示的情境，但其目标却非常不同。你希望飞离机场的飞机数量等于飞抵机场的飞机数量。的确，在任何给定的时间，这个目标的值都是 0。

鉴于这个目标与订阅者增长的目标很不同，我们在图 22-2 中展示的瀑布图并不适用展示这种情境。图 22-13 显示了一种可能的解决方案。

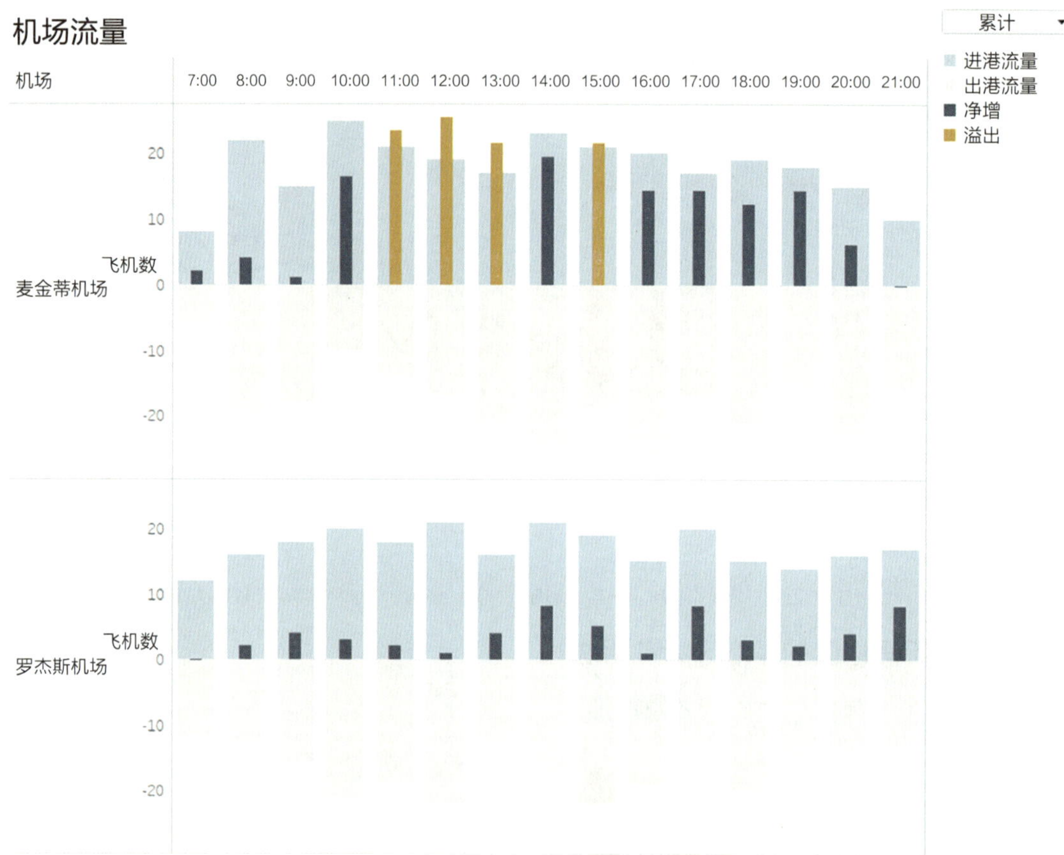

图 22-13　两个机场的进出流量与净增量的对比

在这里，我们看到进港和出港航班使用非常柔和的颜色来呈现，而动态净值（正在跑道上的飞机）则是最重要的。我们的目标是有一架飞机在降落，而另一架飞机正在起飞。我们希望内部的条形尽可能接近于零。

如果地面上的飞机数量达到或超过 20 架，条形图的颜色就会变为橙色，我们可以看到麦金蒂机场的飞机数量在上午 11 点、中午 12 点、下午 1 点和下午 3 点处于溢出状态。

作者的评论

史蒂夫：我不知道对周转 / 流动的可视化会如此复杂。不同用例的组合以及观察者对不同可视化效果的偏好都让我非常惊讶。我用过至少 10 种不同的方法来处理核心的瀑布图，对仪表盘整体进行了至少 30 次迭代。

有一件事让我感到惊讶，那就是瀑布图的另一种激进的替代方式的流行，我称之为“山形图”（见图 22-14）。

许多人都对这张图充满好感，他们指出通过该图可以非常容易地看出坏东西（红色）和好东西（灰色）峰值的位置，以及红色超过灰色的地方。是的，把减少值显示为正值确实有一点不同寻常，但那些喜欢这张图表的人能够很快适应这种情况。

这张图最大的问题在于面积图的部分（山）使用左侧轴线的值，而显示净订阅者的折线图则使用右侧轴线的值。由于很多人发现使用双轴容易混淆（很多用户完全不喜欢这样的图表），我还是会选择使用瀑布图。

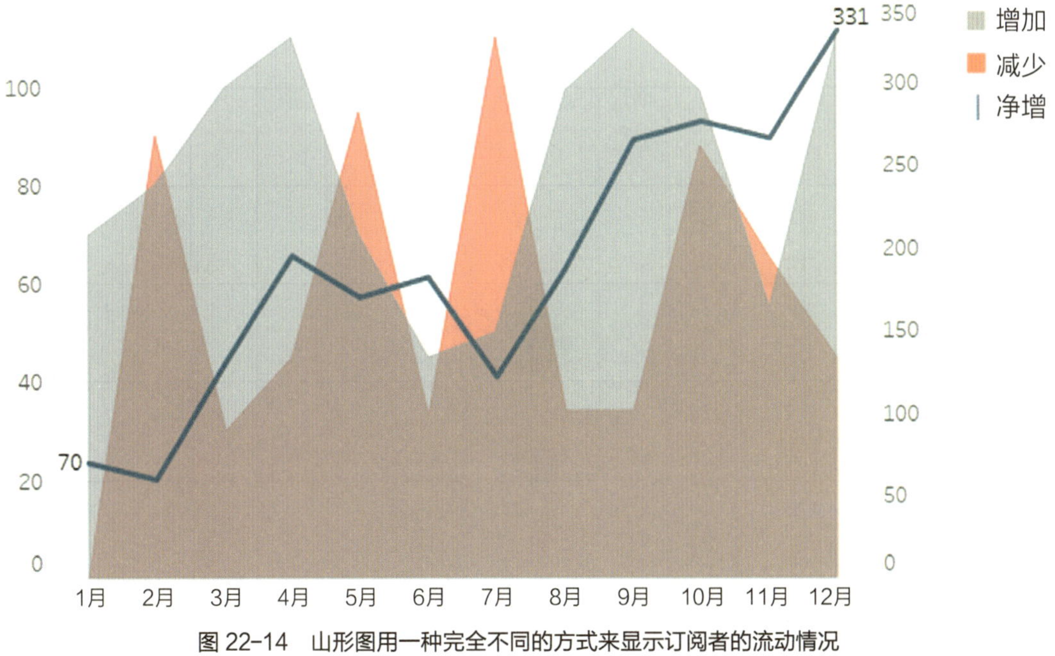

图 22-14　山形图用一种完全不同的方式来显示订阅者的流动情况

我还想强调一下让其他人进行审阅的重要性。安迪和杰佛里都在早期的原型上给了我很多反馈。杰理对详细信息文本表格的反思是让我使用热度图进行替换的催化剂。

杰弗里：与其他变体相比，我更喜欢在这个仪表盘上使用瀑布图。也许银行业和金融业的人更习惯于阅读瀑布图，但被我邀请审阅这张图表的每个人也都最喜欢瀑布图。替代方法让人很难看到互相重叠的面积图，所以实际只是突出了峰值。瀑布图更好地对随时间变化的持续增长和减少进行了可视化。

在地区条形图内的圆点对我来说有些太大了（见图 22-8）。史蒂夫想要在圆点内保留数据标签，所以很难将它们变得太小。我更愿意把圆点变小一些，然后把标签移到圆点下面。

我非常喜欢整个仪表盘的配色。在文本表格中添加的颜色帮助突出显示了数据并提供了关于数字一眼可见的额外信息。

安迪：第一印象非常重要。当你思考自己使用物品的体验时，第一印象会留下持久的影响。在《设计心理学》中，唐纳德·A. 诺曼把这些称为本能反应。这也适用于仪表盘。当我看到这个仪表盘时，我的第一反应是非常积极的。颜色、版式和字体的使用让查看这个仪表盘有了一种愉快的体验。我不觉得我在费力解释仪表盘中的任何部分。

我花了一些时间来探索这种瀑布图的风格。然而，了解不熟悉或复杂的图表通常需要花一些时间。这个图表包含了非常多的细节，其中一些我也仅仅是熟悉而已。

第 23 章

实际利用率与潜在利用率

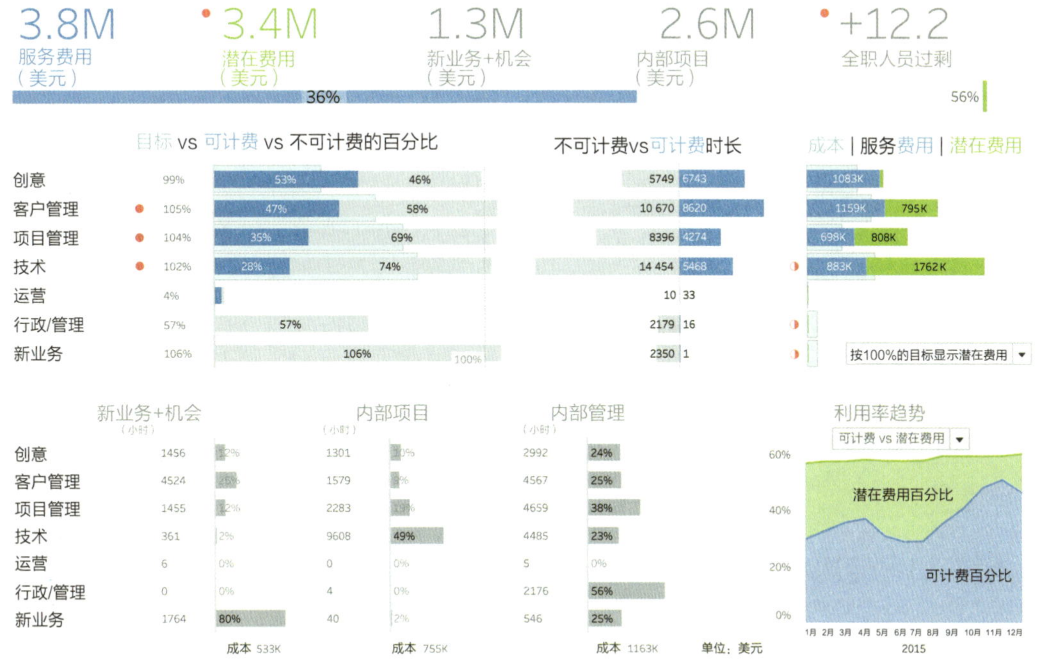

情境

重点

你是营销代理机构（广告、综合代理、数字、设计等）的主要负责人、首席运营官、首席财务官或客户服务总监，你希望了解你所在代理机构在可计费时间和服务费用收入方面的当前表现。

服务费用收入（也称为劳动收入）是大多数代理机构的主要收入来源，与可计费时间直接挂钩。了解该机构的时间分配情况对于员工的管理和机构的整体盈利能力来说至关重要。由于直接人工成本往往是机构最大的开销所在，为了有效地管理盈利能力，你必须有能力监控与服务费用收入和目标相关的劳动力成本。

细节

你需要：

- 了解整个机构的时间输入分配，包括：
  a. 客户项目的可计费时间；
  b. 产生新业务的不可计费时间；
  c. 用于机构内部项目上的不可计费时间；
  d. 用于内部机构管理上的不可计费时间。
- 了解每个部门在目标利用率上的表现。
- 查看一个部门的开销是否高于其潜在的服务费用收入，以及如果该部门达到了目标利用率或变化后的目标，你能获取多少额外的服务费用收入。
- 查看不可收费时间的细目，找出低利用率的潜在原因。

类似情境

- 你在一家律师事务所工作，需要比较不同部门之间及律师个体和支持人员的可计费时间和潜在可计费时间（事实上，这对几乎所有按小时计费的组织都是可行的，例如软件开发、汽车维修等）。
- 你在餐厅工作，需要跟踪员工的工作时间，并监控资源（烤箱、空调）和食物是如何利用/未充分利用的。

用户如何使用仪表盘

KPI

仪表盘顶部的数字代表该机构当前的服务费用，以及该机构达到目标时可能获取的额外服务费用（见图 23-1）。

3.8M
服务费用
（美元）

3.4M
潜在费用
（美元）

1.3M
新业务+机会
（美元）

2.6M
内部项目
（美元）

+12.2
全职人员过剩

36%

56%

图 23-1 关键指标与子弹图一起出现在仪表盘顶部

KPI 用作颜色图例

可以把 KPI 用作颜色图例。这里的蓝色表示当前费用，绿色表示潜在费用。该配色方案在整个仪表盘中使用。

仪表盘顶部的数字代表该机构当前的服务费用，以及该机构达到目标时可能获取的额外服务费用。此外，这些数字还显示了一家机构基于其当前工作量是如何人浮于事的，以及一家机构花费在自身和创造新业务上的总可计费数额或机会成本：

- 服务费用 = 可以转化为劳动收入的可计费工作总额；
- 潜在费用 = 如果达到可计费目标，可能产生的额外劳动收入；
- 新业务 + 机会 = 可计费员工在创造新业务上的总费用；
- 内部项目 = 可计费员工花在机构内部项目上的总费用；
- 全职人员过剩 = 你的团队是多么臃肿（或“沉重”）。

子弹图可被用作一个直观的快速参考资料，可以快速告诉浏览者该机构在实现其利用率目标上的表现如何。蓝线表示机构当前的利用率，即整个机构记录的可计费时间的总百分比，而绿色竖线表示该机构的利用率潜力（或该潜力基于图 23-5 中下拉菜单的选项的变化）。这两条线之间的距离就是该机构的利用率差距，与 340 万美元的潜在 KPI 一致（仪表盘顶部的绿色数字）。

你也许想知道为什么绿色栏没有被设置为 100%。因为没有哪家机构能够百分之百地利用劳动力，正如根本无法对为客户工作的每个小时收费一样。①

目标、可计费和不可计费百分比

图 23-2 显示了每个部门在利用率目标表现上的对比。其中显示了每个部门可计费（蓝色）和不可计费（灰色）时间的百分比。堆叠条后面是更宽的浅色目标条，让人可以很容易看出哪些蓝色条超过或低于目标利用率，以及差

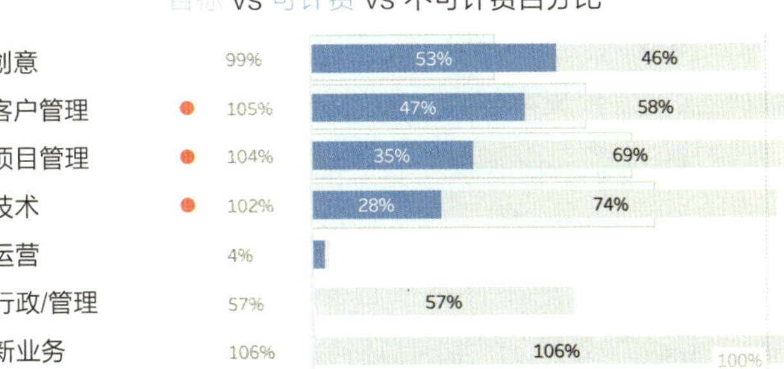

图 23-2 比较有目标值的可计费百分比，并显示总体时长

① “魔数”是由财务部门合成的每名员工的劳动预算。财务部门为每个员工设定目标值，考虑坏账项目，确保即使考虑到机构的经常费用，公司仍能够实现其盈利目标。

距是多少。红色的点可以快速识别出那些低于目标利用率的部门。在这个图中，你能看到创意部门超过了目标值，而接下来的三个部门则低于目标值。请注意，运营、行政 / 管理和新业务部门没有目标值，因为它们被视为“经常费用部门”，并且通常不会记录所有的时间。

这个利用率的计算基于每周工作 40 个小时，并将其以垂直虚线表示（可计费和不计费的百分比有可能大于 100%）。我们可以一眼看出哪些部门的平均工时多于或少于 40 小时。

不可计费与可计费时长

图 23-3 显示了每个部门实际不可计费与可计费的小时数。共用的基准线使其很容易看出哪个部门有最多或最少的可计费小时数。

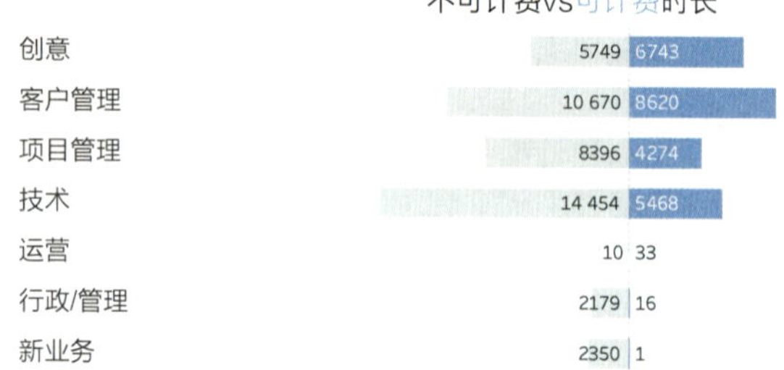

图 23-3　不可计费条在左侧，可计费时长在右侧

成本、服务费用、潜在费用

图 23-4 使我们能快速了解劳动力成本是高于还是低于可计费费用。劳动力成本由浅色阴影条表示，当前费用利用率用蓝色条表示。半红色圆点表示那些产生的服务费用达不到成本花费的部门。仪表盘设计者选择使用一个半满的圆点来表示成本没有被涵盖，而不是使用通常用于表示“这里有一个问题”但又没有说明问题确切性质的完整圆点。

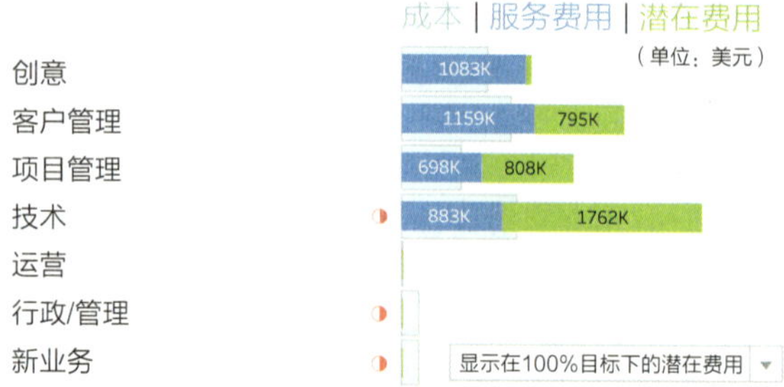

图 23-4　比较成本、服务费用和潜在费用

绿色条表示一个部门可能获得的潜在额外费用收入。如果部门达到目标值，你可以轻松地看到成本与收入的比例。

通过图 23-5 中“按 ××% 的目标显示潜在费用”下拉菜单，你还可以看到，如果部门达到其利用率目标或者变化后的目标时，劳动力成本与产生的总费用的比例。

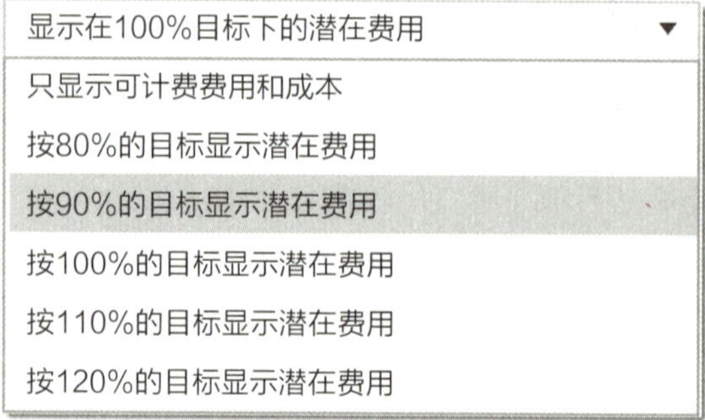

图 23-5　下拉菜单允许你查看其他不同目标率的“假设”收入

细节

图 23-6 显示了整个机构的所有不可计

费时长都用在了什么地方。虽然这个仪表盘不能告诉你为什么时间被用在这些地方，但当管理团队试图理解为什么没有达到可计费目标值时，它可以给他们指明正确的方向。也许是因为领导层批准了太多的内部项目，或该机构同时进行了太多胜率很低的新业务计划。也有可能是就当前的可计费工作量而言，该机构的雇员数量太多了。在每个报告下面，你都可以看到实际的劳动力成本（即哪类员工被付费来执行这项不可计费工作）。

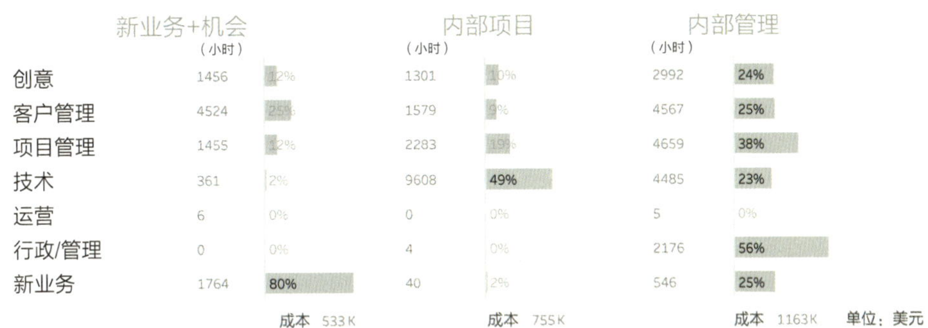

图 23-6　每个部门的详情可以让领导层了解为什么没有达成目标

利用率趋势

利用率趋势让仪表盘用户比较当前年份的实际和潜在的可计费比例，或比较今年与上一年的表现。其默认设置为查看可计费百分比是如何随时间变化追随目标（见图 23-7）。

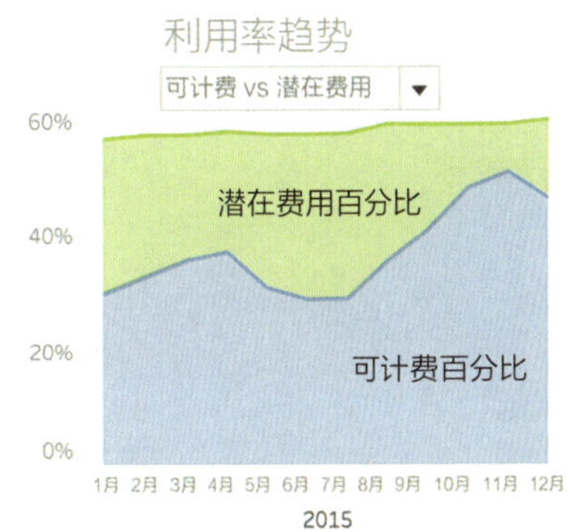

图 23-7　比较随时间推移的实际可计费百分比 VS 潜在费用的百分比

在这里我们可以看到，下半年该组织在达到目标值方面做得更好。请注意在这个例子中，我们展示了全年的数据。如果我们只有六个星期的数据，仪表盘将显示每周而不是每个月的视图。

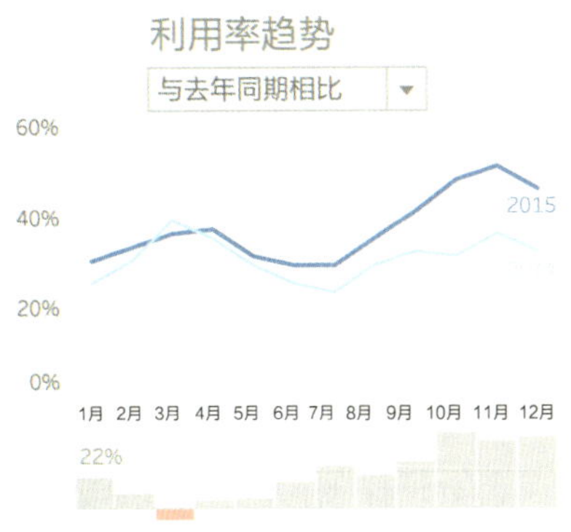

图 23-8　比较今年和去年

今年与去年相比

在考察任何趋势数据时，经常会出现的一个问题是，今年你的表现是否比去年更好。利用率趋势图包含一个下拉菜单，允许你在当前视图和另一个比较今年与去年可计费百分比的视图之间进行切换（见图 23-8）。

我们可以看到，今年（深蓝线）的可计费百分比全年上涨了 22%，除了 3 月份外，每个月的表现都比去年同期更好。

我们也可以看到，2015 年的峰值和谷值与 2014 年的峰谷相当，这表明指标是周期性的，这应该有助于预测未来几年的趋势。

各个部门各时间段内表现如何

默认情况下，仪表盘顶部的数字和利用率趋势显示整个机构的结果。你还可以关注各个部门，如图 23-9 所示。

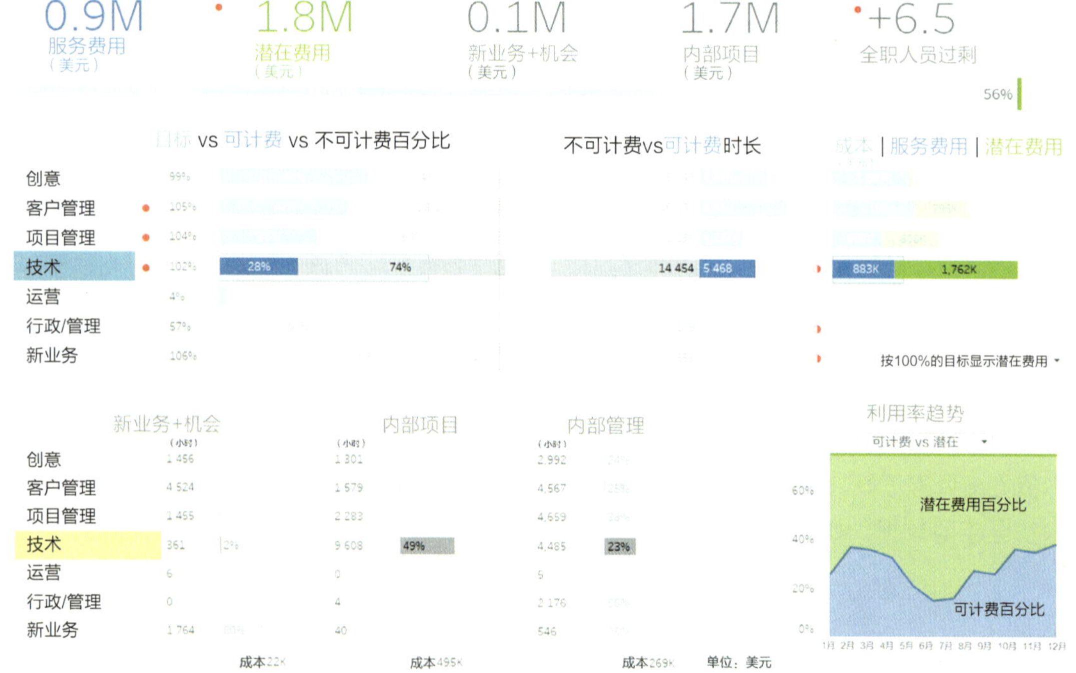

图 23-9　点击某个部门后，会对所选部门的关键绩效指标和利用率趋势图进行过滤

这样做为何有效

问题区域

仪表盘显示了 50 种不同的指标，但关键绩效的标记点让你很容易关注到表现较差的区域

（见图 23–10）。

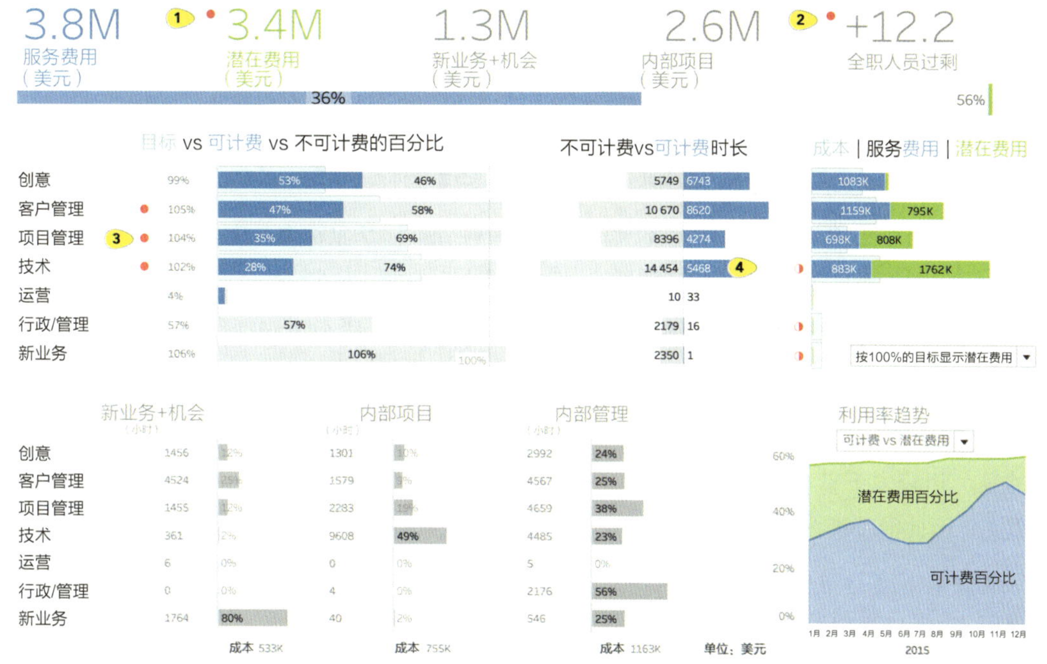

图 23–10　关键绩效指标点使你可以轻松查看哪些部分的表现不佳

这里我们马上可以看到：（1）潜在费用与实际费用相比是非常高的；（2）组织的人员过于臃肿；（3）三个部门的表现是低于目标值的；（4）三个部门的收入不能覆盖成本。

重点和色彩图例

图 23–11 中屏幕顶部的数字显示了组织在五个 KPI 下的表现，并使其作为颜色图例。

图 23–11　屏幕顶部的数字显示 KPI，并定义了整个仪表盘的颜色使用情况

颜色简约一致

设计师尽可能地使仪表盘保持整洁，并设法避免在图表标题中已经使用了颜色后，还要使用额外的颜色图例（见图 23-12）。

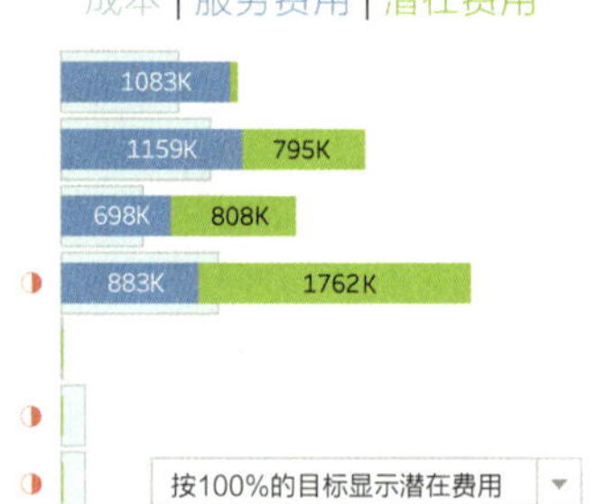

图 23-12 由于在标题中定义了颜色，所以不需要颜色图例

允许轻松比较的条形图

图 23-13 中编码了很多信息。请注意，我们将蓝色条和灰色条叠加在一起，以查看哪些部门在总体上高于或低于 100% 的标记值，其中最高的是账户管理部门的 105%，而最低的运营部门为 4%。

设计师沿着基准线放置了蓝条，因此我们可以轻松地对这个指标进行排序和比较。即使我们删除了数字标签，也很容易看出创意部门的蓝色条大约是技术部门的蓝色条的两倍。

要注意，蓝色条的比较很容易（因为存在共同的基准线），但灰色条的比较并不容易。幸运的是，相较之下蓝色条的比较更为重要，因此沿基准线设计。

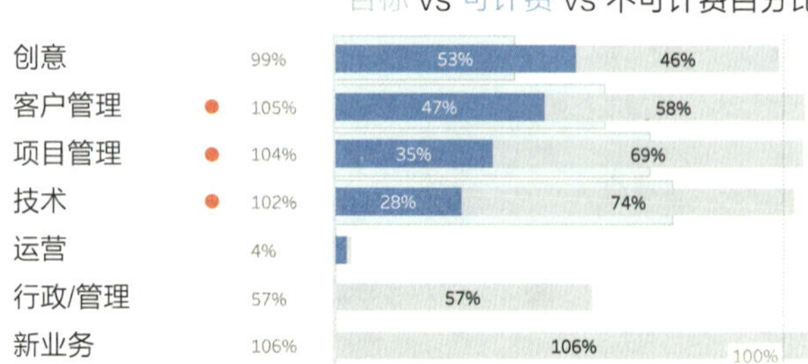

图 23-13 大量条形，智能排列

堆叠条下面是更宽的浅色目标条，让人可以很容易看出哪些蓝色条超过或低于目标值，以及二者差距有多大。

通过巧妙地安排这些条并使用颜色和参考线，我们可以在一个紧凑的图表中回答下列四个问题：

1. 哪个部门工作时间最长？（客户管理部门，105%）；
2. 哪个部门的可计费时间百分比最高？（创意部门，53%）；
3. 哪个部门轻松地超过了目标值？（创意部门）；
4. 哪个部门远低于目标值？（项目管理部门，在目标值的 50% 左右；技术部门，在其目标值三分之一左右的位置）。

如果你需要知道确切的数字，可以将鼠标悬停在标记上，如图 23-14 所示。

你甚至可能不需要悬停功能，因为人们善于比较条的长度。

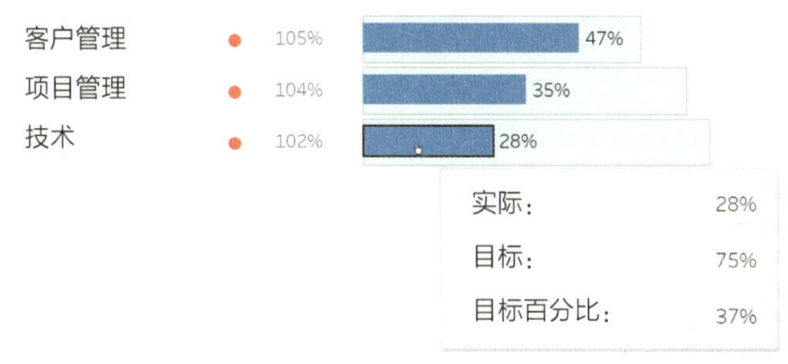

图 23-14　通过弹出窗口来提供所需的详细信息

趋势和逐年对比

利用率趋势允许被快速切换来显示今年的实际值和目标值，以及今年和去年实际值的对比。图 23-8 和图 23-9 都可以帮助用户了解随着时间变化，该组织是否正变得更好或更糟。

图表上剩下的是什么

堆叠条形图和假设下拉菜单让人可以弄清楚，当机构没有实现目标时，表面上还剩下多少钱（见图 23-15）。

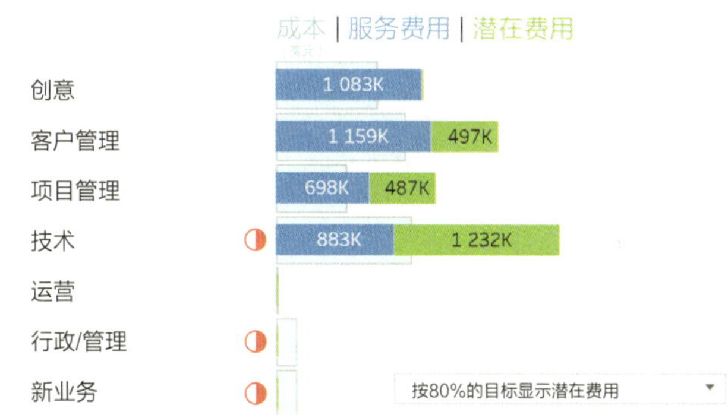

图 23-15　即使只按 80%的目标显示，从表格来看该组织依然留有大量服务费用

仪表盘的首要目标是改变人们的行为。绿色条是一个大声的提醒，说："如果你开始行动，看看你可以做什么！"

作者的评论

史蒂夫： 如果我们需要一个案例研究，来证明浏览书中不同情境的效用，那无疑是这个案例。在审阅了已经为这本书准备好的六个仪表盘之后，才有了这个仪表盘。我们从这六个仪表盘中挑选了一些在这里使用。例如，我们借鉴了第 18 章"投诉仪表盘"中的堆叠条；大数据的 KPI 来自第 2 章"课程指标仪表盘"；KPI 点来自第 6 章"相比之前，现在的排名"；实际与历年同期的对比则来自第 10 章"同时显示年初至今和去年同期的数据情况。"

我期待看到该仪表盘有一次新的迭代，以提供一个用于比较个体表现与行业平均水平的方法。

杰佛里： 正如史蒂夫所说，这个仪表盘表明了我们希望用户如何使用这本书。与本书中的大多数仪表盘一样，它的迭代次数很多，看到它的进展会很有意思。注意一下整个仪表盘中颜色的使用。制作者精心使用了三种颜色（蓝色、绿色和灰色），简单一致。

第 24 章

医务人员的生产力监控

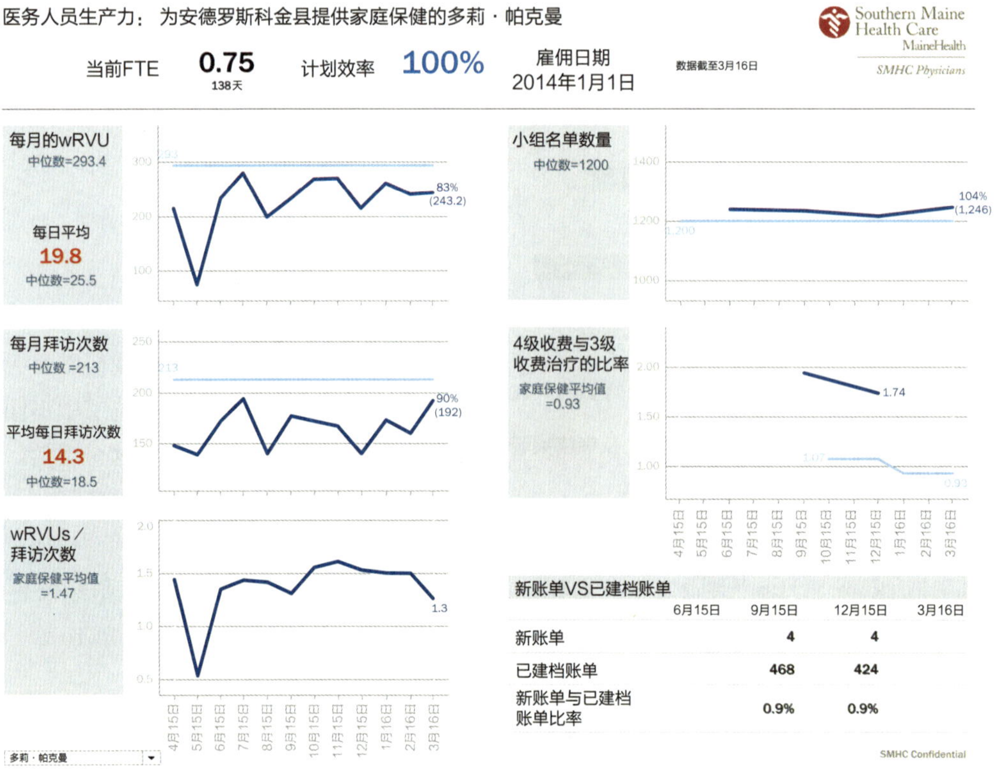

医务人员生产力：为安德罗斯科金县提供家庭保健的多莉·帕克曼

Southern Maine Health Care
MaineHealth
SMHC Physicians

当前FTE 0.75
138天

计划效率 100%

雇佣日期
2014年1月1日

数据截至3月16日

每月的wRVU
中位数=293.4

每日平均
19.8
中位数=25.5

300 200 100
293
83%
(243.2)

小组名单数量
中位数=1200

1400 1200 1000
1,200
104%
(1,246)

每月拜访次数
中位数 =213

平均每日拜访次数
14.3
中位数=18.5

250 200 150
213
90%
(192)

4级收费与3级收费治疗的比率
家庭保健平均值
=0.93

2.00 1.50 1.00
1.74
1.07
0.93

4月15日 5月15日 6月15日 7月15日 8月15日 9月15日 10月15日 11月15日 12月15日 1月16日 2月16日 3月16日

wRVUs /
拜访次数
家庭保健平均值
=1.47

2.0 1.5 1.0 0.5
1.3

4月15日 5月15日 6月15日 7月15日 8月15日 9月15日 10月15日 11月15日 12月15日 1月16日 2月16日 3月16日

新账单VS已建档账单

	6月15日	9月15日	12月15日	3月16日
新账单		4	4	
已建档账单		468	424	
新账单与已建档账单比率		0.9%	0.9%	

多莉·帕克曼

SMHC Confidential

情境

重点

你是一名初级卫生保健医生。你的首要任务是照顾病人，你需要尽可能高效地来进行这项工作。当你和你的管理者一起工作时，这样的仪表盘有助于揭示你的效率水平。这很重要，原因有以下两点。

1. 每位初级卫生保健医生每年的组织成本是数十万美元。该成本包括提供给医生和必要工作人员的薪酬、办公空间、设备等。南缅因州卫生保健机构（SMHC）是一个利润非常薄的非营利组织，并且处于美国人口老龄化程度最高的一个州。因此，需要密切监控生产力和收入。
2. 实践中的变化导致资源分配效率低下。例如，你可能没有足够多的病人。你可能没被安排足够的就诊人数。任何低效率的行为都会增加成本。

细节

评估效率的因素包括：

- 卫生保健医生的表现如何？
- 他们是否有效地安排了预约就诊计划？
- 他们的病人数量合理吗？
- 他们安排的预约就诊时间间隔合适吗？

类似情境

该仪表盘显示了六个关键指标，并提供了在任何情境下随时间追踪指标的指导，例如：

- 监控员工表现；
- 评估呼叫中心的效率；
- 衡量销售目标。

用户如何使用仪表盘

虽然该仪表盘只有五个图表和两个表格，但是数据和度量对于普通非专业人士来说非常复杂。让我们对每个部分进行分解，并解释一下我们是如何确定安德罗斯科金县的多莉·帕克曼博士可以提升的部分。事实证明，她是一位很有地位的医生，而她的诊疗时间太长了。如图 24-1 所示，仪表盘的顶部提供了正确解读其他图表所需的重要背景信息。

医务人员生产力：为安德罗斯科金县提供家庭保健的多莉·帕克曼

当前FTE **0.75** 138天　　计划效率 **100%**　　雇佣日期 2014年1月1日　　数据截至3月16日

图 24-1　绘制图表需要定义的一些指标内容

- 当前的 FTE（全时当量）是雇佣状况，范围从 0.5 FTE（兼职）到 1.0 FTE（全职）。
- 安排效率显示了该医生时间的使用情况。它排除了不可避免的取消出诊和病人未出现的情况。其目标值是 100%。
- 雇佣日期显示了该医生从何时开始在 SMHC 工作。

通过阅读该部分，我们可以看到：帕克曼是安德罗斯科金县的一名全科医生，在 SMHC 服务超过两年多。她不是全职；她的全职人力工时（FTE）是 75%。她的安排效率是 100%，意味着她每天的预约都被排满了。

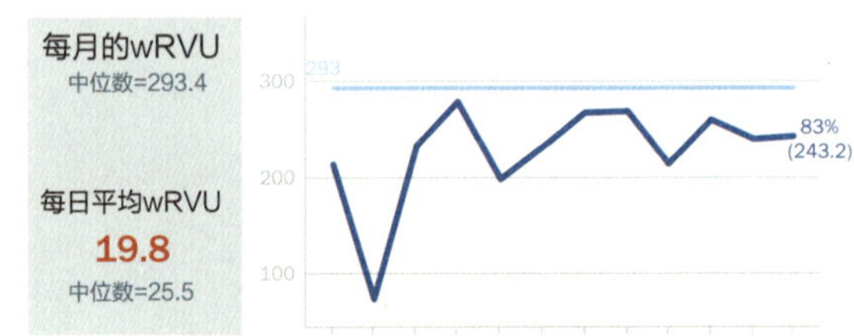

图 24-2　多莉·帕克曼每月的 wRVU

图 24-2 展示的是帕克曼的工作相对价值单位（wRVU），这是一个美国的通用指标，适用于所有的医疗服务人员。它使预约就诊的价值标准化，让不同科室的医生（如内科、全科医疗、外科医生等）的工作可以根据时间和敏感度（严重程度）校准到相同的度量标准。

在仪表盘上，wRVU 以两种方式显示。深蓝色的线显示每月 wRVU 的总数，阴影区域中的度量标签显示了 wRVU 总体的日平均值。该图表以及其他图表中淡蓝色的线显示了目标值，目标值基于该度量在全国的中位数。如果每月的 wRVU 价值远低于目标值，那么医疗保健系统将会亏损。

在帕克曼的案例中，深蓝色的线显示在过去的 12 个月里，她的 wRVU 有所提升，但似乎仍然无法达到中位数；每月的 wRVU 都有点低。她每日的平均 wRVU 为 19.8，标为红色，表明该数值太低了。

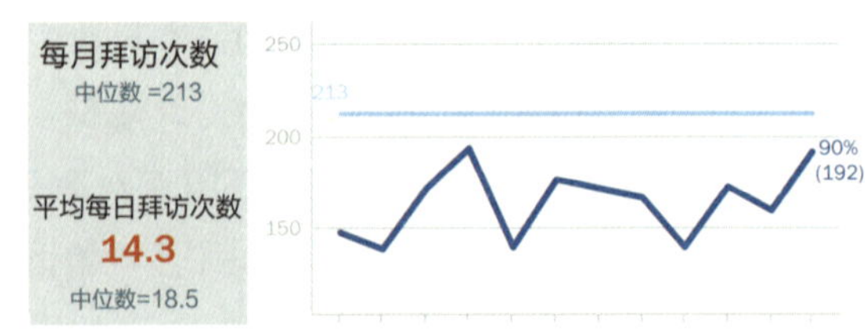

图 24-3　每月拜访次数（即有多少病人就诊）

该图表同时显示了每月 wRVU 的总数和日平均值，因为每月总数会受到因休假、雪天等因素的影响而波动。wRVU 的日平均值更好地反映出日常实际工作的情况。

在图 24-3 中，每月拜访次数的情况显示了病人到访医生的诊疗次数。该数值用每月总数（深蓝色的线）和日平均值（在阴影区域的标签）来显示，同时还包括基于全国中位数和 FTE 调整的目标值（淡蓝色线）。

在这里，我们看到帕克曼依然没达到她的预约就诊目标。她的每日平均值只有 14.3，而全国的中位数是 18.5，折线表明她在每个月都低于目标。看的患者太少会直接影响收入，所以帕克曼和她的办公室医务人员需要努力增加预约就诊数量。

图 24-4 中的“wRVUs/ 拜访次数”显示了每月 wRVU 的数值除以拜访次数的数值。对于医生而言，上一季度的平均值（1.47）被显示为基准。

与其他图表不同，该度量没有参考线。在撰写本文时，这还是对医生的一项新度量指标，且目标尚未确定。

对于帕克曼来说，我们可以看到，尽管她的两项指标都很低，但除了在 2015 年 5 月的大幅下跌外，其质量一直保持稳定。最近一个月（2016 年 3 月）也出现了下降，这在未来几个月需要继续监控。

图 24-5 中的“小组名单数量”代表与该初级卫生保健医生来往的病人数量。全职医生的目标值（没有显示在仪表盘上）为 1600，并根据不同的 FTE 进行调整。

帕克曼的 FTE 是 0.75，所以她的小组名单数量较低（1200）。我们可以看到她的小组名单数量略微超出目标，在可接受的范围内。

图 24-6，4 级收费与 3 级收费治疗的比率显示了一个关键比例。病人就诊（拜访）根据敏感度进行编码，其中 5 级最严重，1 级最不严重。

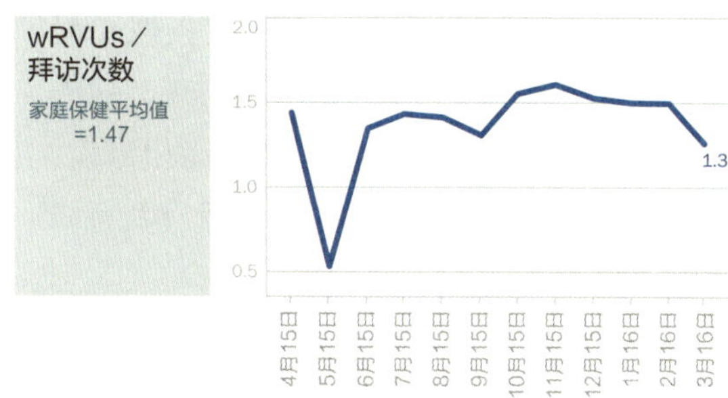

图 24-4　每次就诊的 wRVUs 是衡量数量和敏锐度的指标

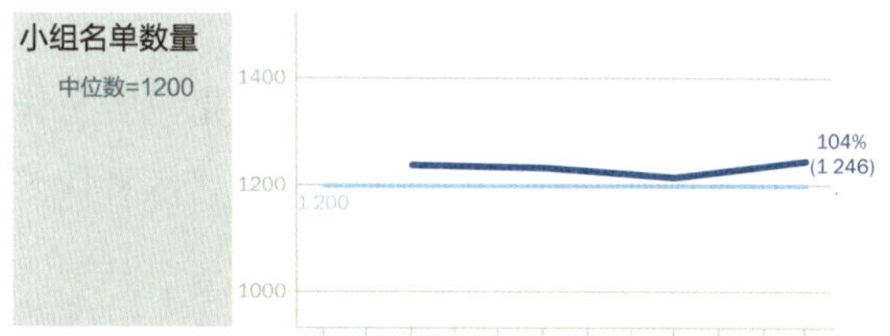

图 24-5　小组名单数量（即医生与对应的病人诊疗次数）

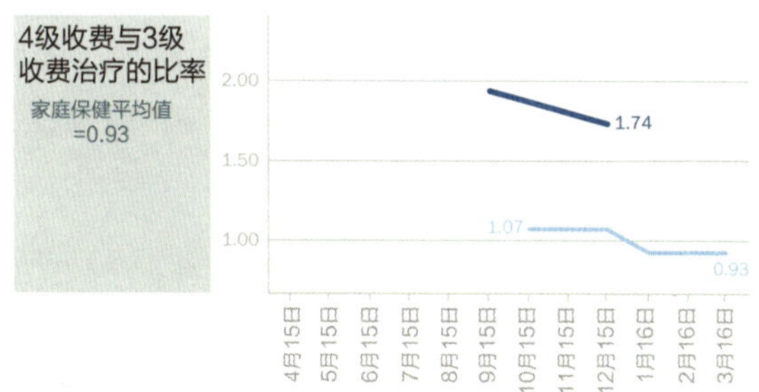

图 24-6　4 级收费与 3 级收费治疗的比率

注：此图表可帮助用户了解费用是否被合理利用。

治疗的等级越高，补偿率比就越高。如果 4 级治疗对 3 级治疗的比率太低，那么它可能表明医生没有正确地记录病人的敏感度。如果太高了，可能表明向上编码，指定了比病人实际病情所需更高的级别，而这是一种医疗欺诈。

在截屏时，只有按季度的数据且没有设定目标值，所以家庭保健的平均值（目前为 0.93）被显示在左侧作为比较。这个度量标准是 wRVU 总数和每次拜访 wRVU 的解释性因素。帕克曼的比例很高，所以即使她在 2015 年末的拜访次数比目标值要低一些，她的 wRVU 总数仍然接近目标值。

图 24-7 中显示新账单和已建档账单对比，显示了新的就诊病人的数量与现有病人数字的比率。这里的数据范围可能相当大，从一名有丰富经验的医生的 1% 到一名新医生的 10% 或更多。

新账单与已建档账单

	6月15日	9月15日	12月15日	3月16日
新账单		4	4	
已建档账单		468	424	
新账单比率VS已建档账单		0.9%	0.9%	

图 24-7　新账单和已建档账单的数据显示新病人和已有病人的数量

帕克曼的小组名单数量增长缓慢。鉴于我们知道她的小组名单数量略微超出目标，因此在该图表中没有需要追踪的问题。

我们对帕克曼有哪些了解？她是一名经验丰富的医生，没有足够的病人来预约就诊，导致了其 wRVU 无法达到目标值。

这个观点清楚地表明，下一步是需要更详细地查看帕克曼的时间安排。改善办公室工作流程和办公室设置，缩短预约时间，或者调整医生的文书工作流程，就可以处理并帮助解决仪表盘中显示的问题。

让我们看一下图 24-8 所示的另外一个例子，它显示了仪表盘可以如何显示其他问题。哈兰·帕尔米拉（Harlan Palmyra）是牛津县的家庭保健医生，从 2014 年 9 月开始成为 SMHC 的员工。

在这个仪表盘上有三个区域是红色，表明帕尔米拉没有达到目标：（1）计划效率仅为 86%；（2）wRVU 的日平均值为 11.6，而中位数为 25.5；（3）每天的拜访次数是 7.2，而中位数是 18.6。

在每月的 wRVU 和病人就诊（4 和 5）的折线图中，我们可以看到一年多前，帕尔米拉在工作的第一年数值出现了增长。从那以后数值就一直保持平稳，持续低于目标水平。

每日治疗的低效率安排可能是帕尔米拉无法达到目标的原因，但仪表盘显示出问题比这还要更复杂。他的小组名单数量是 938，即仅达到目标的 67%（6），这最可能是日程安排有这么多空白的原因，即没有足够多的病人来就诊。

在这个例子中，更令人担忧的是新账单和已建档账单对比的图表。在最近一个季度，在

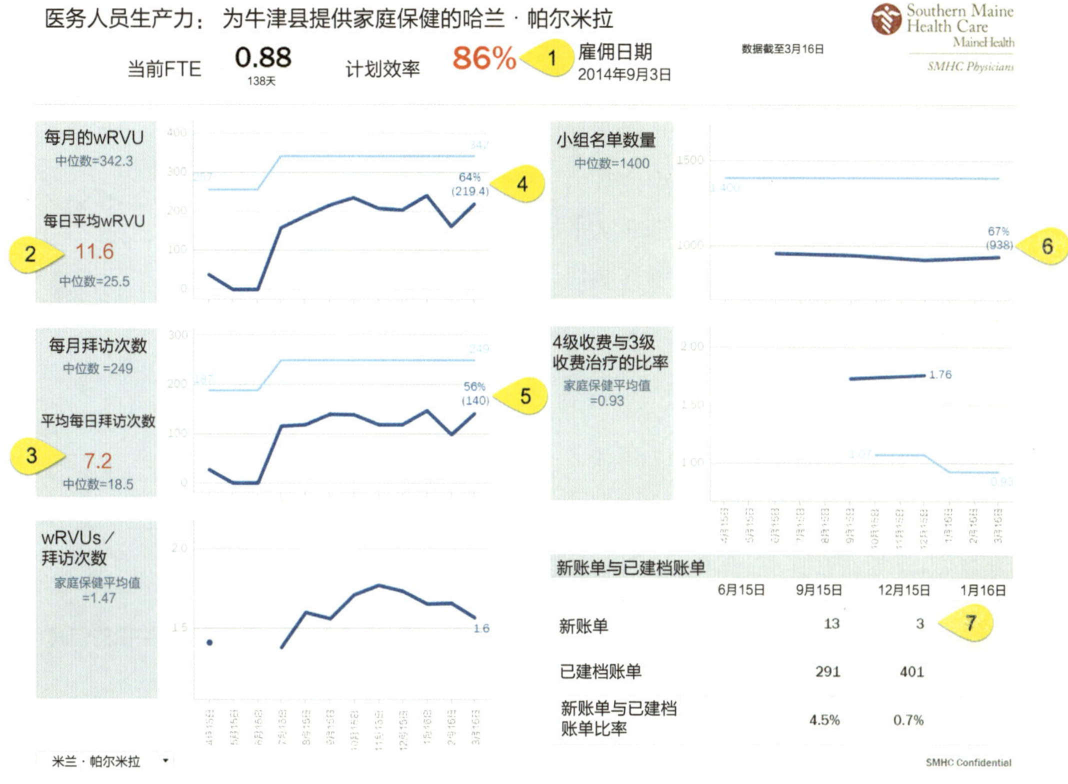

图 24-8　哈兰 · 巴尔米拉的诊疗病人太少，导致几个指标变红

2015 年 12 月结束的数据中，帕尔米拉只有三个新的病人（7）。这个数字需要增加，以使更多的病人接受他的诊疗，让他的日程表排满。

总之，这名医生的病人太少了，而且没有吸引多少新的病人。在这种情况下，要对该医生的病人体验分数进行调查，以查看是否存在关于声誉的问题。此外，增加广告宣传来促进新病人的拜访也会有所帮助。

这样做为何有效

易于打印的设计

SMHC 将此称为“报告”，而不是仪表盘，因为设计没有考虑交互性。该报告被设为横向显示，并经常被打印。尽管我们可能渴望拥有完整的交互性、无纸化的办公环境，但很多时候这是不可能实现的。在诸如医疗保健的案例中，为打印而设计仍然是至关重要的。

参考线上合适的目标值

在图 24–9 中使用术语“中位数”而不是“目标值”，传达目标是要达到全国中位数的水平。中位数会根据每个医生及其 FTE 水平进行调整。使用中位数可以让医生来判断他们是否达到了全国基准。

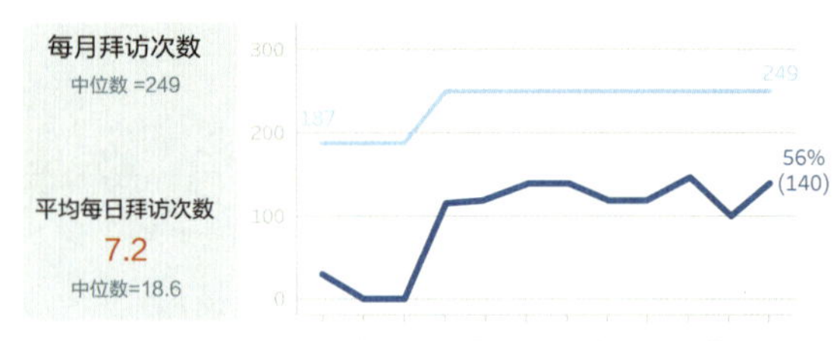

图 24–9 使用“中位数”而非“目标值”

KPI 引人注目

你需要知道是否漏了某个指标。在这个仪表盘中，关键的 KPI 用数字表示。如果它们低于目标，就是红色的。这是一种简单有效的方法，可以使用诸如颜色的前置属性强调数字，见图 24–9 和图 24–10。

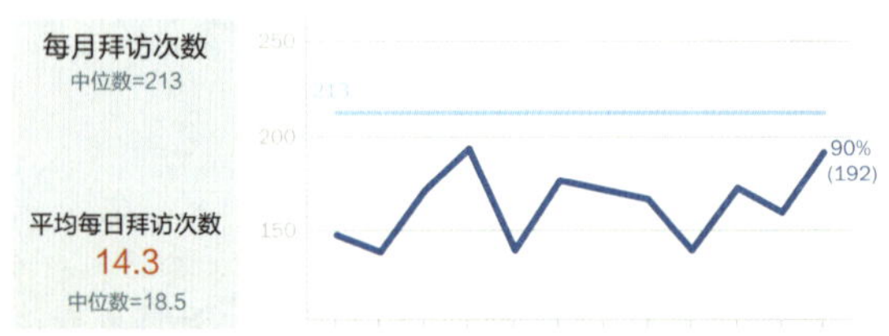

图 24–10 用于强调数据的阴影和空白的空间

白色空间与底纹

仪表盘经过设计是为了有足够的白色空间让数据突出显示，而不是被复杂性所淹没，见图 24–10。仪表盘尽可能删除边框、线条和底纹，以使得折线和数字更为突出。

图 24–11 的左边显示了仪表盘的一部分，没有底纹，并且 y 轴表示该度量的整个测量范围。右边显示了实际仪表盘中使用的底纹和动态扩展的范围。底纹为仪表盘的不同部分提供了更好的视觉指示，而延伸的轴线则为数据提供了“呼吸”的空间。

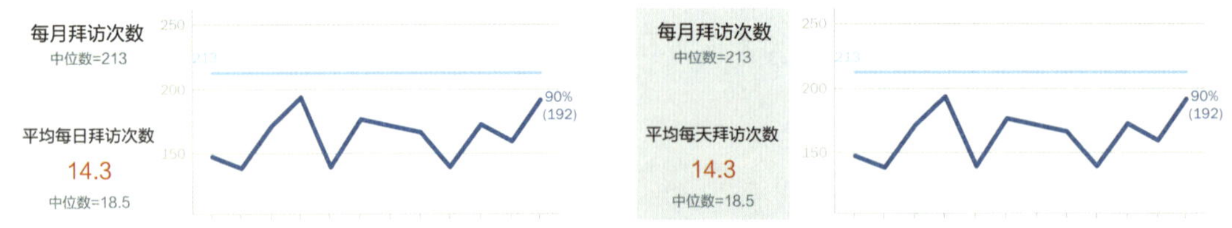

图 24–11 两种版本的图表：右侧带阴影和动态轴，而左侧没有

使用格式塔闭合律为图表标题区域添加底纹，来为每个图表创建区域。

底纹和白色空间

在仪表盘上巧妙地使用底纹和白色空间来创建不同的区域。

在折线图中，y 轴的自动延伸超出了数据范围。这种巧妙的方法可以确保图表中的数据区域内存在一定的白色空间。它允许数据被更舒适地放置在其空间内。

有效利用表格

为什么设计师在仪表盘的右下角使用表格而不是可视化？我们不是应该在任何时候尽可能地对数据进行可视化吗？在这个例子中，使用表格有三个很好的理由。

1. 可能的数据范围会非常大。在图 24-12 所示的例子中，医生在 2015 年 12 月有 4 个新病人，并添加到已有 424 个病人的小组名单中（0.9%）。一些医生可能会有超过 1600 位病人的小组名单，每个月只增加几个新病人。其他医生可能有一个病人很少的小组名单以及许多新增病人。
2. 新老病人的比率从 1% 到 10% 以上不等。绘制一个适用于所有这些范围的图表是很困难的。
3. 数据是按季度可用的，所以只有八个数据点，而且不需要趋势视角。

新账单与已建档账单

	6月15日	9月15日	12月15日	3月16日
新账单		4	4	
已建档账单		468	424	
新账单与已建档账单比率		0.9%	0.9%	

图 24-12　有时候表格比图表好

何时使用表格

当量度变化或需要查找数据的精确值时，一个格式良好的表格可能比图表更有用。

作者的评论

安迪： 这个仪表盘的设计者把仪表盘包装得很精细但又包括了各种重要特性，让仪表盘变得很容易理解。灰色阴影和动态延伸的 y 轴是其中的两个例子。每一个都进行了小小的渐进式改进。然而，进行 10 个、20 个微小的渐进式更改，对仪表盘的最终影响是非常大的。

我多年来的经验表明，帕累托原则适用于有效的仪表盘设计：80% 的设计工作将在 20%

的时间内完成。剩下的 80% 的时间将用于对格式、版式和注释层进行微调。这些时间应该花在与仪表盘用户的协作上。

它很费时并不意味着你应该忽略它：你不可以这样。这些最终的变更对成功采用仪表盘影响最大。

在仪表盘上我会改变的一件事，就是使用更多除颜色以外的方式来编码未达成的目标。在这个仪表盘中，未达成的目标如果后来达成了就是蓝色，如果仍然没有达成就是红色。这样是可以的，但它可能不会马上引起注意。可能有些患有色觉缺失的人不能正确区分红色和蓝色，尤其是在灰色阴影区域上标记目标。这可以通过紧挨着未达成目标数字的一个小点、箭头或其他 KPI 指示器来解决，如图 24–13 所示。

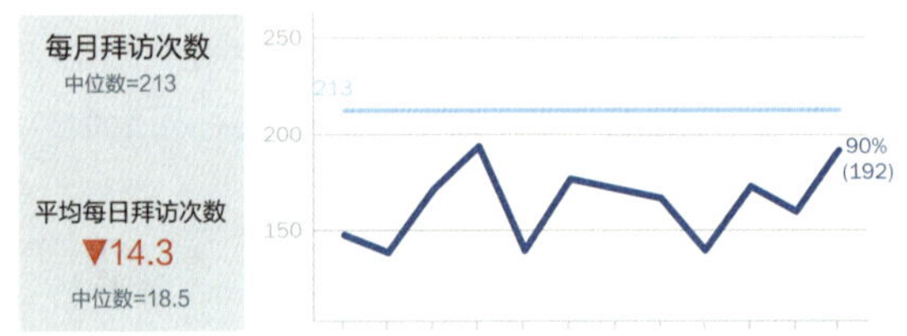

图 24–13 未达到目标旁边的箭头或类似指示符比仅使用颜色提供的视觉编码更清晰

其他用于突出显示未达成目标的点或箭头的例子，请参见第 6 章和第 8 章。

杰佛里：这个仪表盘设计师很好地应用了格式塔原则，但对我来说有些多余了。有时在仪表盘设计中，设计师为所有内容都添加了边框：每个图表、每个标题，以及仪表盘本身。我猜他们认为如果把他们的数据放在“监狱”里，他们会觉得更安全。

在这个仪表盘中，设计师非常小心地删掉了一些边框。例如，没有图表边框，只有 x 轴和 y 轴。但是，灰色区域会造成额外分离，这在我看来是不必要的。此外，将红色的 KPI 放在灰色的区域中，与放置在白色上相比，红色会显得暗沉。

最后，我尽量避免旋转文本。在这个仪表盘中，每个月都有标签，文本旋转了 90 度。我会考虑将这些标签分隔开，并使用一种可以避免旋转文本的方式来设定格式。

图 24–14 中显示了没有灰色阴影并使用了水平轴标签的仪表盘版本。

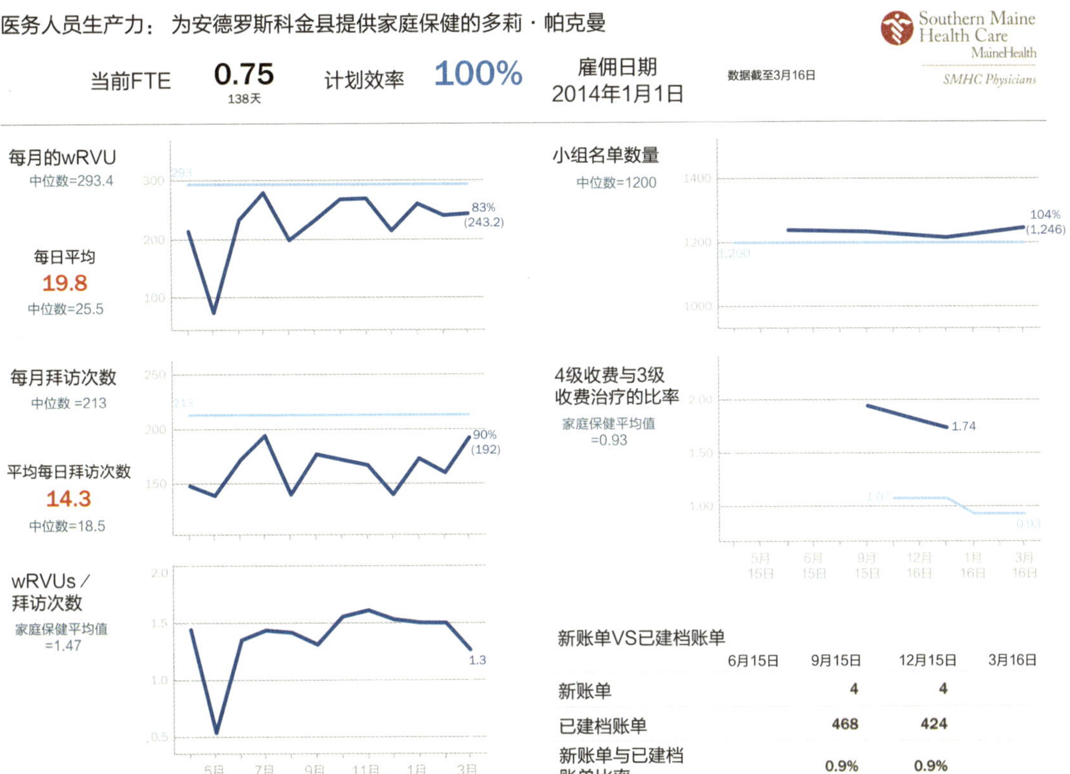

图 24-14　仪表盘的阴影被去除，轴标签水平放置

第25章

电信运营商管理人员仪表盘

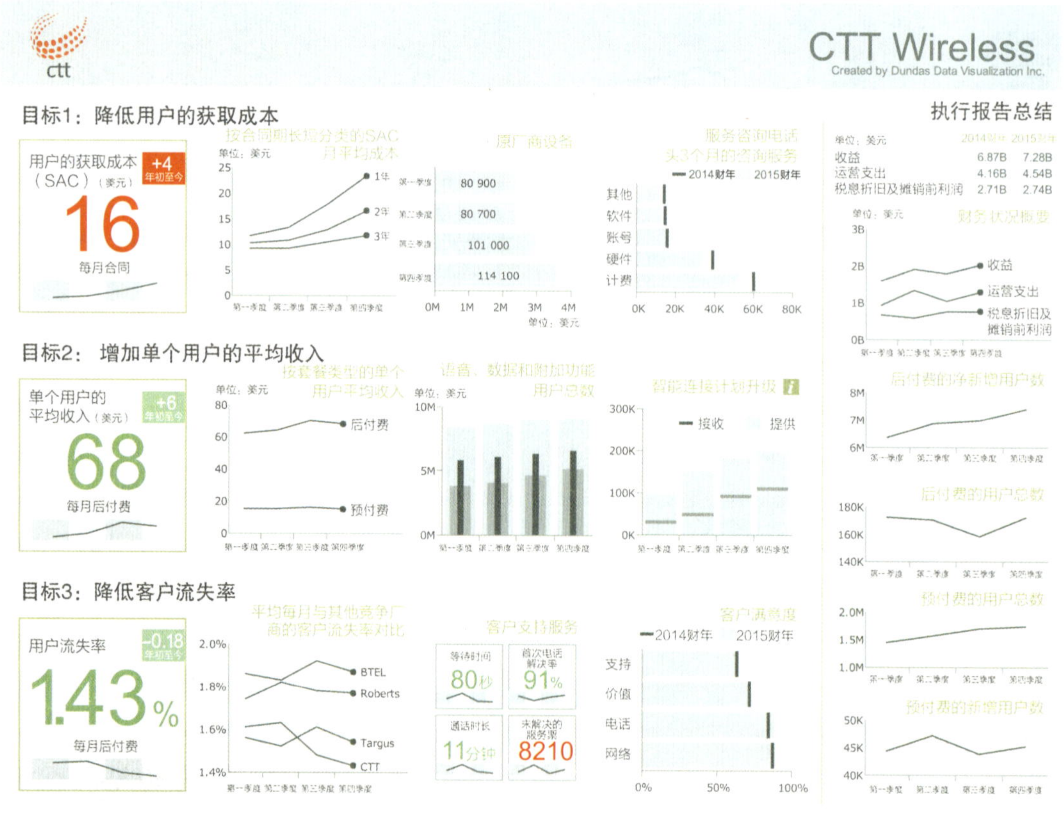

情境

重点

你是一家电信公司的管理人员，你需要知道你是否正在按计划实现战略目标。正如其他企业一样，你希望降低新用户获取成本，增加基于单个用户的平均盈利，并降低用户流失率。你需要一个仪表盘来向组织的管理层提供所有相关细节。仪表盘不需要是交互式的，但它需要总结所有的关键信息，以便在高管 / 董事会 / 利益相关方的会议中呈现。

细节

- 你需要追踪三个主要目标：获取用户的成本（SAC）、基于单个用户的平均收入（ARPU）和用户流失率。
- 你需要查看每个目标值随时间变化以及年初至今的结果。随后你需要看到可能推动这一目标的关键风险指标（KRI）和 KPI。
- 你需要查看过去四个季度的收入、运营支出（OPEX）以及税息折旧及摊销前利润（EBITDA）等主要财务信息的执行报告总结，并与前一年的结果进行比较。
- 你需要查看过去四个季度所有关键类别的用户信息，例如预付费和后付费套餐的总用户数和净新增用户数。

类似情境

- 你需要以高层次目标来构建仪表盘，并细分这些目标的驱动因素。
- 你需要一份详细的总结，往往是单一视图中多个指标随时间变化的趋势。
- 你需要检查获取用户的成本（SAC）和 / 或流失率。你需要比较当前时间段和之前时间段。
- 你需要查看呼叫中心指标及其对用户的影响，包括用户流失、推荐可能性、用户满意度调查或用户评论等。

用户如何使用仪表盘

仪表盘的设计主要体现在四个方面：三个目标和一个执行报告总结。三个目标按行罗列，每行从左到右有四张图片。执行报告总结在仪表盘的右侧垂直显示。

第一个目标是降低用户的获取成本（SAC），见图 25-1。这个指标也被称为“每次获得成本”，是很多不同类型企业都会使用的关键指标。在这个情境中，该电信公司正在衡量获取用户的成本。SAC 已经上涨，这是一件坏事，所以它被标为红色，并附有一个红色的小红框，表明年初至今成本已经增加了四美元。折线图显示，从第一季度到第四季度，所有合同类型的 SAC 都在上涨，也显示了一年合约的成本要高于三年合约的成本。第三幅图按季度显示了来自原厂商（ODM）设备的情况，*x* 轴用于标记美元金额，设备数量作为数据标签。最后一幅图显示了 2015 财年与 2014 财年目标线进行对比的条形。

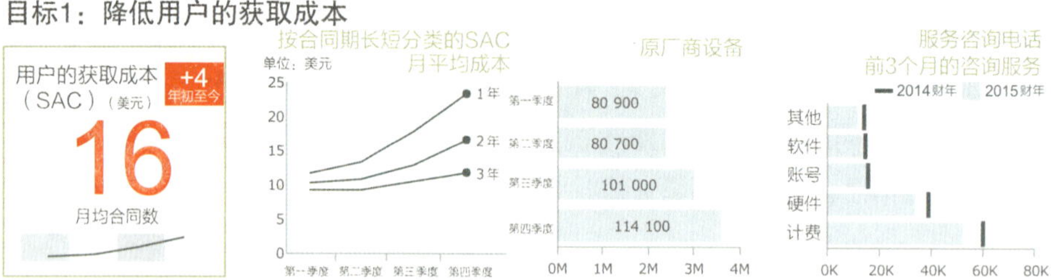

图 25-1　四个图表显示了第一个目标的关键指标

使用红色和绿色时要小心

当同时使用红色和绿色时，请为色觉缺失患者留出空间。在本例中，作者在小方框中使用 +/- 指示器来表示成本正在上升或下降。

第二个目标是增加单个用户的平均收入（ARPU），见图 25-2。这与第一个目标的布局非常相似。从左到右有四个图表显示关键指标。读者可以快速查看总体 ARPU，按套餐类型的 ARPU，三类用户总数、计划升级优惠的数量以及有多少用户接受了这些优惠。ARPU 目前正在上升，这是一件好事，因此它显示为绿色，标注框指标显示年初至今增长了六美元。

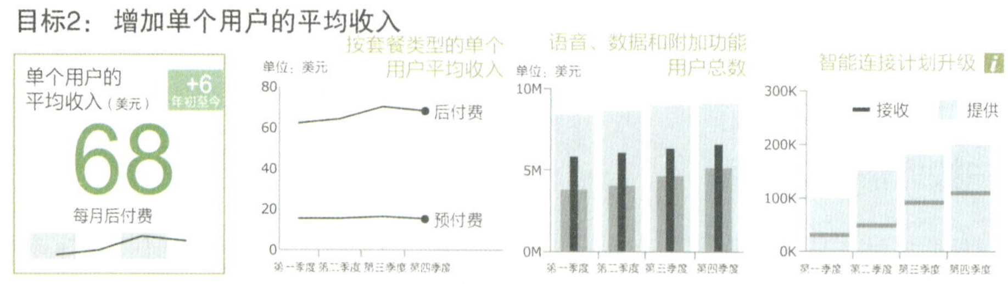

图 25-2　四个图表显示了第二个目标的关键指标

第三个目标是降低用户流失率（见图 25-3）。随着时间的推移，每家企业都有用户逐渐流失的情况。如目标 1 所示，获得新用户的成本很高，因此维持现有用户的满意度非常重要。与之前的目标一样，从左到右依次由四个图表组成。

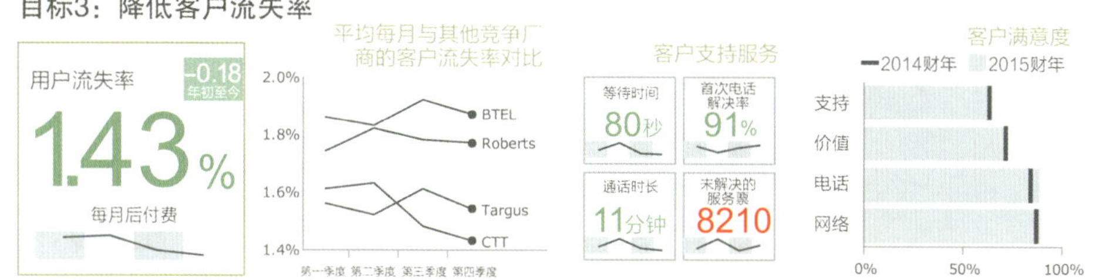

图 25-3　四个图表显示了第三个目标的关键指标

第一个图表包含关键指标，其下方显示了四个季度的迷你走势图。流失率在减少，代表这是一件好事，所以指标显示为绿色，标注框表示年初至今减少了 18 个基准点。第二个图表是一个折线图，显示了 CTT Wireless 和其三家竞争对手的月平均流失率。第三个图表有四个小方块，显示了呼叫中心的四个关键指标，最后一个图表显示了 2015 财年（条）与 2014 财年（目标线）整体用户满意度的对比。

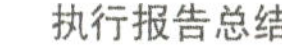

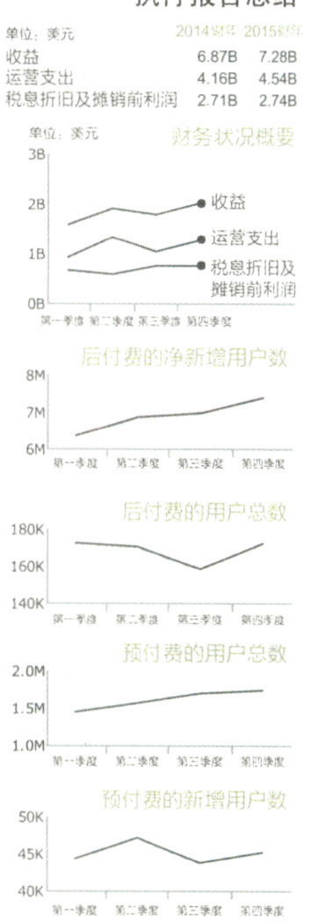

图 25-4　执行报告总结显示关键财务指标和用户数量

仪表盘的右侧有执行报告总结，可快速查阅关键财务指标（见图 25-4）。位于顶部的是 2014 财年和 2015 财年的税收、运营支出和息税折旧及摊销前利润（EBITDA）。接着是它们过去四个季度情况的折线图。四条折线图显示了总用户和净增新用户的数量（即目标 1 中的新用户获得量减去目标 3 中用户的流失量）。预付费和后付费计划均有显示。

这样做为何有效

显示关键指标无杂乱

这个仪表盘涵盖了所有回答管理层业务问题时需要的关键数据，而无须深入其他报告和数据。它充满了数据，却不会让你感到混乱。这是通过小巧、设计良好的视觉化达到的，其中运用了多种不同的技巧让仪表盘看起来相当紧凑。

例如，显示时间序列数据的折线图具有尾随标签（见图 25-5）。不必添加颜色或形状图例就能很清楚地知道哪条线是指哪家公司。

在四个季度的走势线上使用颜色带而不是附加标签（见图 25-6）。虽然空间狭小，但携带了大量的编码信息。

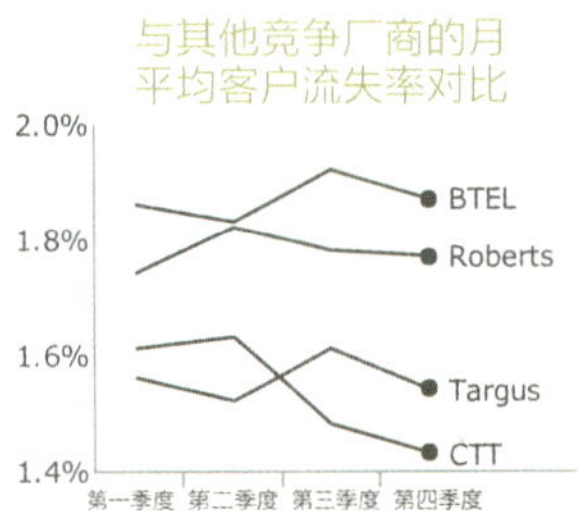

图 25-5 折线图显示了过去四个季度的平均每月流失率

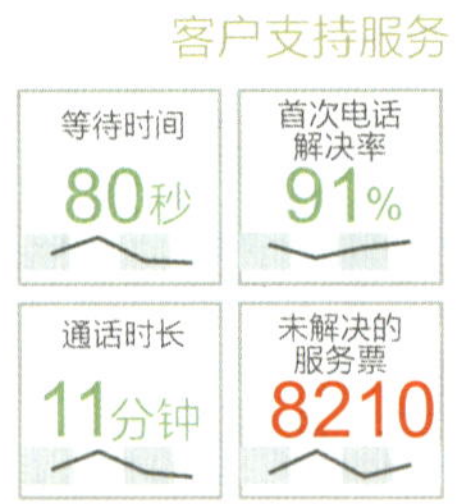

图 25-6 呼叫中心绩效的四个关键指标

支持快速阅读的布局

仪表盘的布局使用了格式塔设计原理，如接近和关闭，使得仪表盘有组织地提供了四个方面的思路，且每个方面都包括了必要的细节。关键指标分为三行一列，便于分组和快速扫描（见图 25-7）。

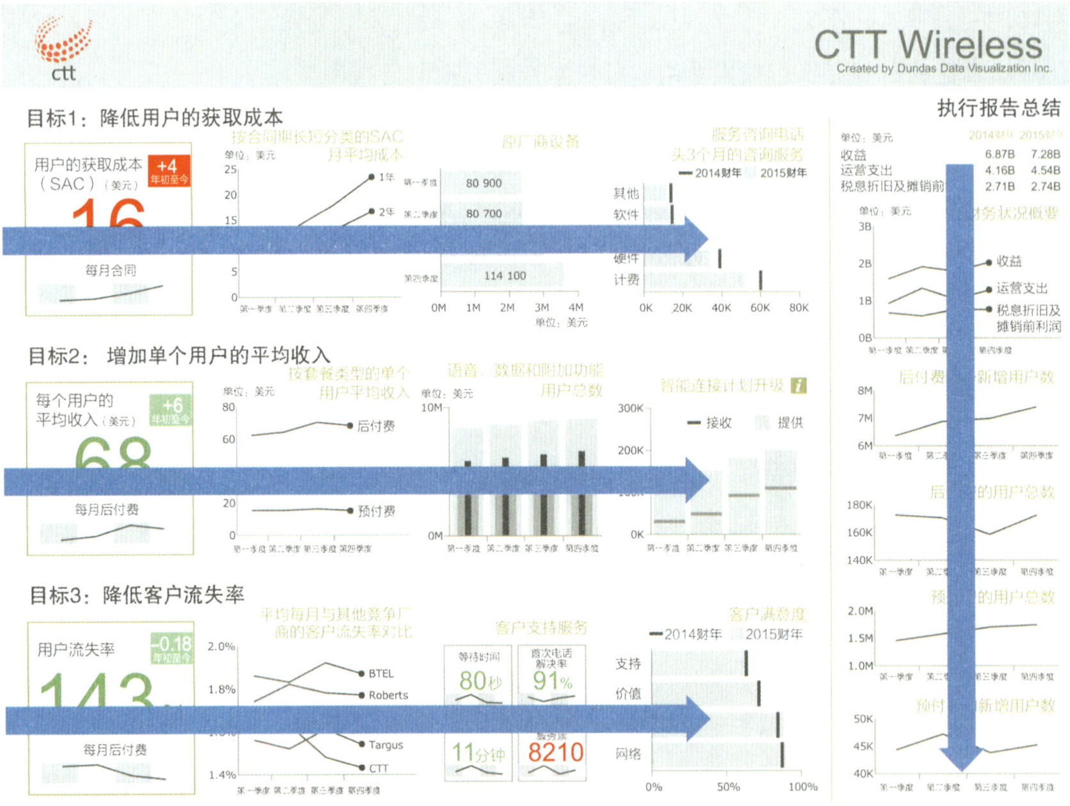

图 25-7 三行列出的三个目标以及右侧一列的执行报告总结便于浏览信息

适用于各种比较的好的图表类型

折线图是显示趋势随时间变化的最佳选择。这个仪表盘中用它来显示过去四个季度的各种指标。迷你走势图用于显示关键指标下的趋势。具有目标线的条形图被用于显示这个阶段与前一个阶段的对比，用于快速衡量进展情况。

从零建立坐标轴

在使用长度、高度或面积来编码数据并以公共基线（例如，条形图、子弹图、棒棒糖图、面积图）进行比较的图表上，坐标轴经常从零开始展开；否则，数据的比较就很容易被扭曲。如果用位置（例如，点图、箱线图、折线图）进行编码，轴不从零开始有时或许有用，也不会因此而扭曲数据的比较。

作者的评论

杰佛瑞：我非常喜欢这个仪表盘的设计和布局。我也喜欢最低限度的颜色使用。但最好避免同时使用红色和绿色（见第 1 章）。显示正负的小数字会有所帮助，但对于一些色觉缺失的人来说，哪些数字好而哪些不好仍然不够清楚。我会把它变成蓝色代表好，红色或橙色代表不好。此外，在目标 1 的第三张图表，即原厂商设备的部分，我会推荐将时间翻转至 x 轴。因为其他时间图在 x 轴上都有四个季度，这个图表最好也这样做。它可以继续用一个条形图，或者可以像其他图一样更改为折线图。相较于它目前的显示来说，折线图将有助于读者更好地看出趋势。而且，虽然目标 2 中的第三张图表很好地展示了对用户的比较，但一张具有三条线的折线图效果会更好。

安迪：这又是一个迭代了 11 次设计版本的仪表盘，以至于你在探索它时会产生一种冷静的感觉。我特别喜欢整个仪表盘上极简的配色方式。

但它或许过分地减少了颜色。考虑下仪表盘底部最后一行与竞争对手相比的用户流失率。代表 Targus 和 CTT 的线是否交叉？还是它们仅仅是在再次分开之前靠拢？如果使用相同的颜色去标记同一张图表上的所有线条，一旦这些线条重合，就可能导致混淆。在图 25-8 中，你可以看到一个可能造成问题的示例。看看西部和东部地区的销售情况：你能在重合的地方分辨出它们吗？

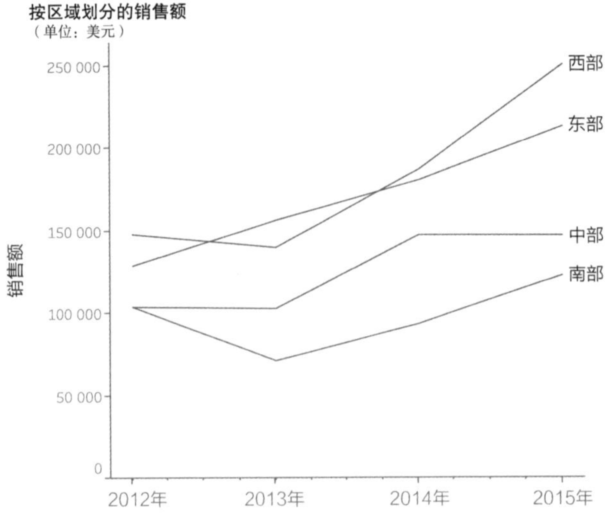

图 25-8　哪一条线是西部地区，哪一条线是东部地区

的确有不用恢复至多种颜色的解决方案。图 25-9 显示了两个例子。左边的一个把线条并排放在了自己的窗格中；右边的一个使用了不同灰度的调色板。请注意，这两个选项只适用于类别数量较少的情况。

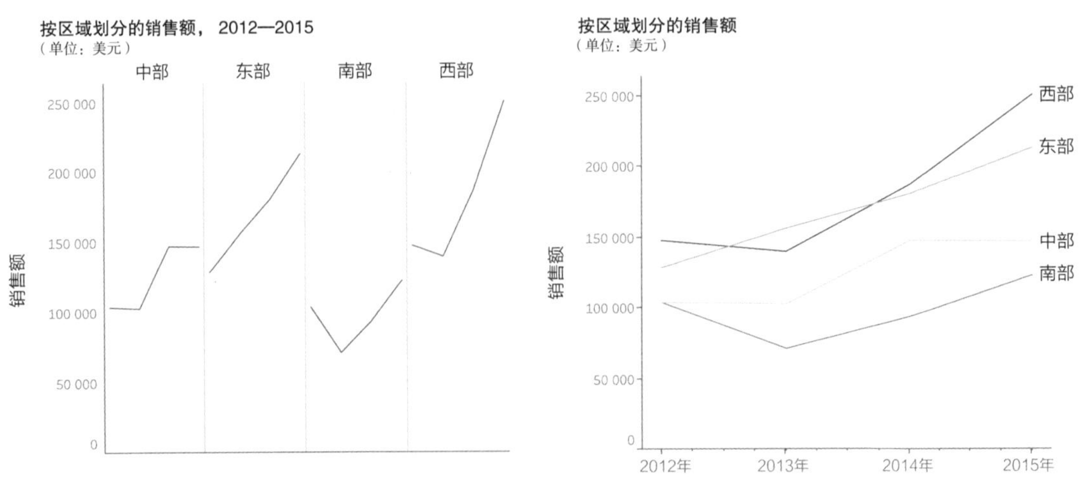

图 25-9　重合问题的两种解决方案

第 26 章

经济一览

情境

重点

美国、英国、日本和中国的经济状况如何？在这些经济实体中，哪些共同的经济指标正在上升，而哪些正在下降？每个指标中的关键点是什么？如果你需要更多的信息，是否有一些重要的故事或源数据可以查看？

如图 26-1 所示，来自英国《金融时报》的经济快照为读者、研究人员、经济学家和记者解答了所有这些问题。这个仪表盘是一个完整的经济快照。《金融时报》分别为美国、英国、日本和中国构建了仪表盘。

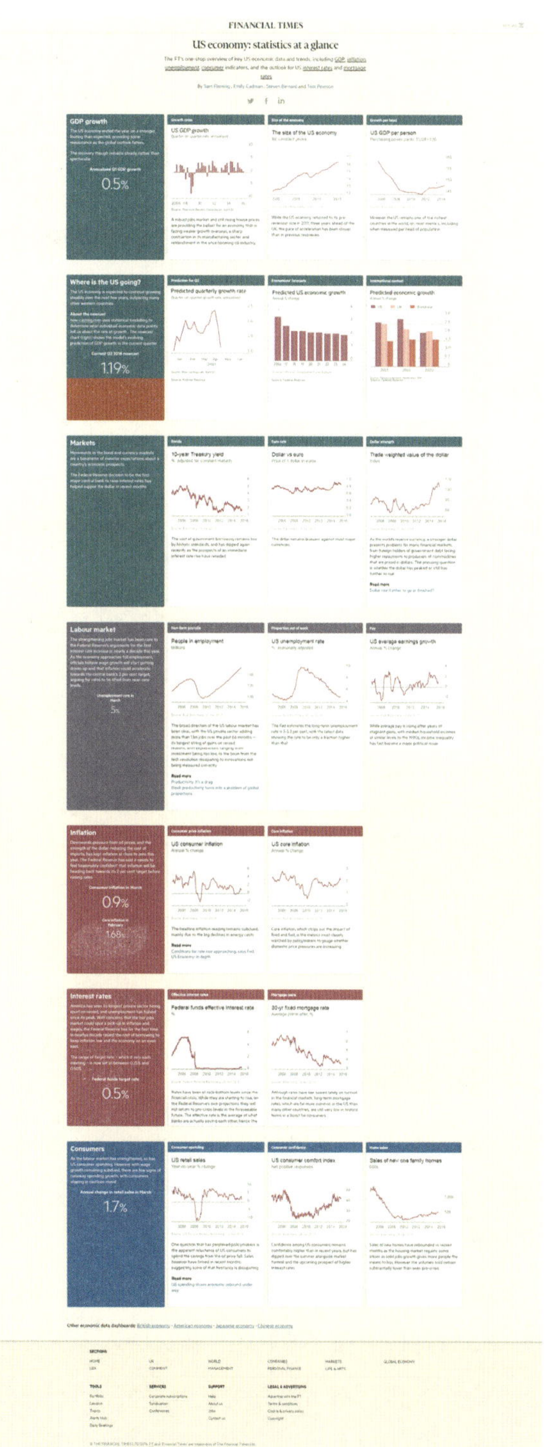

《金融时报》

美国经济：即时数据统计

《金融时报》的概览：美国经济数据与趋势，包括GDP、通货膨胀、就业率、消费指标，并展望美国的利率与贷款利率

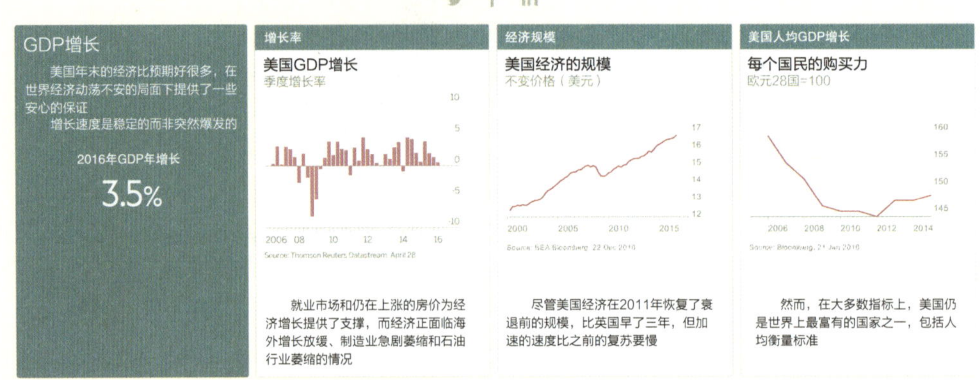

图 26-1 美国经济详细情况的仪表盘

细节

- 你所运行的组织安排在多个离散区域中，每个区域都有两三个需要跟踪的关键指标。
- 你需要用多种衡量绩效的方式来显示企业所有领域的实际值和预测值。
- 你需要在宏观和微观的细节上添加评论来解释结果。
- 你需要一个移动设备响应式仪表盘。

类似情境

- 你需要一个详细的管理人员仪表盘，需要其中的多个度量标准以及每类度量标准的简单评述。

用户如何使用仪表盘

对经济学家、研究人员或记者来说，某个国家的经济状况能有一个共同的参考是很有用的。《金融时报》为英国、美国、中国和日本构建了四个仪表盘。每个仪表盘都汇集了定义经济的指标。

数据每 15 分钟更新一次。文字评论和注释大约每周由记者更新一次。这些仪表盘对任何想要了解这四个特定国家经济概况的人来说，都是非常可靠的参考。

每个经济体都被细分为几个主要部分，例如，GDP、制造业、建筑业和利率。每个部分

最多有四张“卡片”。美国的劳动力市场如图 26-2 所示。左边第一张卡片是一名记者的简短评论，每周更新一次。在评论卡的右侧最多有三张额外卡片，每张都有一个与该部分相关的指标。

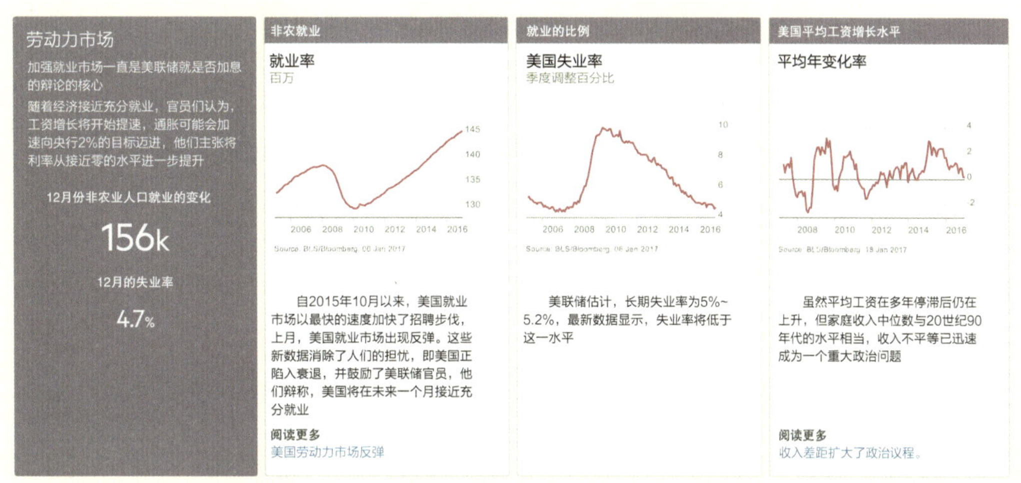

图 26-2 美国劳动力市场部分

仪表盘被设计为响应式。在桌面浏览器上，每部分的卡片都是水平排列的。在一个狭窄屏幕的移动设备上，这些卡片是垂直排列的。浏览者将通过垂直滑动屏幕来查看所有指标。

这样做为何有效

前往源数据的链接

仪表盘是为经济专家和其他相关用户设计的。为了满足不同的用户，图表本身尽可能保持简洁，以便所有的浏览者都能理解其中的含义。添加前往源数据或相关文献的链接，以便任何人都可以查找更多的详细信息，见图 26-3。

这些链接通常专注于用来构建图表的源数据。《金融时报》希望建立读者对其新闻和数据的信任。媒体和政治经常给人一种感觉，即数据被人为操纵，以强化特定的观点。通过对源数据的授信和链接，《金融时报》鼓励批判家访问源数据，以便他们核实《金融时报》的解读。

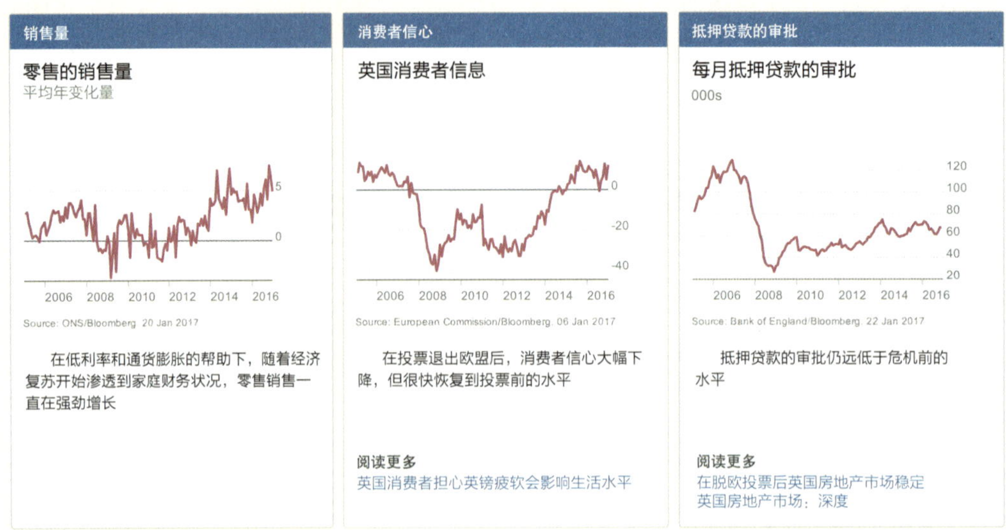

图 26-3 英国消费者部分的数据来源与链接显示的情况

文本注释和评论

无论你是专业经济学家还是一个对经济感兴趣的外行人士，对数据进行分析并建立背景的评论将有助于你理解图表，见图 26-4。

在这个仪表盘中，每部分都有一个带有标题故事的主评论卡。如果该部分可以用一两个数字归类，则数字也会被显示。在这个关于英国消费者图表的例子中，零售销售和抵押贷款的审批作为关键指标被突出标注，见图 26-5。

图 26-4 一幅图片可能不总是相当于 1000 字

注：记者经常更新每一节的评论。

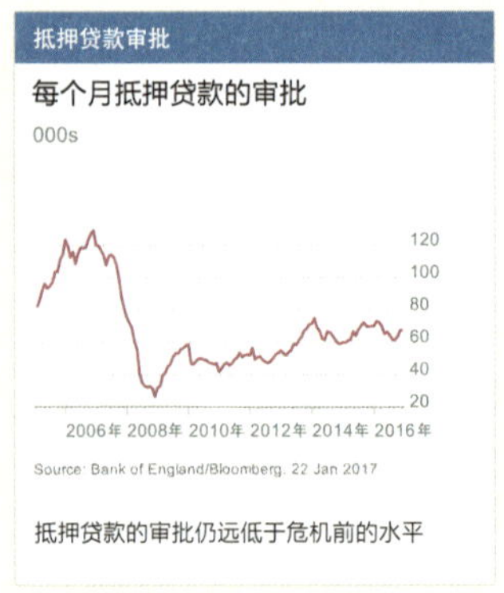

图 26-5 许多图表都有自己的简短评论

评论部分占据了仪表盘上的宝贵空间。如果受众是那些对数据了如指掌的人，你可能不需要这些文字。《金融时报》经济仪表盘的受众既有业余人士也有专家。因此，该仪表盘需要满足所有受众的胃口，这让评论成为极好的补充。此外，由于该仪表盘适用于移动设备，因此它没有空间的限制：用户可以持续向下滚动屏幕来找到他们需要的信息。

格式

在图 26-6 中的仪表盘有很多格式的选择，使得在使用数据时非常易于理解，并拥有令人愉快的体验。

对于格式的决策在所有图表中都是一致的。事实上，该图表样式在整个英国《金融时报》的媒体上都是一致的。

- 仅为 *y* 轴显示网格线（例如，图 26-6 中的水平线）。
- 条形图的坐标轴总是从零开始的。折线图的轴则始终显示最小值到最大值之间的范围。
- 白色背景被用于显示预测，如图 26-7 所示。
- 在字体中使用三种不同的灰度来表示不同的层次。最重要的是，标题颜色是最深的（也是最大的）。副标题、轴标签和图例的颜色都更浅。最后，从理解上来说，最不重要的数据源文本的颜色是最浅的。这种层次结构让目光首先集中在最重要的方面。

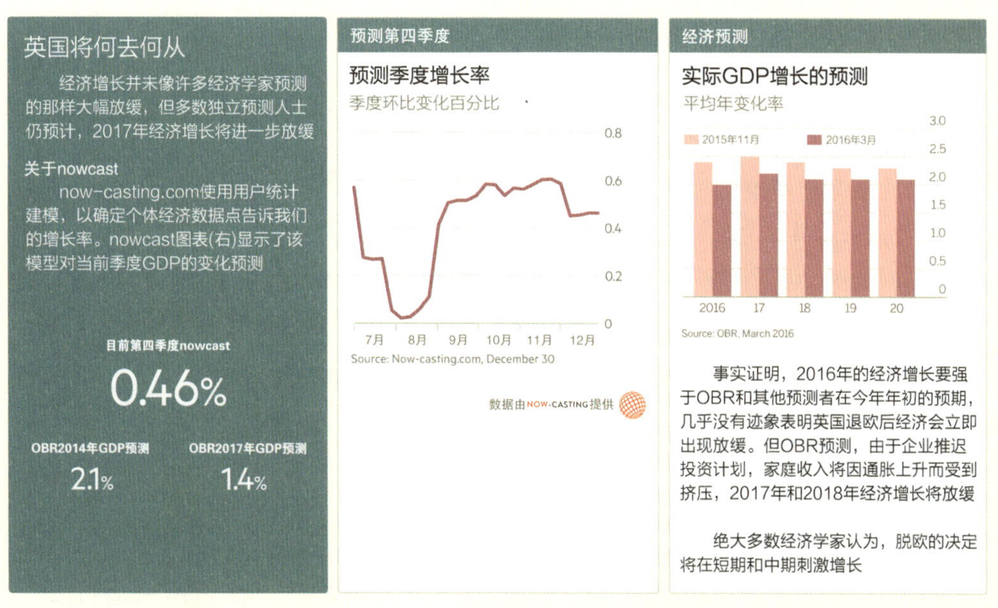

图 26-6 大量的智能格式化选项

好的格式适用于整个组织，让用户更容易解析他们所使用的数据。当他们越来越习惯这种风格后，他们可以花更多的时间专注于数据，而用更少的时间去理解布局、轴的样式和刻度标记等。

即时预报

在很多组织中，预测发展前景比回顾历史更为重要。经济也许是预测发展最为重要的一个领域。在图 26–7 所示的案例中，《金融时报》使用了由 Now-Casting Economics 提供的“即时预报”的数据。这个例子来自 2016 年 7 月，当时即时预报的数据是可用的。

上周公布的第二季度英国 GDP 增长数据从 0.52% 降至 0.4%，部分原因是周三公布了第一季度 GDP 增长的官方预估，这比模型预测的要弱一些。实际 0.4%vs 预期 0.56%。今年 4 月，三份调查报告的负面消息加剧了这一情况：CBI 的零售销售调查、GfK 消费者信心调查和欧盟的经济景气指数都显示出疲弱的状况

数据由 NOW-CASTING 提供

图 26–7　2016 年 5 月 3 日的英国经济

注：第二季度国内生产总值的结果直到 2016 年 6 月之后才会发布。

> **注释**
>
> 在官方 GDP 数据公布前，即时预报会测量多个其他经济指标，来实时显示 GDP 的变化。

即时预报是一种统计方法，用于计算在官方数据公布前，一项指标是如何实时变化的。显示经济如何变化的数据基本上每天发布一次，而在官方 GDP 数据被计算出之前，它仍然会有相当大的滞后。即时预报尝试利用所有这些已发布的中间数据，来给出当前 GDP 情况的简要介绍。它作为更传统的、基于判断的预测方法的替代品，在经济圈中获得了越来越多的信誉。

即时预报已经证明，和传统基于判断的方法相比，它在预测低频度指标（如 GDP）时出错率要低。

为移动端设计的响应式卡片

随着我们离开台式机和笔记本电脑而越来越多地在移动设备上进行日常工作，仪表盘也被设计得适用于这种新的工作模式。传统的单屏仪表盘可以让所有数据图表同时出现，但这通常并不适用于较小的屏幕。我们可以显示更少的信息，从而将所用内容显示在一个屏幕上。

或者，由于滚动是在小屏幕上移动信息的快速通用方式，我们可以垂直排列信息，见图 26-8。

图 26-8　根据观看设备不同，卡片放置的方式不同

注：这里显示的是 iPhone 和 iPad 的视图。

在《金融时报》的仪表盘上，这种方法效果非常好。每张卡片都很清晰。这意味着浏览者不需要同时观看两个视图，来将一个图表和另一个相关联。

相关的指标

所有经济体都不相同，试图为它们使用同样的指标显然不合适。某些指标对所有经济体都通用，比如 GDP、就业率和通货膨胀指数。然而能够很好地代表一个经济体的某些指标在应用到另一个经济体时却可能不起作用。《金融时报》的仪表盘通过改变每个经济体的指标来体现这一点，并显示最为相关的指标。例如，在消费者部分，美国仪表盘使用了独户住宅的销售额。在英国的仪表盘上，显示了抵押贷款的审批；而在日本的仪表盘上，则显示了汽车的销售情况，见图 26-9。

图 26-9 衡量消费者指标的三种不同的方法

在每种情况下，《金融时报》都选择了一个最适合该情境的指标。这对设计师来说无疑是更困难的工作，但最终它展示了对每个单独经济体最为相关的分析。

这种额外的工作对设计师来说的确是一项巨大的挑战。我们通常为所有类别的业务构建一个单一的仪表盘，一个指标对于一个类别有用，但对另一个类别可能是没用的。跟踪每个业务领域最相关的数据非常重要，即使这意味着需要维护更多的仪表盘，并培训用户使用每一个不同的仪表盘。

没有自由的交互性

经济仪表盘在设计时考虑了移动设备上的浏览情况。设计师选择不添加任何交互性。他们认为在一个小屏幕上增加交互性，是得不到足够的回报的。当然，可以添加工具提示来允许查找精确的数字，但他们觉得使用手指点击精准的位置不太现实。相反，选择专注于一致、简单的设计以及提供可查看更多细节的链接，能够减少对交互性的需求。

在设计自己的仪表盘时，不要为了增加交互性而刻意增加。在此之前，先去考虑一下如何增加，以及为什么要将其整合到仪表盘中。以下几个问题将会非常有帮助：

- 为什么浏览者需要与仪表盘交互？
- 通过交互性可以获得哪些额外的洞察力？
- 无论浏览者使用的是什么设备，该交互性都能正确地工作吗？
- 如果用户不能与该仪表盘进行交互，那他们还能得到所需要的洞察力吗？

作者的评论

安迪：“伟大的设计师会带来愉快的体验。”唐纳德·A. 诺曼在其著作《设计心理学》中表示。他继续描述了三种处理方式，这些方式控制着我们与跟我们进行交互的事物的反应：本能的、行为的和反思的。本能的反应与即时感知有关。他说：“这就是为什么风格很重要。”有些人不理会本能反应，认为功能设计的纯粹性才是最重要的。但如果人们不喜欢你的仪表盘，功能是没有用的。

这一章中列出的格式选择在我身上产生了强烈的本能反应。阅读和解读这些仪表盘是一种乐趣，让我想回头看看更新后的情况。

第 27 章

呼叫中心

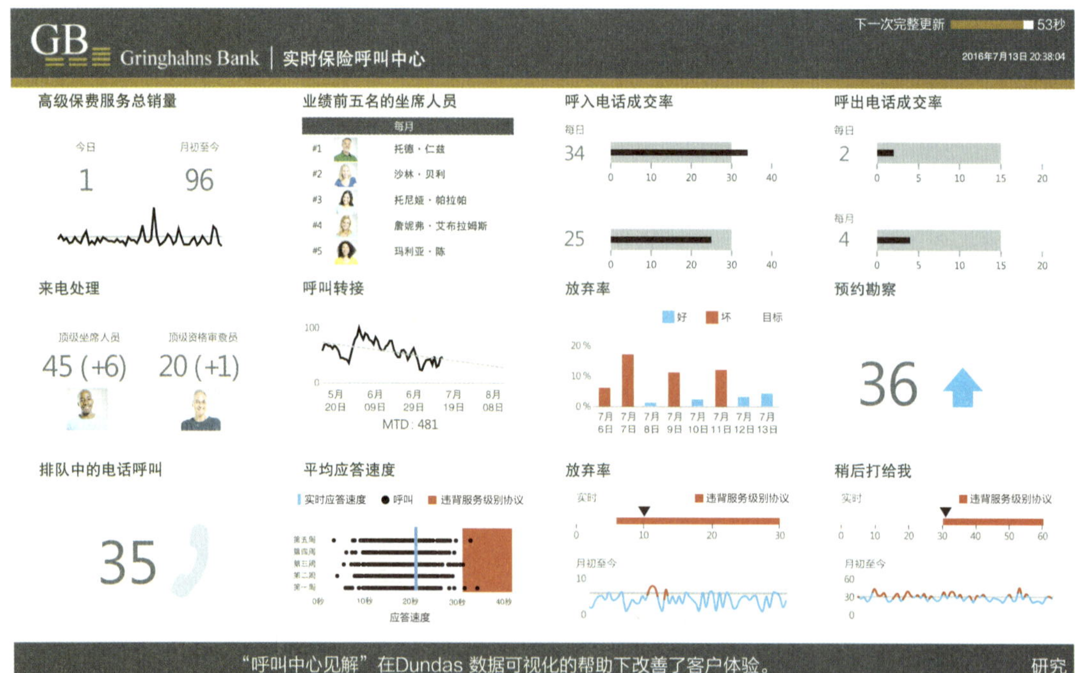

“呼叫中心见解”在Dundas 数据可视化的帮助下改善了客户体验。 研究

情境

重点

你是保险公司处理销售电话的呼叫中心的经理。你需要根据多个关键指标为你的团队提

供实时绩效数据。你希望查看有多少个呼叫正在处理，包括呼入和呼出的电话，你需要查看卖出保单的关闭率以及谁是最高级别的坐席人员。像大多数呼叫中心一样，你需要监控呼叫放弃率。由于服务级别协议（SLA），你还需要监控实时和当月到目前为止（MTD）的平均应答速度，以及“现在打给我”和“稍后打给我”的结果。该仪表盘将在大型壁挂式显示器上运行，以便呼叫中心的经理和成员可以全天定期地进行监视。

注意：呼叫中心通常由坐席人员测量平均等待时间和平均通话时间（即通话的平均时长），但在这个特定示例中，这些指标不是必需的。

细节

- 你的任务是将呼叫中心的实时绩效与服务级别协议和每月结果进行比较。
- 你需要查看当前有多少个呼叫在队列中，以及有多少人正在等待你现在或稍后的呼叫。
- 你需要知悉可能会影响呼叫中心运营的最新事件，例如电话服务停机时间，或可能影响呼叫的其他世界性事件。
- 你需要将平均应答速度与服务级别协议进行比较，但同时也可以查看分布情况，来了解有多少呼叫没有达到服务级别协议。
- 你需要创建一个视图，通过展示最佳坐席人员来激励其他坐席人员，并显示卖出的总保费额以及呼叫中心达成服务级别协议的情况来庆祝成功。其目标是通过加强良好的行为来推动变革。
- 你需要查看上次数据更新的日期和时间，以及下次更新的时间。

类似情境

- 你有一个用于客户服务、销售、预订、产品 / 技术支持、信贷或收款的呼叫中心。
- 你是一家拥有相当数量收银台的大型零售店。你需要监视队列中等待注册的客户数量以及平均结账时间。
- 你需要就如何让组织达到服务级别协议进行沟通。

用户如何使用仪表盘

呼叫中心经理关注着一份服务级别协议中规定的指标。除服务级别协议外，管理层还制定了一些目标。其中一个就是鼓励现有客户升级到高级保费服务。在仪表盘的左上角（见图 27-1），我们可以看到当天销售的高级保费服务数量，当月到目前为止的高级保费服务销售量，以及当月销售情况的走势图。这使读者能够快速浏览关键信息。

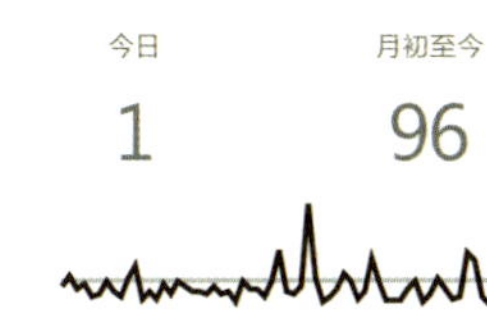

图 27-1 今日和月初至今销售的高级保费服务的总销售显示在仪表盘的左上角

每日和每月的呼入及呼出电话的成交率用子弹图来显示（见图 27-2）。黑色条显示的是实际值（成交百分比），灰色绩效带显示目标水平。

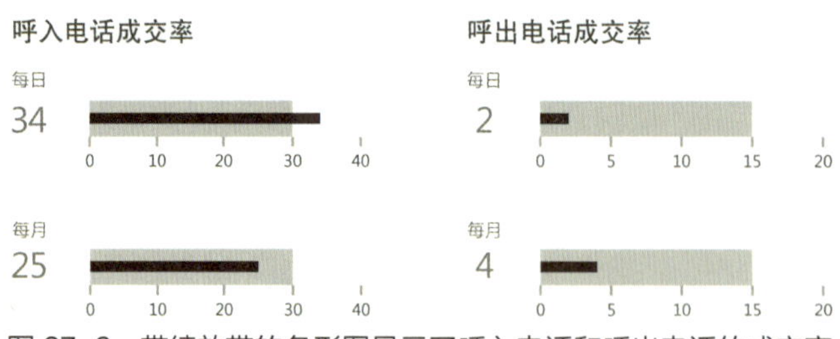

图 27-2　带绩效带的条形图显示了呼入电话和呼出电话的成交率

在图 27-2 中，每日呼入电话的成交率是 34%，超过了 30% 的目标值。每月 25% 的呼入电话成交率，正好低于 30% 的目标值。这两个指标总的来说看起来相当不错。但呼出电话的成交率实际非常差。相较目标值的 15%，每日呼出电话的成交率仅有 2%。这似乎是本月的趋势，与 15% 的目标值相比，每月呼出电话的成交率只有 4%。

警报指示器

考虑添加一个警报指示器，以突出显示在关键指标上错失的目标。例如，可以用子弹图旁边的一个小红点来提醒读者，这个值是远离目标值的。

经理还能用仪表盘来识别出顶级坐席人员（见图 27-3）。这样做可以让最佳坐席人员得到认可，并促进呼叫中心坐席人员之间的良性竞争。

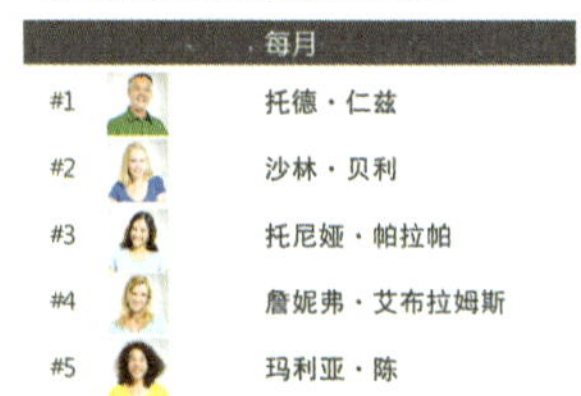

图 27-3　在仪表盘上实时显示了基于每月表现的业绩前五名的坐席人员

呼叫中心的坐席人员用仪表盘来确保他们有效地处理了呼叫量，并发现了可能需要他们注意的地方。在图 27-4 中，第一个图表用折线图和趋势线以及一个关键性能指标数字（当月到目前为止 481 个呼叫）显示了转接呼叫。转接呼叫在一线员工处理初始呼叫的情况后被逐渐升级。新员工可能会升级更多的呼叫，因为他们无法回答所有的问题，但随着员工得到的培训增多，他们升级的次数应该会减少。趋势线显示呼叫被升级和转接的次数减少了。

第一个图表显示了每日电话放弃率。目标值是一个灰色条。红色条表示呼叫中心的放弃率高于当天的目标值（这个情况不好）。蓝色条表示电话放弃率低于目标值（这是好的情况）。

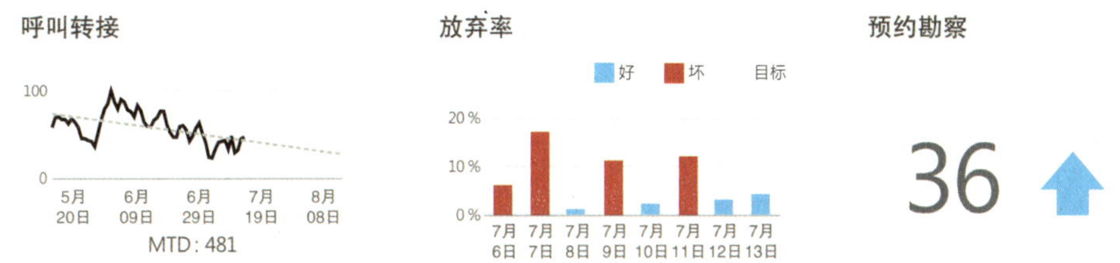

图 27-4　经理和坐席人员的关键指标被展示以实现实时监控

坐席人员将通过仪表盘底部的滚动字幕得到实时更新的数据（见图 27-5）。滚动字幕非常有用，用于诸如目标已达到、规定程序的提醒或未来重要活动的员工通知推送。

“呼叫中心见解”在Dundas 数据可视化的帮助下改善了客户体验。　研究

图 27-5　在屏幕底部滚动的字幕上显示呼叫中心的重要信息

这样做为何有效

采用正面强化的个人认知

人们希望得到关于自己表现的反馈。他们喜欢成功得到认可，他们乐于知道自己所处的位置。该仪表盘通过列出最佳坐席人员（见图 27-3）并展示他们的头像和排名来使数据变得个性化。图 27-6 中列出了顶级坐席人员和顶级资格审查员（资格审查员是为呼叫中心坐席人员处理勘察资格审查的人）。通过列出最佳坐席人员，仪表盘激励员工尽其所能并专注于重要的事情。呼叫中心的每个人都能立刻得知谁是最佳坐席人员，以及成功的关键指标。

来电处理

顶级坐席人员　45 (+6)

顶级资格审查员　20 (+1)

图 27-6　基于呼叫处理情况，仪表盘显示了顶级坐席人员和顶级资格审查员

自动更新

仪表盘数据每 60 秒更新一次，因此它类似于一个实时的测量。仪表盘始终处于最新状态并动态更新元素的实际情况，确保其始终在提供价值并可以吸引人。另外，由于仪表盘自动刷新，因此不需要手动更新数据。

最后更新的日期和时间显示在仪表盘的右上角，同时还有一个以秒为单位，用来显示到下次更新的剩余时间（见图 27-7）。

下一次完整更新　53秒

7/13/2016 20:38:04

图 27-7　每 60 秒仪表盘更新一次

用细节澄清

这不仅可以让仪表盘使用者查看汇总的指标结果（例如实时应答速度），还可以查看呼叫分布，在很小的空间范围内提供了深入的视角。在图 27-8 中，很容易看到有多少呼叫违反了服务级别协议。红色区域内的点代表这类呼叫。只有个别电话在红色区域内，即这些电话违反了服务级别协议，所以总的来说，电话都在服务级别协议规定时间内得到了迅速应答。第一周到第五周代表过去五周的数据。蓝线显示了该小组的实时表现，即接听当前呼叫预计所需的时间。

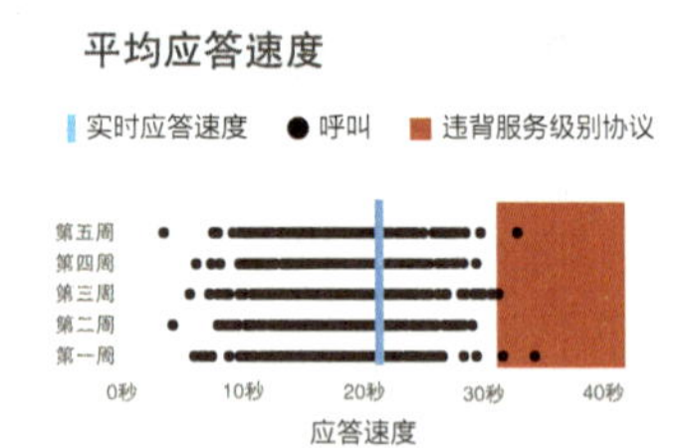

图 27-8　平均应答速度的分布（红色）

恰当使用颜色

颜色在这个仪表盘中使用得非常好。蓝色和红色用来表现好与坏。这个调色板是对色盲友好的，红色是个明智的选择，用来提醒读者事情发展不顺利，需要引起注意。整个仪表盘的颜色也是一致的。红色和蓝色被用于五个不同的图表来编码相同的信息。

用于比较不同情况的优秀图表类型

图表类型适用于各种比较。迷你走势图在仪表盘上很小的空间范围内显示了数据的趋势。子弹图显示了实际值以及向目标推进的比较（见图 27-2）。在不需要图表的情况下，简单的数字为读者提供了关键指标信息（见图 27-1），例如，已预约的潜在客户数和呼入电话的排队数。

在图 27-9 中，滑块指示器给出了清晰的指示，其中服务级别协议的违规范围标为红色。黑色三角形在指标与服务级别协议阈值之间实时移动。下方的趋势线显示了该数字当月到目前为止的变化范围。目标线也被用了进来；当超过阈值范围时线条是红色的，当在阈值范围内时线条是蓝色的。这是整个仪表盘颜色使用保持一致的另一个例子。

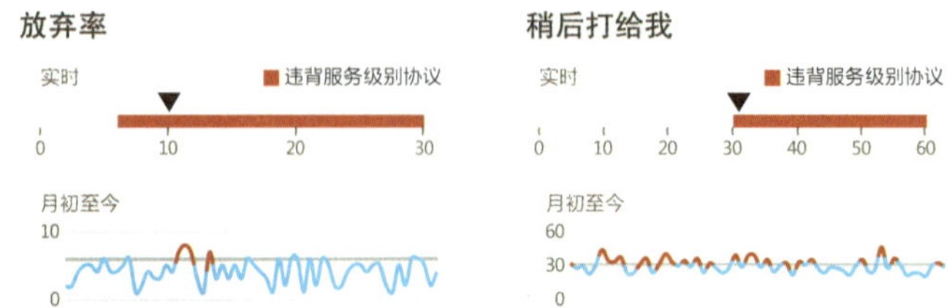

图 27-9　整个仪表盘使用的红色和蓝色的示例以及不同比较的好的图表选项

基于网格的设计

仪表盘图表组织得也很好，使用了三行四列的网格布局。网格是平面设计中的一个基本概念。整个仪表盘上都创建了加粗的水平线并使用了灰色标题。仪表盘的主导垂直线非常细，因此不会喧宾夺主。这种样式在仪表盘设计中创造了很好的对称性，使仪表盘易于阅读。这一点尤其重要，因为这个仪表盘将显示在大屏幕电视上。使用此仪表盘的人需要知道每个部分的位置，使他们即使处于房间的另一头，也能快速识别出仪表盘上的各个部分。

作者的评论

杰佛瑞：“电话放弃率”部分的条形图使用灰色条作为目标（见图 27-10）。在进展顺利的时候，这是很清楚的。蓝色条在灰色条之下，也能让我们知道情况不错。不过，这个方法有一些问题。蓝色条表示放弃率低于服务级别协议的目标值。请注意，条形越高则表示放弃率越高，所以尽管它低于目标值，但所有放弃的呼叫其实都是问题。在这种情况下，需要注意正确注释仪表盘的重要性。图例上说“好”，但刚刚低于灰色目标线的蓝条并不是好的，而只是可以接受的。另外，将灰色栏作为“目标”仅意味着它达到了目标值而不是底部阈值。我们可以改变图例为“在目标值内”使其更清楚。而且，在情况不好时，目标值的灰色条大部分隐藏在了红色条之下。

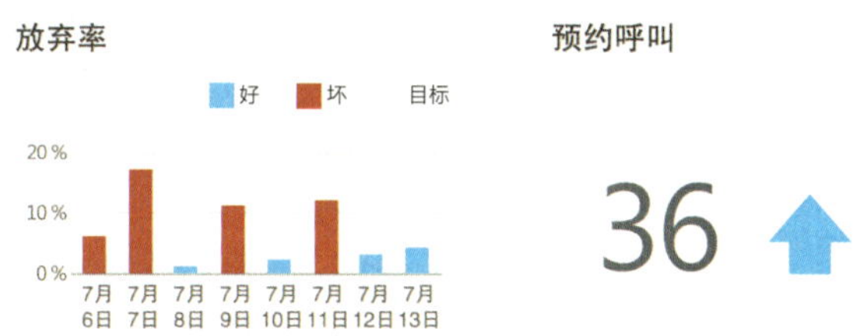

图 27-10 仪表盘中的放弃率和预约呼叫

另外，数字“36”是没有上下文背景联系的。箭头指示器朝上呈蓝色，这表示情况是好的，但不清楚到底有多好。它是否高于目标值？如果是，高出多少？还是只比前一期高 36？当数字在没有上下文的背景情况下显示时，很难猜出它们的含义。

使用一根类似于图 27-9 中作者为电话放弃率使用的目标线，使得好日子和坏日子的数字都更容易阅读（见图 27-11）。另外，用蓝色标出目标线以下的所有部分，可以强调电话放弃率好和坏之间的分界线，并让该图表与仪表盘的其余部分更加一致。添加一条相应目标带的趋势线，给出 36 个勘察的前后联系。这显示了指标的趋势以及指标与目标数字的关系。

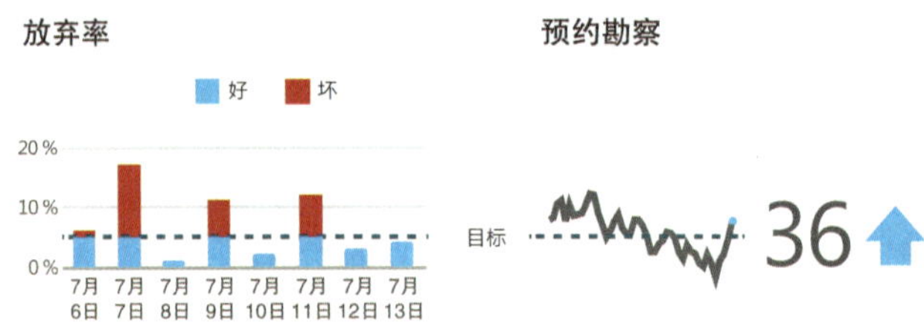

图 27-11　使用目标线并更改颜色有助于确定放弃率的阈值

另一种选择是在条形图的背后添加色带，以提供更多的上下文背景（见图 27-12）。这与第 16 章中使用的技巧相似。

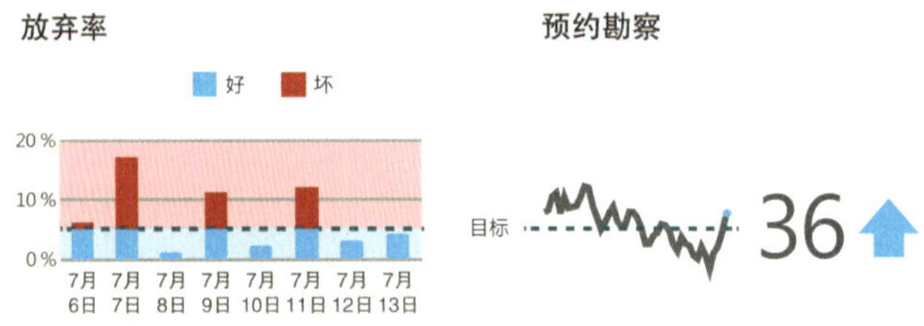

图 27-12　颜色带用来显示条形图的条形与初始目标相关

安迪：呼叫中心仪表盘是为了显示在大屏幕上而设计的，这样每个人都可以看到它们。这个仪表盘的设计有助于大屏幕的展示。这个仪表盘并没有像本书中多数仪表盘那样的“流程化”。网格中的每个部分都是一个独立的图表，并不直接与其他图表相关。这个仪表盘也没有交互性：它旨在一次显示一组指标。当显示在大屏幕上时，其效果非常不错。随着时间的推移，用户会清楚网格的哪个部分回答了哪个问题。当他们看向屏幕时，会直接把眼睛转移到需要的信息上。

THE

BIG BOOK

OF

DASHBOARDS

| 第三部分 |

在现实生活中取得成功

第 28 章

如何让你的仪表盘吸引人

让你的仪表盘变得个性化

以下是让仪表盘更加吸引用户的一些想法。答案并不是采用更为“华丽”或“美观”的方式，而是要在数据和用户之间建立个性化联系。

概述

几年前，一位客户正在更新一组调查数据的仪表盘，并希望重新考虑人口统计数据的呈现方式。他们认为用条形图组成的人口统计信息仪表盘非常无聊，所以想用一些更具视觉冲击力的方式来代替它们。具体来说，他们想要采取类似图 28-1 所示的东西，然后用一些华丽的东西来取代它。

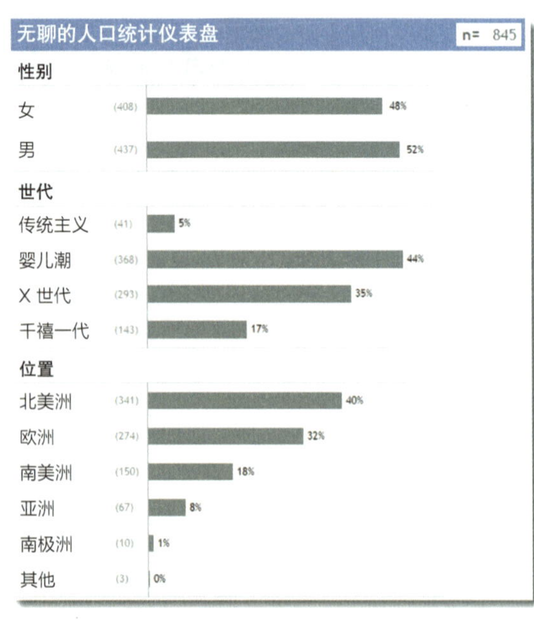

图 28-1　无聊的人口统计仪表盘和条形图

矩形树状结构图，以及气泡和饼状图都很有趣，类似于图 28-2 中所示的样子。

这当然是一个色彩斑斓的蒙太奇，但要想理解它却需要付出很多努力。不是花几秒钟就能搞定，用户要花几分钟的时间来理解调查参与者的人口统计信息。

避免使用气泡图

气泡图对于精确的定量没有什么用处，而矩形树状结构图最好用于分层数据或在条形图中需要显示太多类别的时候使用。

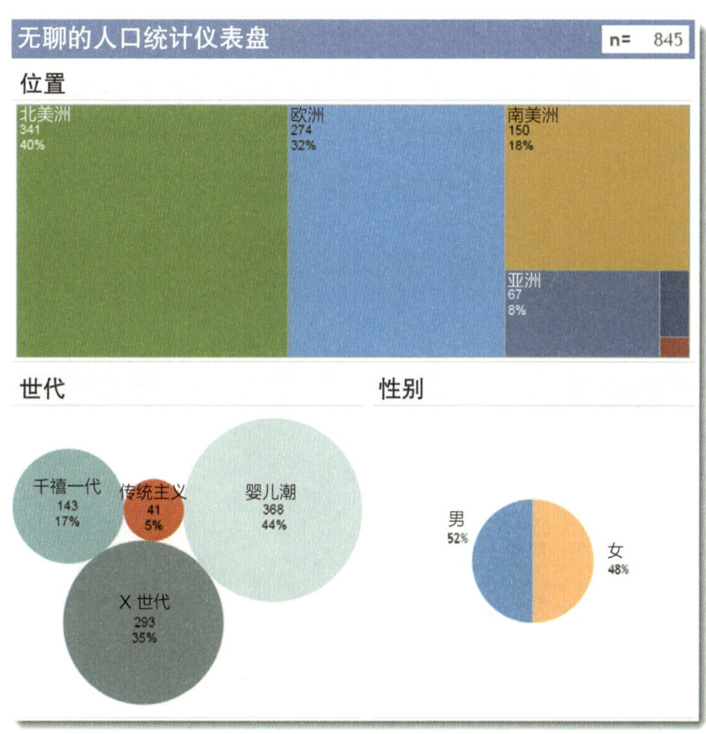

图 28-2 华丽的人口统计仪表盘

当被问及为什么他们想要一些“更加华丽”的东西时，他们表示希望把浏览者吸引到仪表盘上，而他们认为一个不只是有条形图的仪表盘可以成功地做到这一点。

为什么他们想要把用户吸引到这个仪表盘上？当进一步追问时，客户争论说是因为这些数据很枯燥，所以仪表盘要更炫一些，否则人们就不会去使用它。

但是，如果数据是枯燥的，为什么要费心对其进行可视化呢？而且当有更重要的数据需要去探索和理解时，为什么还要让用户花时间在这些无聊的数据上呢？

事实上，有一个很好的理由来展示参与调查者的人口统计信息：让利益相关方自己看一下，调查参与者和相关方之间是否有足够的交集。也就是说，让一个人参与到这个仪表盘以及所有相关的仪表盘的关键在于：向这个人显示数据与他是如何相关的。

那么，要怎样做呢？

个性化仪表盘

在 2015 年关于用数据讲故事的 Tapestry 会议上，任职于《温哥华太阳报》（*Vancouver*）的查德·斯凯尔顿（Chad Skelton）在会上进行了一次很棒的展示，来表明人们非常渴望知道和他们自己相关的数据。

查德创造了一个交互式仪表盘，让加拿大人可以看到他们与其他加拿大人的年龄相比要大或小多少。图 28-3 是一个使用美国人口普查数据的类似的仪表盘，是显示年龄和美国人口分布的直方图。这个东西让人一点也提不起兴趣。

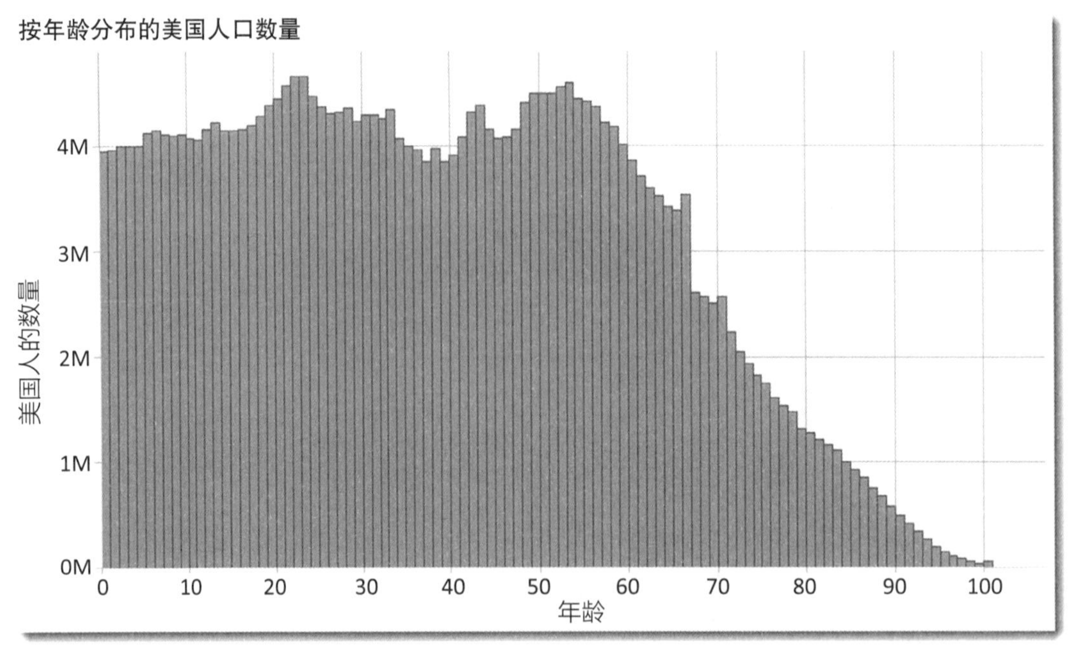

图 28-3 直方图显示美国人口按照年龄分布

现在，让我们将图 28-3 中的通用图形与图 28-4 中所示的个性化仪表盘进行对比。

每个使用该仪表盘的人都会立刻左右移动滑块，并应用筛选器——首先比较他的年龄和性别，然后比较配偶、朋友或孩子的年龄和性别。用户发现基于个人好奇心驱使的仪表盘的吸引力是无法抗拒的。

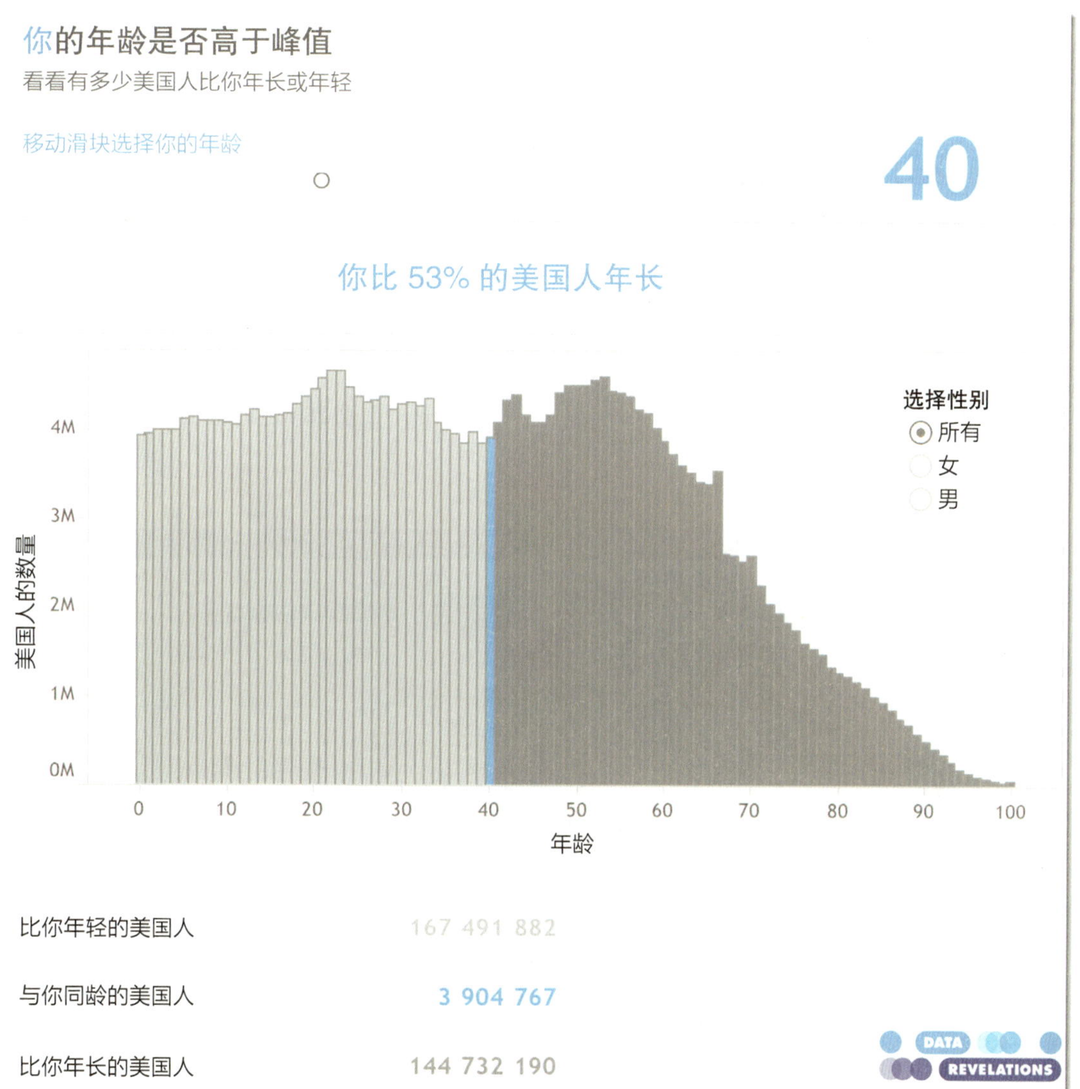

图 28-4　通过滑块控件与筛选器使美国人口统计个性化

的确，当数据与你相关时，会显得更有趣。所以，我们应该如何将这个概念应用到我们"无趣的"人口统计仪表盘上呢？

让人口统计仪表盘个性化

以个性化为目标，让我们看看如何让图 28-1 中的仪表盘变得更有趣。

让我们从收集查看仪表盘用户的相关信息开始；也就是说，让我们展示一些参数，让用户可以应用个性化设置，见图 28-5。

现在，我们可以使用这些参数设置，并在仪表盘（以及所有其他仪表盘）中突出显示它们，见图 28-6。

我们可以更进一步邀请浏览者选择彩色的条形图来看看到底有多少参加调查的人与她的人口背景一样。也就是说，让浏览者点击选择他们的性别、世代和地点，见图 28-7。在查看仪表盘的浏览者中，有 27 人属于相同的人口统计分布池。

你的性别

女

你的年代

X 世代

你的地点

南美

图 28-5　让用户输入个人信息

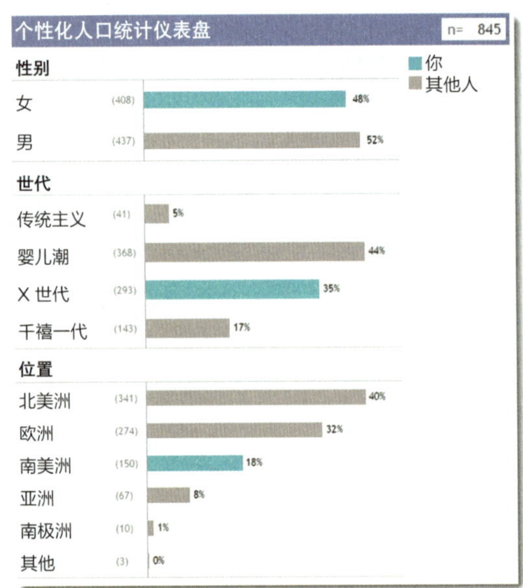

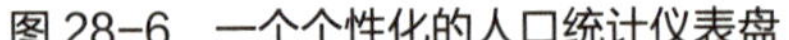

图 28-6　一个个性化的人口统计仪表盘

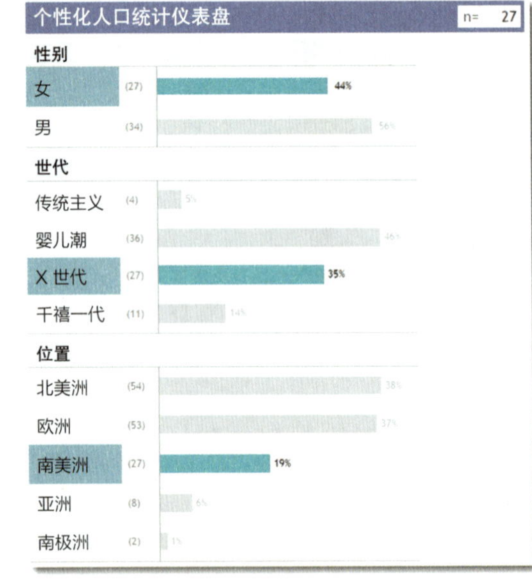

图 28-7　一个选择特定类别的个性化人口统计仪表盘

假如你仍然想要一些美观的东西

有时候，你会觉得外界在强烈地促使你把仪表盘做得更美观。你会看到像图 28-8 到图 28-10 这类令人惊叹的可视化效果，并且想知道："我为什么不能做出这样的东西呢？"

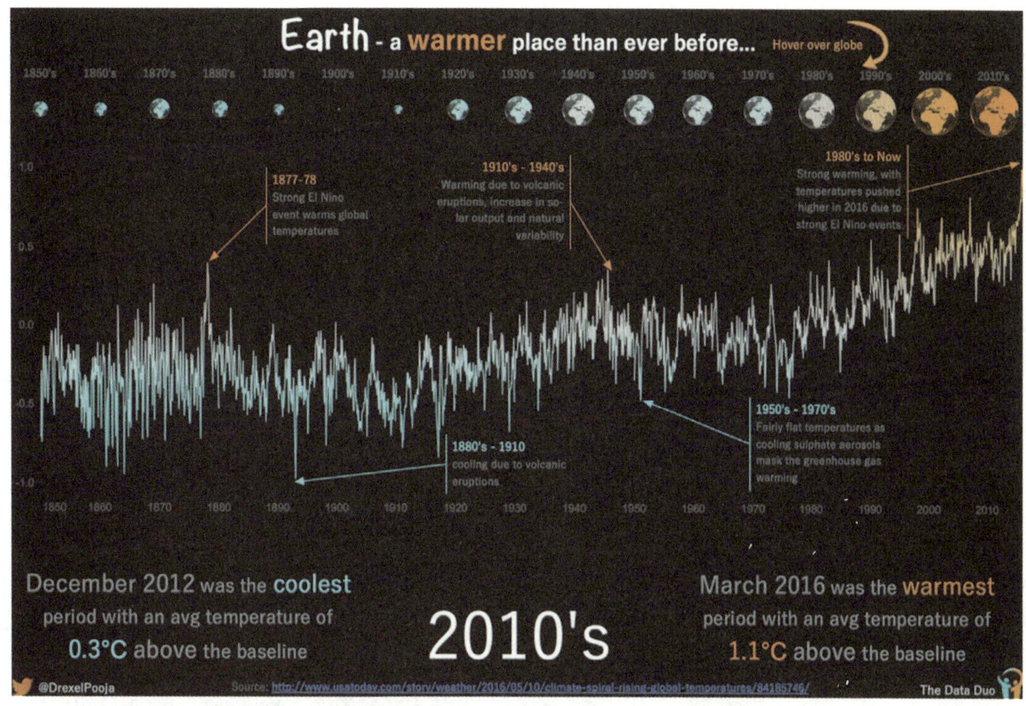

图 28-8　发布在 Tableau 上的全球变暖仪表盘

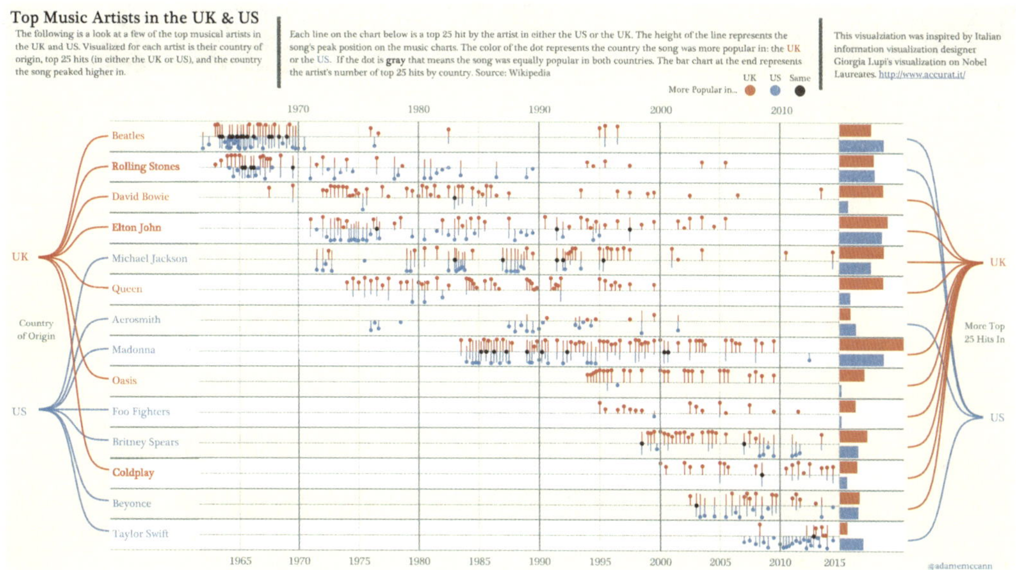

图 28-9　在 Tableau 发布的仪表盘比较美国与英国的音乐艺术家

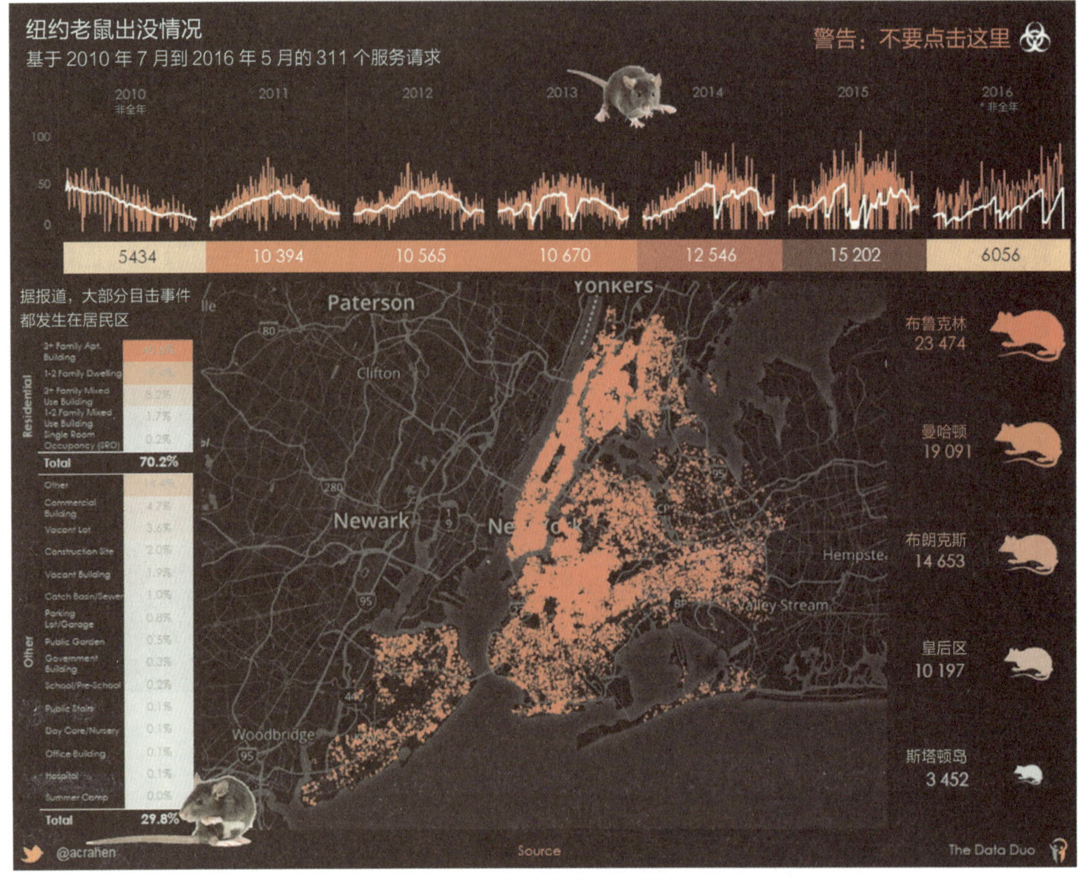

图 28-10　纽约老鼠出没的情况

要认识到这些数据可视化是为公共消费而非内部使用而构建的。他们与其他视觉效果竞争读者的注意力。他们几乎都在尖叫："快看我！快看我！"确实，图 28-2 中的人口统计仪表盘来自一个正在构建面向公众的仪表盘的客户，这个图中包括了矩形树状结构图、饼状图和气泡图。

就我个人而言，我认为图 28-7 中的条形图很好看，但我抓住了要点。你看到了这些充满诱惑的仪表盘，并想知道是否可以从中借鉴一些设计元素。

如果你是唯一一个使用仪表盘的人，我想你可以做任何你想做的事情。当然，如果你愿意的话，可以把那些条形图换成甜甜圈图。只要这样做不会妨碍你对数据的理解，那又有什么坏处呢？

如果其他人需要理解仪表盘上的数据，那你应该谨慎行事。你的目标是做出准确的、信息丰富的、具有启发性的仪表盘。你需要确保你添加的任何东西都不会影响这个目标。

你该如何去做呢？我们的书不是关于平面设计的书，同时我们也没有尝试去解决与复杂的排版、布局和形状相关的问题。不过我想给你们展示一个图表类型，它将条形图的分析完整性和气泡图给人的“哦，圆圈”的惊喜感结合到了一起。

条形图的替代方法：棒棒糖图

棒棒糖图是一个简单的散点图，叠加在一个条非常细的条形图的顶部。图 28-11 展示了一个使用销售数据作为例子的棒棒糖图。

图 28-11　用棒棒糖图显示销售额排名前 20 的产品

图 28-12 展示了较早之前的人口统计的仪表盘，用一个棒棒糖图重新渲染。

我个人比较喜欢条形图，但不会反对客户使用棒棒糖图。

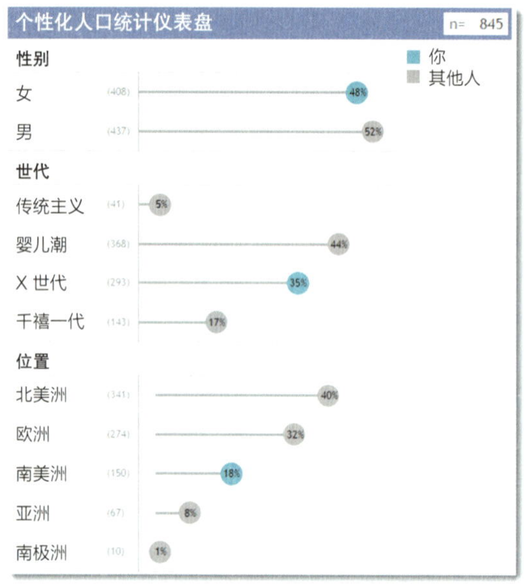

图 28-12　人口统计仪表盘用子弹图显示

结论

如果用户不使用你的仪表盘，那是因为仪表盘的信息对他们来说没有意义，而不是因为仪表盘不酷炫。添加酷炫泡泡和象形符号希望借此让用户多参与，这种方法最初可能会吸引注意力，但很可能会妨碍用户理解数据。从而导致他们放弃仪表盘。

尽管棒棒糖图可能会在不牺牲分析清晰度的情况下添加一些视觉变化，但如果你真的想让用户参与进来，**让数据变得有意义**，最好的方式之一就是把数据个性化。

就过往的经验而言，我认为个性化的条形图在一周中的任何一天都能击败充满酷炫泡沫的气泡图。

注意

定要阅读第 32 章，当心废弃的仪表盘。

第 29 章

对时间进行可视化

介绍

在本书所有的仪表盘中，有 20 多个包含了显示时间的图表。除了基本的时间轴之外，有很多方法可以将时间进行可视化。你选择的方法将改变你从仪表盘中发现信息的思路。

对于一个成功的仪表盘来说，将时间正确地可视化是至关重要的，这也是为什么我们会用一整章来探讨这个话题。

时间轴是一个了不起的发明。图 29-1 显示了 1786 年威廉·普莱费尔（William Playfair）的折线图。看起来令人惊叹但并不意味着这是在仪表盘上显示时间的最佳方式。本章讨论了很多情境，这些情境使得标准时间序列隐藏了数据中的重要故事。

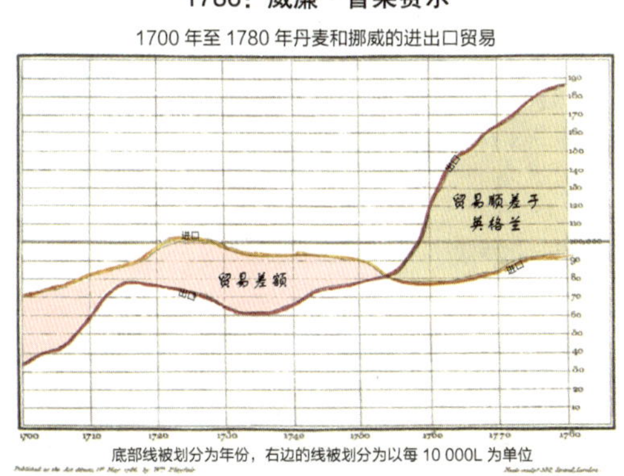

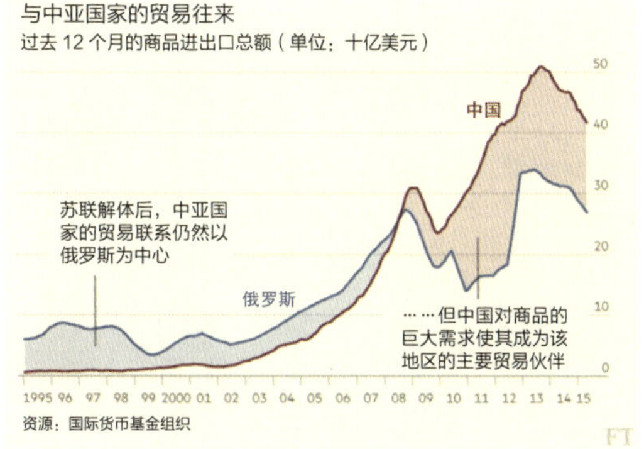

图 29-1　1786 年绘制的历史上第一份统计时间表

注：超过 200 年后，我们仍在使用类似的技术。

在这一章中，我们看一下七个不同的基于时间的问题，并探索每个问题的最佳图表：

1. 今日与某段时间的开始日相比表现如何？
2. 我的数据中是否存在周期性规律？
3. 如何在两个时间维度上查找趋势？
4. 我如何查看排名情况，而不是数值随时间推移的变化？
5. 怎样才能比较发生在不同时间事件的数值？
6. 如何显示一个事件的持续时间？
7. 我该如何关注流程中的瓶颈？

你想看到多长的时间段

什么类型的数据才是时间？

最常见的方法是将时间处理为连续性的，一个接一个。在这种情况下，时间显示在 x 轴上，从左向右流动，y 轴上显示定量测量值。

时间也可以是序数型：一周的每一天是离散的，但它们存在着顺序（周一、周二、周三等）。你可以将所有的周一、周二和周三汇总并分组以查找趋势。如果你将其放入排序的条形图中，它们不一定会按照从周日至周六的顺序来排序。我们来看看四个简单的例子，它们使用了花旗共享单车（由 Motivate 运营的纽约单车租赁计划）的数据。图 29-2 中显示了呈现花旗共享单车项目中骑行量的四种方式。

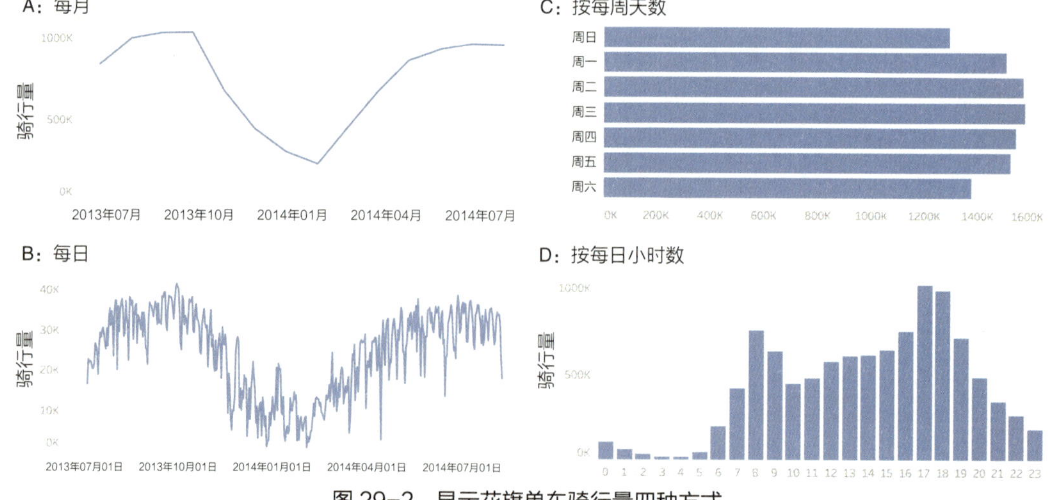

图 29-2　显示花旗单车骑行量四种方式

你选择的视图取决于你的目标。我们来看图 29–2 中的例子。图 A 和图 B 显示了连续时间。图 A 显示了一年内单车骑行的宏观趋势，并标记了月份。图 B 显示了每天的骑行量。你仍然能看到季节性趋势，也可以看到哪些天为异常值。例如，很容易就可以找出使用次数最多和最少的都是哪天。然而，图 B 很嘈杂，或许是包含了太多细节的缘故。

图 C 和图 D 将时间作为一个序数。图 C 显示了按星期数的里程数。你可以看到单车最火和最不火的日子分别是周三和周日。图 D 显示了按一天中不同时间来显示的骑行量。你可以清楚地看到上午 9 点和下午 5 点是两个通勤高峰。

无论你为时间序列选择何等精度的细节，你都会以牺牲一类特性为代价来突出另一类特性。那什么是正确的选择呢？这取决于你的目标。本章将探讨你可能会问到的关于时间数据的各种问题，以及可用于回答这些问题的各种图表。

今日与某段时间的开始日相比表现如何

想象一下你只对时间序列的开始值和结束值感兴趣。如果是这样的话，这两个时间点之间发生了什么事还重要吗？

让我们看一个使用花旗单车数据的例子。如图 29–3 所示，单车网络中八个最受欢迎的单车站点在 2013 年 7 月至 2014 年 8 月之间的骑行量。单车站点的名称已被数字替代。

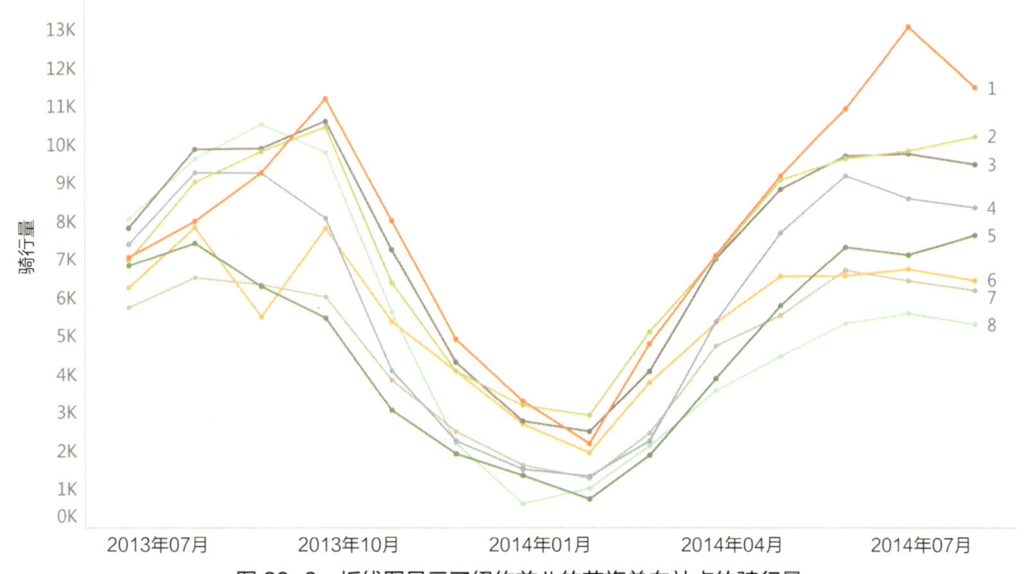

图 29–3 折线图显示了纽约前八的花旗单车站点的骑行量

这构成了一幅细线图。使用情况的季节性很明显：在深冬的骑行量是更少的。你可以看到，总体而言，每个站点都具有非常相似的模式。你还可以看到哪个站点拥有最高和最低的总骑行量。

但是，如果你的业务问题是将最新的数据与最早的数据进行比较呢？从开始以来，哪些站点在受欢迎度方面有所改变？你能从标准时间序列中看到这个问题的答案吗？要回答这个问题，我们可以使用一个斜率图，如图 29-4 所示。我们拿掉了序列中除第一个和最后一个点之外所有的数据点。

忽然之间，我们可以看到标准折线图没有显示出的东西。除了 8 号单车站外，所有单车站点的骑行量都有所增长。实际上，8 号单车站在这段时间里从最受欢迎的站点变成了最不受欢迎的站点。由于每个站点只有两个数据点，因此很容易看出两个端点之间有哪些类别在上升或下降。

在斜率图中，关于 8 号单车站的情况是一目了然的，但它在图 29-3 的标准趋势线中却被隐藏了。

图 29-4 中的斜率图在一个窗格中显示了所有站点：共有八条线路，每条对应一个站点。

有些时候可能很难区分出一条线，特别是当它们被贴上标签后。例如，看看图 29-5 这个斜率图，显示了 2015 到 2016 年间人们购买电子消费品的意愿调查结果。

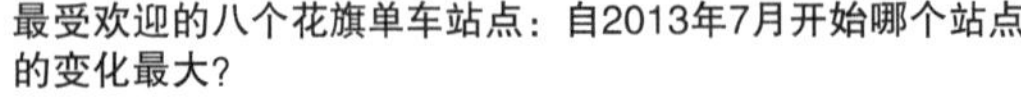

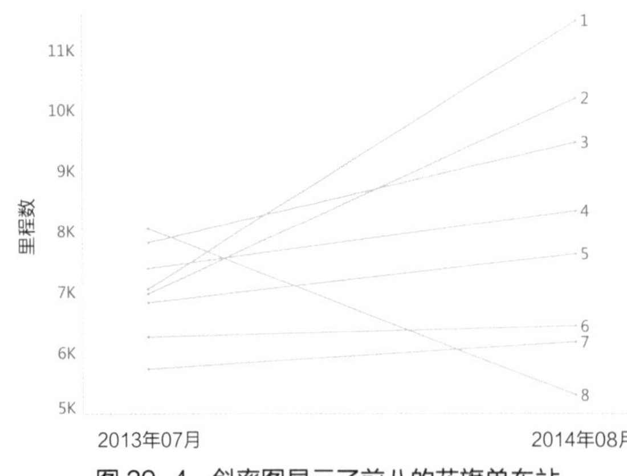

图 29-4　斜率图显示了前八的花旗单车站

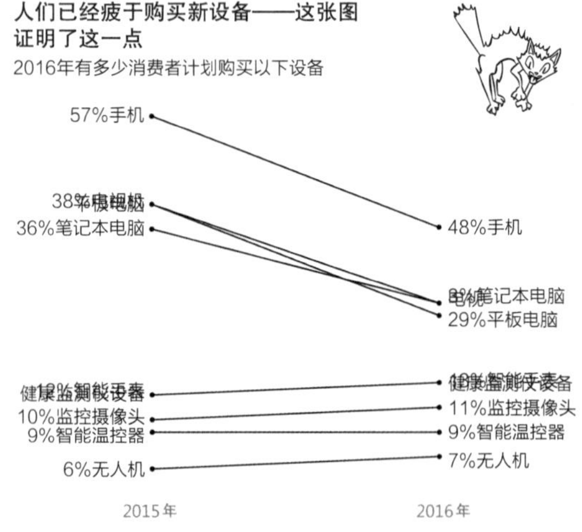

图 29-5　斜率图显示了 2015 年和 2016 年购买电子消费品的意愿

资料来源：埃森哲（Accenture）。

设计：安迪·卡特格雷夫（@acotgreave）。

在这种情况下，它们中的一些线非常接近。一些标签互相重叠，而其他一些则离得太近不便阅读。要如何解决标签的问题呢？你可以将每一条线分置在自己的窗格中，如图 29-6 所示。

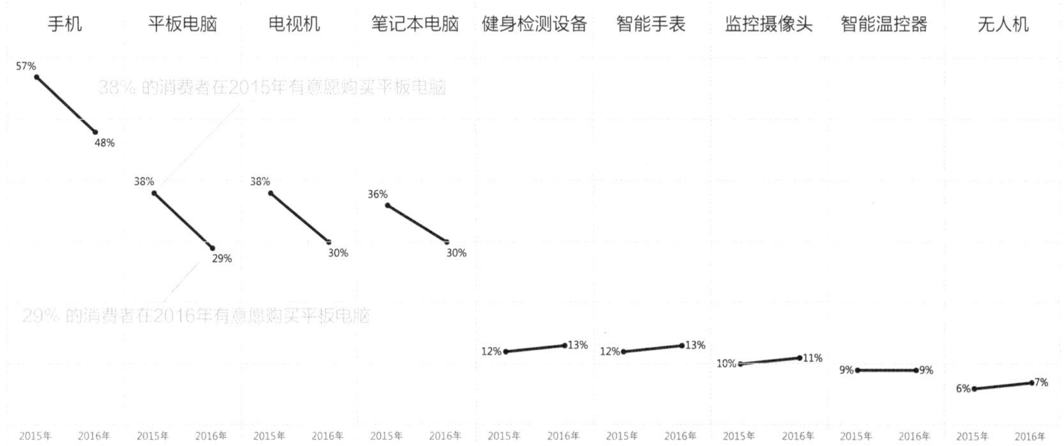

图 29-6　显示购买意愿的多面板斜率图

我的数据中是否存在周期性规律

显示周期性规律的方法很多。在这里，我们再来看看花旗共享单车的数据。想象一下，你需要知道哪个站点在一天中不同的时间是最拥挤或最不拥挤的。这一点很重要，因为你可以确保共享单车在整个网络上准确地分配，以便用户在必要时可以租用或停放单车。其中一个很好的问题是：在一天中的任何时段，哪一天是最忙的和最不忙的？例如，周一或周日的上午 8 点是一个忙碌的时段吗？哪一天中午 12 点最忙？图 29-7 显示了花旗单车一周总骑行量的标准时间轴。

是否容易找到并比较上午 8 点和中午 12 点在一周中每天的情况呢？答案是否定的。可能的解决办法是，你需要搜索时间轴上的每个点。

我们的第一个解决方案是只显示当天每个小时的总骑行量。你可以在图 29-8 中看到。

按一天中的小时数来汇总所有的骑行，似乎回答了这个问题：上午 8 点是早上通勤高峰，中午 12 点就比较安静。这是总结和查看一个时间段数据的好方法。有一个问题是：图中的每个条都代表一周中每一天的汇总骑行量。我们因此丢失了故事中重要的额外细节。

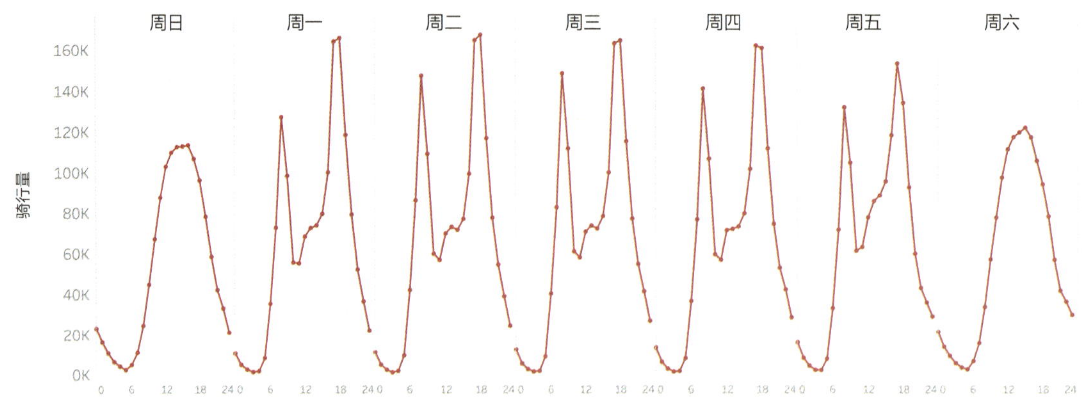

图 29-7　显示花旗单车整个星期里程的折线图

纽约花旗单车：上午8点到9点，中午12点到下午1点是什么样的

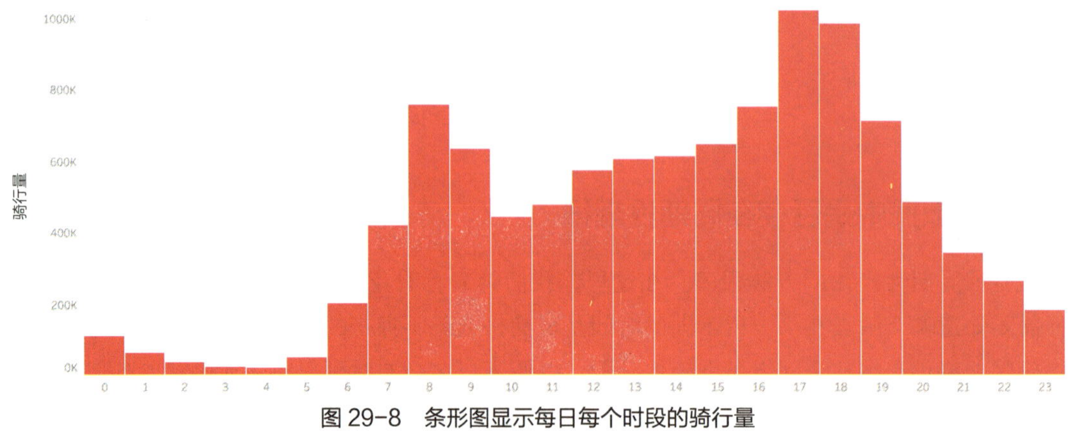

图 29-8　条形图显示每日每个时段的骑行量

图 29-9 是这个数据的周期图版本。在周期图中，每个小时包含两条线。红线显示一周中每一天的该小时的骑行量。水平线表示七天的平均值。在窗格内，该线显示了更大的时间段（天）的数值。

区别多么大呀！这个视图是非常强大的，揭示了许多在标准时间轴或仅包含天数的条形图中看不出的细节。

图 29-10 刚好显示了我们感兴趣的两个时段（上午 8 点和中午 12 点）的详细情况。

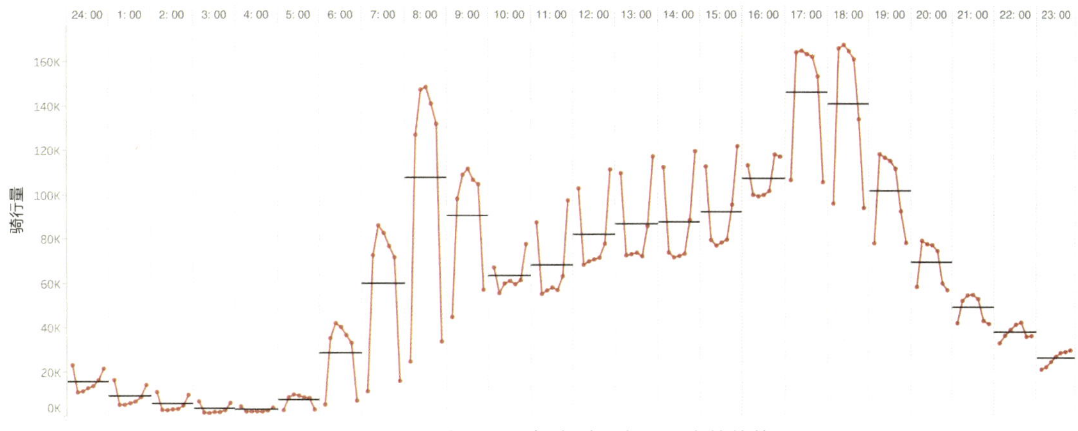

图 29-9　周期图显示每个时段在一周内的趋势

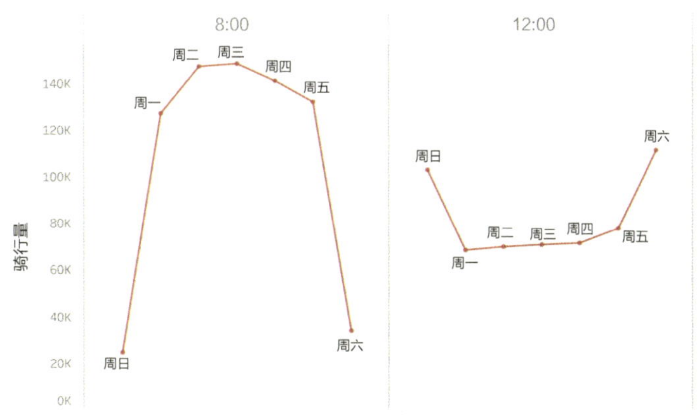

图 29-10　周期图显示上午 8 点和下午 12 点的骑行量

注：每个点代表一周中的一天（周日是第一个点）。

每条线有七个点，每个点代表一周中的一天。第一个点是周日，最后一个点是周六。

现在你可以看到这些时段的情况有多么不同了。在周六或周日（估计纽约人在那个时候正在睡觉），上午 8 点并没有看到很多骑车的人。但工作日的上午 8 点是非常忙碌的。周二和周三是最繁忙的。不过，中午 12 点的情况刚好相反。这个时段在周末很受欢迎，但在工作日并不忙碌，工作日的这个时段大多数纽约人都在上班。

现在回到图 29-9 中的完整周期图，并查看一天中每个小时的情况：你可以非常清楚地看到不同的形状。你也很容易识别在工作日和周末，一天中最繁忙的时段是哪个时段。

周期图是非常强大的。想象一下你是花旗单车的策划者。你可以建立一个仪表盘来比较不同站点的使用情况，并发现许多不同的模式。例如，图 29-11 显示了花旗单车的两个非常不同站点的周期图：第八大道和西 31 街（毗邻宾夕法尼亚车站，是一座繁忙的通勤站），中央公园南和第六大道（中央公园旁边）。

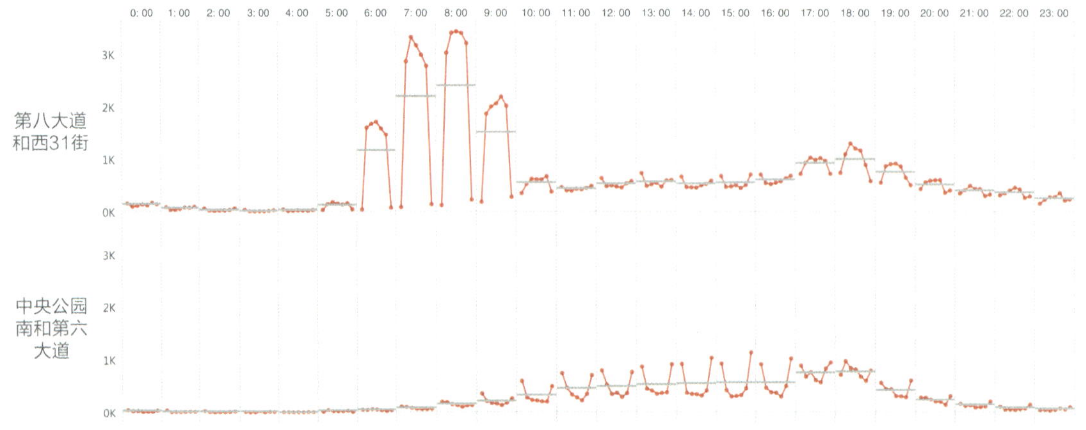

图 29-11　周期图显示了纽约的两个站点

差异凸显出来了。黑色的水平参考线是该时段的平均骑行量。你可以看到，这两个站点都有一个从下午 5 点到下午 7 点的高峰。除此之外，它们有非常不同的模式。第八大道在早上通勤期间非常忙碌（但在晚上却很奇怪，并不忙）。中央公园在下午和晚上是最忙的。周期图在第八大道的早晨显示出清晰的 N 形，揭示了工作日的忙碌状态。中央公园的所有时间都是 U 形，表明那里的骑行大多发生在周末。

周期图相当宽，会占用仪表盘上大量的空间。如果这是个问题，你可以沿着 *x* 轴绘制一天中的时段，并在窗格中为一周中的每一天绘制一条单独的线。图 29-12 显示了一个例子。

在这个例子中，我们可以看到与周期图相同的趋势。将各条线互相重叠的绘制方法的优势在于，图表会变得更窄，如果你需要在仪表盘上节省空间，这种做法非常有用。周末和工作日之间的差异非常明显。通过这种方式在同一窗格中将每天绘制为单独的一条折线，也可以让你比较任何给定时段在不同日子之间的实际差异。而这个折中的问题在于，它很难看出哪条线代表哪一天；如果仪表盘是交互式的，这就是个很容易解决的问题。

我们的花旗单车案例着眼于任意一天给定时段的每周趋势，你可以创建任意两个时间段的周期图。例如，在销售组织中，你可能需要查看每个季度的年度趋势。

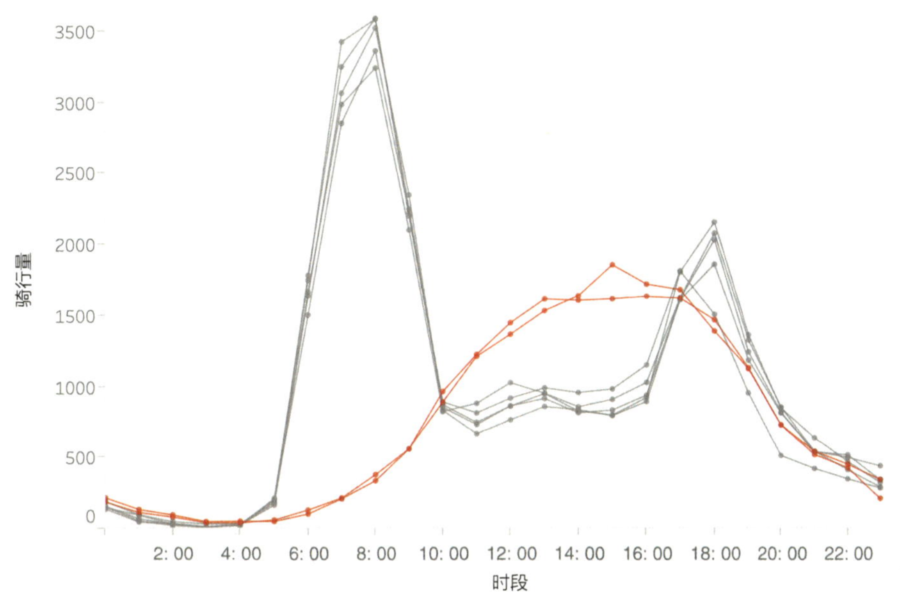

图 29-12　折线图用更窄的循环图替代

如下一节所示，你还可以查看任何给定月份的年度趋势。

如何在两个时间维度上查找趋势

英格兰和威尔士最普遍的生日是哪一天？图 29-13 是一个折线图，显示了截至 2014 年英格兰和威尔士每天新生人口的数量。

从图中很难得到关于数字的细节。你可以看到许多峰值，但它们隐藏了趋势。这些峰值在事实上证明英格兰和威尔士周末的出生人数较少。你可以在图 29-14 中更清楚地看到这个事实。

看到周末出生人数的下降是不是很神奇？图 29-14 使用每周天数作为序数来揭示折线图隐藏的内容。

回到图 29-13 的尖峰折线图。你可以看到哪一天是出生率最低的一天（12 月 26 日），最流行的日子在九月。除此之外，折线图非常难以阅读，并隐藏了许多很好的见解。

2013年英格兰和威尔士每天新生人口的数量

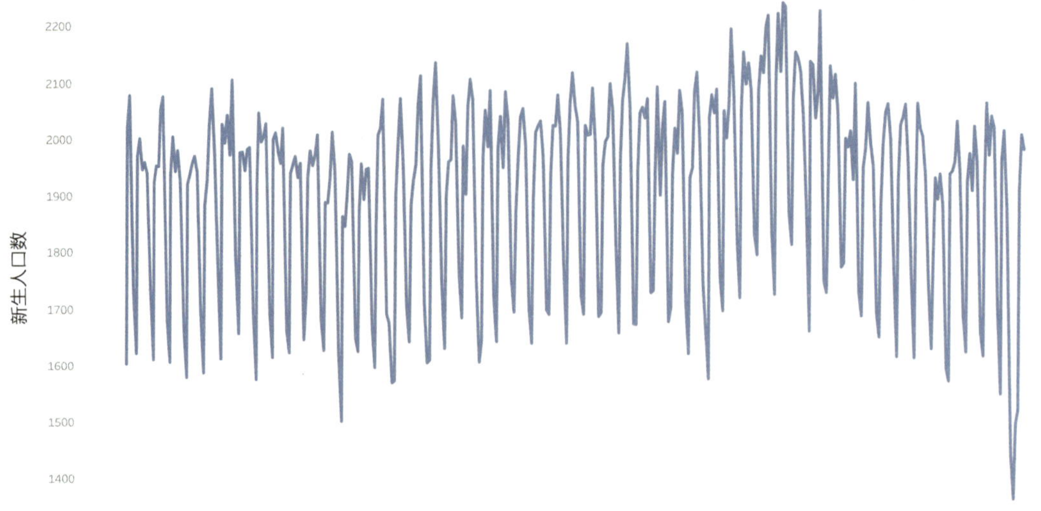

1月1日 2月1日 3月1日 4月1日 5月1日 6月1日 7月1日 8月1日 9月1日 10月1日 11月1日 12月1日 1月1日

图 29-13 折线图显示了 2013 年英格兰和威尔士每天新生人口的数量

数据来源：国家统计局。

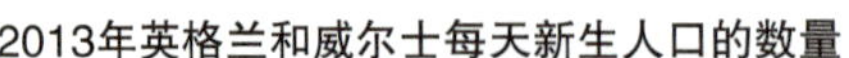

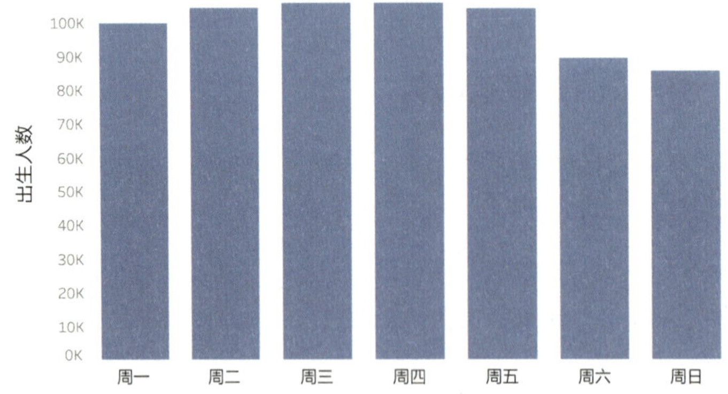

图 29-14 条形图显示了 2013 年英格兰和威尔士每天新生人口的数量

像前面讨论的周期图一样，高亮的表格 / 热图都是显示季节性的好方法。图 29-15 是一个高亮的表格，显示了美国、英格兰和威尔士最常见以及最不常见的生日。

整个日历年都在表格中。每列代表每个月，每行代表每一天。一张表格是美国的，一张是英格兰和威尔士的。颜色越深代表那天出生的人就越多。

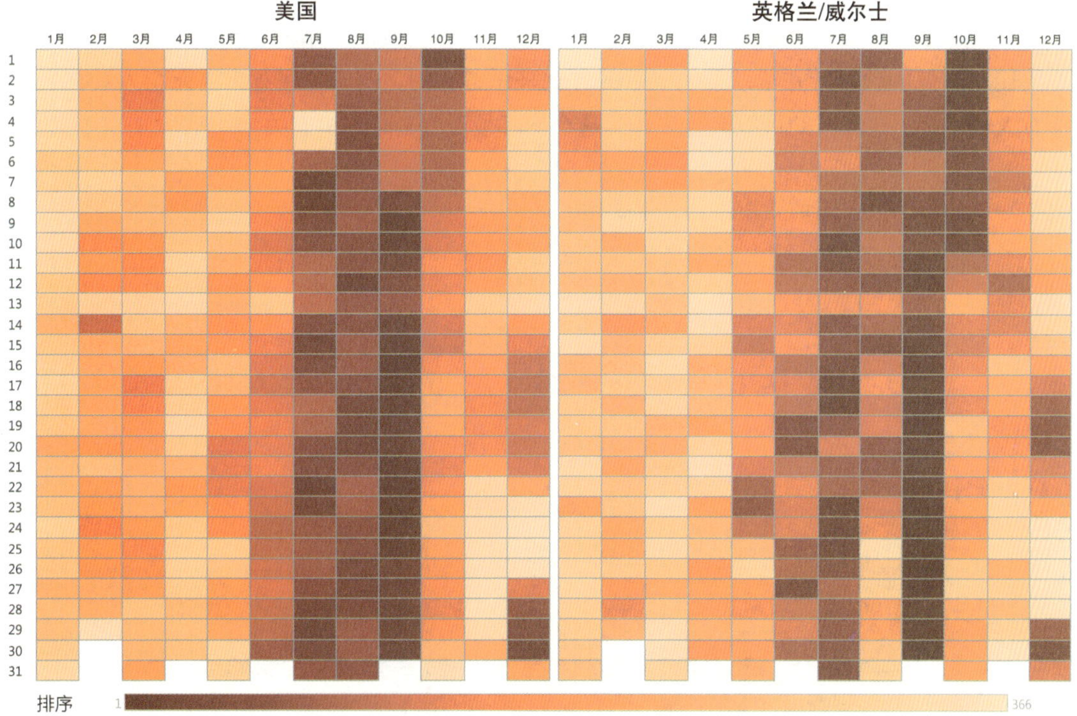

图 29-15　显示了美国、英格兰和威尔士生日流行日的热图

琢磨一下这个高亮的表格：你能看到哪些是无法在折线图上看到出？这个月的哪几天不那么受欢迎？圣诞节对不同国家有什么影响？全国性假日呢，如美国独立日（美国的 7 月 4 日）呢？哪个月最受欢迎？

你可以在每月的第 13 天看到一条清晰的光条。在这两个国家，第 13 天的出生人数都比较少。你意识到我们是迷信的了吗？这里还有其他惊人的差距。看看新年的情况：每个国家在年底都有很多新生儿，但在一月份的前几天却很少。在美国，感恩节和 7 月 4 日出生的孩子要更少些。在圣诞节，特别是在美国，新生儿会更少。在英格兰和威尔士，八月底出生的人数不多。而 2 月 14 日情人节的出生人数明显比较多。

出生人数的高亮表格显示出分娩一定程度上是一个计划和管理的过程。想一想图 29-13 中的折线图。如果使用的是折线图，关于这些见解，你又能发现多少呢？

我们如何将这种学习应用于商业数据？在另一个例子中，我们可以使用一个更为忧郁的数据集，即 36 年间美国公路上的死亡事故。图 29-16 显示了从 1975 年到 2011 年的死亡事故情况。折线图提供了一些很好的见解。

你可以看到1979年是死亡高峰，以及随后的大幅下降。20世纪80年代后期也有一个显著的下降。重要的是，要记住，相关性不一定意味着有直接的联系，但相关的趋势却可以指导我们对事件的理解，并帮助我们以新的方式来思考它们。例如，注意公路死亡人数在2009年有大幅下降。这个时间可能会让人怀疑这个下降是否与金融危机有关。

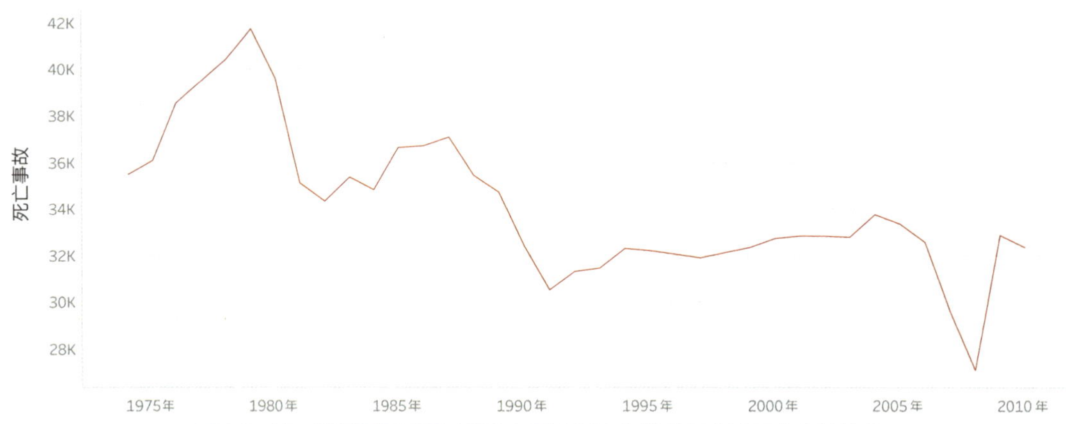

图29-16 折线图显示了1975年到2011年的美国公路死亡事故情况

轴是否应该从零开始

图29-16中的 y 轴并没有从零开始。这个图的目标是显示相对变化而不是绝对变化。在位置被用于编码数据的情况下（例如折线图或点图），以及目标是为了显示数据点之间的差异而不是它们的实际大小时，截断轴是可以接受的。

不过，仪表盘用户可能对更详细的季节性趋势更感兴趣。哪几个月或哪几天会看到最多的死亡人数？让我们在图29-17中将折线图分解成几个月。你能看到季节性趋势吗？

同样地，很难看出季节性趋势，因为峰值产生了太多的噪音。图29-18显示了在高亮表格中相同的数据。

这个视图与其他图不同，它揭示了一些非常有力的见解。看一下月份（图29-18中的列），我们可以快速浏览并看到8月份比其他月份多发生了多少起死亡事故。纵观年份（行），我们可以迅速发现1980年死亡人数最多，而2009年最少。顶部中心的红色“岛”表明，20世纪70年代末和80年代的夏季是死亡事故的高发时期。

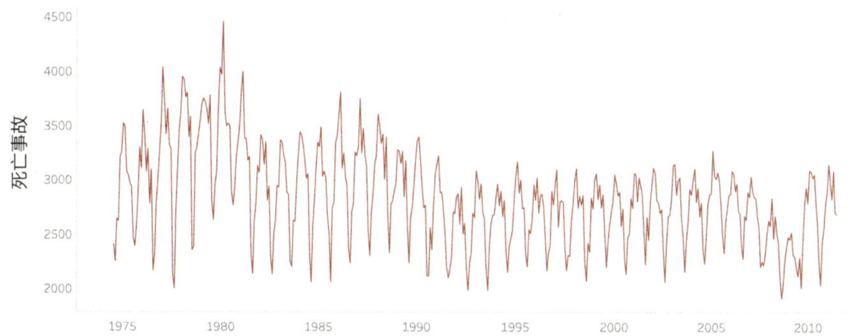

图 29-17　折线图显示了 1975 年到 2011 年按月份统计的美国公路死亡事故情况

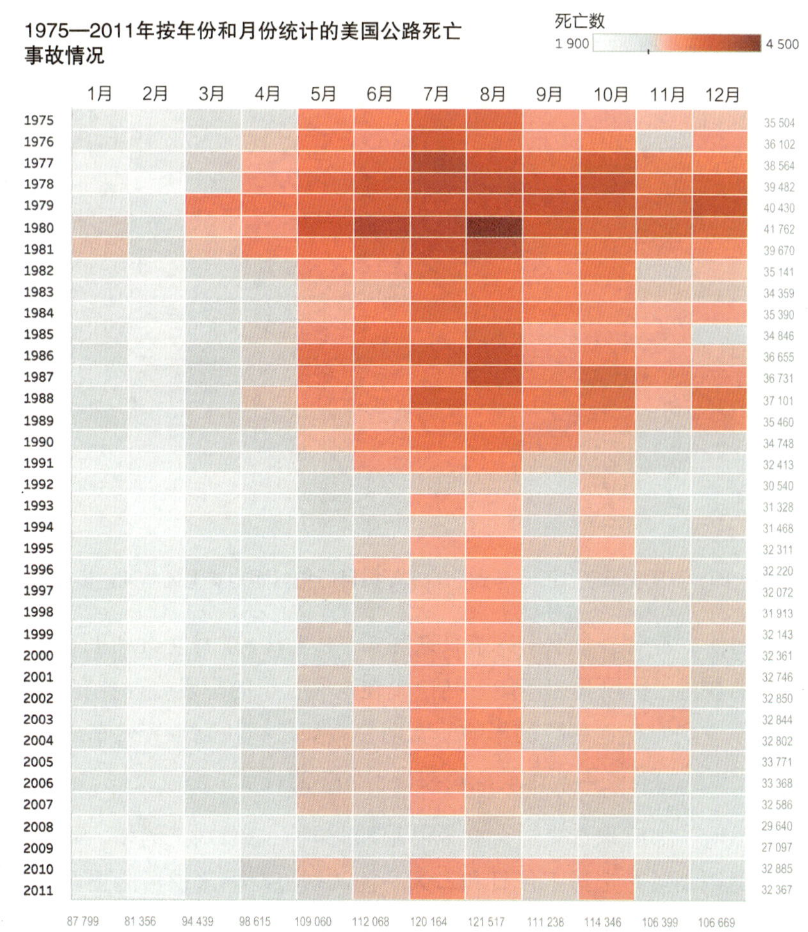

图 29-18　热图显示了 1975 年到 2011 年按年份和月份统计的美国公路死亡事故情况

使用季节性图表，你可以选择与你的需求最相关的两个时间汇总。例如，我们可以更改表格，显示月份和日期而不是年份，以查找一年内的趋势，如图 29-19 所示。

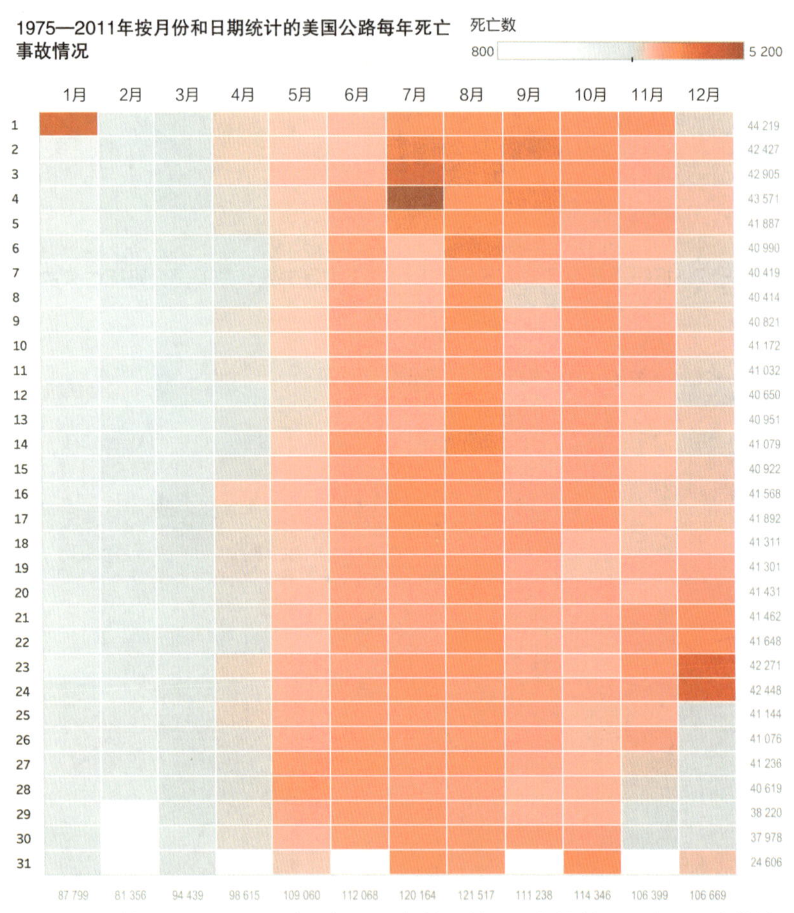

图 29-19 热图显示了 1975 年到 2011 年按月份和日期的美国公路死亡事故情况

美国公路上的死亡事故最多发生在节日期间：1 月 1 日、7 月 4 日和平安夜。这些数据并没有考虑到旅程的数量，所以我们不能下结论说在这些日子的每段旅程会有更多的死亡人数，但我们确实看到了它们对死亡事故的影响非常明显。如果能找到每天驾车旅程的数据，并且将死亡事故标准化以找出在美国开车最危险和最不危险的日子，那就太好了。

在构建仪表盘时，你应该选择适合业务需求的时间汇总级别。例如，如果你是火车站负责管理拥堵的交通规划员，选择工作日和每天不同的时点对你来说可能更合适，让你可以查看什么时候车站最繁忙。

高亮表格的最后一个优点是它们的表格结构。很容易横向和纵向来对照检索特定的信息。这个表格结构也有助于让人们相信可视化的价值。有些人坚持只使用数字表格，所以这次给他们数字，但是用高亮表格的形式。简单地为每个单元格添加标签，你就会得到一个有标签的高亮表格（见图 29-20），此类图是通向可视化的好方法。

1975—2011年按月份和日期统计的美国公路每年死亡事故情况

死亡数 810 — 5 189

	1月	2月	3月	4月	5月	6月	7月	8月	9月	10月	11月	12月	总计
1	4 654	2 914	3 115	3 405	3 459	3 560	3 981	3 993	4 003	3 923	3 884	3 328	44 219
2	2 575	2 920	3 102	3 415	3 459	3 495	4 217	4 074	4 173	3 891	3 596	3 510	42 427
3	2 781	2 927	3 092	3 383	3 525	3 599	4 613	4 135	3 974	3 880	3 616	3 380	42 905
4	2 779	3 012	3 136	3 313	3 458	3 759	5 189	3 969	4 095	3 849	3 561	3 451	43 571
5	2 685	2 936	3 030	3 314	3 427	3 684	4 062	4 043	3 954	3 637	3 679	3 436	41 887
6	2 783	2 851	3 073	3 173	3 395	3 775	3 520	4 188	3 735	3 599	3 532	3 366	40 990
7	2 660	2 923	3,014	3 148	3 405	3 672	3 540	3 889	3 659	3 765	3 461	3 283	40 419
8	2 594	2 845	3 048	3 223	3 429	3 714	3 558	3 984	3 341	3 786	3 560	3 332	40 414
9	2 752	2 724	2 900	3 318	3 461	3 702	3 604	4 028	3 567	3 817	3 579	3 369	40 821
10	2 780	2 782	2 998	3 256	3 451	3 746	3 680	3 913	3 599	3 785	3 744	3 438	41 172
11	2 768	2 905	2 995	3 306	3 324	3 728	3 713	3 862	3 683	3 741	3 660	3 347	41 032
12	2 791	2 753	3 075	3 182	3 350	3 748	3 746	3 965	3 550	3 651	3 534	3 305	40 650
13	2 807	2 872	2 942	3 226	3 371	3 667	3 620	4 059	3 696	3 741	3 526	3 424	40 951
14	2 787	2 914	2 998	3 187	3 457	3 853	3 645	4 137	3 624	3 687	3 450	3 340	41 079
15	2 684	2 883	2 867	3 248	3 522	3 694	3 919	3 932	3 592	3 661	3 499	3 421	40 922
16	2 752	2 722	3 097	3 488	3 547	3 738	3 978	3 887	3 683	3 808	3 431	3 437	41 568
17	2 954	2 874	3 175	3 330	3 550	3 738	3 991	3 863	3 714	3 776	3 484	3 443	41 892
18	2 861	2 890	3 211	3 332	3 439	3 649	3 885	3 779	3 779	3 526	3 445	3 515	41 311
19	2 868	2 927	3 009	3 329	3 431	3 740	3 846	3 894	3 629	3 463	3 568	3 597	41 301
20	2 833	2 923	3 022	3 265	3 540	3 733	3 703	3 904	3 646	3 630	3 544	3 688	41 431
21	2 760	2 897	2 956	3 249	3 555	3 740	3 691	3 819	3 636	3 606	3 718	3 835	41 462
22	2 723	2 933	3 034	3 208	3 515	3 800	3 684	3 982	3 597	3 582	3 681	3 909	41 648
23	2 667	2 835	2 954	3 373	3 628	3 690	3 870	3 898	3 655	3 539	3 784	4 378	42 271
24	2 825	2 789	3 086	3 275	3 596	3 769	3 910	3 746	3 737	3 643	3 667	4 405	42 448
25	2 902	2 880	3 043	3 357	3 641	3 812	3 804	3 814	3 680	3 523	3 547	3 141	41 144
26	2 727	2 904	3 126	3 259	3 649	3 831	3 824	3 787	3 684	3 514	3 652	3 119	41 076
27	2 771	2 950	3 110	3 235	3 866	3 929	3 877	3 887	3 643	3 544	3 394	3 030	41 236
28	2 783	2 861	3 111	3 247	3 921	3 837	3 726	3 718	3 539	3 551	3 306	3 019	40 619
29	2 744		3 111	3 280	3 683	3 852	3 874	3 682	3 569	3 554	3 145	2 916	38 220
30	2 865		2 960	3 291	3 582	3 814	3 908	3 855	3 802	3 697	3 152	3 052	37 978
31	2 884		3 049		3 424		3 986	3 831		3 977		3 455	24 606
总计	87 799	81 356	94 439	98 615	109 060	112 068	120 164	121 517	111 238	114 346	106 399	106 669	

图 29-20　1975—2011 年按月份和日期统计的美国公路死亡人数高亮表

我该如何查看排名情况，而不是数值随时间推移的变化

有时候，事物的排名比实际值更重要。让我们看一下美国音乐公告牌前 40 位的情况。我们只想知道谁是第一名。对于我们来说，排名第一的艺术家多卖了多少张专辑并不重要，卖

出最多才是重要的。

体育也是如此。举例来说，在英超联赛中，我们并不记得球队在每个赛季的积分，但我们确实记得他们在赛季结束后积分榜上的位置，以及他们整个赛季有怎样起伏的表现。图 29-21 显示了 2014—2015 赛季的凹凸图，突出显示了莱斯特城队和纽卡斯尔联队这两支球队的表现。

2014—2015赛季英超联赛：莱斯特城队和纽卡斯尔联队的表现怎样

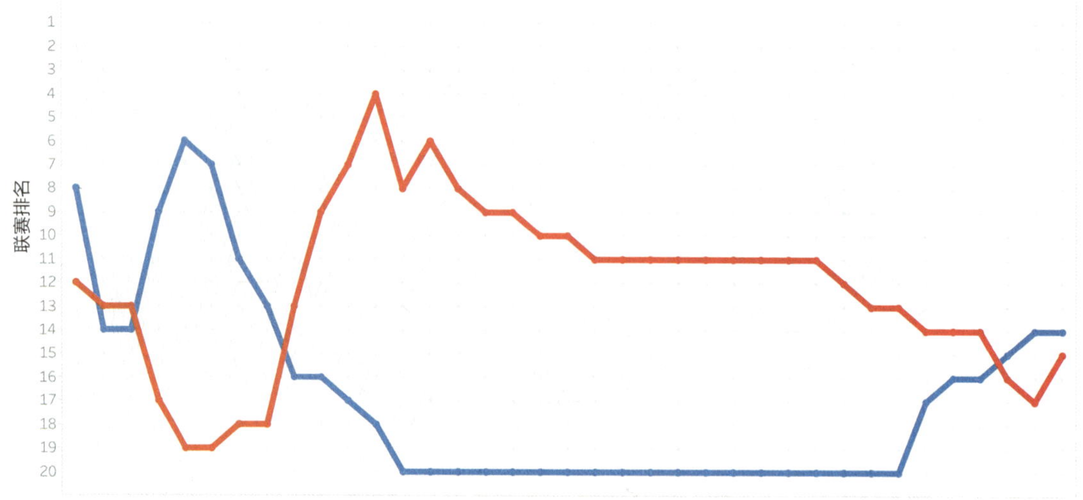

图 29-21　凹凸图显示了 2014—2015 赛季英超联赛期间两支球队的“过山车”经历

让我们回头再看一下花旗单车的数据。在图 29-4 的斜率图中，我们看到，随着时间的推移，最受欢迎的站点发生了很大的变化：8 号单车站从开始时最受欢迎的站点，变成了 13 个月后排名第 8（最后）的站点。

我们也许对站点的人气兴衰感兴趣。标准折线图显示了按月的骑行量，但即便突出显示一个站点，也不会使排名情况变得明显（见图 29-22）。

如果我们把这个改为一个凹凸图呢？在凹凸图中，x 轴继续显示时间。在本例中，我们显示月份。对于 y 轴在这个图中，有一个站点被突出显示了。我们不显示骑行量，而是根据每个月的骑行量来显示站点的排名。见图 29-23。

凹凸图

凹凸图让排名非常清晰，但它们隐藏了实际值。

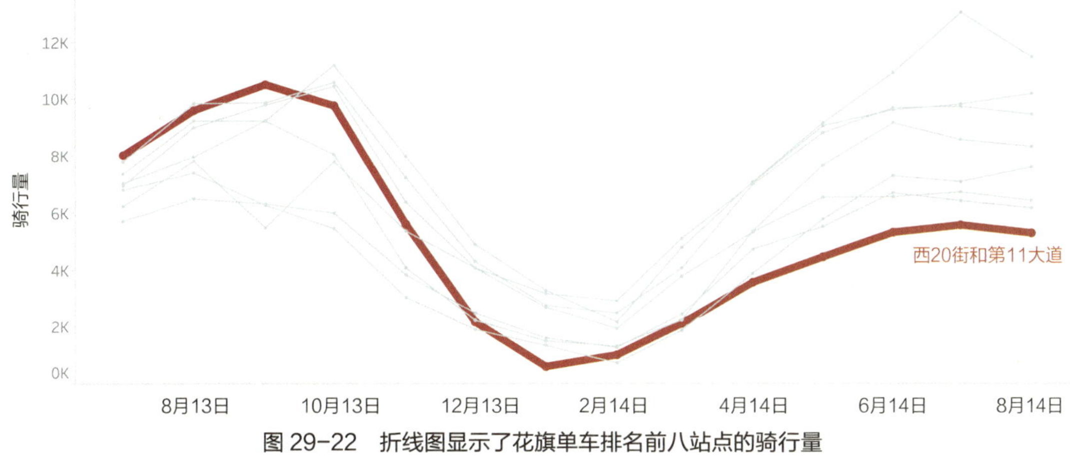

图 29-22 折线图显示了花旗单车排名前八站点的骑行量

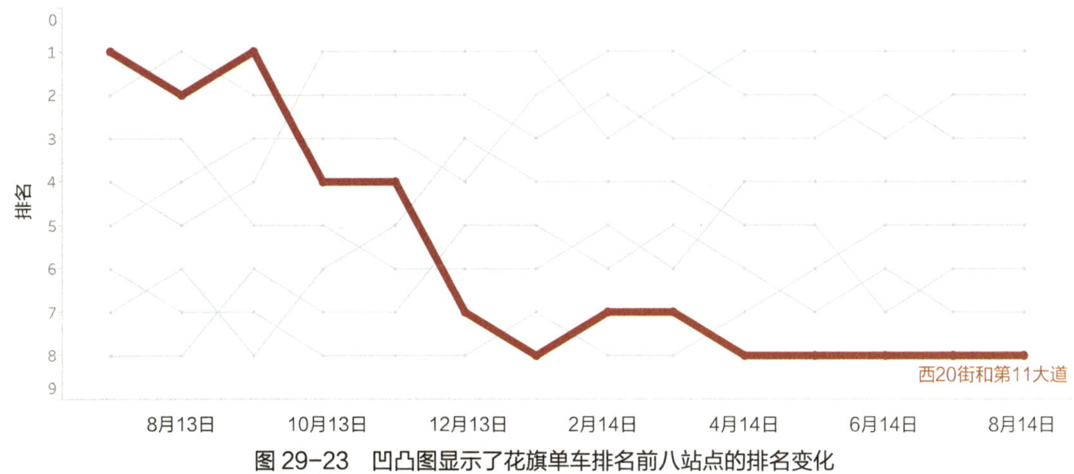

图 29-23 凹凸图显示了花旗单车排名前八站点的排名变化

将凹凸图与折线图进行比较。如果你的情境要求你考虑随时间推移而发生的排名变化，那么凹凸图会比常规的折线图清晰得多。

凹凸图确实带来了一些必须克服的挑战。在图 29-23 中，一个花旗单车站点是红色的，而其他的都是灰色的。如果所有线条都是灰色的，那就几乎不可能把一条线与另一条线区别开。如果你让它们全部变成不同的颜色，那图看起来就会很有压迫感。在图 29-24 中，八个站点中的每一个都使用了一种不同的颜色。

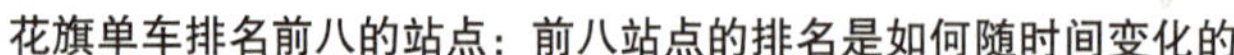

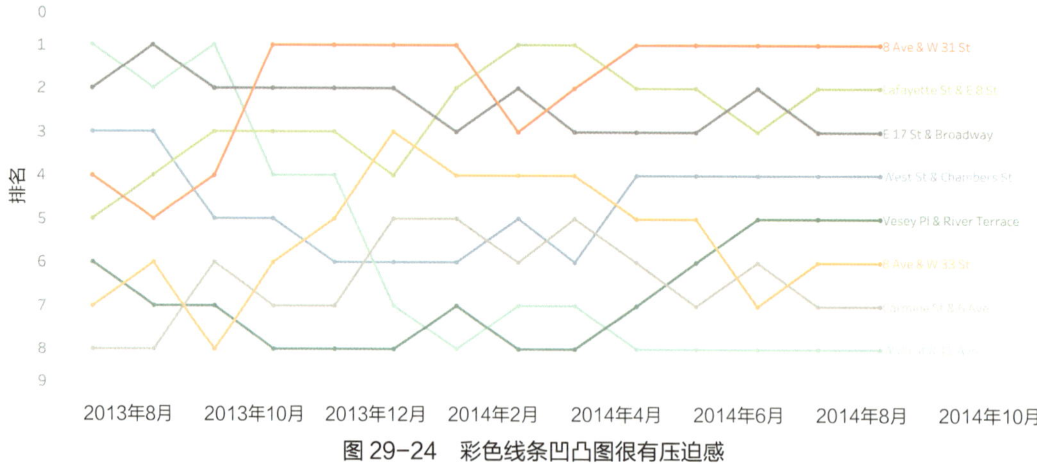

图 29-24　彩色线条凹凸图很有压迫感

八种颜色是在用户可理解的范围内。如果你的仪表盘是交互式的，你可以使用突出显示和工具提示让每个站点更清晰。

凹凸图的另一个问题是，通过显示排名，你已经隐藏了实际值。但你是否可以像拿块蛋糕吃掉那样轻松，在凹凸表中同时显示排名和数字呢？一种方法是给线上的每个点贴标签，如图 29-25 所示。另请参阅第 22 章：排名和规模，其中阐述了解决这个挑战的几种方法。

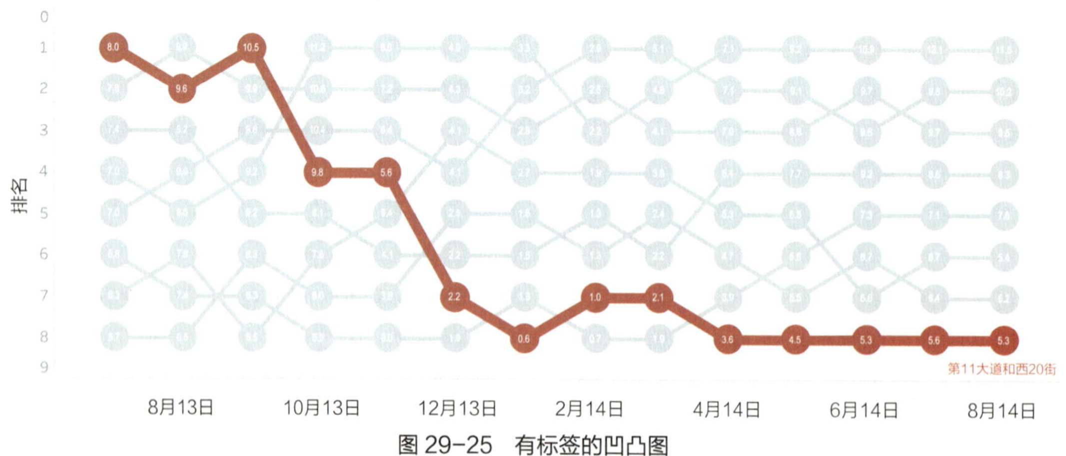

图 29-25　有标签的凹凸图

这个图只解决了问题的一部分，即没有直观地表示数字大小。但解决之后，也只能查询每个数字的值。这个凹凸图在只对排名感兴趣时才起作用。

如果要激励一个销售团队，那么让每个成员相互之间进行比较，可能比只关注原始数据更成功。如果你正在跟踪产品的人气，例如一家书店的人气，那么排名是非常重要的。

最后举个例子，安迪在当地的问答之夜（酒吧测验）中不断得分。除了在每轮之后读出分数外，他还在一台大型投影仪上展示了一个凹凸图。各队看到自己在测验过程中的排名轨迹时都非常兴奋。看看图 29–26 中的例子，想象一下，当大家看到“豪勇七蛟龙”队从落后到最终赢得这个测验时，每个人的感受如何。另外，想象一下“安迪的老师们”这个队伍在走了完全相反的轨迹后感觉如何。只有凹凸图才能很好地显示这些信息。

布里尔学校酒吧问答：第16轮（最后一轮）后的位置

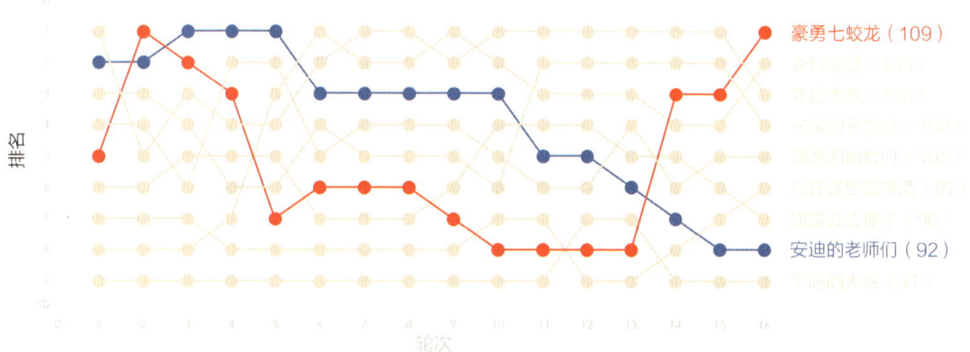

图 29–26　凹凸图显示了酒吧测验 / 问答之夜的进度

怎样才能比较发生在不同时间的事件的增长速度

让我们想象一下，你在为一位非常受欢迎的全球流行歌星制作音乐录像带。在当今这个时代，新专辑发布后的头几天就取得了成功。你想了解总体的观看数量，并比较随时间推移的内容增长率。

例如，图 29–27 列出了所有时间（截至 2016 年 9 月）观看次数最多的 YouTube 视频。

除了查看哪个视频最流行之外，如果目标是衡量哪个视频传播速度最快呢？条形图清楚地表明，朴载相的《江南 Style》是领先的，但它是否也比其他任何视频都能更快速地达到 10 亿的浏览量呢？

首先，让我们看一下标准时间轴，如图 29–28 所示。两个视频被突出显示：朴载相的《江南 Style》和阿黛尔的《Hello（你好）》。

折线图表现不错。你可以看到《江南 Style》是多么地流行。它在达到最近十亿级的播放量前就已经达到了其观看次数的高峰。《Hello》则以极其高的每周观看次数出现，在发行的第二周就达到了 1.29 亿次观看。

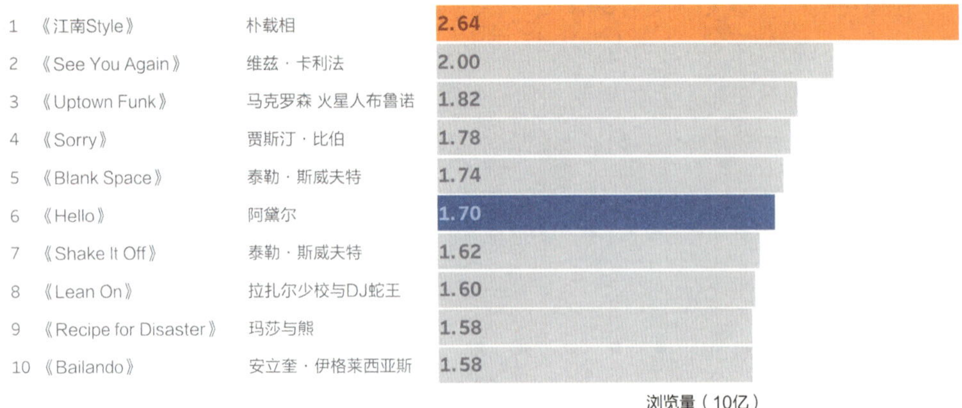

图 29-27　条形图显示了历史最热门的 YouTube 视频

前10名最受欢迎的YouTube视频的每周观看次数
突出阿黛尔的《Hello》和朴载相的《江南Style》

图 29-28　折线图显示了前 10 名最受欢迎的 YouTube 视频的每周观看次数

图表并没有告诉我们哪个视频最快到达了某个门槛。我们可以将数据显示为随时间推移的累加量，如图 29-29 所示。

在图 29-29 中，可以非常清楚地看到每个视频的累计观看总数，但哪一个最快达到了 10 亿观看次数的标志呢？是阿黛尔还是朴载相？无法分辨，因为虽然我们擅长理解斜率，但当它们从不同时刻开始时，我们还是不能轻易地比较它们。

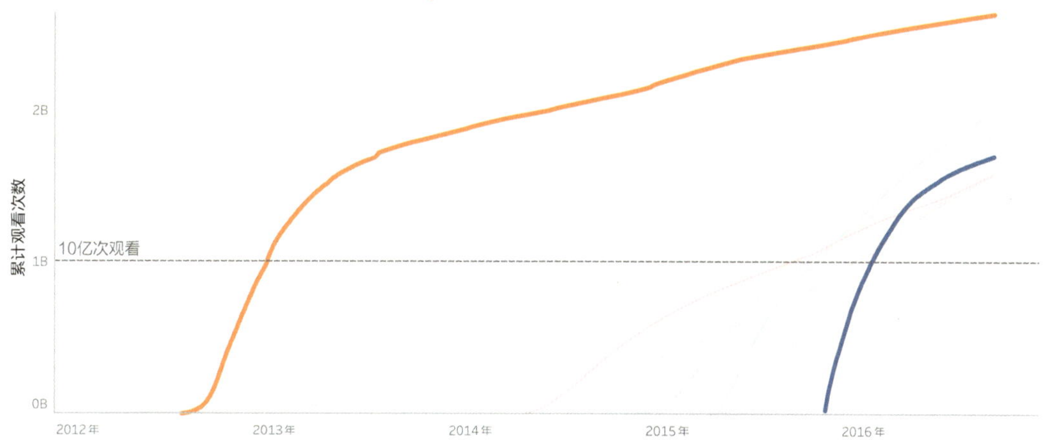

图 29-29　折线图显示了有史以来最受欢迎的 YouTube 视频随时间变化的累积日观看次数

我们可以使用指数图来解决所有这些问题。指数图更改了 x 轴。x 轴并不显示实际日期，而是用指数值去代表自固定点以来的时间单位。在这个例子中，x 轴显示视频发布后的天数，如图 29-30 所示。

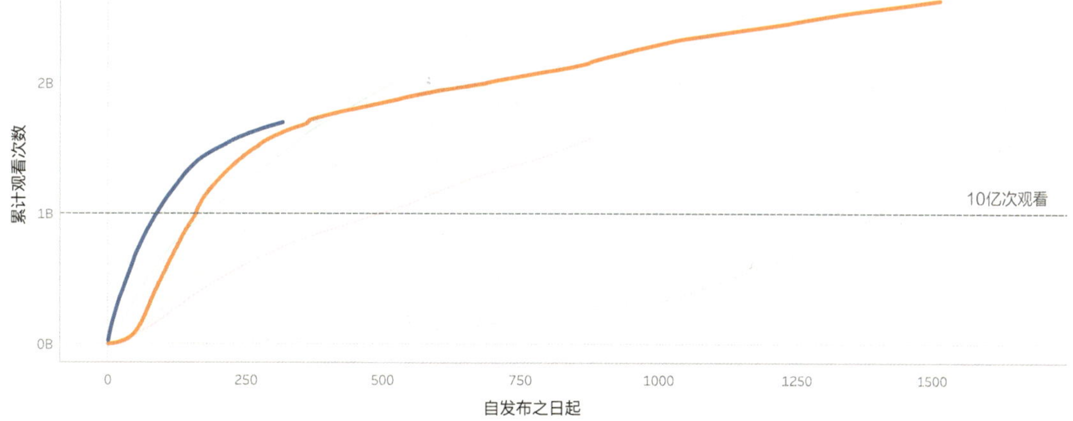

图 29-30　最受欢迎的 YouTube 视频随时间推移的每日观看次数指数图

注：阿黛尔的《Hello》是有史以来在 YouTube 上观看最快达到 10 亿次的视频。

最后，这个图表可以很容易地看到哪个视频是增长最快的。《Hello》不仅达到了 10 亿的观看次数，让阿黛尔跻身 YouTube 的专属俱乐部；它还比 YouTube 历史上任何视频的传播速度都要快得多（准确地说，是 88 天）。

当我们扫视这些线的时候，可以看到不同形状的增长。大多数视频都会在发行后看到最快的增长。然而，一部名为《玛莎和熊》（*Masha and the Bear*）的俄罗斯动画系列卡通片的增长非常缓慢。

当你想要比较不同时间发生的事件的增长情况时，指数图很有用，例如：

- 比较不同时期的活动门票销售情况；
- 研究不同年龄组学生的进步情况；
- 客户群的购买行为；
- 不同营销活动的 A/B 测试。

如何显示一个事件的持续时间

到目前为止，我们看到的所有图表都涉及在不同时间点显示同样的测量值。如果你想检查不同事件的持续时间怎么办？在这种情况下，甘特图是一个很好的解决方案（见图 29-31）。

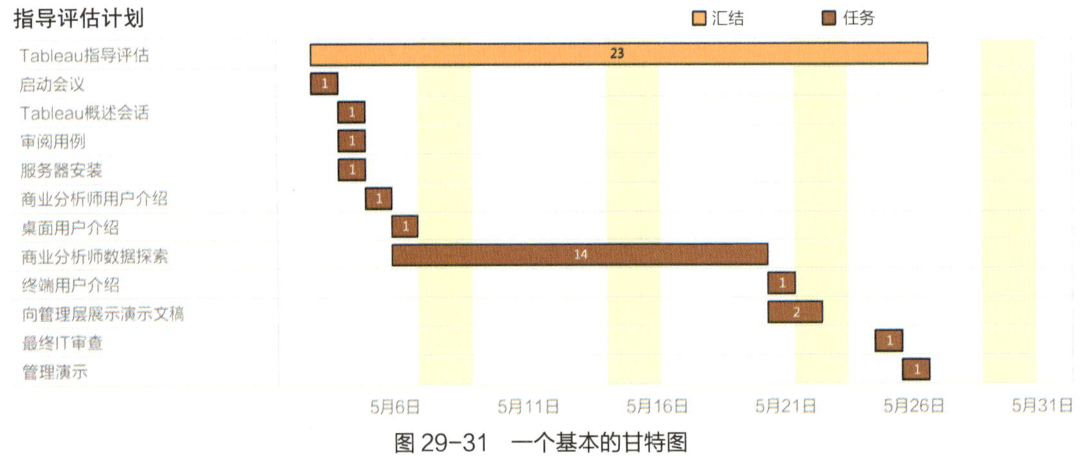

图 29-31　一个基本的甘特图

注：项目的总持续时间显示在顶部（浅橙色）。详细任务显示为深褐色。

甘特图最常用于项目规划。一个项目是由许多分散的任务组成的，每个任务都有其开始时间、持续时间和计划结束时间。有些项目可以同时运行。有些只能在另一个项目完成后才能开始。每个任务都有一个预计和实际持续时间。使用甘特图可以将所有这些项目连在一起，并用条形来计算出项目的总持续时间。

甘特图让你看到目标的进展。随着事件的展开，你可以用实际持续时间来替换预计持续时间。这样做可以让你看到你的项目是超前还是落后于计划。

我该如何关注流程中的瓶颈

由汤姆·凡·巴斯科克（Tom Van Buskirk）发明的跳转图专门用于分析事件序列，并识别其中的瓶颈和异常值。该图表可以汇总数据，也可以扩展到分布视图。跳转图的独特之处在于它能够将事件序列可视化，其中或许有某些可选事件。例如，在查看合同审批的工作流程时，仅当合同超过了某个基于数量的阈值时，才可能需要第二步或第三步审批。

跳转图在 *x* 轴上从左到右以检查点的形式显示线性事件序列，检查点的定义为，序列中测量时间间隔之间的重要事件。对于用户来说，*x* 轴代表随着时间推移发生的序列事件。两个检查点之间的时间间隔（称为“跳跃”）在 *y* 轴上以跳跃的高度表示。在这个例子中，在检查点之间使用贝塞尔曲线画了跳跃线。该图表的基本布局见图 29–32。

x 轴显示过程中的离散步骤。经过的时间显示在 *y* 轴上。总持续时间是 10.81 秒。有六跳（a-f）。最长的跳跃，即瓶颈期，是步骤 b 和步骤 c 之间的跳跃，耗时 5.43 秒。你可能想知道为什么这个数字没有显示为条形图。我们稍后会看一下。

另一个有用的跳转图布局是将跳数与预期或阈值进行比较，即基于阈值的跳转图。每一跳都可以与自己的阈值进行比较，或可以在整个序列中应用单个阈值。如果跳数低于阈值，则显示在 *x* 轴的下方。如果超过阈值，则显示在 *x* 轴的上方（见图 29–33）。

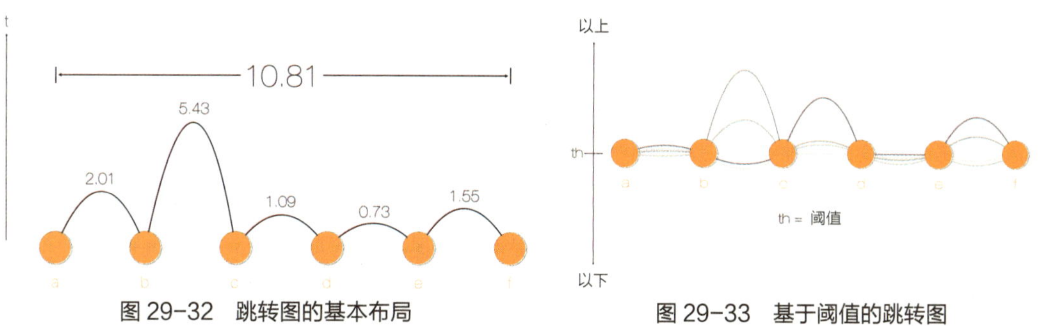

图 29–32　跳转图的基本布局

图 29–33　基于阈值的跳转图

在这里，你可以看到为什么条形并不是一个很好的展示数据的方式：因为曲线允许显示多个序列。

跳转图旨在识别连续事件中的异常值和瓶颈。图 29–34 显示了一个软件开发生命周期自上而下的工作流程分析，其中包括九个检查点：启动、承诺、开发中、开发完成、测试中、测试失败、测试完成、审查和结束。

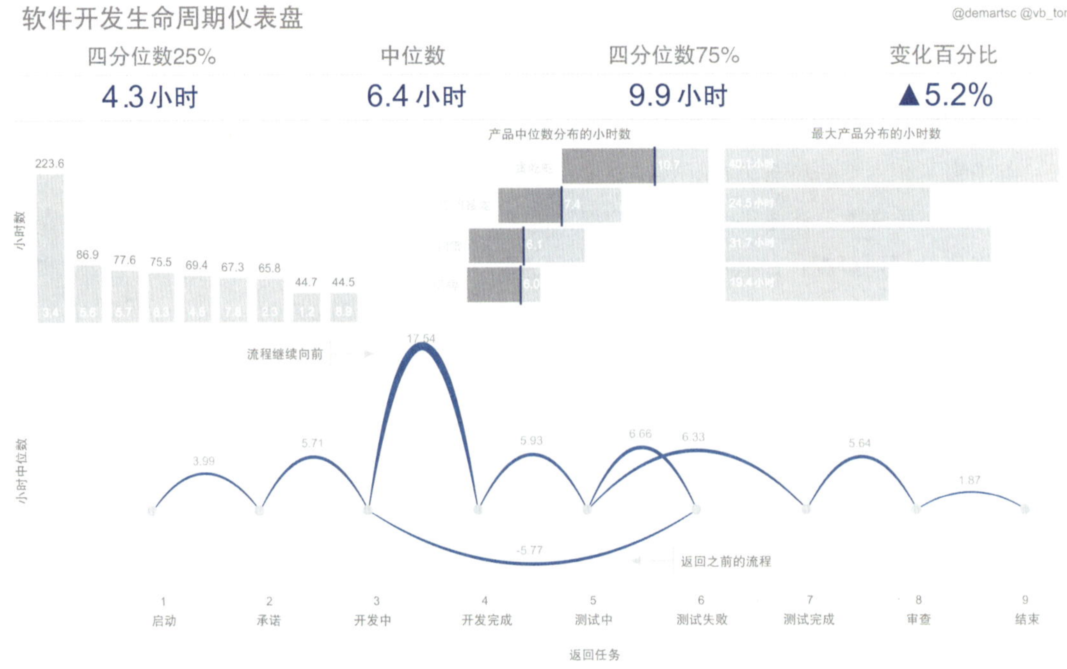

图 29-34 带有跳转图的软件开发生命周期仪表盘

仪表盘底部的跳转图显示了开发生命周期中跳跃之间的时间间隔。最大的跳跃出现在跳跃 3 和跳跃 4 之间：即开发步骤。注意第 5 步之后的跳转。这个跳转更快，仅用 6.33 小时就从第 5 步直接跳到了第 7 步（测试完成），说明这是一个成功的测试。另外的跳转是从第 5 步跳到第 6 步（测试失败）。然后必须回到第 3 步去重新开发，这个过程显示在点的下方。

我该在仪表盘上使用哪个时间表

正如我们所看到的，有很多不同的方式来展示时间。哪一个是正确的呢？这要视情况而定。这个答案不仅适用于时间轴，还适用于每个图表。

在构建仪表盘时，你需要选择最适合情境的图表。如果你想查看实际销售额或累计销售额，凹凸图是没有用的，但它在查看排名随时间的变化时是非常好用的。高亮表格不能显示多个类别随时间变化的趋势，但它可以显示一个度量值随季节变化的趋势。不要忘记，一个标准的趋势线在许多情境下都能完美地工作。

我们建议你考虑本书中各种情况下对时间进行可视化的不同方式。每个图表都以不同的方式显示数据，以实现不同的目标。

第 30 章

当心废弃的仪表盘

你已经考虑过了仪表盘的用途。你和同事合作，以确保仪表盘要回答的问题是正确的。你已经充分考虑了布局和设计，并设计出了一些精美的功能。事实上，你已经做了一个成功的仪表盘，帮助人们回答他们提出的问题。

恭喜你！构建一个有效的仪表盘是一件困难的事情，而你已经做到了。

但是如果你认为你的工作已经完成了，再思考一下：你可能才刚刚开始。

仪表盘的项目并没有结束。你的业务随时间推移而发展，而你的仪表盘也应该随之发展。如果不这样做，它们就有可能变成废弃的仪表盘。

几年前，我（安迪）买了一个 Fitbit 手环。这个可穿戴设备能追踪你的日常活动，专注于你每天走了多少步，并拥有目标是 10 000 步的默认值。在最初的几个月，这个设备和它的在线仪表盘使人非常有动力（见图 30−1）。

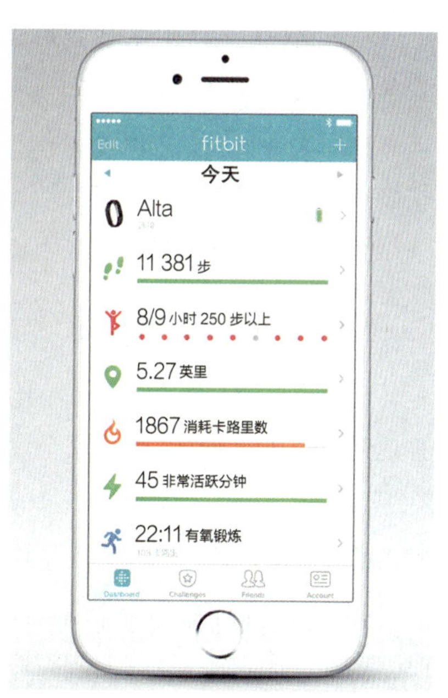

图 30−1　Fitbit 仪表盘

Fitbit 把一些很难记录的东西（如步数）变得易于追踪。这个仪表盘不仅显示了我的日常行走模式；它还激励我改变自己的行为并多走一些。仪表盘显示了我在哪些日子里没有达到目标数（主要是工作日），并通过诸如在上班前散步的方式，让我制定多走路的策略。仪表盘回答了我的问题，并让我采取行动。

过了一段时间，我知道了仪表盘要告诉我的一切内容。我不再需要看仪表盘来获悉自己走了多少步。仪表盘让我学会了一个很好的估算方式，而不用经常去查看它。换句话说，事实上步数已经成了一种必需的商品。我改变了我的生活方式，仪表盘因此变得多余了。

现在问题改变了：我走路最多和最少分别是哪一天？我的日常活动是如何根据天气、情绪、工作承诺等变化的？ Fitbit 仪表盘并没有回答这些问题。它告诉我的信息与第一天我开始用它的时候完全一样，并没有提供新的认知。我的目标和相关问题都在改变，但 Fitbit 仪表盘却没有变化。

一年后，我的 Fitbit 表带断了，我决定不买新的来替代。为什么？因为该仪表盘已经变成了废弃品。它没有做出任何改变来符合我的需求。

这种情况也发生在商业情境中。如果仪表盘没有跟随你的问题以相同节奏去改变，就会被弃用。它们会变成僵尸仪表盘，每天更新，像活死人一般拖着脚步。有多少公司拥有曾经很有用、现在已过时的仪表盘，但却从未替换或更新过？

你该如何避免类似 Fitbit 的命运发生在你的业务或公司的仪表盘上，并确保你能有一个不断发展的仪表盘文化？我们建议采取以下四个步骤。

1. 查看你的 KPI

你所构建的每个仪表盘都可以回答设计时的当前问题。考虑一下第 8 章中介绍的 KPI 仪表盘，如图 30-2 所示。

看一下可靠率。它已经在相当长一段时间内都达到目标了。企业应该确保它仍然在衡量正确的事情。如果该 KPI 从未失败，为什么还要对它进行衡量呢？在这个案例中，由于只有一年的数据，所以现在确定这个 KPI 是固定值还太早，但再过一年呢？

2. 跟踪数据的使用情况

用户会使用你为他们设计的仪表盘吗？如果一个仪表盘是为了让 20 名高管每周看一次，你达到这个目标了吗？也许这个仪表盘从未被使用过，或者它的使用量正在减少。

识别出一个仪表盘变得不那么受欢迎了是识别仪表盘可能被废弃的好方法。也许它之前提出的商业问题现在已经解决了。在这种情况下，可能是时候从服务器上删除这个仪表盘了。

“仪表盘的低使用量通常给出了其需要改变的信号，”在威康信托基金会桑格研究所（Wellcome Trust Sanger Institute）负责分析工作的马特·弗朗西斯（Matt Francis）表示，“有时候，仪表盘是给那些已经结束的项目设计的。而其他时候，需求发生了变化，所以我们与

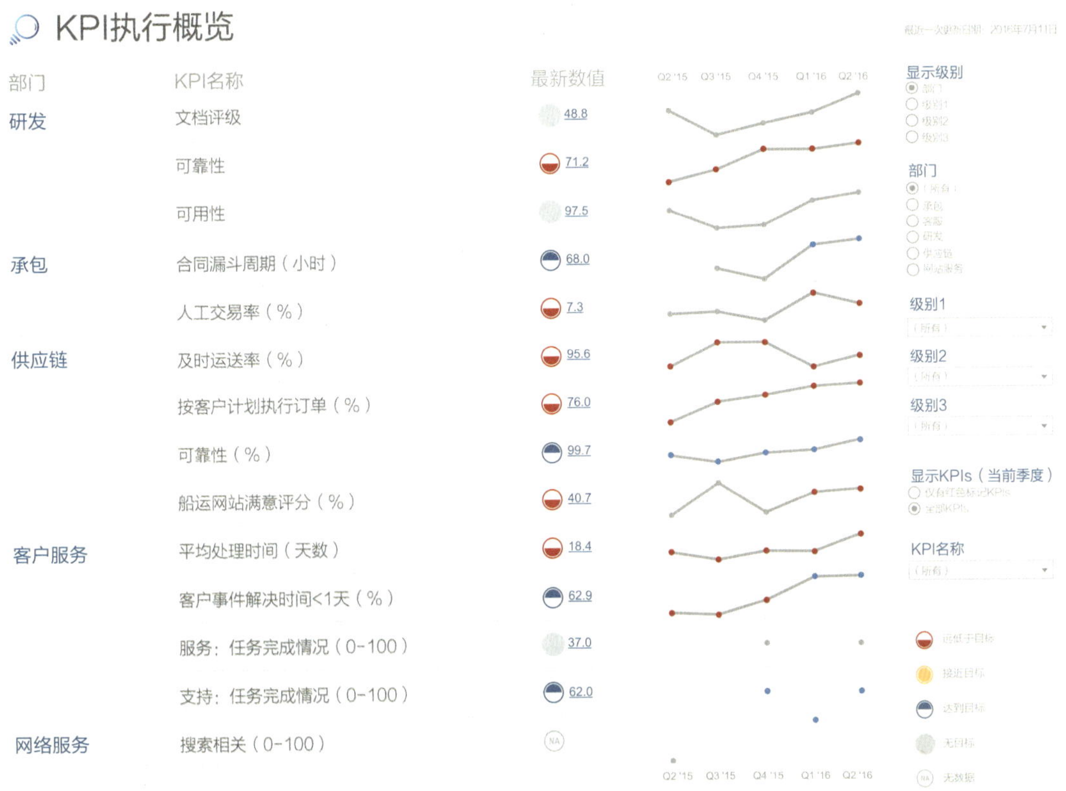

图 30-2　KPI 仪表盘

用户一起来更新它们。这样我们就能确保在我们系统中的仪表盘为用户提供了他们需要的答案。”

你不妨通过了解几个具体的问题来开始你的审阅：

- 最受欢迎和最不受欢迎的仪表盘是哪些？
- 哪些仪表盘曾经很受欢迎，但现在不常用了？这些仪表盘可能会涵盖企业已经解决的问题。
- 哪些仪表盘只被一小部分目标受众所使用？低使用量可能表明有些用户在使用仪表盘时没有得到适当的培训。这也可能意味着某些用户有一些该仪表盘无法回答的不同问题。

这些问题可以用数据来回答。随着时间的推移，通过获取仪表盘被查看的次数的指标来衡量。马克·杰克逊是第 17 章 Tableau 服务器仪表盘的作者，他也有多个仪表盘来查看用户如何在整个公司中使用分析。

在图 30-3 中，你可以看到马克是如何发现哪些仪表盘没有达到目标用户数。看一下中心附近的两个工作簿：用户审计和核心员工安置（标记为 1 和 2）。

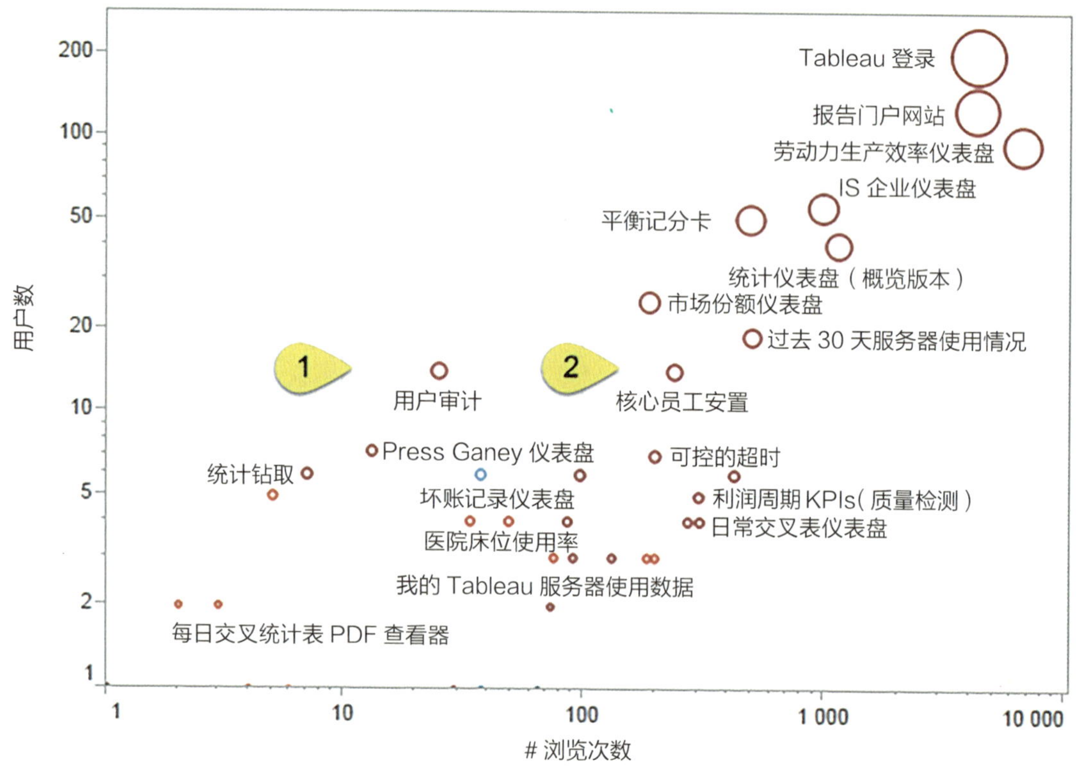

图 30-3　从一个服务器中查看全部仪表盘显示视图数量和用户数

用户审计大约有 30 次浏览，来自大概 15 个用户。核心员工安置用户数量相同但浏览次数超过了 100 次。马克应该通过咨询这些用户来调查为什么用户审计工作簿没有收到与其对应的浏览数量。也许这些特定的仪表盘一年中只需查看几次。这些数据对马克有用，但他需要和他的用户交流，以获得完整的信息。

马克跟踪仪表盘的另一种创新方式是专门查看该公司的管理人员及其查看仪表盘的频率。想想看，有多少商业活动的失败是因为它们未能获得管理层的支持？如果管理层不支持使用你们公司的仪表盘，那么就很可能会失败。如图 30-4 所示，马克在管理层的同意下专门跟踪了他们的使用情况。如果管理人员的使用在减少，他就知道必须解决这个问题。

执行历史记录—实时视图（最近 14 天）

友好的名字	历史工作手册名称	历史视图名称	
Charles Scott	统计仪表盘（概览版本）	企业收入仪表盘	周一
		全时约当数 / 工时 / 多样化仪表盘	周一
		核心医院统计仪表盘	周一
Edward Lovern	平衡计分卡	平衡计分卡	周三　周日
	统计仪表盘（概览版本）	企业收入仪表盘	周一
		核心医院统计仪表盘	周一
	Tableau 登录	Tableau 登录	周三　周日
Frank R.Powell	Tableau 登录	Tableau 登录	周四　周一
Jyoti Rajagopal	可控的超时	可控的超时 - 付款	周二
		可控的超时 - 生产力	周二
	Tableau 登录	仪表盘的 Tableau 登录	周二
Leigh S.Hamby	8 月 14 日同行评审评分卡	特长	周一
	临床费用仪表盘	临床支持区域	周一
		CPT 编码	周一
		医生活动	周一
		基本的 ICD-9 Dx 的规则	周一
	首次案例延迟	首次案例延迟	周四
	感染记录仪表盘	感染记录仪表盘	周一
	手术室周转期	手术室周转期仪表盘	周四
		医生周期	周四
		医生用转时间	周四
	手术室利用情况仪表盘	手术室利用情况仪表盘	周四
		手术室利用情况仪表盘	周四
Mark Cohen	8 月 14 日同行评审评分卡	健康评分卡	周四
		特长	周四
Michael Burnett	图片服务生产力	图片服务生产力	周一
Sherry Henderson	POS	按天收集 POS	周一
		按 pt 类型收集 POS	周一
		POS 收集的趋势	周一
	统计仪表盘（概览版本）	入院天数仪表盘	周五
			8 月 4 日　8 月 9 日

图 30-4　马克在仪表盘如何执行跟踪

3. 和你的用户对话

如果你在为公司中的其他人设计仪表盘，你还记得最后一次问他们对仪表盘的看法是什么时候吗？事实上，你是否真的在一个房间里坐在仪表盘前，并谈论它的使用情况呢？我的直觉是，很多人和目标用户的交谈不够。

为什么我会有这种预感？我在早期做分析师时曾经犯过这样的错误。我会发布我认为漂亮且富有洞察力的仪表盘，然后骄傲地给每个人发一封电子邮件，高调地宣布：“它在这儿！你们期待已久的仪表盘。点击这个链接就会看到各种洞察见解！”在随后的几周，当我看到谁在使用仪表盘的数据时会感到很沮丧，想知道为什么我的工作被忽略了。

我没有在项目的最后阶段与用户进行充分的交流。我没有坐下来，看着他们使用我创建的仪表盘。当你构建和微调仪表盘时，你会敏锐地意识到每个像素的含义。你知道颜色图例的位置，因为是你把它放到仪表盘上的。你知道要点击什么来进行交互，因为是你编写了这些交互代码。你知道散点图意味着什么，因为这是你选择的变量。

坐在用户的后面，让他们使用你的仪表盘可能是一个非常让人感到崩溃的体验（“哦不，仪表盘不能回答他们的问题，我觉得我已经让它变得很简单了。”）。它也会让人感到沮丧（“你怎么会看不见右下角有一个筛选器呢？你只要点击它就可以了！”）。不过，这才是发送大家都无法使用的仪表盘前，就发现其中错误并修复它们的最好方式。

4. 建立基础的仪表盘

我们喜欢把我们的财产个性化。我们都买了相同的智能手机，但随后会配一个手机壳，让它成为自己的。如果你给所有用户一个基础的仪表盘，并允许他们根据自己的需要对其进行个性化设置会怎样呢？这样做承认了每个人都希望以自己的方式定制数据这一事实。

我在 Tableau 工作。我们的确有核心的销售仪表盘，但是当我们雇用新的销售人员时，我们并不会将他们指向一系列仪表盘，而是指向一个非常基础的仪表盘，当中显示基本的销售信息：随着时间的推移，不同地理位置有不同的销售情况。

经过一段时间，他们会调整仪表盘，因为他们已经熟悉了他们在销售组织的部分，所以这样仪表盘就能回答他们在完成工作中需要解决的问题。他们不仅建立了与自身需求相关的东西，同时也增强了自豪感和主人翁意识，因为这是他们自己的玩具。

在这种情况下，围绕目标达成共识变得至关重要。不仅每位员工都必须使用一个管理良好的数据源，而且让他们都非常清楚战略目标也很重要。

尽管我们的组织中有非常多的仪表盘，但它们都使用相同的管理良好的数据源。我们可以相信我们的销售团队会为自己单独使用的仪表盘感到自豪，因为他们都从同样的数据源中获得结论。

总结

现实世界不是静止的。为了避免工具被废弃，你应该定期使用数据并进行对话来审查你的仪表盘。当你删掉旧的、发布新的并调整现有的仪表盘时，你需要与所有的相关人士紧密合作，以确保他们支持并意识到这些变化。

第 31 章

红色和绿色的魅力

有 8% 的男性和近 1% 的女性患有色觉缺失症，创建可视化时一个常见的问题就是同时使用红色和绿色。色觉缺失较严重的人会将红色和绿色都视为棕色。色觉缺失较轻的人能将醒目的红色和绿色看作不同的颜色，但如果红色不够红，而绿色不够绿，他们可能仍然难以区分出这两种颜色。

本章提供了不同的方法来创建对色盲友好的可视化（即便是使用红色和绿色）。

设计对色盲友好的可视化

适当时使用对色盲友好的调色板

当两种颜色中的一种与色觉缺失不相关时，它们一起使用的效果通常是很好的。例如，蓝 / 橙是一种常见的对色盲友好的组合。蓝 / 红或蓝 / 棕也是有效的。对于最常见的色觉缺失情况，所有这些都有效，因为对于色觉缺失的人来说，蓝色一般都是蓝色的。

图 31-1 显示了莫林 · 斯通（Maureen Stone）设计的 Tableau 对色盲友好的调色板。这个调色板对色觉缺失的常见情况非常有效。注意这种调色板在红色盲和绿色盲模拟下的各种颜色比较的效果。

图 31-1　Tableau 的色盲友好调色板

如果客户 / 老板要求使用交通指示灯调色板该怎么办

你明白同时使用红色和绿色（以及第 1 章中讨论的其他颜色组合）可能是非常有问题的。然而，老板 / 客户已经坚持要求你同时使用红色和绿色。这可能是公司配色或企业风格指南的一部分，或者你正在为马里的一个项目工作（见图 31-2）。现在，你可以做些什么呢？

首先需要考虑的是，只有在颜色是唯一可以做出比较的方式时，将这些颜色在可视化中区分开来才是一个问题，例如，热图中好的数字和不好的数字的比较，或在同一折线图中一条线与另一条线的比较。在图 31-3 中，需要使用颜色把好的方块（绿色）从不好的方块（红色）中区分出来。使用绿色盲色觉缺失模拟，我们可以看到这对某些色觉缺失患者来说是不可能完成的任务。

图 31-2 马里共和国国旗

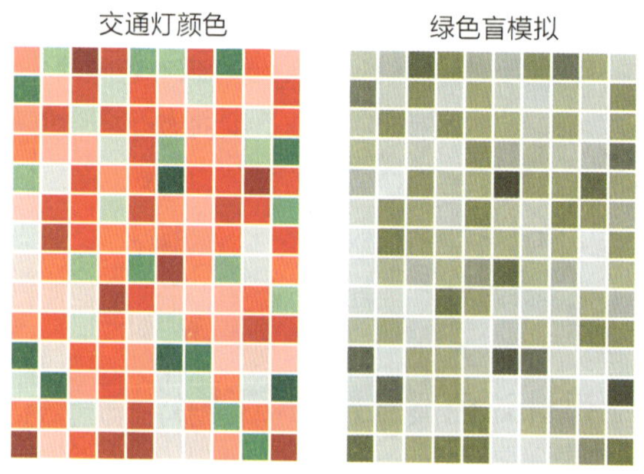

图 31-3 使用红色和绿色的热图（高亮表）以及同一张图的色盲模拟

注：在这种情况下，红色和绿色不适合色觉缺失患者。

或者，如果红色和绿色不是编码数据的唯一方法，也许可以一起使用它们。例如，如果条形图中条的长度是对相同的数据进行编码，并且这些条被贴上标签或增加标记让你可以区分它们，那么即使它们都呈现为棕色，可能也不是问题。

图 31-4 显示了一个例子，从轴线很容易看出，大部分条为正数，有三个是负数。颜色是一种简单地对正数与负数进行编码的辅助功能。虽然这可能不是最佳的颜色选择，但色觉缺失患者仍然可以不依靠颜色就能正确解读这个图表。

提供区分数据的备用方法

如果你确实使用了红色和绿色对数据进行编码，则可以通过使用其他的指示器，如图标、

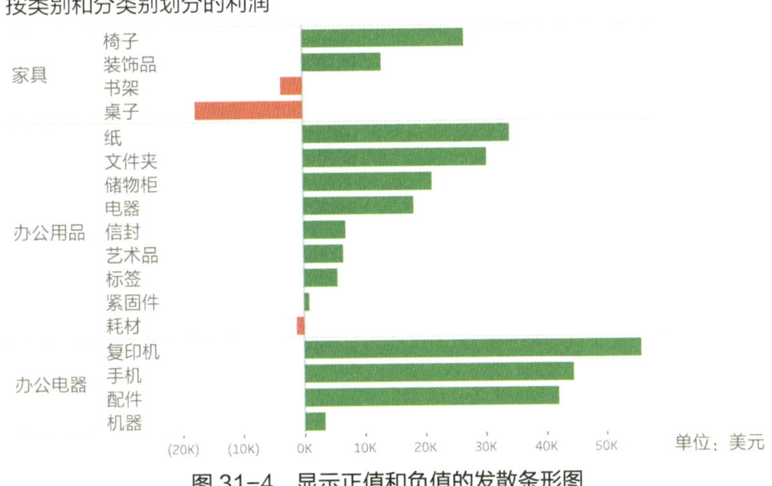

图 31-4　显示正值和负值的发散条形图

方向箭头或标签来帮助患有色觉缺失的人区分好的（绿色）和不好的（红色）。图 31-5 显示，报名率比上一年低了 3 个百分点，这是不好的，用红色表示，不过在 2015 年里则高出 2.8 个百分点，这是好的，用绿色表示。色觉缺失的人可能会认为一个是不好的，而另一个是好的。但通过添加小箭头指示器，任何人都可以清楚地看出一个数字是下降的，而另一个是上升的。

16.6%
注册率

图 31-5　同时使用红色和绿色时，用箭头作指示器

提供一个选项来改变颜色

另一个选择可以是复选框或下拉菜单，让用户将整个可视化的调色板切换成对色盲友好的配色。该方法允许大多数观众使用红 / 绿配色，并且可以将其作为默认配色方案，但它也允许具有色觉缺失的人将调色板变为对色盲友好的配色（见图 31-6 和图 31-7）。

使用浅色和深色来创建红色和绿色之间的良好对比

对患有色觉缺失症的人来说，问题主要在色相，例如，红色和绿色，而不是颜色的明暗度（深与浅）。几乎任何人都可以区分一个非常浅的颜色和一个非常深的颜色，所以当使用红色和绿色时的另一种选择是使用非常浅的绿色、中等的黄色和非常深的红色。这对有强烈色觉缺失的人来说似乎更多的是一个顺序配色方案，但至少他们能够基于深浅来区分红色和绿色。

这个技巧只有在分类配色方案中使用交通信号灯颜色时才有用。使用发散配色方案时不

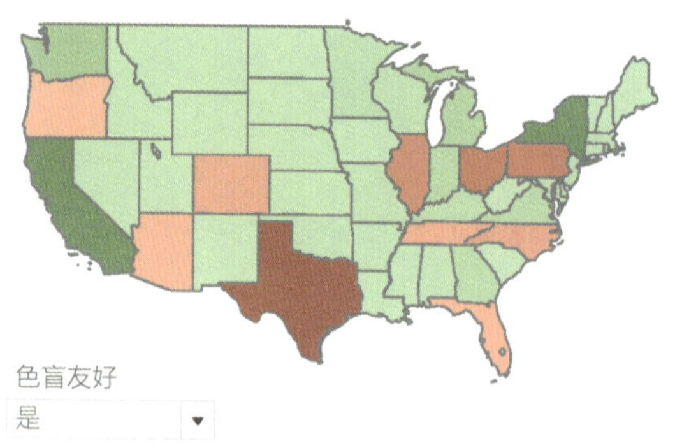

图 31-6 地图显示了一个可以调整地图颜色的色盲友好下拉框

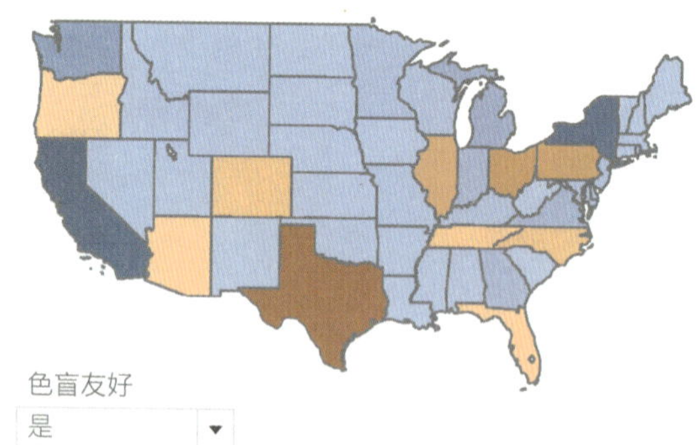

图 31-7 选择一个色盲友好调色板可以改变地图中的红色和绿色

会起作用，因为发散调色板需要使用由浅至深的颜色来编码数据，如果使用浅绿色来区分深红色，就会产生问题。

图 31-8 显示了带有十六进制颜色代码的标准交通信号灯调色板。注意，在绿色盲模拟下，绿色和红色在色相上非常接近。色觉缺失的人很难区分这两种颜色。

图 31-9 显示了另一个交通信号灯调色板，这次利用色相来更好地区分颜色。绿色是浅绿色，红色是非常深的。注意，在色盲模拟下，红色和绿色很容易相互区分。

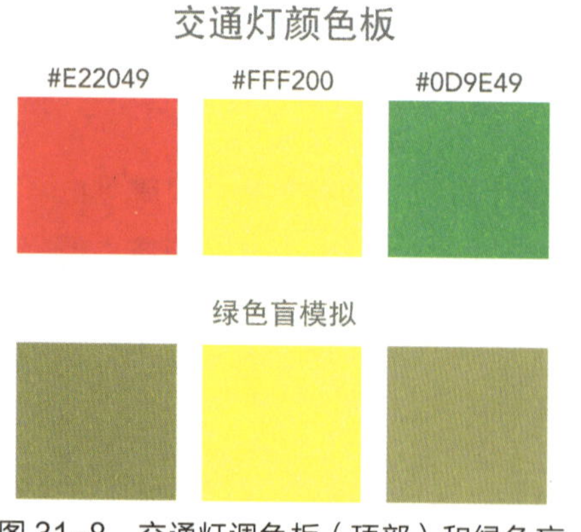

图 31-8 交通灯调色板（顶部）和绿色盲模拟（底部）

图 31-9 备用的交通灯调色板，以及绿色盲模拟（底部），它对色盲更为友好（顶部）

在绿色中使用蓝色

我们讨论过使用蓝色和红色作为替代调色板，因为蓝色是一种色盲友好色。顺着同样的思路，我们可以使用包含更多蓝色的绿色，创建蓝绿色。这样做会为色觉缺失患者带来更多的反差。使用淡蓝绿色与深红色创造更多的反差。

图 31–10 显示了一个与图 31–9 非常相似的调色板，但是这次绿色中包含了更多的蓝色。在绿色盲的模拟中，深红色和浅绿色（包含蓝色）之间有更大的反差。

图 31–10　使用包含更多蓝色的绿色（顶部）的另一种交通灯颜色板以及绿色盲模拟（底部）

模拟色觉缺失的浏览器插件

除了大量在线的色盲模拟器之外，Chrome 上的一款名为“NoCoffee”的插件可以在你的浏览器中模拟所有类型的色觉缺失。更多详情请见第 1 章。

图 31–11 显示使用了图 31–10 中使用的调色板的堆叠条形图和其绿色盲的模拟（右）。

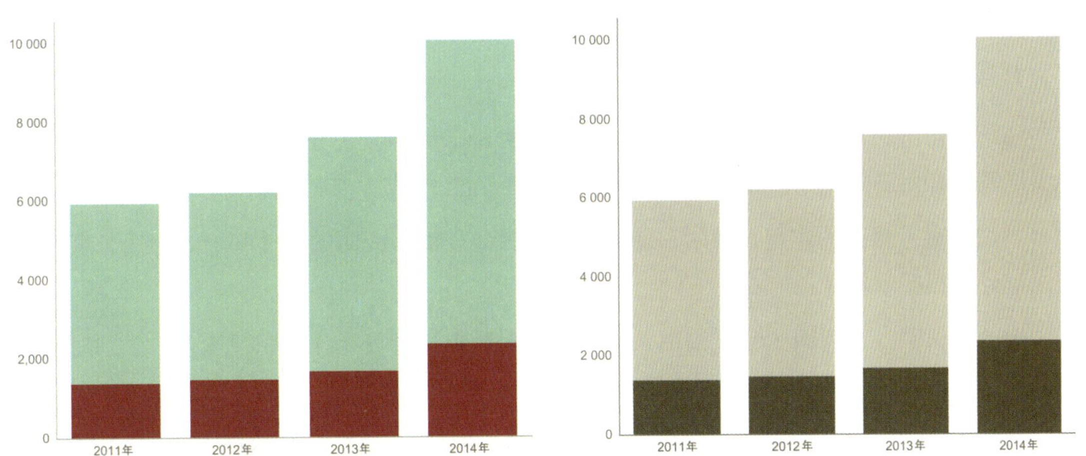

图 31–11　堆叠条形图显示了如图 31–10 所示的色盲友好调色板

结论

本章为创建可视化设置提供了多种不同的方法，其中包括红色和绿色的组合（或其他非色盲友好的颜色组合）。你无须避免红色和绿色，可以将它们与其他特性一起使用，或者找到包括色觉缺失患者在内的几乎所有人都能够阅读的可视化红绿色度。

第 32 章

饼图与甜甜圈图的魅力

作为教师、作家或演讲者，我们很容易讨论数据可视化的最佳做法，但我们也意识到，有时你不能完全控制设计决策。有些情况下，你可能无法避免使用饼图和甜甜圈图。客户或主事总管的要求，可能会迫使你做出并不是最佳方式的可视化决定，我们希望本章可以在这些情况下帮助你。

背景

如第 1 章所讨论的，进行精确定量比较的两种最佳编码方法分别是：（1）用长度或高度从共同基线开始进行比较，如条形图；（2）用位置来进行比较，如点图。

当试图显示精确的定量比较时，使用角度、弧线、面积或圆的尺寸都不如使用长度或位置来编码数据的效果好。

因此，饼图、甜甜圈图和气泡图一般都不是对数据进行可视化的明智选择。个别时候会有例外，当你使用这些图表时要非常谨慎。以下是一些例子。

饼图可能在地图上有用，来显示一个地理区域内的部分和整体之间的关系，如图 32–1 所示。这是因为没有一个简单的方法可以在地图上呈现多个条形图，而这里也没有可以用于比较的共同基线。

很难用圆的尺寸来进行精确的比较，但在散点图中使用尺寸作为辅助编码方式来显示数据的额外附加信息可能是有用的。例如，图 32–2 用散点图把不同国家地区的生育率和出生时的预期寿命的对比进行可视化。用圆形的尺寸对国家人口的多少进行编码，是一个对分析来说并不关键的辅助指标（用颜色对大陆进行编码也是如此）。

各州的投诉事件（点击进行筛选）

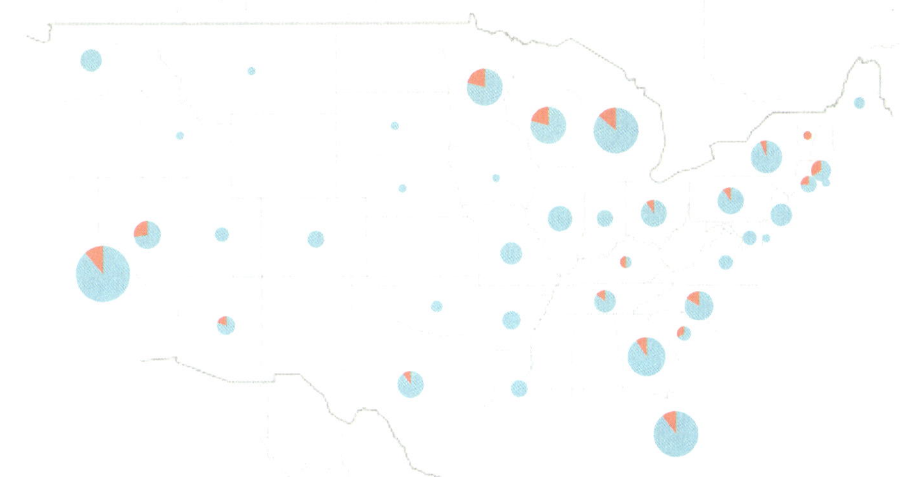

图 32-1　饼图上显示了已解决（蓝色）和解决中（橙色）的投诉事件

不同国家的生育率/出生时的预期寿命

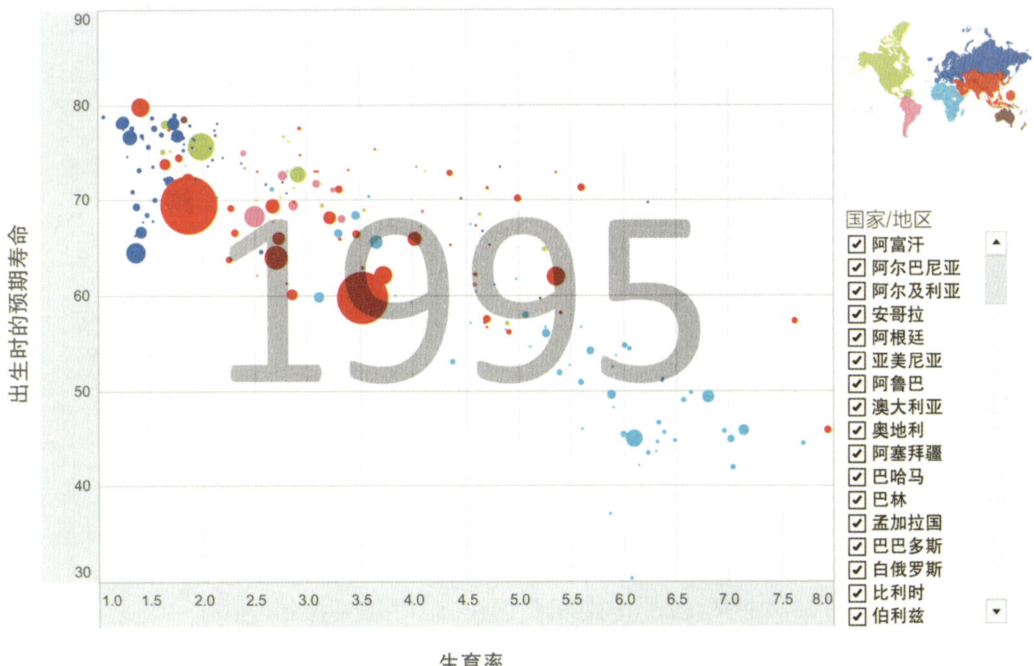

图 32-2　散点图显示了不同国家地区的生育率 / 出生时的预期寿命

该可视化的主要目的是比较生育率和预期寿命，而不是显示人口数量。辅助指标没有那么重要。对分析而言，对各国人口进行精确比较并不重要，但它为整个故事提供了额外背景。很容易看出世界上人口最多的国家（中国和印度，用红色的大圆来表示）。

客户或老板要求饼图

假如老板/客户要求用饼图而数据有很多分类，首先要考虑的是被展示数据的类型，饼图的目的是显示部分与整体之间的关系。在阅读饼图时的主要问题是将切片相互比较，在设计中要尽量减少这样的情况，避免将饼图或者甜甜圈图切分成许多片。当图中的切片增加时，数据会变得更加难解释。

考虑下图 32-3 中的示例，其中显示了一个切片数量过多的饼图。图中显示了 17 个类别占总销售额的百分比。每个类别都用不同颜色的切片表示。虽然对饼图进行了排序，但对不同类别进行比较依然非常困难，需要我们的眼睛在图例和图表之间来回切换。

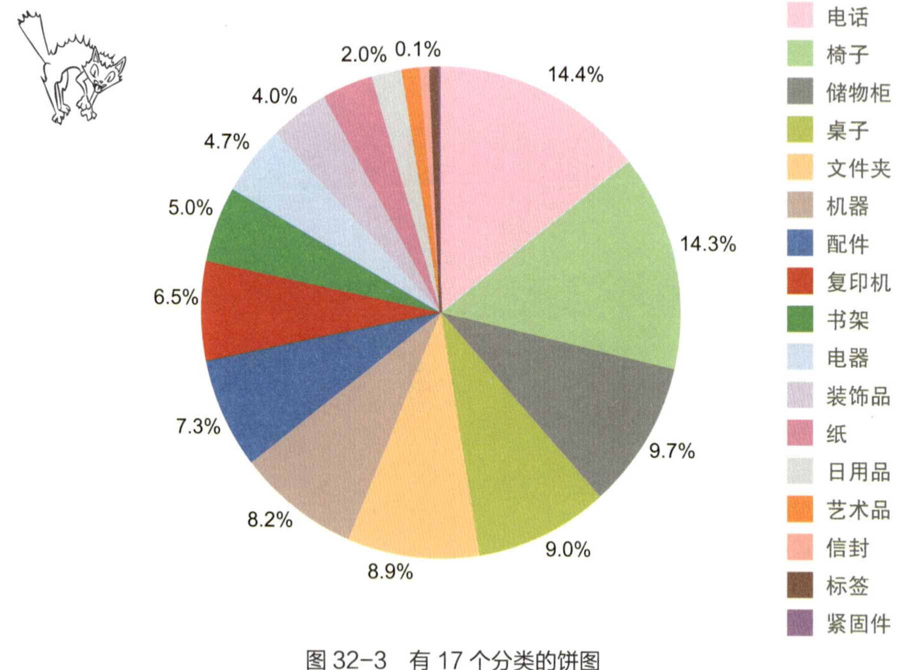

图 32-3 有 17 个分类的饼图

现在考虑一下图 32-4 中的情况。同样的数据在饼图中被可视化，但有一些重要的变化。首先，饼图中只有一个带数据标签的单片，该类别被突出显示（电话）。不再使用 17 种颜色来标记类别，而是只使用了两种颜色，被突出显示的类别用蓝色，其他类别用灰色。在颜色图例中添加了一个条形图。现在用户可以通过条形图进行精确的比较，如果仪表盘可交互，用户可以选择任何一条来突出显示饼图中的相应类别。

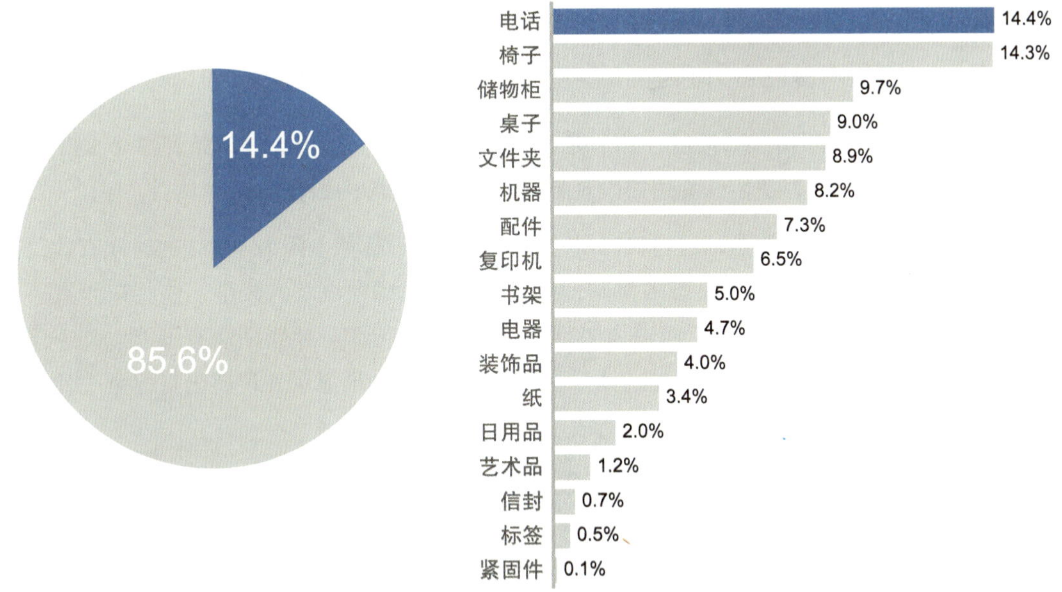

图 32-4　两个图中各只有一个类别被突出显示

图 32-4 符合使用饼图的要求，但与此同时，它为读者提供了一个替代方式来利用视觉系统的长处：条形图提供需要的精度。要注意这个解决方案提供了其他图表不会立即显示的附加信息：85.6% 和 14.4% 的比较，现在被明确指出了，而在图 32-3 中并不容易看出。

客户或老板要求用甜甜圈图

甜甜圈图通常被用作饼图的替代方法，来显示部分与整体之间的关系。它们也经常被用作 KPI，例如，图 32-5 显示北部销售地区达到了目标值的 64%。

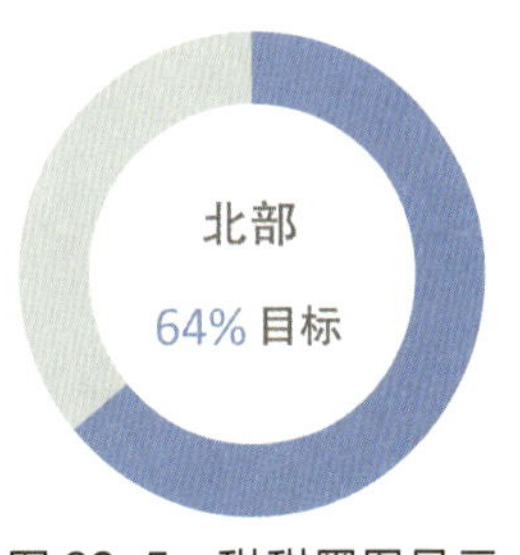

图 32-5　甜甜圈图显示 KPI 达到了目标值的 64%

作为一个单一的 KPI 指标，这个甜甜圈图肯定比图 32-3 中包含了 17 个类别的饼图示例更容易理解。其中的原因是：这个甜甜圈图并不要求读者将一个类别与另一个类别进行比较。它只是一个实际值与完整环形表示的 100% 目标值的对比。

然而，尽管单个值很容易解读，但考虑一下当四个地区同时被比较时会发生什么，如图 32-6 所示。

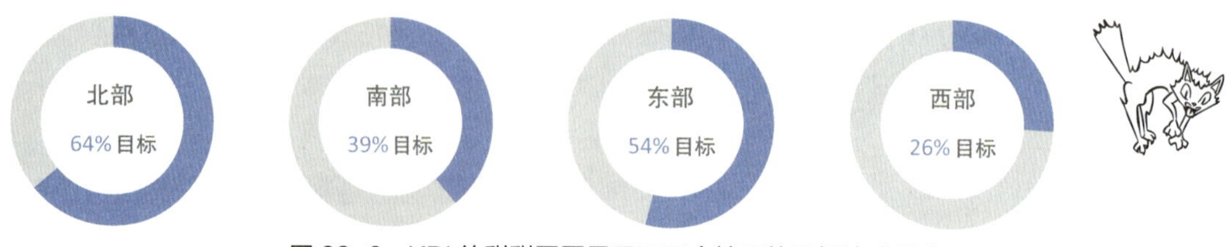

图 32-6 KPI 的甜甜圈图显示了四个地区的目标达成程度

试着比较一下北部和东部地区，然后是南部和西部地区。这类比较与解释单个 KPI 的甜甜圈图相比要困难得多，我们认为用户发现自己会依赖甜甜圈内的数据标签。

同时，需要特别注意的是，这类 KPI 的可视化只有在目标值上限为 100% 的时候有效，例如，体育馆的座位数量、存储设备的空间，或者一个停车场内汽车的数量。这些东西有一个上限，使目标值能固定在 100%。而销售的目标可能就没有上限。销售团队有可能以高于预期的价格卖出，无论数量如何，都可能达到目标值的 106%。如果显示表现超出目标是一件很重要的事，就很难使用 KPI 的甜甜圈来进行表示了。

在整本书中，我们讨论了该类比较更合适的图表类型，例如，一个带有条形图的子弹图来显示实际结果并用一条目标线来显示目标。这些图表类型没有甜甜圈图的那些限制，并且很容易比较 106% 的目标和 110% 的目标。

另一种替代方法是进度条。进度条非常常见，可能你在使用时都甚至没有意识到。例如，时代华纳（Time Warner Cable）使用了一个设计精美的进度条来显示电视节目何时开始、何时结束，以及它在任何特定节目时刻的持续时间。这个设计也使用了蓝色和灰色的配色方案，与我们的例子中所使用的配色方案非常类似。如图 32-7 所示，进度条显示了来自 KPI 甜甜圈中的数据。

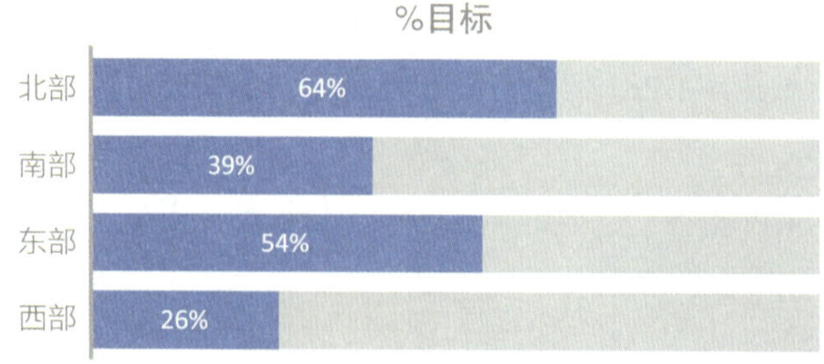

图 32-7 进度条图显示了四个地区的 KPI 达到目标达成程度

注：你会发现这样就很容易比较一个地区与另外一个地区的情况。

我的甜甜圈在哪里

尽管你尽力以最佳方式呈现数据，但依然会在老板 / 客户那里碰到障碍。虽然老板 / 客户也认同一个带有目标线的条形图或进度条可能让比较变得更容易，但太多的条形图会“很无聊”。老板 / 客户也许会说：“它需要更多的视觉冲击力。”或者“让它更受欢迎。”这个人可能无法对此进行更详细的定义，但他会坚持要求使用甜甜圈图。

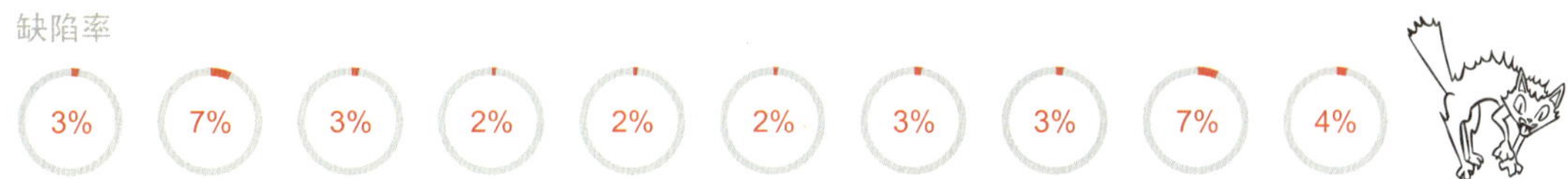

图 32-8　一系列甜甜圈图显示了不同类别或时间段内的缺陷率

如果你发现自己处于这种情况中，试一下：

1. 深吸一口气；
2. 在 YouTube 上快速搜索“需要更多的牛铃”（needs more cowbell）；
3. 继续读下去。

下一个例子中提出了一些可能在这种情况下帮到你的替代方法。

请注意，我们并不推荐将这些图表作为数据可视化方法的最佳方式。我们假设如果你已经读到了这里，但别无选择，而只能屈服于客户 / 老板的要求。我们建议你通过更好的方式对数据信息进行冗余编码，以适应糟糕的选择。

可以给我一打甜甜圈吗

图 32-8 显示了用多个甜甜圈图来比较缺陷率的例子（实际上并不是整整一打）。正如前面所讨论的，一系列甜甜圈图让我们很难对两个图表进行比较。这个特定的例子也是有问题的，因为所有缺陷率的数值都很低，所以看出数据中的差异会非常困难。

通过添加条形图，可以看出缺陷率的细微差别（参见图 32-9）。这是因为条形图都是从公共基线上显示长度，让人可以进行非常精确的比较，而甜甜圈图则不行。

在图 32-10 中，缺陷率被绘制在甜甜圈图下面，这和图 32-9 中使用到的技巧类似，不过这回是用一个点来表示一个缺陷。请注意，在图 32-9 和图 32-10 中看出 2% 和 3% 之间的差异是多么容易。用条形图或点来看出这个细小的差异，比试图破译和比较甜甜圈图中的小部分要容易得多。

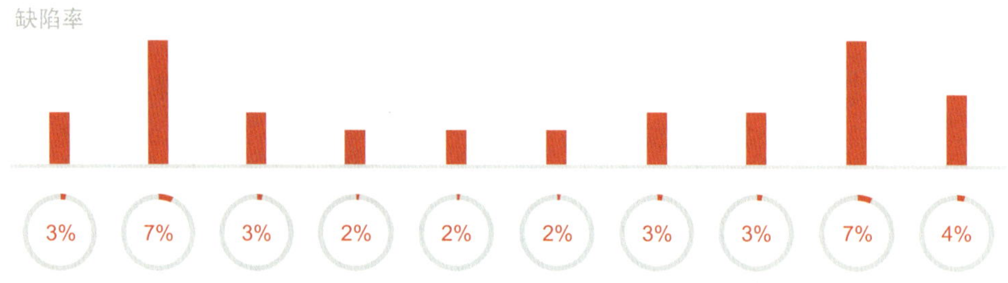

图 32-9 同系列甜甜圈图但在上方添加了条形图

图 32-10 同系列甜甜圈图添加了单独的点来显示缺陷率

结论

我们希望通过展示这些例子中的一些来说明如何对图表做出调整。没错，有些情况下你不得不做出糟糕的设计决定；老板 / 客户就是想用甜甜圈图。通过为这些选择进行小小的调整，你可以帮助读者更好地理解数据，并依然满足老板 / 客户的需求。

如果你幸运的话，一个月左右，老板 / 客户就会发现，条形和点会让比较变得更容易，而那时候你就可以把甜甜圈图删除了。

第 33 章

词云和气泡

词云和气泡图的魅力

正如你从回顾情境和阅读关于饼图、圆圈图和甜甜圈图的问题时所知道的，词云和气泡图也许看起来不错，但它们在分析能力方面非常欠缺。

所以如果有人向你展示包括词云或气泡图或兼而有之的信息图，并询问为什么你的仪表盘（在他们看来非常无聊，那是因为它使用了很多条形图）却没有词云或气泡图时，你会怎么做呢?

我们认为分享一个关于某机构纠结于这个问题的案例研究会是非常有用的。

玛丽斯特民调中心和对 2016 年美国总统选举的意见

玛丽斯特民调中心是一所位于玛丽斯特学院的调查研究中心，与包括 NBC 新闻、《华尔街日报》和麦克拉奇报业在内的媒体机构合作，提供有关选举和议案的公开调查结果。2015 年 11 月，玛丽斯特民调中心让美国人用一个词来形容 2016 年总统选举的基调。结果如图 33–1 所示。

疯狂的	40%
小气的	14%
热情的	13%
传统的	13%
信息丰富的	9%
有原则的	9%
不确定的	2%

图 33–1　玛丽斯特民调中心的民意调查结果以表格形式展现

尝试 1：词云

民意调查的结果非常有说服力，但以文字表来描述结果却并不是那么通俗易懂。玛丽斯特民调中心首先尝试了一个词云，如图 33–2 所示。

虽然这幅图有更多的视觉乐趣，但这六个词语却很难理解，更不用说去辨别“疯狂的”

这个结果，这个形容整个大选基调的词的流行程度几乎是下一个最流行词语的三倍还要多。

图 33-2 用词云表示的玛丽斯特民调中心民意调查结果

尝试 2：气泡图（又名泡泡图）

因为对词云不满意，玛丽斯特民调中心接下来尝试了一个气泡图。人们喜欢圆形，图 33-3 中的图表看起来的确很酷，但除了“疯狂的”这个圆比其他的圆更大以外，这个图还揭示了什么呢？

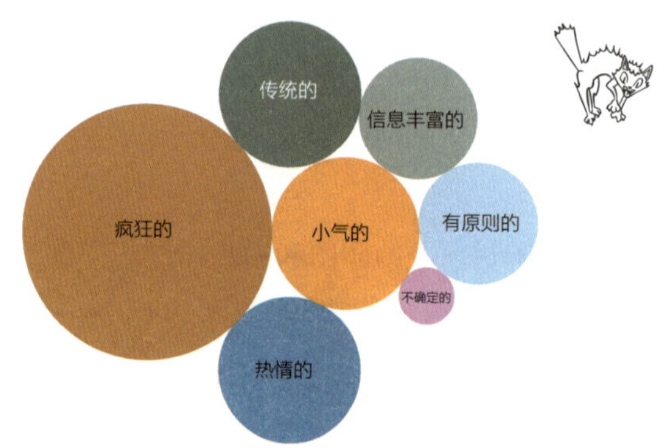

图 33-3 用气泡图表示的玛丽斯特民调中心民意调查结果

尽管气泡可能会吸引读者的注意，但对于快速理解数据却没有多大帮助。

当然，我们可以给气泡添加数字，但为什么不使用简单的条形图呢？

尝试 3：一个简单的条形图

图 33-4 给出了使用相同数据所呈现的百试不爽的条形图。

这是在对词云和气泡图从清晰度方面来说的重大改进。人们可以很容易地对回答进行排序，并且看到“疯狂的”这个答案比其他答案要多出多少。

但是对执着于气泡图的老板、客户或其他相关者来说，条形图看起来有些无趣。我们能做些什么让“疯狂的”脱颖而出却不会影响分析呢？

尝试 4：彩色条形图

这次调查的主要结果是：40% 的受访者认为这次选举是“疯狂的”。我们可以把该条用一个醒目的颜色突出，而把所有其他的条变得悄无声息来做到这一点，如图 33-5 所示。

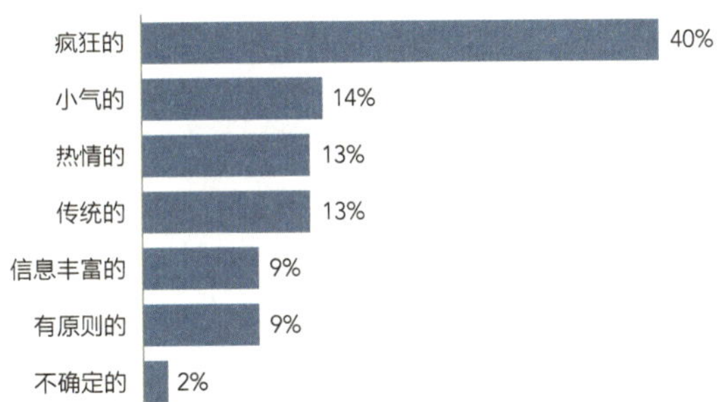

图 33-4 用条形图表示的玛丽斯特民调中心民意调查结果

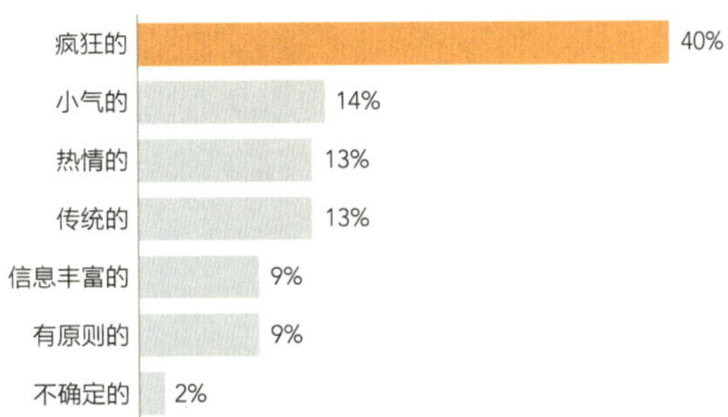

图 33-5 用带有一条不同颜色条的条形图表示的玛丽斯特民调中心民意调查结果

尝试 5：棒棒糖图

如果玛丽斯特民调中心的任务是建立一个用于内部使用的仪表盘，那么彩色条形图绝对可以完成这项工作，并且做得很好。不过，玛丽斯特民调中心必须生产出面向公众的东西，它得是一个在分析上无可争议，但也要具备更多审美魅力的东西。而棒棒糖图就是简单的细条加上尾端的圆圈（见图 33-6）。

图 33-6 用棒棒糖图表示的玛丽斯特民调中心民意调查结果

棒棒糖是条形图的分析完整性和泡泡图那种“哇……圆圈”的吸引力的完美平衡。

最后的尝试：添加一个引人注目的标题

还有一个关键的信息是缺失的，这就是标题。也就是说，在图表中，我们有“答案”，但如果没有标题或一些其他形式的描述，我们就不知道问题是什么了。一个简明扼要的标题可以引起人们的注意，并使图表变得更加难忘（见图 33-7）。

注意

描述性标题在这里是可行的，因为这是一个一次性图形，将出现在网站或杂志上。你在日常的商业仪表盘上可能看不到这样的标题。

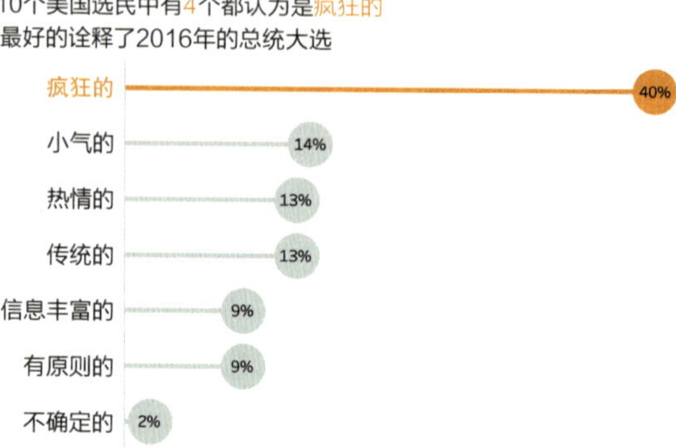

图 33-7 用带有描述性标题的棒棒糖图表示的玛丽斯特民调中心民意调查结果

结论

我们相信，本书的很多读者将来都会被要求创建一个兼有词云和气泡图的仪表盘。在本节中，我们提供了一些解决的变通方案，可以安抚气泡图爱好者，同时也不会影响仪表盘的分析完整性。

第34章

通往未知的旅程

说某件事情还没发生的那些报道总是让我很感兴趣，因为我们知道，有已知的已知：有些事情我们知道自己知道。我们也知道，有已知的未知：有些事情我们知道自己不知道。但是也有未知的未知——那些我们不知道自己不知道的事情。如果纵观我们国家和其他自由国家的历史，就会发现，难弄的往往是最后一类。

唐纳德·拉姆斯菲尔德，2002年2月

我们希望这本书中的仪表盘和真实情境的建议能够对你有所启发。我们也希望你使用这里的内容制作出令人惊叹的仪表盘，向你和你的同事揭示出深刻的见解。

在最后一章，我们给你带来一个令人震惊的消息：所有仪表盘都是不完整的 。

怎么会这样呢？

考虑下本书中的所有情境。每个情境都被设计为解答一组特定的问题。这不仅仅是一组特定的问题，而是决定仪表盘要如何构思的一组特定的问题。这些都是**已知的未知**。你知道需要问的问题（例如，有多少病人在昨天被送进了医院？），但你并不知道答案。

这本身并不是世界末日。通过使用仪表盘，你可以查看数据并获得对这些预期问题的答案。大多数企业都有一组需要监控的核心问题。仪表盘为你的数据提供的只是一个固定的视角。筛选器和交互性限制了你可以解答的问题。探索和偶然发现的空间在哪里？自由探索数据的空间又在哪里？

如果在查看你的仪表盘时产生新的问题，又会发生什么？你可能会看到“医院的入院人数上升了”。接下来，你很可能会问“为什么”。在某个时候，你会想到仪表盘无法回答的新问题。在数据可视化中有一个著名的咒语，由计算机科学家本·施奈德曼提出："先是概览，随后是缩放和筛选，接着是按需详情。"本书中的很多仪表盘都允许这样，但即使最佳的仪表盘也会将你带到一个有限的预定细节中。

那接下来呢？当你的仪表盘引发了一个意想不到的问题，即被拉姆斯菲尔德称为"未知的未知"时会发生什么？还有一个更为基本的假设受到挑战：仪表盘是不是查看数据的正确方式？

让我们来看两种可视化分析方法，可以帮助你在你的仪表盘策略上增加额外的价值。

持续提出问题

丰田佐吉（Sakichi Toyoda）1867 年出生于日本，是一位令人敬畏的工程师。他发明了织布机，改变了纺织业，而他的公司——丰田自动织布机制作所，后来成了丰田汽车公司。

丰田佐吉也提出了很多关于企业如何高效运营的想法。其中一个就是"五问（Five Whys）"分析法，一种找到问题根本原因并采取行动的简单方法，见图 34-1。前提很简单：当你遇到问题时，不断地问为什么直到你找出问题的根本原因。一旦发现了根本原因，你可以采取新的流程来防止问题再次发生。

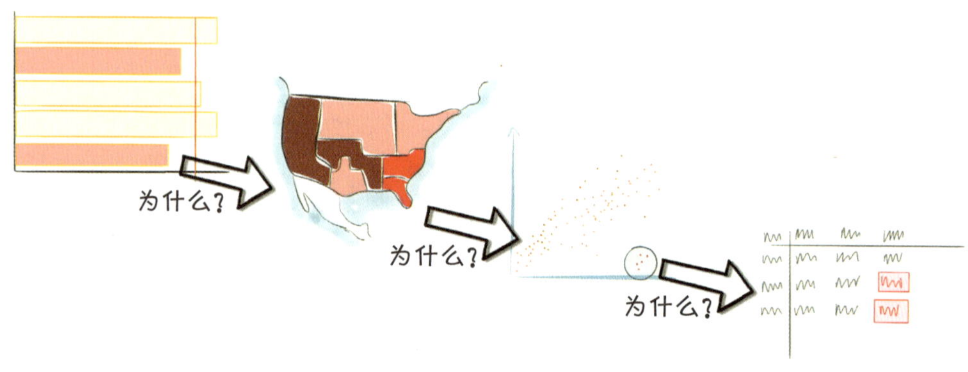

图 34-1　问问数据为什么

另一种有效的方法是通过不同层级的问题来进行，从数据表明了什么（例如，"多大量？"或"多少个？"）这种最直截了当的问题开始。接下来的问题是，为什么是这样，这可以解释数据的作用。最后，就是在根本原因层面上做出实际变化的问题。

不管你更喜欢哪种分析方法，重要的是，要持续提出问题。

这和仪表盘有什么关系？大部分仪表盘只构建了有限的分析路径。即使它们允许你跳转到另一个仪表盘或报告，你也会受限于别人预设的路径上。直接探究仪表盘背后的数据，超越筛选器和交互的限制，让你能够理解那些未知的未知。

让我们来看一个例子。图 34-2 中显示了一个在虚构的大型超市中显示销售额和利润的仪表盘。

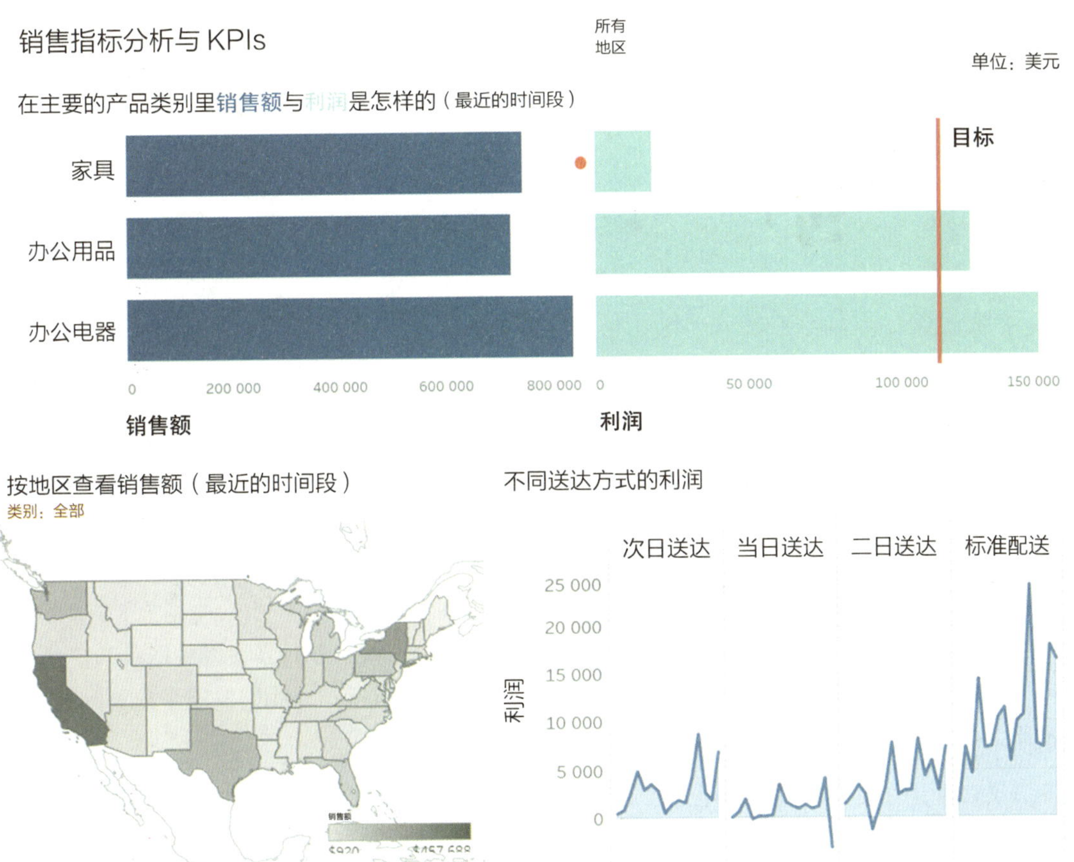

图 34-2 在一个虚构的美国大型超市的销售额与利润

你能发现什么？家具类的实际利润与目标相差甚远（请留意红点提醒注意有问题的区域）。仪表盘有一个区域的筛选器，但它不太可能显示问题的根本原因。事实上，我们很快就陷入了死胡同。

通过查看基础数据来查找根本原因可能需要几个步骤。在这个例子中，你可能会询问一些关于家具销售额的问题，包括制造商、单个订单和折扣。为此，我们从总体销售额和 KPI

中分解了这些数据。根据定义，KPI 是代表多个值的汇总的单个数字。汇总数值对于概览非常重要，但是每个单独的数据都可能会提供不同的背景信息，就像第 14 章的患者跟踪仪表盘一样。

问几个问题后，你可能会得到一个全新的图表，例如图 34-3 中的散点图。

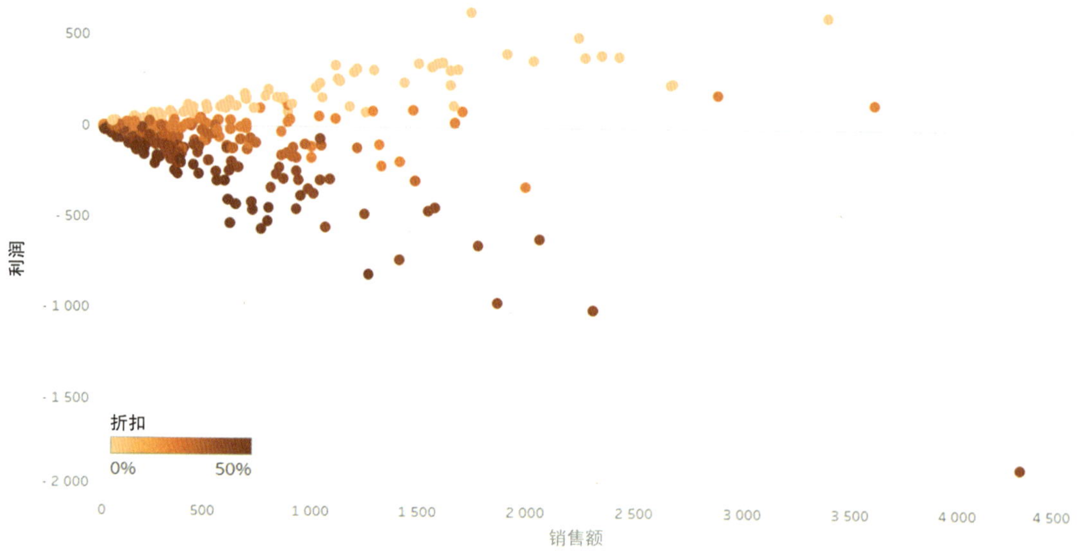

图 34-3　每个点都表示大型超市表格中的一个单独订单，折扣会引起收入减少

看一下这个仪表盘。橙色越深，折扣越高；折扣越高，损失就越多。你可以看到在 y 轴 0 以下的大多数订单都是有折扣的。任何盈利的订单都很少有折扣。我们发现了盈利问题的根本原因：折扣太高了。现在可以采取行动来解决问题了。

仪表盘让你在获得洞察力上走了很长一段路，但你需要超越仪表盘涉及的问题范围，来回答它们引发的意料之外的问题。

可视化探索的波形曲线

如果我们不从仪表盘开始呢？如果人们可以自由地探索数据以做出可能会改变其业务的意外发现，那该如何做？

俄国化学家德米特里·门捷列夫（Dmitri Mendeleev）在 1869 年创造了元素周期表，同时写出了《化学原理》（*The Principles of Chemistry*）的第二卷。他一直在努力寻找一种以合乎逻辑的方式表达已知元素的方法。在当地奶酪合作社发出的邀请函背面，他写下了一些想法，并提出了一些见解，但这些并没有给他一个满意的完整的解决方案。

他的灵感闪现来自正在玩的一套特殊卡片，卡片上画着一些元素。他不受纸和笔的限制，可以在桌子上自由地重新排列卡片，也许是通过原子量或其他属性。他重新整理了他的数据，直到他脑海中闪过思想的火花，产生了元素周期表。重新排列、探索和自由移动导致了洞察力的触发。

仪表盘不让你移动数据。如果你想要有视角转换的发现，你需要能够像门捷列夫那样去探索数据。

图 34-4 显示了这个过程是如何工作的。是的，这个波形曲线代表了一种通过数据获得洞察力的途径。你不再通过仪表盘固定、僵化的视图来查看数据，而只需要建立数据和空白画布的连接。很快，你会抛出数据，图表一个接一个地出现。最初只是随意探索，你可以尝试许多不同的方法，让数据揭示其背后的故事。你即兴发挥，改变方向，就像门捷列夫那样，你追求直觉并不断转变观点，直到有一个思想的火花来揭示新的东西。

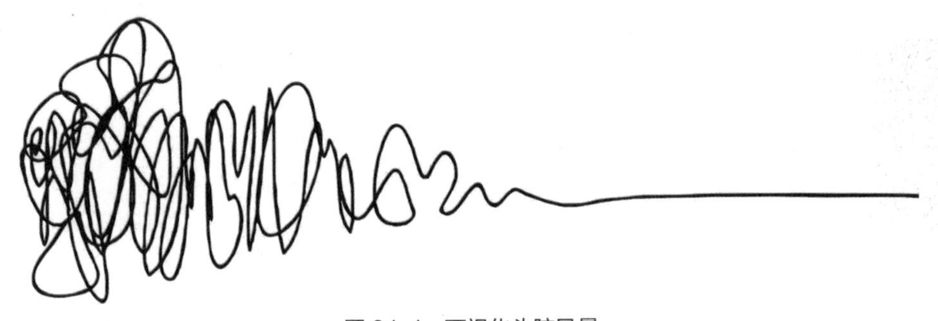

图 34-4 可视化头脑风暴

这个例子展示了如何探索数据以寻找新的见解，但你如何在组织中应用这个方法呢？在 2016 年，我跟随英国数据学校的主教练安迪·克里伯（Andy Kriebel），进行了一个名为“周一改造日（Makeover Monday）”的项目。每周我们都会在网上找一张图表。通常情况下，它的设计很糟糕，或者传达的信息不清楚。我们将数据分享给更广泛的数据可视化社区，并让人们重新绘制图表。他们能找到新的角度或者更好的展现方式？

结果是令人惊讶的：在 52 周中，我们有超过 500 位贡献者提交了超过 3000 个“改造”，其中一些结果显示在图 34-5 中。试想一下：对于每一个打开和玩过数据的人来说，他们都有自己独特的、曲折的道路去探索自己的发现。每个人都对数据进行了不同的阐述。每个星期，同样的数据都揭示了许多隐藏在原始图表中的新见解。如果你的组织中的人员可以自由地探索他们的数据，结果会怎样呢？

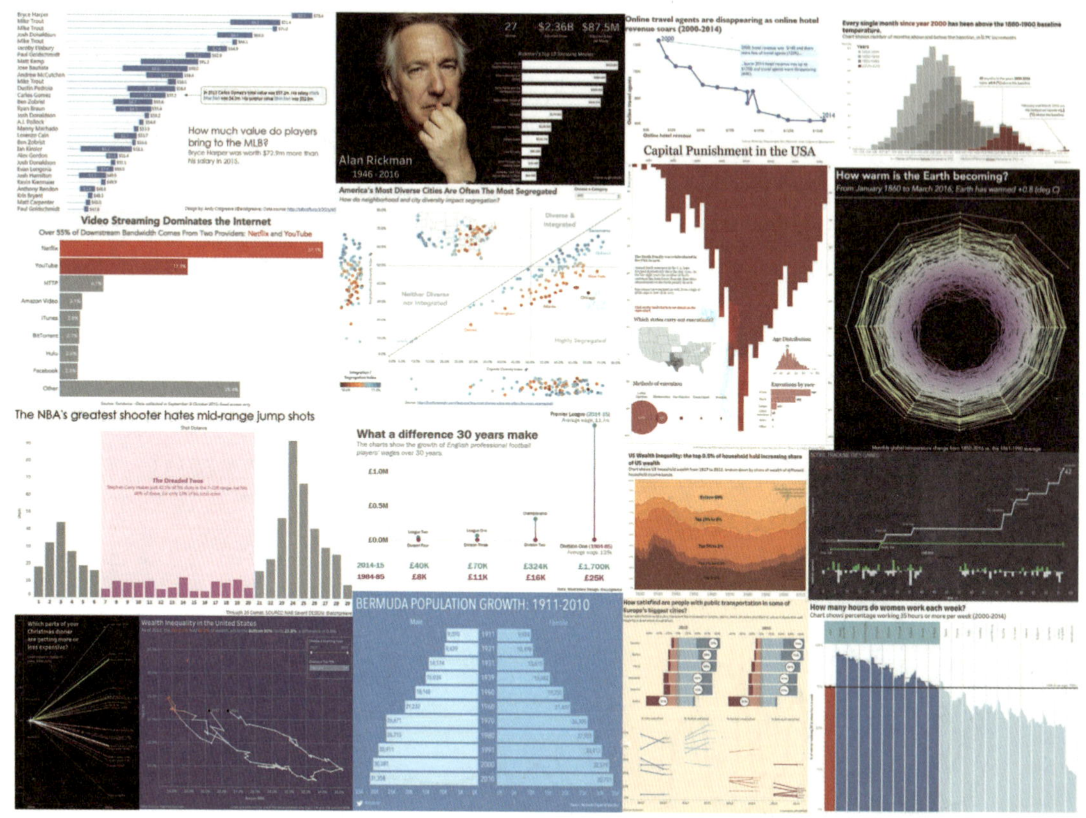

图 34-5 从 3000+ 的改造者中选择一些案例

对于许多组织来说，从头开始和波形曲线是一个新的范例。然而，这是发现未知的未知问题答案的唯一途径。一个成功的数据策略也需要解决这些问题。

我们希望我们的情境激励你尝试新的方法来展示你的组织必须回答的问题的答案。我们还表明即使是已知的问题，它们也一直在变化。同样，你的工作也应当如此。

一个完成的仪表盘并不是数据进行分析的终点：它只是一个开始。

图表类型术语表

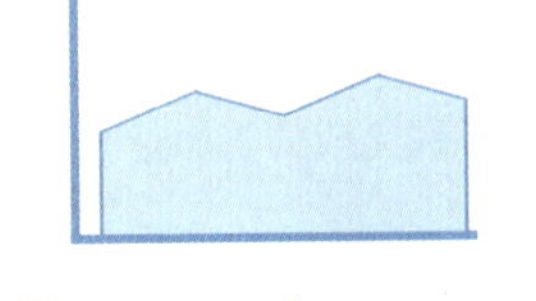

面积图（Area Chart）

使用位置和高度对数据进行编码，并显示一段时间内的趋势 / 流量。

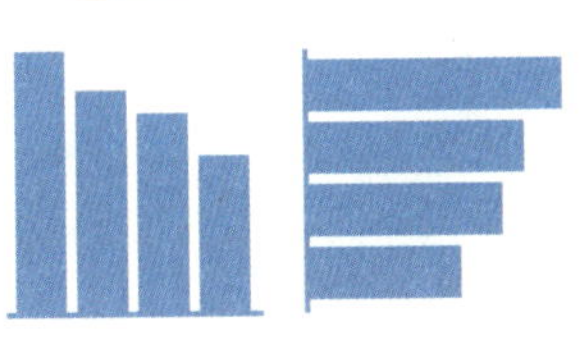

条形图（Bar Chart）

使用条的高度 / 长度栏对数据进行编码，并显示分类比较。

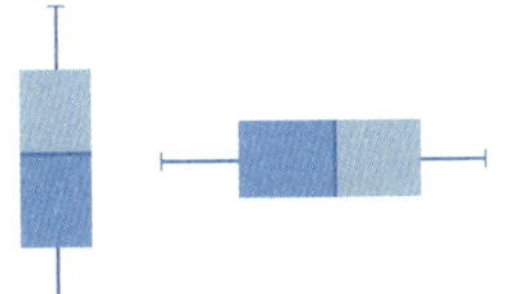

箱线图（Box Plot）

使用位置和高度 / 长度对数据进行编码，以显示数据的分布。

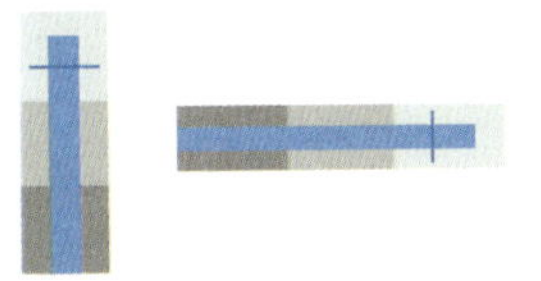

子弹图（Bullet Graph）

使用长度 / 高度、位置和颜色对数据进行编码，以显示与目标和性能波段的实际比较。

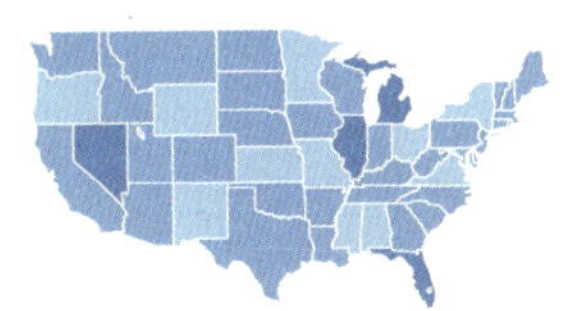

区域图（阴影图）[Choropleth Map (Shaded Map)]

使用颜色和位置对数据进行编码，以在地理位置上显示数据。

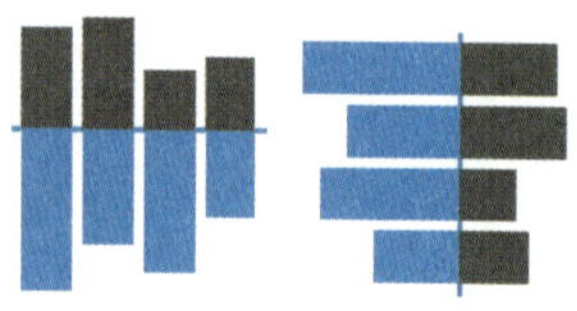

发散条形图（Diverging Bar Chart）

使用从中点偏离的高度 / 长度对数据进行编码，以显示分类比较。

点图（Dot Plot）

使用位置对数据进行编码，以显示比较。

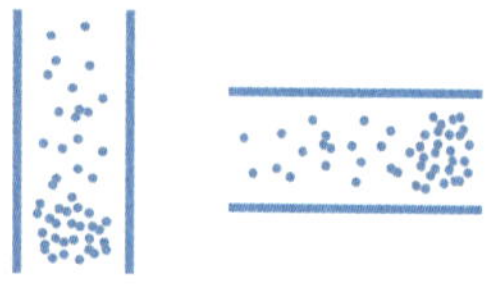

抖动点图［又称抖动图，Dot Plot With Jitter (Jitterplot)］

使用位置对数据进行编码以显示比较，但随机提供点以减少点的重叠。

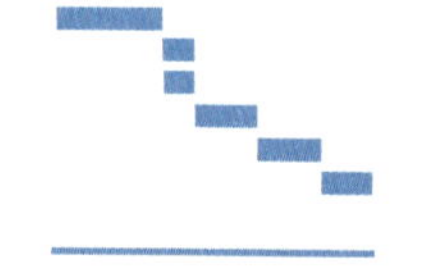

甘特图（Gantt Chart）

使用长度和位置对数据进行编码，以显示按时间段完成的工作量。

热图（Heat Map）

使用颜色对数据表进行编码，以突出显示表格中的不同数字。

$29 071	$17 307	$30 073
$2 603	$2 353	$5 079
$66 106	$53 891	$42 444
$20 173	$14 151	$26 664
$100 615	$58 304	$98 684
$71 613	$35 768	$70 533
$10 760	$8 319	$18 127
$39 140	$43 916	$84 755

高亮表（Highlight Table）

使用颜色对数据表进行编码，以突出表格中数据的差异。

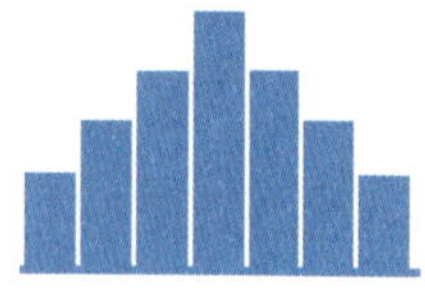

直方图（Histogram）

使用高度对数据进行编码，并显示分布。

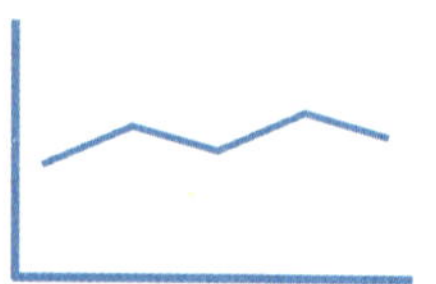

折线图（Line Chart）

使用位置对数据进行编码，并经常会显示随时间推移的情况。

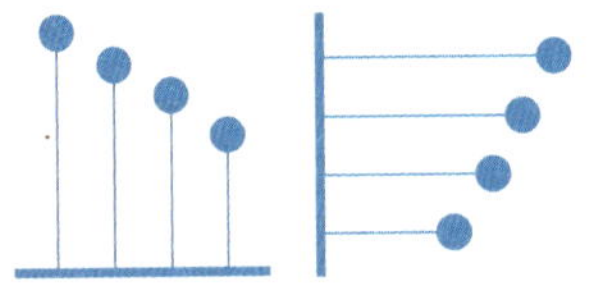

棒棒糖图（Lollipop Chart）

使用条的高度/长度对数据进行编码，并显示分类比较。

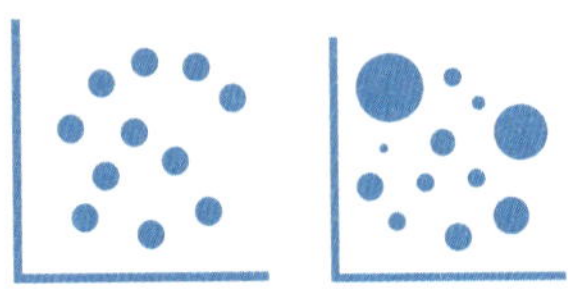

散点图（Scatter Plot）

使用位置对数据进行编码，以显示两个变量之间的关系。大小也可以用来显示次要比较。

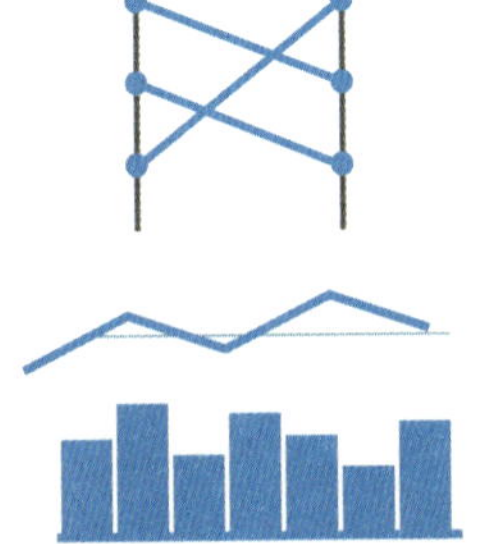

斜率图（Slopegraph）

使用位置对数据进行编码，以显示定量比较或等级，通常在两个时间段之间。

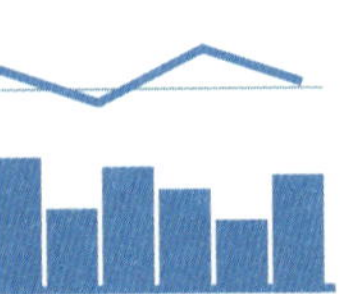

迷你走势图/迷你条形图（Sparkline/Sparkbar）

使用位置（线）或高度/长度（小条）以迷你大小的图上对数据进行编码。

堆叠条形图*（Stacked Bar Chart）

使用高度/长度和分段颜色对数据进行编码，并显示分类和部分到整体的比较。

符号图（点地图）［Symbol Map (Dot Map)］

使用位置对数据进行编码，以在地理位置上显示数据，同时还可以使用大小来显示定量数据。

树状图（Treemap）

使用大小和颜色对数据进行编码，对于分层数据或有大量类别进行比较时非常有用。

瀑布图（Waterfall Chart）

使用高度对数据进行编码，通常使用颜色来显示时间段或类别之间的增减。

*** 注意**

小心不要将堆叠的图表分割成太多的片段。

气泡图（Bubble Chart）

使用圆圈的大小对数据进行编码以显示比较，这对于进行精确的定量比较是困难的。

同心环形图［又称径向条形图，Concentric Circles（Radial Bar Chart）］

使用弧和面积对数据进行编码，以显示比较，但这种图有许多问题。

甜甜圈图（Donut Chart）

使用弧和面积对数据进行编码，以显示部分到整体的比较，但这种图有许多问题。

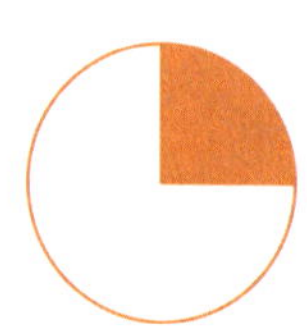

饼图（Pie Chart）

使用角度、面积和弧对数据进行编码，以显示部分到整体的比较，但这种图也存在许多问题。

最小 许多
一些 最多
更多 少量

词云（Word Cloud）

使用单词的大小对数据进行编码以显示比较，这是难以进行精确的定量比较。

注意

以上这些图表类型不建议使用。

The Big Book of Dashboards:Visualizing Your Data Using Real-World Business Scenarios.

ISBN:978-1-119-28271-6

北京阅想时代文化发展有限责任公司为中国人民大学出版社有限公司下属的商业新知事业部，致力于经管类优秀出版物（外版书为主）的策划及出版，主要涉及经济管理、金融、投资理财、心理学、成功励志、生活等出版领域，下设“阅想·商业”“阅想·财富”“阅想·新知”“阅想·心理”“阅想·生活”以及“阅想·人文”等多条产品线。致力于为国内商业人士提供涵盖先进、前沿的管理理念和思想的专业类图书和趋势类图书，同时也为满足商业人士的内心诉求，打造一系列提倡心理和生活健康的心理学图书和生活管理类图书。

《数据之美：一本书学会可视化设计》

- 《大数据时代》作者肯尼思·库克耶倾情推荐，称赞其为“关于数据呈现的思考和方式的颠覆之作”。
- 畅销书《鲜活的数据》作者力作及姐妹篇。
- 本书是系统讲述数据可视化过程的普及图书。

《数据新闻大趋势：释放可视化报道的力量》

- 英国《卫报》数据新闻实践的最佳蓝本，数据新闻和数据可视化领域的代表性著作。
- 英国《卫报》“数据博客”众多经典案例，带你品尝数据新闻饕餮盛宴。

《鲜活的故事：一本书学会可视化演讲设计》

- 这是一本教你如何将复杂的事务简化为简单易懂的故事，并以可视化方式呈现的书。
- 微软及多家世界知名企业都在推行的内部演讲培训方法。
- 以通俗易懂的语言、用可视化场景讲述能引起听众强烈共鸣的故事，将你心中想法的价值传递给他人。